普通高等教育"十一五"国家级规划教材

计算结构力学

朱慈勉　吴宇清　主编

科学出版社

北　京

内 容 简 介

本书主要介绍杆系结构矩阵分析的基本原理、结构分析程序的设计方法以及计算程序的实际应用等三方面的内容,旨在使读者学会结构的计算机分析。全书共分 7 章,分别介绍杆系结构静力分析的矩阵方法和动力、稳定性和非线性分析的有限单元法;平面桁架、平面刚架静力分析和刚架动力、稳定性分析程序的设计与应用以及结构非线性分析程序的设计方法等。书中配有上机实习指导材料,各章均有丰富的例题和习题。

本书可作为高等工业院校工程结构类和力学类等专业"计算结构力学"课程的教学用书,也可供有关专业工程技术人员参考。

图书在版编目(CIP)数据

计算结构力学/朱慈勉,吴宇清主编 . —北京:科学出版社,2008
ISBN 978-7-03-022702-7

Ⅰ. 计⋯　Ⅱ. ①朱⋯　②吴⋯　Ⅲ. 计算力学:结构力学　Ⅳ. O342

中国版本图书馆 CIP 数据核字(2008)第 119133 号

责任编辑:童安齐　王晶晶 / 责任校对:赵燕
责任印制:吕春珉 / 封面设计:耕者设计工作室

科学出版社出版
北京东黄城根北街 16 号
邮政编码:100717
http://www.sciencep.com

三河市骏杰印刷有限公司印刷
科学出版社发行　各地新华书店经销

＊

2009 年 8 月第 一 版　　开本:787×1092　1/16
2019 年 7 月第五次印刷　　印张:28
字数:640 000

定价:68.00 元

(如有印装质量问题,我社负责调换〈骏杰〉)

销售部电话 010-62134988　编辑部电话 010-62137026(HA08)

前　言

现代工程技术的日益进步和电子计算机的飞速发展对结构分析的理念与方法产生了深远的影响。一方面,大型工程结构在各种复杂因素作用下的分析要求强化结构力学基本概念的综合运用和概念设计的理念;另一方面,运算能力的剧增要求发展与之相适应的结构分析理论和方法,这就促进了传统结构力学向概念结构力学和计算结构力学两个方向的纵深发展。发展的形势要求结构工程师和研究人员必须具备熟练地运用计算机进行结构分析的能力。"计算结构力学"的发展正是适应了这种需要,它已成为高等工业院校工程结构类和力学类等专业学生的必修课程。

本书是笔者二十多年来在同济大学从事这门课程教学所用教材的基础上写成的。书中主要包括三方面的内容:一是杆系结构矩阵分析的原理,包括结构静力分析的矩阵方法和动力、稳定性和非线性分析的有限单元法;二是结构分析程序的设计原理与应用软件,包括平面桁架、平面刚架静力分析和刚架动力、稳定性分析程序的设计与应用软件,以及结构非线性分析程序的设计原理;三是结合微型计算机介绍上述结构计算程序的工程应用。

本书将上述三方面的内容有机地结合起来,使读者能较快地学以致用。在基础理论部分,书中十分强调正确物理概念的树立与灵活运用,例题和习题具有一定深度和启发性,旨在使读者切实地掌握并能熟练地运用基本概念。本书所介绍的结构分析程序是一个完整的系统,各个程序之间既是独立的又具有内在的联系。书中各程序分别采用了 FORTRAN95 和 C＋＋两种语言,程序的格式统一,许多子程序互相通用,这就使读者能在短期内系统地掌握一整套实用的结构计算程序,并可在工程实践和理论研究工作中加以应用。程序的设计考虑了通用性,因此很容易稍作改编后即可用于空间问题和各种连续体的有限元分析。

为了方便教学工作和读者自学,本书中程序的解释详尽,各章均有丰富的例题和习题,并给出了习题的部分答案或提示,此外还编写了上机实习材料。本书可作为高等工业院校工程结构类和力学类等专业"计算结构力学"相关课程的教学用书,也可以作为专业工程技术人员、研究生、大学教师以及有关研究人员的参考书。此外,本书在内容组织上还为暂时仅着眼于计算程序之工程应用的读者提供了方便。

学习本书要求读者具备结构力学、计算机语言和矩阵代数方面的基础知识。由于本课程属于一门新兴学科,各学校的教学情况不尽一致,教师可根据教学需要取舍部分内容。书中冠以"＊"号的章、节以及部分属于纯数学运算的子程序(或函数)一般可以不讲解。

　　本书由朱慈勉、吴宇清担任主编,前者负责编写第 1 章、5 章和 7 章,后者负责各计算程序研制与第 3 章编写。参加本书编写的还有张伟平(第 2 章和第 4 章)、冯虹(第 6 章、附录)、江利仁等。

编　者

2009 年 5 月

目　　录

CONTENTS

主要符号表

A	面积
b	荷载影响矩阵
B	杆端力转换矩阵、应变矩阵
B^e	单元杆端力转换矩阵
$\overline{B}$	增量应变矩阵
c	支座广义位移
c	位移变换矩阵、单元阻尼矩阵
C	结构阻尼矩阵
e	收敛精度限值
E	弹性模量
F	结点荷载向量
F_P	集中荷载
F^0	结点力向量
F_P	广义荷载向量
F_{Pcr}	临界荷载
F_d	等效结点荷载向量
$\overline{F}^e$	局部坐标系中的单元杆端力向量
F^e	整体坐标系中的单元杆端力向量
i	弯曲线刚度
I	横截面惯性矩
k	刚度系数
k_θ	弹簧的转动刚度系数
$\overline{k}^e$	局部坐标系中的单元刚度矩阵
k^e	整体坐标系中的单元刚度矩阵
k_σ	单元初应力或几何刚度矩阵
k_L	单元初位移或大位移刚度矩阵
k_T	单元切线刚度矩阵
k	结构刚度矩阵
K^0	总刚度矩阵
K_σ	结构初应力或几何刚度矩阵
K_L	结构初位移或大位移刚度矩阵
K_T	结构切线刚度矩阵
m	质量
m	单元质量矩阵

M	力矩、力偶矩、弯矩、总刚度矩阵的带宽
$\boldsymbol{M}$	结构质量矩阵
MS	总刚度矩阵的半带宽
$\boldsymbol{N}$	形函数矩阵
q	均布荷载集度
$\boldsymbol{q}$	侧向分布荷载向量
$\boldsymbol{Q}$	特征向量矩阵
$\boldsymbol{R}$	正交变换矩阵
t	时间、温度变化
$\boldsymbol{T}$	坐标转换矩阵
u	x 方向位移
v	y 方向位移、挠度、速度
V	体积
$\boldsymbol{w}$	单元位移向量
W	功
$\boldsymbol{X}$	多余约束中的未知力向量、特征向量
α	单元方位角、材料线膨胀系数、截面形状系数
Δ	未知广义位移
$\boldsymbol{\Delta}$	未知结点位移向量
$\boldsymbol{\Delta}^0$	结点原始位移向量
$\overline{\boldsymbol{\Delta}}^e$	局部坐标系中的单元杆端位移向量
$\boldsymbol{\Delta}^e$	整体坐标系中的单元杆端位移向量
$\boldsymbol{\delta}$	柔度矩阵
$\boldsymbol{\delta}^X$	单元柔度矩阵
ε	应变
$\boldsymbol{\varepsilon}$	应变向量
$\boldsymbol{\varepsilon}^0$	初应变向量
θ	截面转角
ρ	材料密度
$\boldsymbol{\sigma}$	应力向量
$\boldsymbol{\sigma}^0$	初应力向量
ω	自振频率(圆频率)
$\boldsymbol{\omega}$	频率向量

第1章 绪 论

计算结构力学是研究利用电子计算机通过离散模型的**数值分析**完成结构分析的一门学科,它是在工程技术进步的推动和电子计算机技术高度发展的条件下形成与发展起来的一门新兴学科。

随着经济建设的发展和科学技术的进步,工程实践中所提出的**结构分析**问题愈来愈向大型化和复杂化的方向发展。一是结构的构件数量常常很多。高层建筑、大跨度结构、高耸构筑物等结构的力学计算模型常常是由数百上千个甚至更多的构件组成。二是结构分析的对象甚为复杂。工程结构常不再限于**杆件体系**,而扩展到**板、壳、三维连续体**及其与杆系乃至**索、膜**组成的各种复杂的**组合结构体系**。例如对于高层建筑常采用的**框架‐剪力墙体系**来说,必须研究框架、剪力墙以及楼板系统的共同工作;对于斜拉桥结构必须研究杆系、板、壳与钢拉索的共同工作等。三是结构力学分析的深度更大、要求更高。例如,从过去经简化的平面体系分析扩展到更为精确的考虑结构空间工作的分析;从通常的线性分析扩展到由结构的实际工作情况出发考虑**几何非线性**和**材料非线性**影响的分析;从一般简化荷载作用下的分析扩展到实际复杂荷载作用下的结构分析等。四是结构分析的含义也更为广泛。结构分析已不再局限于被动地对给定的对象进行力学分析,而是可以扩展到主动地对结构体系进行优化或控制。所有以上种种要求都是传统的结构力学分析方法与手段难以相适应的。现代结构设计的发展趋向一方面是强调概念设计的作用,这种对结构性态的宏观把握的要求促进了**概念结构力学**的形成与发展;另一方面就是在结构分析中充分利用高效率的计算工具——电子计算机,由此推动了计算结构力学的发展。概念结构力学和计算结构力学构成了现代**结构力学**的两大分枝。两者相辅相成、并进发展,使结构分析的理念与方法产生飞跃。

结构分析原理与电子计算机的结合需要一种媒介,这就促成了一门新兴的学科——计算结构力学的诞生和迅猛发展。一般地说,计算结构力学可包含以下三方面的内容。

首要的内容是用计算机完成结构受力状态的分析。传统的杆件体系结构力学中,在采用**力法**或**位移法**分析结构时一个力学问题最终是演化为一组线性代数方程的求解问题。这样,在利用电子计算机进行结构的力学分析时就需要有一种统一的途径和步骤让计算机自动建立这样的方程组。这一过程可以这样来实现:先将结构离散为各个单元,建立单元性态的控制方程;再将各单元按结构的实际情况组装成原结构,得到有关结构性态的一组控制方程;最后求解这一方程组,并继而完成结构的力学分析。上述分析过程可以用矩阵的形式既简洁而又完全规一化地表达,这就是结构的矩阵分析方法。由于采用统一的规一化的分析方法,就不难编制出在一定范围内带有普遍适用性的计算机应用程序,从而由计算机来完成整个分析过程。因此,结构的矩阵分析方法是计算结构力学的基础。

对于现实的连续介质力学问题来说,通常是难以找到解析闭合解的。过去人们曾通过运用**里兹(Ritz)法、伽辽金(Galerkin)法、有限差分法、加权残值法**等把此类力学问题转化为求解线性代数方程组的问题,但这些方法的适用性受到各种条件的限制,其分析过程也不容易规一化,难以由计算机自动完成。至 20 世纪 50 年代末有限单元法的出现才解决了这一困难。有限单元法实际上是一种适用于一般连续体分析的矩阵分析方法,它的物理概念和分析过程与杆件体系的矩阵分析方法基本上是一致的,所不同的主要是对于一般连续体来说,单元性态的控制方程通常无法采用解析的方法导出,而只能通过借助于虚功原理或能量原理近似地获得。

从广义的角度上讲,板、壳、**薄壁杆件**和三维连续体力学也都属于结构力学范围之内,这些关于工程结构的力学在基本概念和理论上是同出一源,在克服了计算上的障碍之后,就有了比较统一的分析途径。因此,有关杆件结构方面的矩阵分析方法乃至计算程序实际上很容易推广应用到上述其他类型结构和各种组合结构的分析中去。现代电子计算机和随之而生的计算力学的出现对力学的发展起了至关重要的作用,这种作用冲击了传统的思考方法,解放了研究和分析手段方面的约束,使人们可以向更深处探索理论,可以向更广处发展应用。

电子计算机的应用不仅使结构在力学分析方面取得飞跃性的突破,而且也使结构优化设计成为可能并提上日程。这就是计算结构力学第二方面的内容。**结构优化设计**从给定结构的几何,拓扑和材料的情况下构件截面可变的优化设计发展为结构的几何也可以参与优化的所谓形状优化,甚至是结构拓扑和材料选择优化的更高层次的优化。结构优化设计的理论也因此得到迅速的发展,并开始了**人工智能**和考虑不确定因素等方面的研究。

计算结构力学第三方面的内容是计算机**应用软件**的研制。计算结构力学中理论与方法固然重要,但是最终还必须通过应用软件来解决实际问题。应用软件要讲究质量,在能够解决实际问题的基础上,要做到尽可能高的计算效率和尽可能低的经济费用,应用软件还必须让使用者易读、易用、易维护、易移植。计算结构力学的软件现有下列几种类型:①研究理论和方法用的程序,主要面向研究或教学工作;②解决专门问题的专用程序;③面向一批问题的通用程序;④集成系统,为某类工程设计的全过程服务,包涵各种子程序和中央数据库,与中央数据库相连接的程序模块可以实现设计过程的各分项计算。这些模块可以由工程师按需要调用,并且还应带有智能,使集成系统成为工程师得心应手的工具。只有针对各种需要研究和开发应用软件,才能使计算结构力学发挥作用并形成生产力。在这方面也包括引进各种先进程序和结合不同计算机进行程序开发应用方面的工作。

计算结构力学的发展一方面推动了结构工程理论的发展,另一方面也推动了电子计算机技术的发展,这些都确立了这一新兴学科的重要地位。计算结构力学已成为高等学校工程结构类和力学类等专业的一门重要课程,其理论成为有关专业工程技术人员的必备知识和有力工具,并且也为力学理论与应用的研究开辟了非常广阔的新天地。目前,这一学科还处于相当迅速的发展阶段。

第 2 章　结构静力分析的矩阵方法

2.1　概　　述

在结构力学课程中已介绍了力法和位移法这两种基本的结构分析方法。按照这两种分析方法,求解原结构的问题最终都转化为求解一组**线性代数**方程的问题。当结构的杆件数量增加时,方程组的未知量数目通常也会随之增多,用手工求解就变得十分困难。于是,出现了通过数值运算求解结构的各种渐近法,如**力矩分配法**、**迭代法**等;以及对结构作某种简化后再行求解的近似计算法,如**剪力分配法**、**D 值法**等。然而,这些实用计算方法都是建立在手算基础之上的,引入了诸如忽略杆件轴向变形的影响、无结点线位移存在或横梁刚度远大于柱的刚度等项假定,其适用范围一般比较窄小,或是所得出的结果带有一定的误差;而且,这些方法也很难拓展到结构的动力、稳定性以及非线性分析的问题中去,其结构分析的过程也不容易规一化。因此,在研究如何运用电子计算机进行结构分析的问题时,考虑的出发点又需要回到力法、位移法这样带有根本性和普遍适用性的方法上来。

结构矩阵分析方法实际上就是将结构分析的基本原理和方法用矩阵代数的形式表达出来并进行求解。这样,不仅可以使结构力学的原理和分析过程表达得十分简洁,更为重要的是可使结构的力学分析过程充分地规一化,便于电子计算机程序的编制。与结构力学中的力法和位移法这两种最基本的方法相对应,结构的矩阵分析方法也可以分为**矩阵力法**和**矩阵位移法**这两大基本类型。

当用力法分析超静定结构时,对于同一个结构可以采用不同形式的**基本结构**。这样就使分析过程与基本结构的选定联系在一起。而用位移法分析时,对应一定的结构,基本结构的形式在实质上是确定的。此外,力法不能直接运用于求解静定结构,而位移法对于求解超静定结构和静定结构是同样适用的,其求解过程也完全相同。由此可见,位移法的分析过程比力法的分析过程更容易规一化,也就更适宜于用电子计算机来实现其分析过程。因此,矩阵位移法就成为计算结构力学中一种最为基本的分析方法,这一方法无论在杆件体系还是连续体结构的分析中都获得最为广泛的应用。本章先着重介绍矩阵位移法的基本原理和分析过程,然后再简要介绍有关矩阵力法的基本原理。有关矩阵力法的简要介绍也是为读者日后有机会了解连续体有限单元力法和混合法打下基础。

2.2　矩阵位移法的基本原理

矩阵位移法的基本原理与位移法是一致的,它是以位移法作为基础的结构矩阵分析方法;或者说,它是以矩阵形式表达的位移法分析过程。在矩阵位移法中还是以结构的结点位移作为基本未知量。这样,杆端的变形协调条件在设取基本未知量时已经满足。
为使分析与计算过程更趋于归一化,在采用矩阵位移法利用计算机进行结构分析时,一
般都计及刚架杆件轴向变形的影响;而且,将构成刚架的所有杆件,包括静定杆件在内,
均归结为两端固定的同一类基本杆件。此时,所有结点位移之间均是相互独立的。依据
结点的平衡条件可以列出一组平衡方程。对于结构的线性分析来说,这是一组线性代数
方程。在计及结构支座约束条件后求解方程就可以得到所有的未知结点位移。据此,可
进而求得每一杆件的杆端力或任意截面上的内力。

　　在采用矩阵位移法进行结构分析时,为了分析的便利,首先需对结点和杆件进行编号。
例如,在分析图 2.1(a)所示的平面桁架时,可以如图 2.1(b)那样对该桁架的每一个结点和
杆件进行编号;对于图 2.2(a)所示的平面刚架的结点和杆件编号可以如图 2.2(b)所示。结
点和杆件的编号顺序原则上是任意的,对于同一个结构可以有不同的编号方式。在矩阵位
移法中,将每一个编号的杆件称为一个**单元**,并将原结构看成是由这些单元按照实际的连
接条件组装而成的。这一过程通常称为结构的离散化。为了表示位移和力的方向,需为结
构设定一个坐标系,这个坐标系称为结构的**整体坐标系**,以下简称为**结构坐标系**。

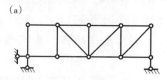 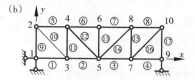

图 2.1

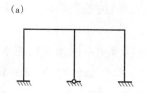 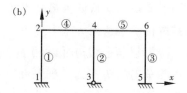

图 2.2

　　对于图 2.1(a)所示的平面桁架,在考虑支座约束之前每个结点有两个独立的未知位
移,即沿 x、y 轴方向的线位移;对于图 2.2(a)所示的平面刚架来说,在考虑支座约束之前
每个结点有三个独立的未知位移,即沿 x、y 轴方向的线位移和结点的角位移。这样的分
析是考虑了刚架杆件的轴向变形。在矩阵位移法中,可以先将结构的所有结点位移都看
作基本未知量。这样,如果一个平面桁架共有 n 个铰结点,则该桁架基本未知量的总数
为 $2n$ 个;如果一个平面刚架共有 n 个刚结点,则该刚架基本未知量的总数为 $3n$ 个。显
然,一旦所有这些结点位移的值被求解确定,就可以求得结构中各单元的内力。

　　在线弹性范围内,结构的位移与荷载之间存在唯一确定的对应关系。反映这种关系
的要素是结构的刚度,它取决于结构组成单元的刚度和结构的构成方式。在矩阵位移法

中,单元和结构的刚度都是采用矩阵的形式表达,分别称为**单元刚度矩阵**和**结构刚度矩阵**。单元刚度矩阵是单一单元的杆端力与杆端位移之间的关系矩阵。表达这种关系的数学式称为**单元刚度方程**。采用矩阵形式表达的单元刚度方程为

$$F^e = k^e \Delta^e$$

式中 k^e 称为单元刚度矩阵;Δ^e 为单元两端的结点位移向量;F^e 为单元两端的杆端力向量。以上上标"e"表示是对单元而言。单元刚度矩阵可以利用静力法或能量原理导出。类似地,对于一个结构来说,在未考虑支座约束条件之前,结点力与结点位移之间的关系可表达为

$$K^0 \Delta^0 = F^0$$

上式称为结构的**总刚度方程**。式中 K^0 称为**总刚度矩阵**;Δ^0 称为总的结点位移向量;F^0 称为总的结点力向量。以上上标"0"表示还未引入支座约束条件。应当注意的是,Δ^0 和 F^0 中包括了所有结点(含支座结点)的结点位移和结点力在内。对于结构的线性分析来说,单元刚度矩阵和总刚度矩阵的元素均为常数。由各单元刚度矩阵,以及各单元构成结构的几何形式,可以按一定的规则集合生成总刚度矩阵。

结构总是在一定的支座约束条件之下承受荷载的,因此,结构的某些结点位移实际上是已知的,称为**位移边界条件**。例如图 2.2(a)所示的平面刚架,支座结点 1、3、5 的水平和竖向位移均为零,结点 1、5 的角位移也为零。结构的求解只有在考虑了它的位移边界条件之后才有可能,这就需要将原结构的位移边界条件引入总刚度方程,从而得到对应于实际结构的刚度方程为

$$K\Delta = F$$

上式称为**结构刚度方程**,其中 K 称为结构刚度矩阵;Δ 中仅包括结构全部未知的结点位移;F 中仅包括与未知结点位移相应的各已知的结点荷载。Δ 和 F 分别称为结构的结点位移向量和结点荷载向量。求解结构刚度方程便可得到所有未知的结点位移,此后就可以通过单元刚度方程求得每一个单元的杆端力,并进而求得支座反力。

综上所述,用矩阵位移法进行结构静力分析的大体步骤如下:

1)结构标识。其中包括结点、单元编号和坐标系的设定。

2)计算各单元刚度矩阵 k^e。

3)生成总刚度矩阵 K^0,建立总刚度方程 $K^0 \Delta^0 = F^0$。

4)引入位移边界条件,形成结构刚度矩阵 K 和结构刚度方程 $K\Delta = F$。

5)求解结构刚度方程,得未知的结点位移 Δ。

6)计算各单元杆端力和支座反力。

一般地说,单元刚度矩阵的通式是在单元为等截面直杆的条件下导得的。如果结构的某一个杆件是分段等截面的,在用矩阵位移法分析时,可以将该杆件的每一等截面段作为一个单元。例如图 2.3 的刚架柱是分段等截面的,在对结点和单元编号时每一根柱被作为两个单元。对于一般的变截面杆件或曲杆,可以近似地将它看作是由若干个分段等截面直杆构成的。当分段

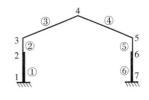

图 2.3

数足够多时,这种近似处理方法的计算精度可以得到保证。图2.4示出了对于横梁为曲杆的刚架,单元的划分以及结点和单元的编号方法。

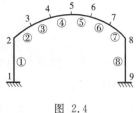

图 2.4

在采用矩阵位移法进行结构分析时,结构刚度方程的右端为结点荷载向量。因此,所有荷载均应化为**等效结点荷载**。如果仅有少数的集中荷载作用于杆件上时,也可以将集中荷载作用点作为一个结点来处理。这样,这些集中荷载也就成了结点荷载。例如,对于图 2.5(a) 所示的刚架,可以采用图 2.5(b) 所示的单元划分和结点、单元编号方法。

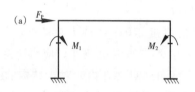 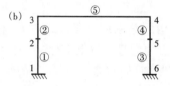

图 2.5

前面介绍了矩阵位移法的基本思路与大体步骤,其中结构的支座位移边界条件是在总刚度方程生成之后引入的,这种做法通常称为矩阵位移法的**后处理法**。另外还有一种做法是,在形成单元刚度矩阵时就将实际的位移边界条件以及位移相关关系考虑进去,如此可直接生成结构刚度方程,这种做法则称为矩阵位移法的**先处理法**。

2.3　单元刚度矩阵

单元刚度矩阵是反映单元两端的杆端位移与杆端力之间关系的矩阵。对于杆件单元来说,这种关系可以通过两种途径导得。一种途径是采用静力法推导,这就是本节中要介绍的方法;另一种途径是采用能量原理或虚功原理推导,将在第 5 章中介绍。

在上一节中提到,采用矩阵位移法分析结构时需设定一个结构坐标系,一般可采用右手坐标系,记为 Oxy。此时,结点位移和结点力均取与结构坐标的方向一致为正,其中结点的角位移和结点力矩按右手法则均取逆时针方向为正。以下用 u、v 和 θ 分别表示结点沿结构坐标系 x、y 轴的线位移和沿逆时针方向的角位移,用 F_x、F_y 和 M 分别表示沿上述方向的结点力。若仅有一个单元,结点力也就是单元的杆端力;对于一个由若干单元组成的结构,根据结点的平衡条件可知,结点力应等于与该结点相连接的各单元杆端力之和。

为了单元刚度矩阵推导的方便,可为每一个单元设定单元的**局部坐标系(单元坐标系)** $i\bar{x}\bar{y}$。局部坐标系也采用右手,其原点设在单元的一个端点,使其 $\bar{x}$ 轴与杆件的轴线相重合,并指向单元的另一个端点。局部坐标系相对于结构坐标系的方位角用 α 表示,如图 2.6 所示。α 角定义为由结构坐标系的 x 轴方向沿逆时针方向转至局部坐标系的 $\bar{x}$ 轴方向所转过的角度。为了便于区分,将字母上加一短划表示关于局部坐标系的量。于是,局部坐标系中的杆端位移

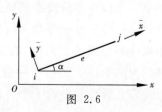

图 2.6

和杆端力可分别用 $\bar{u}$、$\bar{v}$、$\bar{\theta}$ 和 $\bar{F}_x$、$\bar{F}_y$、$\bar{M}$ 表示,它们均以与该单元的局部坐标方向一致为正。这样,$\bar{u}$、$\bar{v}$ 和 $\bar{\theta}$ 分别表示杆端沿单元轴向、横向的位移和转角;$\bar{F}_x$、$\bar{F}_y$ 和 $\bar{M}$ 也就是单元杆端的轴力、剪力和弯矩。在学习矩阵位移法时应特别注意有关物理量的上述正负号规定,尤其是它们与在位移法中相应物理量正负号规定的差异。

在进行单元分析时,首先是建立局部坐标系中单元的杆端位移与杆端力之间的关系,即局部坐标系中的单元刚度矩阵。然后再通过坐标转换得到结构坐标系中单元的杆端位移与杆端力之间的关系,即结构坐标系中的单元刚度矩阵。

2.3.1 桁架单元的刚度矩阵

设有一任意的桁架单元如图 2.7 所示。i、j 为单元的两端结点,$\bar{x}$、$\bar{y}$ 为该单元的局部坐标,其原点设在单元的 i 端。桁架单元的每一个结点可以有 $\bar{x}$、$\bar{y}$ 方向两个独立的线位移,它们的正方向按前规定如图 2.7 所示。图中也示出了与之相应的杆端力的正方向。

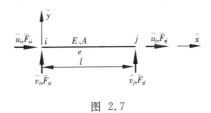

图 2.7

局部坐标系中单元的杆端位移和杆端力可以用向量的形式分别表示为

$$\bar{\boldsymbol{\Delta}}^e = \left[\begin{array}{c} \bar{\boldsymbol{\Delta}}_i \\ \hdashline \bar{\boldsymbol{\Delta}}_j \end{array}\right]^e = \left[\begin{array}{c} \bar{u}_i \\ \bar{v}_i \\ \hdashline \bar{u}_j \\ \bar{v}_j \end{array}\right]^e \tag{2.1}$$

$$\bar{\boldsymbol{F}}^e = \left[\begin{array}{c} \bar{\boldsymbol{F}}_i \\ \hdashline \bar{\boldsymbol{F}}_j \end{array}\right]^e = \left[\begin{array}{c} \bar{F}_{xi} \\ \bar{F}_{yi} \\ \hdashline \bar{F}_{xj} \\ \bar{F}_{yj} \end{array}\right]^e \tag{2.2}$$

分别称为局部坐标系中桁架单元的杆端位移向量和杆端力向量。其中有关 i 结点和 j 结点的量可用虚线分隔以醒目。

按照材料力学的有关公式,$\bar{\boldsymbol{F}}^e$ 与 $\bar{\boldsymbol{\Delta}}^e$ 之间的关系为

$$\left.\begin{array}{l} \bar{F}^e_{xi} = \dfrac{EA}{l}(\bar{u}^e_i - \bar{u}^e_j) \\[2mm] \bar{F}^e_{yi} = 0 \\[2mm] \bar{F}^e_{xj} = \dfrac{EA}{l}(\bar{u}^e_j - \bar{u}^e_i) \\[2mm] \bar{F}^e_{yj} = 0 \end{array}\right\}$$

式中 E 为材料的**弹性模量**；A、l 分别为单元的横截面面积和长度。以上第二、四两式的右端为零，这是因为在小位移线性分析的前提下，结点沿 $\bar{x}$、$\bar{y}$ 方向的位移均不会使杆端产生 $\bar{y}$ 方向的反力。若将上式写成矩阵的形式，则有

$$
\begin{bmatrix} \overline{F}_{xi} \\ \overline{F}_{yi} \\ \overline{F}_{xj} \\ \overline{F}_{yj} \end{bmatrix}^e = \begin{bmatrix} \dfrac{EA}{l} & 0 & -\dfrac{EA}{l} & 0 \\ 0 & 0 & 0 & 0 \\ -\dfrac{EA}{l} & 0 & \dfrac{EA}{l} & 0 \\ 0 & 0 & 0 & 0 \end{bmatrix}^e \begin{bmatrix} \bar{u}_i \\ \bar{v}_i \\ \bar{u}_j \\ \bar{v}_j \end{bmatrix}^e \tag{2.3a}
$$

或写为

$$
\begin{bmatrix} \overline{F}_{xi} \\ \overline{F}_{xj} \end{bmatrix}^e = \begin{bmatrix} \dfrac{EA}{l} & -\dfrac{EA}{l} \\ -\dfrac{EA}{l} & \dfrac{EA}{l} \end{bmatrix}^e \begin{bmatrix} \bar{u}_i \\ \bar{u}_j \end{bmatrix}^e \tag{2.3b}
$$

式(2.3)称为桁架单元在局部坐标系中的单元刚度方程。这一方程可以简洁地表达为

$$
\overline{\boldsymbol{F}}^e = \overline{\boldsymbol{k}}^e \, \overline{\boldsymbol{\Delta}}^e \tag{2.4}
$$

其中

$$
\overline{\boldsymbol{k}}^e = \begin{bmatrix} \dfrac{EA}{l} & 0 & -\dfrac{EA}{l} & 0 \\ 0 & 0 & 0 & 0 \\ -\dfrac{EA}{l} & 0 & \dfrac{EA}{l} & 0 \\ 0 & 0 & 0 & 0 \end{bmatrix}^e \tag{2.5}
$$

即为局部坐标系中桁架单元的刚度矩阵。

对于整个结构来说，各个单元的局部坐标系的方向一般不会都相同。为了建立结点的平衡方程，杆端力和杆端位移必须有一个统一的正方向，即结构坐标系的正方向。这样就需要将局部坐标系中的杆端力、杆端位移和单元刚度矩阵，转换为结构坐标系中的杆端力、杆端位移和单元刚度矩阵。

首先讨论两种坐标系中杆端力之间的转换关系。结构坐标系中桁架单元的杆端力和杆端位移可分别表示为

$$
\boldsymbol{\Delta}^e = \begin{bmatrix} \boldsymbol{\Delta}_i \\ \boldsymbol{\Delta}_j \end{bmatrix}^e = \begin{bmatrix} u_i \\ v_i \\ u_j \\ v_j \end{bmatrix}^e \tag{2.6}
$$

$$
\boldsymbol{F}^e = \begin{bmatrix} \boldsymbol{F}_i \\ \boldsymbol{F}_j \end{bmatrix}^e = \begin{bmatrix} F_{xi} \\ F_{yi} \\ F_{xj} \\ F_{yj} \end{bmatrix}^e \tag{2.7}
$$

图 2.8 分别示出了单元坐标系和结构坐标系中桁架单元的杆端力。根据力的投影关

系,有

$$\begin{aligned}
\overline{F}_{xi}^{e} &= F_{xi}^{e}\cos\alpha + F_{yi}^{e}\sin\alpha \\
\overline{F}_{yi}^{e} &= -F_{xi}^{e}\sin\alpha + F_{yi}^{e}\cos\alpha \\
\overline{F}_{xj}^{e} &= F_{xj}^{e}\cos\alpha + F_{yj}^{e}\sin\alpha \\
\overline{F}_{yj}^{e} &= -F_{xj}^{e}\sin\alpha + F_{yj}^{e}\cos\alpha
\end{aligned}\Bigg\}$$

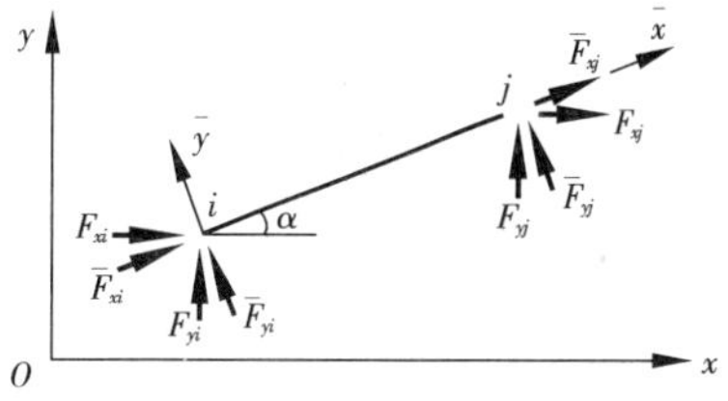

图 2.8

将上式写成矩阵形式,则有

$$\begin{bmatrix}\overline{F}_{xi}\\\overline{F}_{yi}\\\overline{F}_{xj}\\\overline{F}_{yj}\end{bmatrix}^{e}=\begin{bmatrix}\cos\alpha & \sin\alpha & 0 & 0\\-\sin\alpha & \cos\alpha & 0 & 0\\0 & 0 & \cos\alpha & \sin\alpha\\0 & 0 & -\sin\alpha & \cos\alpha\end{bmatrix}^{e}\begin{bmatrix}F_{xi}\\F_{yi}\\F_{xj}\\F_{yj}\end{bmatrix}^{e} \tag{2.8}$$

或简写为

$$\overline{\boldsymbol{F}}^{e}=\boldsymbol{T}\boldsymbol{F}^{e} \tag{2.9}$$

式中

$$\boldsymbol{T}=\begin{bmatrix}\cos\alpha & \sin\alpha & 0 & 0\\-\sin\alpha & \cos\alpha & 0 & 0\\0 & 0 & \cos\alpha & \sin\alpha\\0 & 0 & -\sin\alpha & \cos\alpha\end{bmatrix} \tag{2.10}$$

称为桁架单元的**坐标转换矩阵**。由式(2.10)可知,坐标转换矩阵 $\boldsymbol{T}$ 是一个正交矩阵,其矩阵元素取决于单元的方位角 α。

显然,局部坐标系与结构坐标系中杆端力之间的这种转换关系,应同样适用于两种坐标系中杆端位移之间的转换,即有

$$\overline{\boldsymbol{\Delta}}^{e}=\boldsymbol{T}\boldsymbol{\Delta}^{e} \tag{2.11}$$

将式(2.9)和(2.11)代入式(2.4),有

$$\boldsymbol{T}\boldsymbol{F}^{e}=\overline{\boldsymbol{k}}^{e}\boldsymbol{T}\boldsymbol{\Delta}^{e}$$

将等式的两边同时左乘 $\boldsymbol{T}^{-1}$ 后得

$$\boldsymbol{F}^{e}=\boldsymbol{T}^{-1}\overline{\boldsymbol{k}}^{e}\boldsymbol{T}\boldsymbol{\Delta}^{e}$$

由于坐标转换矩阵 $\boldsymbol{T}$ 是一个正交矩阵,由线性代数可知,它的逆矩阵就等于其转置矩阵,即有 $\boldsymbol{T}^{-1}=\boldsymbol{T}^{\mathrm{T}}$,故上式可以写成如下形式:

$$\boldsymbol{F}^{e}=\boldsymbol{T}^{\mathrm{T}}\overline{\boldsymbol{k}}^{e}\boldsymbol{T}\boldsymbol{\Delta}^{e} \tag{2.12}$$

记

$$\boldsymbol{k}^{e}=\boldsymbol{T}^{\mathrm{T}}\overline{\boldsymbol{k}}^{e}\boldsymbol{T} \tag{2.13}$$

则有

$$\boldsymbol{F}^{e}=\boldsymbol{k}^{e}\boldsymbol{\Delta}^{e} \tag{2.14}$$

式(2.14)称为结构坐标系中的单元刚度方程; $\boldsymbol{k}^{e}$ 则称为结构坐标系中的单元刚度矩阵,它确定了结构坐标系中单元杆端力与杆端位移之间的关系。将式(2.5)和式(2.10)代入式(2.13),并记 $c=\cos\alpha,s=\sin\alpha$,得

$$\boldsymbol{k}^{e}=\frac{EA}{l}\begin{bmatrix}c^{2} & sc & -c^{2} & -sc\\sc & s^{2} & -sc & -s^{2}\\-c^{2} & -cs & c^{2} & sc\\-cs & -s^{2} & sc & s^{2}\end{bmatrix}^{e} \tag{2.15}$$

式(2.15)即为结构坐标系中桁架单元刚度矩阵的一般表达形式。

2.3.2　刚架单元的刚度矩阵

对于一个平面刚架单元来说,每一个杆端结点具有三个独立的位移,即沿两个坐标轴方向的线位移和一个角位移。相应地,有三个杆端力与之对应。在局部坐标系中,单元杆端位移和杆端力可以用向量形式分别表示为

$$\overline{\boldsymbol{\Delta}}^e = \begin{bmatrix} \overline{\boldsymbol{\Delta}}_i \\ \cdots \\ \overline{\boldsymbol{\Delta}}_j \end{bmatrix}^e = \begin{bmatrix} \overline{u}_i \\ \overline{v}_i \\ \overline{\theta}_i \\ \cdots \\ \overline{u}_j \\ \overline{v}_j \\ \overline{\theta}_j \end{bmatrix}^e \tag{2.16}$$

$$\overline{\boldsymbol{F}}^e = \begin{bmatrix} \overline{\boldsymbol{F}}_i \\ \cdots \\ \overline{\boldsymbol{F}}_j \end{bmatrix}^e = \begin{bmatrix} \overline{F}_{xi} \\ \overline{F}_{yi} \\ \overline{M}_i \\ \cdots \\ \overline{F}_{xj} \\ \overline{F}_{yj} \\ \overline{M}_j \end{bmatrix}^e \tag{2.17}$$

在结构力学的位移法中,已经推导了梁式杆件的**转角位移方程**。当不存在**结间荷载**时,转角位移方程实际上就成了反映杆端力与杆端位移之间关系的一组方程。此时,对于任一两端固定杆 AB 有

$$\left.\begin{aligned} M_{AB} &= 4i\theta_A + 2i\theta_B - 6i\frac{\Delta}{l} \\ M_{BA} &= 2i\theta_A + 4i\theta_B - 6i\frac{\Delta}{l} \\ F_{QAB} &= -\frac{6i}{l}\theta_A - \frac{6i}{l}\theta_B + \frac{12i}{l^2}\Delta \\ F_{QBA} &= -\frac{6i}{l}\theta_A - \frac{6i}{l}\theta_B + \frac{12i}{l^2}\Delta \end{aligned}\right\}$$

式中 $i = \dfrac{EI}{l}$ 称为杆件的**弯曲线刚度**,I 为杆件横截面的惯性矩;Δ 为杆件两端的横向相对线位移。从实质上讲,上式就是梁式单元的刚度方程。按照原位移法中的正向规定,上式中杆端弯矩 M_{AB}、M_{BA} 和转角 θ_A、θ_B 均取顺时针方向为正,相对线位移 Δ、杆端剪力 F_{QAB} 和 F_{QBA} 的方向取为使杆件发生顺时针转动为正。

在将上述杆端力与杆端位移之间的关系写成矩阵形式时,需要将有关的量用前面所述的矩阵位移法中的统一符号表示,它们的正方向也应按照矩阵位移法中的规定来取。若将梁的 A 端记作 i,为局部坐标系的原点,B 端记作 j,则有

$$\left.\begin{aligned} F_{QAB} &= \overline{F}_{yi}, F_{QBA} = -\overline{F}_{yj}, M_{AB} = -\overline{M}_i, M_{BA} = -\overline{M}_j \\ \Delta &= \overline{v}_i - \overline{v}_j, \theta_A = -\overline{\theta}_i, \theta_B = -\overline{\theta}_j \end{aligned}\right\}$$

将上述关系引入转角位移方程,并以矩阵形式表达,即可得到梁式单元的刚度方程为

$$
\begin{bmatrix} \overline{F}_{yi} \\ \overline{M}_i \\ \hline \overline{F}_{yj} \\ \overline{M}_j \end{bmatrix}^e = \begin{bmatrix} \dfrac{12EI}{l^3} & \dfrac{6EI}{l^2} & -\dfrac{12EI}{l^3} & \dfrac{6EI}{l^2} \\ \dfrac{6EI}{l^2} & \dfrac{4EI}{l} & -\dfrac{6EI}{l^2} & \dfrac{2EI}{l} \\ \hline -\dfrac{12EI}{l^3} & -\dfrac{6EI}{l^2} & \dfrac{12EI}{l^3} & -\dfrac{6EI}{l^2} \\ \dfrac{6EI}{l^2} & \dfrac{2EI}{l} & -\dfrac{6EI}{l^2} & \dfrac{4EI}{l} \end{bmatrix}^e \begin{bmatrix} \overline{v}_i \\ \overline{\theta}_i \\ \hline \overline{v}_j \\ \overline{\theta}_j \end{bmatrix}^e \qquad (2.18)
$$

记

$$
\overline{\boldsymbol{k}}^e = \begin{bmatrix} \dfrac{12EI}{l^3} & \dfrac{6EI}{l^2} & -\dfrac{12EI}{l^3} & \dfrac{6EI}{l^2} \\ \dfrac{6EI}{l^2} & \dfrac{4EI}{l} & -\dfrac{6EI}{l^2} & \dfrac{2EI}{l} \\ \hline -\dfrac{12EI}{l^3} & -\dfrac{6EI}{l^2} & \dfrac{12EI}{l^3} & -\dfrac{6EI}{l^2} \\ \dfrac{6EI}{l^2} & \dfrac{2EI}{l} & -\dfrac{6EI}{l^2} & \dfrac{4EI}{l} \end{bmatrix}^e \qquad (2.19)
$$

即为梁式单元在局部坐标中的单元刚度矩阵。

对于一般的刚架单元来说,还受到轴向力的作用,并且有轴向变形存在,在刚度方程中应当将杆端的轴向位移 $\overline{u}_i$、$\overline{u}_j$ 和杆端的轴向力 $\overline{F}_{xi}$、$\overline{F}_{yj}$ 包括进去。在线性小位移范围内,杆端的轴向力仅由杆端的轴向位移引起,如式(2.3)所示,而与杆端的横向位移及转角无关;同样,杆端的剪力及弯矩仅由杆端的横向位移和转角引起,如式(2.18)所示,而与杆端的轴向位移无关。因为上述两者是非耦合的,或者说两者是独立地起作用而互不影响的,所以只需要将桁架单元的刚度方程(2.3)与梁式单元的刚度方程(2.18)简单联合,便可得到刚架单元的刚度方程为

$$
\begin{bmatrix} \overline{F}_{xi} \\ \overline{F}_{yi} \\ \overline{M}_i \\ \hline \overline{F}_{xj} \\ \overline{F}_{yj} \\ \overline{M}_j \end{bmatrix}^e = \begin{bmatrix} \dfrac{EA}{l} & 0 & 0 & -\dfrac{EA}{l} & 0 & 0 \\ 0 & \dfrac{12EI}{l^3} & \dfrac{6EI}{l^2} & 0 & -\dfrac{12EI}{l^3} & \dfrac{6EI}{l^2} \\ 0 & \dfrac{6EI}{l^2} & \dfrac{4EI}{l} & 0 & -\dfrac{6EI}{l^2} & \dfrac{2EI}{l} \\ \hline -\dfrac{EA}{l} & 0 & 0 & \dfrac{EA}{l} & 0 & 0 \\ 0 & -\dfrac{12EI}{l^3} & -\dfrac{6EI}{l^2} & 0 & \dfrac{12EI}{l^3} & -\dfrac{6EI}{l^2} \\ 0 & \dfrac{6EI}{l^2} & \dfrac{2EI}{l} & 0 & -\dfrac{6EI}{l^2} & \dfrac{4EI}{l} \end{bmatrix} \begin{bmatrix} \overline{u}_i \\ \overline{v}_i \\ \overline{\theta}_i \\ \hline \overline{u}_j \\ \overline{v}_j \\ \overline{\theta}_j \end{bmatrix}^e \qquad (2.20)
$$

记

$$\bar{k}^e = \begin{bmatrix} \dfrac{EA}{l} & 0 & 0 & -\dfrac{EA}{l} & 0 & 0 \\[2mm] 0 & \dfrac{12EI}{l^3} & \dfrac{6EI}{l^2} & 0 & -\dfrac{12EI}{l^3} & \dfrac{6EI}{l^2} \\[2mm] 0 & \dfrac{6EI}{l^2} & \dfrac{4EI}{l} & 0 & -\dfrac{6EI}{l^2} & \dfrac{2EI}{l} \\[2mm] -\dfrac{EA}{l} & 0 & 0 & \dfrac{EA}{l} & 0 & 0 \\[2mm] 0 & -\dfrac{12EI}{l^3} & -\dfrac{6EI}{l^2} & 0 & \dfrac{12EI}{l^3} & -\dfrac{6EI}{l^2} \\[2mm] 0 & \dfrac{6EI}{l^2} & \dfrac{2EI}{l} & 0 & -\dfrac{6EI}{l^2} & \dfrac{4EI}{l} \end{bmatrix}^e \qquad (2.21)$$

即为局部坐标系中刚架单元的刚度矩阵。式(2.20)也可以简写成式(2.4)的形式。此时杆端位移向量 $\bar{\pmb{\Delta}}^e$ 和杆端力向量 $\bar{\pmb{F}}^e$ 分别如式(2.16)和式(2.17)所示。

　　与前面的桁架单元一样，可以通过坐标转换将刚架单元的杆端力、杆端位移和单元刚度矩阵由局部坐标系转换到结构坐标系中。刚架单元的坐标转换矩阵 $\pmb{T}$ 只需将桁架单元的坐标转换矩阵的阶数适当扩大便可得到。刚架单元与桁架单元的不同之处只在于刚架结点可以发生角位移，与之相应刚架单元的杆端力中包括了杆端弯矩项。由于转角和弯矩在坐标转换时不会发生变化，即恒有 $\theta = \bar{\theta}$、$M = \bar{M}$，于是由式(2.10)可以容易地得到刚架单元的坐标转换矩阵为

$$\pmb{T} = \begin{bmatrix} \cos\alpha & \sin\alpha & 0 & 0 & 0 & 0 \\ -\sin\alpha & \cos\alpha & 0 & 0 & 0 & 0 \\ 0 & 0 & 1 & 0 & 0 & 0 \\ 0 & 0 & 0 & \cos\alpha & \sin\alpha & 0 \\ 0 & 0 & 0 & -\sin\alpha & \cos\alpha & 0 \\ 0 & 0 & 0 & 0 & 0 & 1 \end{bmatrix} \qquad (2.22)$$

不难证明，上述刚架单元的坐标转换矩阵也是一个正交矩阵。利用坐标转换矩阵 $\pmb{T}$ 同样可根据式(2.13)求得结构坐标系中刚架单元的刚度矩阵为

$$\pmb{k}^e = \begin{bmatrix} a_1 & a_2 & a_4 & -a_1 & -a_2 & a_4 \\ a_2 & a_3 & a_5 & -a_2 & -a_3 & a_5 \\ a_4 & a_5 & a_6 & -a_4 & -a_5 & a_6/2 \\ -a_1 & -a_2 & -a_4 & a_1 & a_2 & -a_4 \\ -a_2 & -a_3 & -a_5 & a_2 & a_3 & -a_5 \\ a_4 & a_5 & a_6/2 & -a_4 & -a_5 & a_6 \end{bmatrix}^e \qquad (2.23a)$$

式中

$$a_1 = \frac{EA}{l}\cos^2\alpha + \frac{12EI}{l^3}\sin^2\alpha, \quad a_4 = -\frac{6EI}{l^2}\sin\alpha$$

$$a_2 = \left(\frac{EA}{l} - \frac{12EI}{l^3}\right)\cos\alpha\sin\alpha, \quad a_5 = \frac{6EI}{l^2}\cos\alpha \qquad (2.23\text{b})$$

$$a_3 = \frac{EA}{l}\sin^2\alpha + \frac{12EI}{l^3}\cos^2\alpha, \quad a_6 = \frac{4EI}{l}$$

2.3.3　单元刚度矩阵的性质与特点

为了能正确地由各单元的刚度矩阵生成总刚度矩阵,需要深入了解单元刚度矩阵的基本性质与特点。首先分析单元刚度矩阵各组成元素的物理含义。从前已介绍的单元刚度方程不难看出,单元刚度矩阵中处于第 m 行、第 n 列的元素,实际上表示了第 n 项杆端位移取单位位移 1 而其余的杆端位移均保持为零时,第 m 项杆端力的数值。因此,矩阵中处于第 n 列的全体元素就表示了仅发生第 n 项杆端位移为 1 时,该单元的全体杆端力的数值。图 2.9 以刚架单元为例示出了仅发生第二项杆端位移,即 i 结点的 y 轴方向

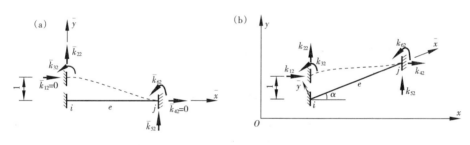

图　2.9

位移为 1 时单元各杆端力的情况。其中图 2.9(a)对应单元局部坐标系中的情况,各杆端力 $\bar{k}_{m2}(m=1,2,\cdots,6)$ 构成了局部坐标系中单元刚度矩阵的第二列元素;图 2.9(b)对应结构坐标系中的情况,各杆端力 $k_{m2}(m=1,2,\cdots,6)$ 构成了结构坐标系中单元刚度矩阵的第二列元素。在局部坐标系中,某一单位杆端位移所引起的杆件的变形状态及杆端力是一定的,因此局部坐标系中的单元刚度矩阵只与单元本身的属性,即单元的长度、横截面面积、横截面惯性矩和单元材料的弹性模量等有关;而在结构坐标系中,某一单位杆端位移所引起的杆件的变形状态及相应的杆端力还与该单元所处的方位有关,因此结构坐标系中的单元刚度矩阵还与单元的方位角 α 有关。

根据反力互等定理,第 n 项单位杆端位移所引起的第 m 项杆端力应等于第 m 项单位杆端位移所引起的第 n 项杆端力,因而有 $\bar{k}_{mn}=\bar{k}_{nm}$ 和 $k_{mn}=k_{nm}$。这就从理论上说明了,线弹性体系的单元刚度矩阵是对称矩阵。按照单元刚度矩阵组成元素的物理含义并结合图 2.9 不难理解,处于矩阵对角线上的诸元素,即 $\bar{k}_{mm}$ 或 k_{mm} 的值为恒正,这些元素称为单元刚度矩阵的主元素;其余各元素,即 $\bar{k}_{mn}$ 或 $k_{mn}(m \neq n)$,称为副元素,它们的正负号将由实际杆端力与相应坐标轴的方向是否一致而定。

由计算可知,上述原始的单元刚度矩阵所对应的行列式的值为零。因此,单元刚度

矩阵是**奇异矩阵**,它不存在逆矩阵。当已知单元的杆端位移,可以由式(2.4)或式(2.14)求得单元的杆端力;但如果仅已知杆端力却无法唯一确定单元的杆端位移。这一事实可用一个简单的例子加以说明。图 2.10 是一个杆件受轴向拉力作用的情况。图 2.10(b)~(d)三种情况所对应的杆件受力和变形状态是完全一致的,即如图2.10(a)所示,但由于杆件的支承情况不同,杆端位移显然是不同的,它们之间相差了刚体位移。

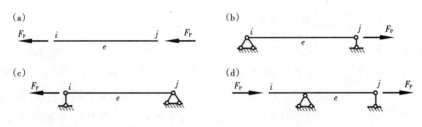

图 2.10

为了便于生成总刚度矩阵,可以将式(2.15)和式(2.23)的单元刚度矩阵按结点 i 和 j 进行分块,用虚线加以分隔。结构坐标系中分块形式的单元刚度方程可表示为

$$\begin{bmatrix} \boldsymbol{F}_i \\ \cdots \\ \boldsymbol{F}_j \end{bmatrix}^e = \begin{bmatrix} \boldsymbol{k}_{ii} & \vdots & \boldsymbol{k}_{ij} \\ \cdots & & \cdots \\ \boldsymbol{k}_{ji} & \vdots & \boldsymbol{k}_{jj} \end{bmatrix}^e \begin{bmatrix} \boldsymbol{\Delta}_i \\ \cdots \\ \boldsymbol{\Delta}_j \end{bmatrix}^e \tag{2.24}$$

展开式(2.24)可得

$$\boldsymbol{F}_i^e = \boldsymbol{k}_{ii}^e \boldsymbol{\Delta}_i^e + \boldsymbol{k}_{ij}^e \boldsymbol{\Delta}_j^e \tag{2.25}$$

$$\boldsymbol{F}_j^e = \boldsymbol{k}_{ji}^e \boldsymbol{\Delta}_i^e + \boldsymbol{k}_{jj}^e \boldsymbol{\Delta}_j^e \tag{2.26}$$

以上 $\boldsymbol{F}_i^e$、$\boldsymbol{F}_j^e$ 称为单元杆端力的**结点子向量**,分别表示 i、j 结点处的杆端力;$\boldsymbol{\Delta}_i^e$、$\boldsymbol{\Delta}_j^e$ 称为单元杆端位移的结点子向量,分别表示 i、j 结点处的杆端位移;$\boldsymbol{k}_{ii}^e$、$\boldsymbol{k}_{ij}^e$、$\boldsymbol{k}_{ji}^e$ 和 $\boldsymbol{k}_{jj}^e$ 称为单元刚度矩阵的**结点子矩阵**或子块,其中 $\boldsymbol{k}_{ii}^e$ 表示单元的 i 结点发生各单位位移时 i 结点处的各杆端力,称为主子块;$\boldsymbol{k}_{ij}^e$ 表示单元的 j 结点发生各单位位移时 i 结点处的各杆端力,称为副子块,依此类推。

根据单元刚度矩阵的对称性质有

$$\boldsymbol{k}_{ij}^e = \boldsymbol{k}_{ji}^{e\,\mathrm{T}} \tag{2.27}$$

本节中仅推导了平面桁架单元、两端固定梁和平面刚架单元的刚度矩阵,对于一端固定另一端为铰支或滑动支座的杆件,可以作为两端固定的情况来处理,也就是将铰支端的角位移或滑动支座处的线位移也作为基本未知量。此外,结构若有静定部分,该部分的所有杆件也同样作为两端固定杆处理,即将所有杆端位移均作为基本未知量。这样,位移法中的三类基本的超静定杆件以及结构静定部分的杆件,均可以统一为同一类型的杆件,采用相同的单元刚度矩阵,这对于分析过程的规一化以及计算机程序的编制将是十分有利的。

2.4 直接刚度法

为了求得结构的所有结点位移,需要建立结构的未知结点位移与已知结点力之间的关系,这种关系式称为结构刚度方程。结构刚度方程可以由总刚度方程在引入支座位移条件后得到。

若一个结构总共有 n 个结点,则结点位移向量和结点力向量可以分别表示为

$$\boldsymbol{\Delta}^0 = \begin{bmatrix} \boldsymbol{\Delta}_1 \\ \boldsymbol{\Delta}_2 \\ \vdots \\ \boldsymbol{\Delta}_i \\ \vdots \\ \boldsymbol{\Delta}_n \end{bmatrix} \qquad (2.28)$$

$$\boldsymbol{F}^0 = \begin{bmatrix} \boldsymbol{F}_1 \\ \boldsymbol{F}_2 \\ \vdots \\ \boldsymbol{F}_i \\ \vdots \\ \boldsymbol{F}_n \end{bmatrix} \qquad (2.29)$$

式中 $\boldsymbol{\Delta}_i$ 为第 i 个结点处的位移子向量,包括 u_i、v_i 以及刚架还有 θ_i;$\boldsymbol{F}_i$ 为第 i 个结点处的结点力子向量,包括 F_{xi}、F_{yi} 以及刚架还有 M_i,这些都是结构坐标系中的量。以上结点位移和结点力都是取与结构坐标系的方向一致为正,角位移和力矩按右手系取逆时针方向为正。这样,以子块形式表达的总刚度方程为

$$\begin{bmatrix} \boldsymbol{K}_{11} & \boldsymbol{K}_{12} & \cdots & \boldsymbol{K}_{1i} & \cdots & \boldsymbol{K}_{1n} \\ \boldsymbol{K}_{21} & \boldsymbol{K}_{22} & \cdots & \boldsymbol{K}_{2i} & \cdots & \boldsymbol{K}_{2n} \\ \vdots & \vdots & & \vdots & & \vdots \\ \boldsymbol{K}_{i1} & \boldsymbol{K}_{i2} & \cdots & \boldsymbol{K}_{ii} & \cdots & \boldsymbol{K}_{in} \\ \vdots & \vdots & & \vdots & & \vdots \\ \boldsymbol{K}_{n1} & \boldsymbol{K}_{n2} & \cdots & \boldsymbol{K}_{ni} & \cdots & \boldsymbol{K}_{nn} \end{bmatrix} \begin{bmatrix} \boldsymbol{\Delta}_1 \\ \boldsymbol{\Delta}_2 \\ \vdots \\ \boldsymbol{\Delta}_i \\ \vdots \\ \boldsymbol{\Delta}_n \end{bmatrix} = \begin{bmatrix} \boldsymbol{F}_1 \\ \boldsymbol{F}_2 \\ \vdots \\ \boldsymbol{F}_i \\ \vdots \\ \boldsymbol{F}_n \end{bmatrix} \qquad (2.30)$$

上式等号的左边表示了使结构产生结点位移 $\boldsymbol{\Delta}^0$ 所对应的结点力向量,它应当是使各单元发生相应结点位移时所对应的杆端力分量在各结点上的合力。根据结点的平衡条件可知,上述结点合力在自由结点处应等于结点荷载,在各支座结点处应等于相应的支座反力。现记

$$\boldsymbol{K}^0 = \begin{bmatrix} \boldsymbol{K}_{11} & \boldsymbol{K}_{12} & \cdots & \boldsymbol{K}_{1i} & \cdots & \boldsymbol{K}_{1n} \\ \boldsymbol{K}_{21} & \boldsymbol{K}_{22} & \cdots & \boldsymbol{K}_{2i} & \cdots & \boldsymbol{K}_{2n} \\ \vdots & \vdots & & \vdots & & \vdots \\ \boldsymbol{K}_{i1} & \boldsymbol{K}_{i2} & \cdots & \boldsymbol{K}_{ii} & \cdots & \boldsymbol{K}_{in} \\ \vdots & \vdots & & \vdots & & \vdots \\ \boldsymbol{K}_{n1} & \boldsymbol{K}_{n2} & \cdots & \boldsymbol{K}_{ni} & \cdots & \boldsymbol{K}_{nn} \end{bmatrix} \qquad (2.31)$$

$\boldsymbol{K}^0$ 即为总刚度矩阵,其中的 $\boldsymbol{K}_{ij}$ 称为总刚度矩阵的结点子矩阵或子块。

以下讨论总刚度矩阵 $\boldsymbol{K}^0$ 的生成方法。为此,应了解总刚度矩阵元素的物理意义。

总刚度矩阵中处于第 i 行第 j 列的子块 $\boldsymbol{K}_{ij}$ 表示了第 j 结点分别发生各单位位移而

其余的结点位移均为零时所对应的第 i 结点处的各结点力。由此可看出,这与单元刚度矩阵中相应子块的物理含义是相同的。因此,只需将结构坐标系中的各单元刚度矩阵的子块按照所对应的结点号送入总刚度矩阵的相应位置,并将送入同一位置的子块元素叠加,即可生成总刚度矩阵。若某一个单元两端的结点号分别为 i 和 j,则该单元刚度矩阵的各子块在总刚度矩阵中的位置可以由结点号 i 和 j 完全确定,如图 2.11 所示。

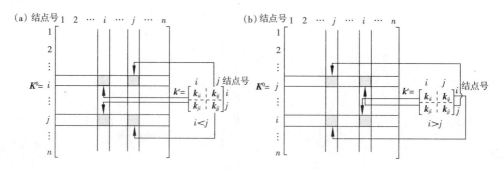

图 2.11

应当注意的是,在上一节中推导单元刚度矩阵时,是将单元局部坐标系的原点设定在单元的 i 端。由此得到的单元刚度矩阵,其子块相应的结点号应总是 i 结点在前、j 结点在后,而与单元两端结点号的大小无关。但在总刚度矩阵中,各子块相应的结点号要求是按由小到大的顺序排列的。因此,图 2.11(a)只是对应 $i < j$ 时的情况。如果 $i > j$,单元刚度矩阵的子块送入总刚度矩阵中的位置应如图2.11(b)所示。

由图 2.11(a)、(b)可见,无论对于上述何种情况,某一子块在总刚度矩阵中横、竖两个方向所对应的结点号应与其在单元刚度矩阵中所对应的结点号相同,或者说子块在送入总刚度矩阵前、后应具有相同的下标。这一点实际上是由该子块相应的物理意义所决定了的。这种将各单元刚度矩阵的子块按其下标"对号入座"送入总刚度矩阵的相应位置,从而直接生成总刚度矩阵的方法称为**直接刚度法**。

以下用一平面刚架为例,具体说明总刚度矩阵的生成方法。图 2.12(a)所示为一承受结点荷载的平面刚架,假设刚架的各种几何、物理参数均为已知,并已知在荷载作用下支座 D 发生沉陷为 c。刚架的结点和单元编号以及结构坐标系和各单元坐标系的设定可见于图 2.12(b)。

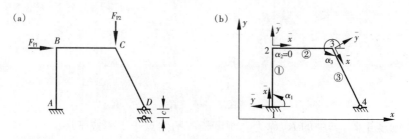

图 2.12

结构坐标系中的单元刚度矩阵可由式(2.23)算得。将各单元的刚度矩阵用结点子矩阵的形式表达,则有

$$k^{①} = \begin{array}{cc} 1 & 2 \quad \text{结点号} \\ \left[\begin{array}{c:c} \boldsymbol{k}_{11}^{①} & \boldsymbol{k}_{12}^{①} \\ \hdashline \boldsymbol{k}_{21}^{①} & \boldsymbol{k}_{22}^{①} \end{array}\right] \begin{array}{c} 1 \\ 2 \end{array} \end{array} \qquad k^{②} = \begin{array}{cc} 2 & 3 \quad \text{结点号} \\ \left[\begin{array}{c:c} \boldsymbol{k}_{22}^{②} & \boldsymbol{k}_{23}^{②} \\ \hdashline \boldsymbol{k}_{32}^{②} & \boldsymbol{k}_{33}^{②} \end{array}\right] \begin{array}{c} 2 \\ 3 \end{array} \end{array}$$

$$k^{③} = \begin{array}{cc} 3 & 4 \quad \text{结点号} \\ \left[\begin{array}{c:c} \boldsymbol{k}_{33}^{③} & \boldsymbol{k}_{34}^{③} \\ \hdashline \boldsymbol{k}_{43}^{③} & \boldsymbol{k}_{44}^{③} \end{array}\right] \begin{array}{c} 3 \\ 4 \end{array} \end{array}$$

以上矩阵右上角圈内的数字表示它所对应的单元号。

按图 2.11 所示的"对号入座"方法将各单元刚度矩阵的子块送入总刚度矩阵后得

$$\boldsymbol{K}^{0} = \begin{array}{cccc} 1 & 2 & 3 & 4 \quad \text{结点号} \\ \left[\begin{array}{c:c:c:c} \boldsymbol{k}_{11}^{①} & \boldsymbol{k}_{12}^{①} & \boldsymbol{0} & \boldsymbol{0} \\ \hdashline \boldsymbol{k}_{21}^{①} & \boldsymbol{k}_{22}^{①}+\boldsymbol{k}_{22}^{②} & \boldsymbol{k}_{23}^{②} & \boldsymbol{0} \\ \hdashline \boldsymbol{0} & \boldsymbol{k}_{32}^{②} & \boldsymbol{k}_{33}^{②}+\boldsymbol{k}_{33}^{③} & \boldsymbol{k}_{34}^{③} \\ \hdashline \boldsymbol{0} & \boldsymbol{0} & \boldsymbol{k}_{43}^{③} & \boldsymbol{k}_{44}^{③} \end{array}\right] \begin{array}{c} 1 \\ 2 \\ 3 \\ 4 \end{array} \end{array}$$

上式中 2、3 结点主子块是由两项叠加而成的,即 $\boldsymbol{K}_{22} = \boldsymbol{k}_{22}^{①}+\boldsymbol{k}_{22}^{②}$,$\boldsymbol{K}_{33} = \boldsymbol{k}_{33}^{②}+\boldsymbol{k}_{33}^{③}$。这一点不难从物理上加以解释。例如,$\boldsymbol{K}_{33}$ 是表示使 3 号结点发生各单位位移时 3 号结点上的结点力,而图 2.12 刚架的②、③单元均与 3 号结点连接,所以要使 3 号结点发生某种单位位移就必须使这两个单元都发生变形,所需的结点力应是使每个单元发生变形时所需的杆端力之和。对于杆系结构来说,与某一个结点相连接的单元常有多个,因而总刚度矩阵处于对角线上的主子块常是由多个单元刚度矩阵相应子块叠加的结果;但杆系结构每两个结点之间一般最多只有一个单元与之直接相连,因而总刚度矩阵的副子块就不会发生多个子块叠加的情况。若是某两个结点之间没有单元直接相连,则这两个结点所对应的总刚度矩阵副子块为零子块。例如图 2.12 所示刚架 3、4 号结点与 1 号结点之间并无杆件直接联系,当 3 号或 4 号结点发生某项单位位移而刚架其余的结点位移均为零时,1 号结点上的位移法约束反力应为零,因此子块 $\boldsymbol{K}_{13}$、$\boldsymbol{K}_{14}$ 为零子块。一般地说,总刚度矩阵的阶数较高,这时将包含有大量的零子块,因此总刚度矩阵是一个稀疏矩阵。

由反力互等定理可知,总刚度矩阵是一个对称矩阵。在结构的支座位移边界条件引入之前,总刚度矩阵与单元刚度矩阵一样也是一个奇异矩阵,其相应的行列式的值为零。因此,还不能直接由式(2.30)所示的总刚度方程求得各结点位移。从物理上讲,当结构所受到的所有结点力均为已知时,该结构的变形状态虽已完全确定,但此时结构仍可以作刚体运动,结点位移仍为不定值。为了使结点位移具有确定的值,必须引入结构的位移边界条件。

对于实际结构来讲,结点位移可分为两种:一种结点位移是未知的,将由结构的变形决定,例如图 2.12 刚架结点 2、3 的所有位移和结点 4 的角位移,而这些位移方向上的结点力即结点荷载是已知的;另一种结点位移是已知的支座位移,例如图 2.12 刚架结点 1

的所有位移和结点 4 的水平位移为零,结点 4 的竖向位移为 $-c$,而这些位移方向上的结点力即支座反力却是未知的。按照线性代数的原理,可以将式(2.30)所示的总刚度方程中的上述未知结点位移和它们所对应的已知结点力移到结点位移向量和结点力向量的前部,分别记为 $\boldsymbol{\Delta}_a$、$\boldsymbol{F}_a$;而将支座已知位移和它们所对应的未知反力移到结点位移向量和结点力向量的后部,分别记为 $\boldsymbol{\Delta}_b$、$\boldsymbol{F}_b$。与此同时,通过换行换列对总刚度矩阵进行相应的调整,使所得方程与原总刚度方程等价。将调整后的总刚度矩阵按对应未知结点位移子向量和已知结点位移子向量进行分块,则式(2.30)的总刚度方程可改写为

$$\begin{bmatrix} \boldsymbol{K}_{aa} & \vdots & \boldsymbol{K}_{ab} \\ \cdots & \cdots & \cdots \\ \boldsymbol{K}_{ba} & \vdots & \boldsymbol{K}_{bb} \end{bmatrix} \begin{bmatrix} \boldsymbol{\Delta}_a \\ \cdots \\ \boldsymbol{\Delta}_b \end{bmatrix} = \begin{bmatrix} \boldsymbol{F}_a \\ \cdots \\ \boldsymbol{F}_b \end{bmatrix} \tag{2.32}$$

按照矩阵运算规则展开上式,得

$$\boldsymbol{K}_{aa}\boldsymbol{\Delta}_a + \boldsymbol{K}_{ab}\boldsymbol{\Delta}_b = \boldsymbol{F}_a \tag{2.33a}$$

$$\boldsymbol{K}_{ba}\boldsymbol{\Delta}_a + \boldsymbol{K}_{bb}\boldsymbol{\Delta}_b = \boldsymbol{F}_b \tag{2.33b}$$

若支座处的已知位移均为零,亦即 $\boldsymbol{\Delta}_b = \boldsymbol{0}$,则有

$$\boldsymbol{K}_{aa}\boldsymbol{\Delta}_a = \boldsymbol{F}_a \tag{2.34a}$$

$$\boldsymbol{K}_{ba}\boldsymbol{\Delta}_a = \boldsymbol{F}_b \tag{2.34b}$$

记 $\boldsymbol{K} = \boldsymbol{K}_{aa}$,$\boldsymbol{\Delta} = \boldsymbol{\Delta}_a$,$\boldsymbol{F} = \boldsymbol{F}_a - \boldsymbol{K}_{ab}\boldsymbol{\Delta}_b$,则式(2.33a)可改写为

$$\boldsymbol{K}\boldsymbol{\Delta} = \boldsymbol{F} \tag{2.35}$$

式(2.35)称为引入位移边界条件之后的结构刚度方程,以下简称为结构刚度方程,$\boldsymbol{K}$ 则称为结构刚度矩阵。实际上,只需要将总刚度矩阵 $\boldsymbol{K}^0$ 中对应于支座已知位移的行和列删除,就可以得到结构刚度矩阵 $\boldsymbol{K}$。若支座约束方向的位移有已知的非零值,则在形成结构刚度方程时还需按以上 $\boldsymbol{F} = \boldsymbol{F}_a - \boldsymbol{K}_{ab}\boldsymbol{\Delta}_b$ 对结点荷载向量进行修正。应当说明的是,支座已知位移的处理可有多种方法(详见 2.5 节),为便于计算程序编制,一般是希望避免矩阵元素地址的改变。支座处位移约束条件的引入排除了结构发生刚体位移的可能性,这样在给定的荷载之下线弹性结构的变形和结点的位移都成为唯一确定的。此时,结构刚度矩阵 $\boldsymbol{K}$ 是对称的正定矩阵。当荷载已知时,求解式(2.35)所示的结构刚度方程即可得到所有未知的结点位移 $\boldsymbol{\Delta} = \boldsymbol{\Delta}_a$,代入式(2.33b)或式(2.34b)即可求得全部支座反力。知道了结点位移就可以进一步利用单元的刚度方程求得各单元杆端力。一般是希望得到局部坐标系下的单元杆端力,因为这些杆端力直接对应于杆端的轴力、剪力和弯矩,便于内力图的绘制和设计应用。为此,当从结构的结点位移向量中取出某一单元两端的结点位移后,一种方法是先利用结构坐标系中的单元刚度方程求得结构坐标系中各单元的杆端力,然后将其分别转换成局部坐标系中的杆端力;另一种方法是先将取出的单元结点位移转换成局部坐标系中的结点位移,然后利用局部坐标系中的刚度方程求得单元的杆端力。

　　表 2.1 列出了矩阵位移法中有关量的坐标转换公式,其中桁架单元的坐标转换矩阵 $\boldsymbol{T}$ 如式(2.10)所示,刚架单元的坐标转换矩阵如式(2.22)所示。

表 2.1　坐标转换公式

	整体→局部	局部→整体
单元杆端力	$\overline{\boldsymbol{F}}^e = \boldsymbol{T}\boldsymbol{F}^e$	$\boldsymbol{F}^e = \boldsymbol{T}^{\mathrm{T}}\,\overline{\boldsymbol{F}}^e$
单元结点位移	$\overline{\boldsymbol{\Delta}}^e = \boldsymbol{T}\boldsymbol{\Delta}^e$	$\boldsymbol{\Delta}^e = \boldsymbol{T}^{\mathrm{T}}\,\overline{\boldsymbol{\Delta}}^e$
单元刚度矩阵	$\overline{\boldsymbol{k}}^e = \boldsymbol{T}\boldsymbol{k}^e\boldsymbol{T}^{\mathrm{T}}$	$\boldsymbol{k}^e = \boldsymbol{T}^{\mathrm{T}}\,\overline{\boldsymbol{k}}^e\boldsymbol{T}$

以下结合具体算例介绍直接刚度法的分析过程。

例 2.1　试采用直接刚度法计算图 2.13(a)所示桁架。设各杆 $EA = 3.0 \times 10^5\,\mathrm{kN}$。

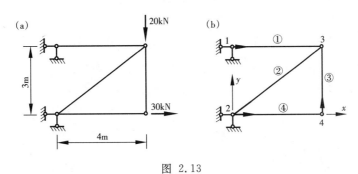

图　2.13

解　(1)结构标识

结构标识如图 2.13(b)所示。单元局部坐标系的选取在图中用杆上箭头表达,并列入表 2.2 的第二栏中,其中 i 为局部坐标系原点所在点,$i \rightarrow j$ 表示 $\overline{x}$ 轴的正方向。表 2.2 中还列出了各单元的基本几何参数。因①、④单元的局部坐标与结构坐标方向相同,有关量无需坐标转换。

表 2.2

单　元	局部坐标系 $i \rightarrow j$	杆长/m	$\cos\alpha$	$\sin\alpha$
①	$1 \rightarrow 3$	4	—	—
②	$2 \rightarrow 3$	5	$\dfrac{4}{5}$	$\dfrac{3}{5}$
③	$4 \rightarrow 3$	3	0	1
④	$2 \rightarrow 4$	4	—	—

(2)建立结点位移向量和结点力向量

$$\boldsymbol{\Delta}^0 = \begin{bmatrix} \boldsymbol{\Delta}_1 \\ \boldsymbol{\Delta}_2 \\ \boldsymbol{\Delta}_3 \\ \boldsymbol{\Delta}_4 \end{bmatrix} = \begin{bmatrix} u_1 \\ v_1 \\ u_2 \\ v_2 \\ u_3 \\ v_3 \\ u_4 \\ v_4 \end{bmatrix} \qquad \boldsymbol{F}^0 = \begin{bmatrix} \boldsymbol{F}_1 \\ \boldsymbol{F}_2 \\ \boldsymbol{F}_3 \\ \boldsymbol{F}_4 \end{bmatrix} = \begin{bmatrix} F_{x1} \\ F_{y1} \\ F_{x2} \\ F_{y2} \\ 0 \\ -20\mathrm{kN} \\ 30\mathrm{kN} \\ 0 \end{bmatrix}$$

（3）计算单元刚度矩阵

$$\boldsymbol{k}^{①} = \begin{bmatrix} \boldsymbol{k}_{11}^{①} & \boldsymbol{k}_{13}^{①} \\ \boldsymbol{k}_{31}^{①} & \boldsymbol{k}_{33}^{①} \end{bmatrix} = \frac{3.0 \times 10^5}{4} \times \begin{array}{cc} & \begin{array}{cccc} 1 & & 3 & \end{array} \\ \left[\begin{array}{cccc} 1 & 0 & -1 & 0 \\ 0 & 0 & 0 & 0 \\ -1 & 0 & 1 & 0 \\ 0 & 0 & 0 & 0 \end{array}\right] & \begin{array}{c} 1 \\ \\ 3 \end{array} \end{array} \quad \text{kN/m}$$

$$= 200 \times \begin{array}{cc} & \begin{array}{cccc} 1 & & 3 & \end{array} \\ \left[\begin{array}{cccc} 375 & 0 & -375 & 0 \\ 0 & 0 & 0 & 0 \\ -375 & 0 & 375 & 0 \\ 0 & 0 & 0 & 0 \end{array}\right] & \begin{array}{c} 1 \\ \\ 3 \end{array} \end{array} \quad \text{kN/m}$$

这里对单元刚度矩阵作数字的变换是为了使各单元刚度矩阵具有相同的系数,便于集合生成总刚度矩阵。

$$\boldsymbol{k}^{②} = \begin{bmatrix} \boldsymbol{k}_{22}^{②} & \boldsymbol{k}_{23}^{②} \\ \boldsymbol{k}_{32}^{②} & \boldsymbol{k}_{33}^{②} \end{bmatrix} = \frac{3.0 \times 10^5}{5} \times \begin{array}{cc} & \begin{array}{cccc} 2 & & 3 & \end{array} \\ \left[\begin{array}{cccc} \frac{16}{25} & \frac{12}{25} & -\frac{16}{25} & -\frac{12}{25} \\ \frac{12}{25} & \frac{9}{25} & -\frac{12}{25} & -\frac{9}{25} \\ -\frac{16}{25} & -\frac{12}{25} & \frac{16}{25} & \frac{12}{25} \\ -\frac{12}{25} & -\frac{9}{25} & \frac{12}{25} & \frac{9}{25} \end{array}\right] & \begin{array}{c} 2 \\ \\ 3 \end{array} \end{array} \quad \text{kN/m}$$

$$= 200 \times \begin{array}{cc} & \begin{array}{cccc} 2 & & 3 & \end{array} \\ \left[\begin{array}{cccc} 192 & 144 & -192 & -144 \\ 144 & 108 & -144 & -108 \\ -192 & -144 & 192 & 144 \\ -144 & -108 & 144 & 108 \end{array}\right] & \begin{array}{c} 2 \\ \\ 3 \end{array} \end{array} \quad \text{kN/m}$$

$$\boldsymbol{k}^{③} = \begin{bmatrix} \boldsymbol{k}_{44}^{③} & \boldsymbol{k}_{43}^{③} \\ \boldsymbol{k}_{34}^{③} & \boldsymbol{k}_{33}^{③} \end{bmatrix} = \frac{3.0 \times 10^5}{3} \times \begin{array}{cc} & \begin{array}{cccc} 4 & & 3 & \end{array} \\ \left[\begin{array}{cccc} 0 & 0 & 0 & 0 \\ 0 & 1 & 0 & -1 \\ 0 & 0 & 0 & 0 \\ 0 & -1 & 0 & 1 \end{array}\right] & \begin{array}{c} 4 \\ \\ 3 \end{array} \end{array} \quad \text{kN/m}$$

$$= 200 \times \begin{array}{cc} & \begin{array}{cccc} 4 & & 3 & \end{array} \\ \left[\begin{array}{cccc} 0 & 0 & 0 & 0 \\ 0 & 500 & 0 & -500 \\ 0 & 0 & 0 & 0 \\ 0 & -500 & 0 & 500 \end{array}\right] & \begin{array}{c} 4 \\ \\ 3 \end{array} \end{array} \quad \text{kN/m}$$

$$\boldsymbol{k}^{④} = \begin{bmatrix} \boldsymbol{k}_{22}^{④} & \boldsymbol{k}_{24}^{④} \\ \boldsymbol{k}_{42}^{④} & \boldsymbol{k}_{44}^{④} \end{bmatrix} = \boldsymbol{k}^{①} = 200 \times \begin{array}{cc} & \begin{array}{cccc} 2 & & 4 & \end{array} \\ \left[\begin{array}{cccc} 375 & 0 & -375 & 0 \\ 0 & 0 & 0 & 0 \\ -375 & 0 & 375 & 0 \\ 0 & 0 & 0 & 0 \end{array}\right] & \begin{array}{c} 2 \\ \\ 4 \end{array} \end{array} \quad \text{kN/m}$$

（4）生成总刚度矩阵,建立总刚度方程

将上述各单元刚度矩阵的子块按下标对号入座,即可得桁架的总刚度矩阵为

$$\boldsymbol{K}^0 = \begin{bmatrix} \boldsymbol{k}_{11}^① & \boldsymbol{0} & \boldsymbol{k}_{13}^① & \boldsymbol{0} \\ \boldsymbol{0} & \boldsymbol{k}_{22}^②+\boldsymbol{k}_{22}^④ & \boldsymbol{k}_{23}^② & \boldsymbol{k}_{24}^④ \\ \boldsymbol{k}_{31}^① & \boldsymbol{k}_{32}^② & \boldsymbol{k}_{33}^①+\boldsymbol{k}_{33}^②+\boldsymbol{k}_{33}^③ & \boldsymbol{k}_{34}^③ \\ \boldsymbol{0} & \boldsymbol{k}_{42}^④ & \boldsymbol{k}_{43}^③ & \boldsymbol{k}_{44}^③+\boldsymbol{k}_{44}^④ \end{bmatrix} \begin{matrix}1\\2\\3\\4\end{matrix}$$

$$=200\times \begin{bmatrix} 375 & 0 & 0 & 0 & -375 & 0 & 0 & 0 \\ 0 & 0 & 0 & 0 & 0 & 0 & 0 & 0 \\ 0 & 0 & 567 & 144 & -192 & -144 & -375 & 0 \\ 0 & 0 & 144 & 108 & -144 & -108 & 0 & 0 \\ -375 & 0 & -192 & -144 & 567 & 144 & 0 & 0 \\ 0 & 0 & -144 & -108 & 144 & 608 & 0 & -500 \\ 0 & 0 & -375 & 0 & 0 & 0 & 375 & 0 \\ 0 & 0 & 0 & 0 & 0 & -500 & 0 & 500 \end{bmatrix} \text{kN/m}$$

据此,桁架的总刚度方程为

$$200\text{kN/m}\times \begin{bmatrix} 375 & 0 & 0 & 0 & -375 & 0 & 0 & 0 \\ 0 & 0 & 0 & 0 & 0 & 0 & 0 & 0 \\ 0 & 0 & 567 & 144 & -192 & -144 & -375 & 0 \\ 0 & 0 & 144 & 108 & -144 & -108 & 0 & 0 \\ -375 & 0 & -192 & -144 & 567 & 144 & 0 & 0 \\ 0 & 0 & -144 & -108 & 144 & 608 & 0 & -500 \\ 0 & 0 & -375 & 0 & 0 & 0 & 375 & 0 \\ 0 & 0 & 0 & 0 & 0 & -500 & 0 & 500 \end{bmatrix} \begin{bmatrix}u_1\\v_1\\u_2\\v_2\\u_3\\v_3\\u_4\\v_4\end{bmatrix} = \begin{bmatrix}F_{x1}\\F_{y1}\\F_{x2}\\F_{y2}\\0\\-20\text{kN}\\30\text{kN}\\0\end{bmatrix}$$

(5)建立结构刚度矩阵和结构刚度方程

支座位移边界条件为

$$\begin{bmatrix}\boldsymbol{\varDelta}_1\\\boldsymbol{\varDelta}_2\end{bmatrix} = \begin{bmatrix}u_1\\v_1\\u_2\\v_2\end{bmatrix} = \begin{bmatrix}0\\0\\0\\0\end{bmatrix}$$

将总刚度矩阵中对应上述边界位移的第 1 至 4 行和列删除即得结构刚度矩阵。相应的结构刚度方程为

$$200\text{kN/m}\times \begin{bmatrix} 567 & 144 & 0 & 0 \\ 144 & 608 & 0 & -500 \\ 0 & 0 & 375 & 0 \\ 0 & -500 & 0 & 500 \end{bmatrix} \begin{bmatrix}u_3\\v_3\\u_4\\v_4\end{bmatrix} = \begin{bmatrix}0\\-20\text{kN}\\30\text{kN}\\0\end{bmatrix}$$

(6)计算结点位移

由以上结构刚度方程可得

$$\boldsymbol{\varDelta} = \begin{bmatrix}u_3\\v_3\\u_4\\v_4\end{bmatrix} = \frac{1}{200\text{kN/m}}\times \begin{bmatrix} 567 & 144 & 0 & 0 \\ 144 & 608 & 0 & -500 \\ 0 & 0 & 375 & 0 \\ 0 & -500 & 0 & 500 \end{bmatrix}^{-1} \begin{bmatrix}0\\-20\text{kN}\\30\text{kN}\\0\end{bmatrix} = \frac{10^{-5}}{6}\times \begin{bmatrix}213.33\text{m}\\-840.00\text{m}\\240.00\text{m}\\-840.00\text{m}\end{bmatrix}$$

(7)计算杆端力

以①、②单元为例,其中单元①的局部坐标与结构坐标的方向一致,因此由单元刚度方程可得

$$
\begin{bmatrix} \overline{F}_{x1} \\ \overline{F}_{y1} \\ \overline{F}_{x3} \\ \overline{F}_{y3} \end{bmatrix}^{①} = \begin{bmatrix} F_{x1} \\ F_{y1} \\ F_{x3} \\ F_{y3} \end{bmatrix}^{①} = 200\mathrm{kN/m} \times \begin{bmatrix} 375 & 0 & -375 & 0 \\ 0 & 0 & 0 & 0 \\ -375 & 0 & 375 & 0 \\ 0 & 0 & 0 & 0 \end{bmatrix} \begin{bmatrix} u_1 \\ v_1 \\ u_3 \\ v_3 \end{bmatrix}
$$

$$
= 200\mathrm{kN/m} \times \begin{bmatrix} 375 & 0 & -375 & 0 \\ 0 & 0 & 0 & 0 \\ -375 & 0 & 375 & 0 \\ 0 & 0 & 0 & 0 \end{bmatrix} \times \frac{10^{-5}}{6} \times \begin{bmatrix} 0 \\ 0 \\ 213.33\mathrm{m} \\ -840.00\mathrm{m} \end{bmatrix} = \begin{bmatrix} -26.67\mathrm{kN} \\ 0 \\ 26.67\mathrm{kN} \\ 0 \end{bmatrix}
$$

对于单元②,可以先求得结构坐标系中的单元杆端力为

$$
\begin{bmatrix} F_{x2} \\ F_{y2} \\ F_{x3} \\ F_{y3} \end{bmatrix}^{②} = 200\mathrm{kN/m} \times \begin{bmatrix} 192 & 144 & -192 & -144 \\ 144 & 108 & -144 & -108 \\ -192 & -144 & 192 & 144 \\ -144 & -108 & 144 & 108 \end{bmatrix} \begin{bmatrix} u_2 \\ v_2 \\ u_3 \\ v_3 \end{bmatrix}
$$

$$
= 200\mathrm{kN/m} \times \begin{bmatrix} 192 & 144 & -192 & -144 \\ 144 & 108 & -144 & -108 \\ -192 & -144 & 192 & 144 \\ -144 & -108 & 144 & 108 \end{bmatrix} \times \frac{10^{-5}}{6} \times \begin{bmatrix} 0 \\ 0 \\ 213.33\mathrm{m} \\ -840.00\mathrm{m} \end{bmatrix} = \begin{bmatrix} 26.67\mathrm{kN} \\ 20.00\mathrm{kN} \\ -26.67\mathrm{kN} \\ -20.00\mathrm{kN} \end{bmatrix}
$$

由 $\overline{\boldsymbol{F}}^e = \boldsymbol{T}\boldsymbol{F}^e$,并利用式(2.10)可求得局部坐标系中的杆端力为

$$
\begin{bmatrix} \overline{F}_{x2} \\ \overline{F}_{y2} \\ \overline{F}_{x3} \\ \overline{F}_{y3} \end{bmatrix}^{②} = \begin{bmatrix} \frac{4}{5} & \frac{3}{5} & 0 & 0 \\ -\frac{3}{5} & \frac{4}{5} & 0 & 0 \\ 0 & 0 & \frac{4}{5} & \frac{3}{5} \\ 0 & 0 & -\frac{3}{5} & \frac{4}{5} \end{bmatrix} \begin{bmatrix} 26.67\mathrm{kN} \\ 20.00\mathrm{kN} \\ -26.67\mathrm{kN} \\ -20.00\mathrm{kN} \end{bmatrix} = \begin{bmatrix} 33.33\mathrm{kN} \\ 0 \\ -33.33\mathrm{kN} \\ 0 \end{bmatrix}
$$

(8)计算支座反力

由式(2.34b)结合考虑支座约束条件可得

$$
\begin{bmatrix} F_{x1} \\ F_{y1} \\ F_{x2} \\ F_{y2} \end{bmatrix} = 200\mathrm{kN/m} \times \begin{bmatrix} -375 & 0 & 0 & 0 \\ 0 & 0 & 0 & 0 \\ -192 & -144 & -375 & 0 \\ -144 & -108 & 0 & 0 \end{bmatrix} \times \frac{10^{-5}}{6} \times \begin{bmatrix} 213.33\mathrm{m} \\ -840.00\mathrm{m} \\ 240.00\mathrm{m} \\ -840.00\mathrm{m} \end{bmatrix} = \begin{bmatrix} -26.67\mathrm{kN} \\ 0 \\ -3.33\mathrm{kN} \\ 20\mathrm{kN} \end{bmatrix}
$$

(9)校核

考虑桁架的整体平衡

$$
\sum F_x = F_{x1} + F_{x2} + 30\mathrm{kN} = -26.67\mathrm{kN} - 3.33\mathrm{kN} + 30\mathrm{kN} = 0
$$

$$
\sum F_y = F_{y1} + F_{y2} - 20\mathrm{kN} = 0 + 20\mathrm{kN} - 20\mathrm{kN} = 0
$$

可见计算无误。

本例是一个简单的静定平面桁架,很容易用手算求解,但上述分析过程同样适用于结构很复杂的情况。更为重要的是,这种充分规一化的分析过程可以借助于应用软件由计算机自动实现。

例 2.2　试采用直接刚度法列出图 2.14(a)所示刚架的结构刚度方程。已知支座 B 有沉降 c。

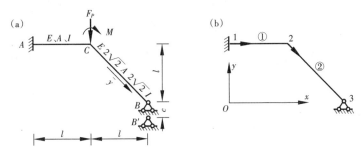

图 2.14

解　(1)结构标识

结构标识如图 2.14(b)所示,单元信息可见于表 2.3。

表 2.3

单　元	$i \to j$	杆　长	截面积	惯性矩	α	$\cos\alpha$	$\sin\alpha$
①	$1 \to 2$	l	A	I	0	—	—
②	$2 \to 3$	$\sqrt{2}l$	$2\sqrt{2}A$	$2\sqrt{2}I$	$315°$	$\dfrac{\sqrt{2}}{2}$	$-\dfrac{\sqrt{2}}{2}$

(2)建立结点位移向量和结点力向量

$$
\boldsymbol{F}^0 = \begin{bmatrix} \boldsymbol{F}_1 \\ \boldsymbol{F}_2 \\ \boldsymbol{F}_3 \end{bmatrix} = \begin{bmatrix} F_{x1} \\ F_{y1} \\ M_1 \\ 0 \\ -F_\mathrm{P} \\ -M \\ F_{x3} \\ F_{y3} \\ 0 \end{bmatrix}, \quad
\boldsymbol{\Delta}^0 = \begin{bmatrix} \boldsymbol{\Delta}_1 \\ \boldsymbol{\Delta}_2 \\ \boldsymbol{\Delta}_3 \end{bmatrix} = \begin{bmatrix} u_1 \\ v_1 \\ \theta_1 \\ u_2 \\ v_2 \\ \theta_2 \\ u_3 \\ v_3 \\ \theta_3 \end{bmatrix}
$$

(3)计算单元刚度矩阵

由式(2.21)可得单元①的刚度矩阵为

$$
\boldsymbol{k}^{①} = \begin{bmatrix}
\dfrac{EA}{l} & 0 & 0 & -\dfrac{EA}{l} & 0 & 0 \\
0 & \dfrac{12EI}{l^3} & \dfrac{6EI}{l^2} & 0 & -\dfrac{12EI}{l^3} & \dfrac{6EI}{l^2} \\
0 & \dfrac{6EI}{l^2} & \dfrac{4EI}{l} & 0 & -\dfrac{6EI}{l^2} & \dfrac{2EI}{l} \\
-\dfrac{EA}{l} & 0 & 0 & \dfrac{EA}{l} & 0 & 0 \\
0 & -\dfrac{12EI}{l^3} & -\dfrac{6EI}{l^2} & 0 & \dfrac{12EI}{l^3} & -\dfrac{6EI}{l^2} \\
0 & \dfrac{6EI}{l^2} & \dfrac{2EI}{l} & 0 & -\dfrac{6EI}{l^2} & \dfrac{4EI}{l}
\end{bmatrix}
\begin{matrix} \\ \\ 1 \\ \\ \\ 2 \end{matrix}
$$

由式(2.23b)可求得单元②的刚度矩阵元素项为

$$a_1 = \frac{E \times 2\sqrt{2}A}{\sqrt{2}l} \times \left(\frac{\sqrt{2}}{2}\right)^2 + \frac{12E \times 2\sqrt{2}I}{(\sqrt{2}l)^3} \times \left(-\frac{\sqrt{2}}{2}\right)^2 = \frac{EA}{l} + \frac{6EI}{l^3}$$

$$a_2 = \left(\frac{E \times 2\sqrt{2}A}{\sqrt{2}l} - \frac{12E \times 2\sqrt{2}I}{(\sqrt{2}l)^3}\right) \times \left(\frac{\sqrt{2}}{2}\right) \times \left(-\frac{\sqrt{2}}{2}\right) = -\frac{EA}{l} + \frac{6EI}{l^3}$$

$$a_3 = \frac{E \times 2\sqrt{2}A}{\sqrt{2}l} + \left(-\frac{\sqrt{2}}{2}\right)^2 \frac{12E \times 2\sqrt{2}I}{(\sqrt{2}l)^3} \times \left(\frac{\sqrt{2}}{2}\right)^2 = \frac{EA}{l} + \frac{6EI}{l^3}$$

$$a_4 = -\frac{6E \times 2\sqrt{2}I}{(\sqrt{2}l)^2} \times \left(-\frac{\sqrt{2}}{2}\right) = \frac{6EI}{l^2}$$

$$a_5 = \frac{6E \times 2\sqrt{2}I}{(\sqrt{2}l)^2} \times \left(\frac{\sqrt{2}}{2}\right) = \frac{6EI}{l^2}$$

$$a_6 = \frac{4E \times 2\sqrt{2}I}{\sqrt{2}l} = \frac{8EI}{l}$$

据此,按式(2.23a)可求得单元②的刚度矩阵为

$$\boldsymbol{k}^{②} = \begin{bmatrix}
\frac{EA}{l}+\frac{6EI}{l^3} & -\frac{EA}{l}+\frac{6EI}{l^3} & \frac{6EI}{l^2} & -\frac{EA}{l}-\frac{6EI}{l^3} & \frac{EA}{l}-\frac{6EI}{l^3} & \frac{6EI}{l^2} \\
-\frac{EA}{l}+\frac{6EI}{l^3} & \frac{EA}{l}+\frac{6EI}{l^3} & \frac{6EI}{l^2} & \frac{EA}{l}-\frac{6EI}{l^3} & -\frac{EA}{l}-\frac{6EI}{l^3} & \frac{6EI}{l^2} \\
\frac{6EI}{l^2} & \frac{6EI}{l^2} & \frac{8EI}{l} & -\frac{6EI}{l^2} & -\frac{6EI}{l^2} & \frac{4EI}{l} \\
-\frac{EA}{l}-\frac{6EI}{l^3} & \frac{EA}{l}-\frac{6EI}{l^3} & -\frac{6EI}{l^2} & \frac{EA}{l}+\frac{6EI}{l^3} & -\frac{EA}{l}+\frac{6EI}{l^3} & -\frac{6EI}{l^2} \\
\frac{EA}{l}-\frac{6EI}{l^3} & -\frac{EA}{l}-\frac{6EI}{l^3} & -\frac{6EI}{l^2} & -\frac{EA}{l}+\frac{6EI}{l^3} & \frac{EA}{l}+\frac{6EI}{l^3} & -\frac{6EI}{l^2} \\
\frac{6EI}{l^2} & \frac{6EI}{l^2} & \frac{4EI}{l} & -\frac{6EI}{l^2} & -\frac{6EI}{l^2} & \frac{8EI}{l}
\end{bmatrix} \begin{matrix} \\ 2 \\ \\ \\ 3 \\ \end{matrix}$$

(4)生成总刚度矩阵,建立总刚度方程

将单元刚度矩阵的子块按其下标对号入座即得总刚度矩阵,进而可列出该刚架的总刚度方程为

$$\begin{bmatrix}
\frac{EA}{l} & 0 & 0 & -\frac{EA}{l} & 0 & 0 & 0 & 0 & 0 \\
0 & \frac{12EI}{l^3} & \frac{6EI}{l^2} & 0 & -\frac{12EI}{l^3} & \frac{6EI}{l^2} & 0 & 0 & 0 \\
0 & \frac{6EI}{l^2} & \frac{4EI}{l} & 0 & -\frac{6EI}{l^2} & \frac{2EI}{l} & 0 & 0 & 0 \\
-\frac{EA}{l} & 0 & 0 & \frac{2EA}{l}+\frac{6EI}{l^3} & -\frac{EA}{l}+\frac{6EI}{l^3} & \frac{6EI}{l^2} & -\frac{EA}{l}-\frac{6EI}{l^3} & \frac{EA}{l}-\frac{6EI}{l^3} & \frac{6EI}{l^2} \\
0 & -\frac{12EI}{l^3} & -\frac{6EI}{l^2} & -\frac{EA}{l}+\frac{6EI}{l^3} & \frac{EA}{l}+\frac{18EI}{l^3} & 0 & \frac{EA}{l}-\frac{6EI}{l^3} & -\frac{EA}{l}-\frac{6EI}{l^3} & \frac{6EI}{l^2} \\
0 & \frac{6EI}{l^2} & \frac{2EI}{l} & \frac{6EI}{l^2} & 0 & \frac{12EI}{l} & -\frac{6EI}{l^2} & -\frac{6EI}{l^2} & \frac{4EI}{l} \\
0 & 0 & 0 & -\frac{EA}{l}-\frac{6EI}{l^3} & \frac{EA}{l}-\frac{6EI}{l^3} & -\frac{6EI}{l^2} & \frac{EA}{l}+\frac{6EI}{l^3} & -\frac{EA}{l}+\frac{6EI}{l^3} & -\frac{6EI}{l^2} \\
0 & 0 & 0 & \frac{EA}{l}-\frac{6EI}{l^3} & -\frac{EA}{l}-\frac{6EI}{l^3} & -\frac{6EI}{l^2} & -\frac{EA}{l}+\frac{6EI}{l^3} & \frac{EA}{l}+\frac{6EI}{l^3} & -\frac{6EI}{l^2} \\
0 & 0 & 0 & \frac{6EI}{l^2} & \frac{6EI}{l^2} & \frac{4EI}{l} & -\frac{6EI}{l^2} & -\frac{6EI}{l^2} & \frac{8EI}{l}
\end{bmatrix} \begin{bmatrix} u_1 \\ v_1 \\ \theta_1 \\ u_2 \\ v_2 \\ \theta_2 \\ u_3 \\ v_3 \\ \theta_3 \end{bmatrix} = \begin{bmatrix} F_{x1} \\ F_{y1} \\ M_1 \\ 0 \\ -F_P \\ -M \\ F_{x3} \\ F_{y3} \\ 0 \end{bmatrix}$$

(5)建立结构刚度矩阵和结构刚度方程

支座位移边界条件为：$u_1 = v_1 = \theta_1 = u_3 = 0, v_3 = -c$。将总刚度矩阵中对应这些位移的行和列删去就得到结构刚度矩阵。按照本章式(2.32)~式(2.35)的处理方法对结点力向量进行修改后就可以得到结构刚度方程。

为了直观起见，可以将位移边界条件的处理分两步进行。首先考虑支座处位移等于零的情况，即边界条件 $u_1 = v_1 = \theta_1 = u_3 = 0$。此时，只需要简单地将总刚度矩阵中对应这些位移的行和列删除，并删除 $\boldsymbol{\Delta}^0$、$\boldsymbol{F}^0$ 中的上述位移及其相应的结点力，得

$$
\begin{bmatrix}
\dfrac{2EA}{l}+\dfrac{6EI}{l^3} & -\dfrac{EA}{l}+\dfrac{6EI}{l^3} & \dfrac{6EI}{l^2} & \dfrac{EA}{l}-\dfrac{6EI}{l^3} & \dfrac{6EI}{l^2} \\
-\dfrac{EA}{l}+\dfrac{6EI}{l^3} & \dfrac{EA}{l}+\dfrac{18EI}{l^3} & 0 & -\dfrac{EI}{l}-\dfrac{6EI}{l^3} & \dfrac{6EI}{l^2} \\
\dfrac{6EI}{l^2} & 0 & \dfrac{12EI}{l} & -\dfrac{6EI}{l^2} & \dfrac{4EI}{l} \\
\dfrac{EA}{l}-\dfrac{6EI}{l^3} & -\dfrac{EA}{l}-\dfrac{6EI}{l^3} & -\dfrac{6EI}{l^2} & \dfrac{EA}{l}+\dfrac{6EI}{l^3} & -\dfrac{6EI}{l^2} \\
\dfrac{6EI}{l^3} & \dfrac{6EI}{l^2} & \dfrac{4EI}{l^2} & -\dfrac{6EI}{l^2} & \dfrac{8EI}{l}
\end{bmatrix}
\begin{bmatrix} u_2 \\ v_2 \\ \theta_2 \\ v_3 \\ \theta_3 \end{bmatrix}
=
\begin{bmatrix} 0 \\ -F_P \\ -M \\ F_{y3} \\ 0 \end{bmatrix}
$$

因已知 $v_3 = -c$，以上所示的五个方程中仅有四个未知位移，求解时应将其中第四个方程删除，得

$$
\begin{bmatrix}
\dfrac{2EA}{l}+\dfrac{6EI}{l^3} & -\dfrac{EA}{l}+\dfrac{6EI}{l^3} & \dfrac{6EI}{l^2} & \dfrac{EA}{l}-\dfrac{6EI}{l^3} & \dfrac{6EI}{l^2} \\
-\dfrac{EA}{l}+\dfrac{6EI}{l^3} & \dfrac{EA}{l}+\dfrac{18EI}{l^3} & 0 & -\dfrac{EI}{l}-\dfrac{6EI}{l^3} & \dfrac{6EI}{l^2} \\
\dfrac{6EI}{l^2} & 0 & \dfrac{12EI}{l} & -\dfrac{6EI}{l^2} & \dfrac{4EI}{l} \\
\dfrac{6EI}{l^2} & \dfrac{6EI}{l} & \dfrac{4EI}{l^2} & -\dfrac{6EI}{l^2} & \dfrac{8EI}{l}
\end{bmatrix}
\begin{bmatrix} u_2 \\ v_2 \\ \theta_2 \\ -c \\ \theta_3 \end{bmatrix}
=
\begin{bmatrix} 0 \\ -F_P \\ -M \\ \end{bmatrix}
$$

上式等号左边系数矩阵中的第四列元素与 $-c$ 的乘积构成一列常数项，在求解时应移至等号的右边，并与原右端项合并。于是，有

$$
\begin{bmatrix}
\dfrac{2EA}{l}+\dfrac{6EI}{l^3} & -\dfrac{EA}{l}+\dfrac{6EI}{l^3} & \dfrac{6EI}{l^2} & \dfrac{6EI}{l^2} \\
-\dfrac{EA}{l}+\dfrac{6EI}{l^3} & \dfrac{EA}{l}+\dfrac{18EI}{l^3} & 0 & \dfrac{6EI}{l^2} \\
\dfrac{6EI}{l^2} & 0 & \dfrac{12EI}{l} & \dfrac{4EI}{l} \\
\dfrac{6EI}{l^3} & \dfrac{6EI}{l} & \dfrac{4EI}{l^2} & \dfrac{8EI}{l}
\end{bmatrix}
\begin{bmatrix} u_2 \\ v_2 \\ \theta_2 \\ \theta_3 \end{bmatrix}
=
\begin{bmatrix}
\left(\dfrac{EA}{l}-\dfrac{6EI}{l^3}\right)c \\
-F_P-\left(\dfrac{EA}{l}+\dfrac{6EI}{l^3}\right)c \\
-M-\dfrac{6EI}{l^2}\cdot c \\
-\dfrac{6EI}{l^2}\cdot c
\end{bmatrix}
$$

由此可见，在处理非零位移边界条件时，可与处理零位移边界条件时一样作删除，但需要将总刚度矩阵中非零已知位移所对应的一列元素与该位移的乘积算出且移至方程的右端，并与原结点力向量叠加。

2.5　直接刚度法的计算机处理

上一节中介绍了用直接刚度法进行结构矩阵分析的过程。在所举的两个例题中结构的杆件数量都很少，而实际结构的杆件数量要多得多，分析过程只能通过程序利用电子计算机来实现。这也是采用矩阵位移法进行结构分析的目的所在。桁架、刚架等结构

的计算程序大多是按照直接刚度法的基本原理和分析过程编制的。为了提高计算效率、节约计算机存储空间和方便计算程序的编制,在实现直接刚度法的分析过程时通常还需采用一些技术上的措施。本节将对一些常用的技术措施作一介绍,这些处理方法将在以后各章所介绍的计算程序设计中得到应用。

2.5.1　总刚度矩阵的计算机存储

　　计算机的容量即存储信息的能力是有限的。在矩阵位移法的分析过程中需要将结构的各种原始数据、计算求得的总刚度矩阵中的各个元素、结点位移向量、许多中间数据信息和有关计算结果等存入计算机的存储单元。其中,总刚度矩阵元素所占的存储空间是最大的。若一平面刚架具有 40 个结点,由于每个结点有三个自由度,总刚度矩阵就是一个 $3 \times 40 = 120$ 阶的方阵。总刚度矩阵中的元素共计有 $120 \times 120 = 14\ 400$ 个。如果将这些元素全部存入计算机,则需要占用大量的计算机存储单元。为了扩大计算机的运算能力,应当尽可能地节约它的存储空间,特别是节约总刚度矩阵元素所占用的存储空间。

　　总刚度矩阵是一个对称矩阵。由此自然就想到只需要存储总刚度矩阵主对角元素及其一侧的副元素。若将总刚度矩阵上三角部分的元素存入计算机,在计算需要用到下三角部分的元素时,可以按照对称原则从上三角部分的元素中提取。

　　由图 2.12(a)所示结构的总刚度矩阵可以看出,总刚度矩阵通常是一个带状矩阵,在靠近总刚度矩阵的右上角和左下角处集中了许多零元素。若作一对平行于总刚度矩阵元素主对角线的直线如图 2.15(a)虚线所示,将矩阵中的所有非零元素(用"×"表示)均包括在这对平行线之间,这对平行线之间宽度方向可含元素的个数称为总刚度矩阵的**带宽**,记为 M。由总刚度矩阵主对角元素开始至其中一条平行线之间宽度方向可含元素的个数称为**半带宽**,记为 MS。当采用高斯消去法求解线性方程组时,上述带宽 M 之外的零元素可不必参与计算,再考虑到矩阵的对称性,实际上只需要存放半带宽 MS 范围内的总刚度矩阵元素。将上述总刚度矩阵元素存放到一个二维数组中,如图 2.15(b)所示,这样的存放方式称为二维等带宽存放。采用这种存放方式不仅大大地节约了计算机的

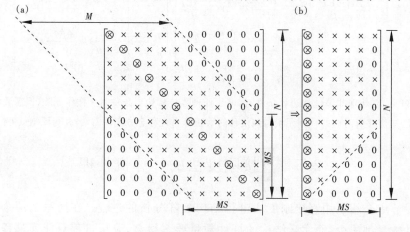

图 2.15

存储空间,而且可免去不必要的与零元素相乘的运算,提高了运算效率。由图 2.15 可以看出,原总刚度矩阵中处于地址(I,J)的元素在采用二维等带宽存储后的地址应为$(I,J-I+1)$,原位于对角线上的主元素现应位于该二维数组的第一列。

对于同一个结构来说,当采用不同的结点编号顺序时总刚度矩阵的带宽通常是不同的。例如对于图 2.16(a)所示刚架,当采用图 2.16(b)～(d)三种结点编号顺序时,总刚度矩阵中的非零子块(用"×"表示)的分布分别如图 2.16(b′)～(d′)所示。因为每一个结点子块对平面刚架来说是一个 3×3 的子矩阵,所以采用图 2.16(b)的编号顺序时总刚度矩阵的半带宽 $MS=3\times3=9$,对于图(c)、(d)两种编号顺序半带宽分别为 $MS=5\times3=15$ 和 $MS=8\times3=24$。由此可以看出,采用图 2.16(b)的结点编号顺序对于节约计算机存储空间及提高运算效率均为有利。

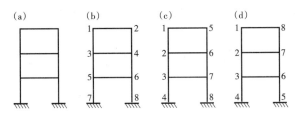

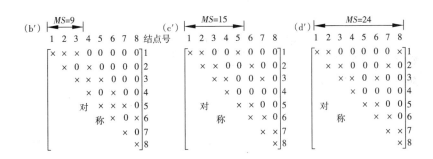

图 2.16

总刚度矩阵的半带宽取决于结构相关结点的结点号之差的最大值。所谓相关结点是指相互间有某一单元联系的两结点。总刚度矩阵半带宽的计算公式为

$$MS=(结点号差最大值+1)\times结点自由度数 \qquad (2.36)$$

总刚度矩阵还有另一种存放方式,称为一维变带宽存放。对某些特殊的情况这种存放方式将特别有利。例如图 2.17 所示桁架,如果该桁架下方这一斜杆不存在,上面部分按图示结点编号时相关结点号差最大为 3,此时总刚度矩阵的半带宽 $MS=(3+1)\times2=8$;但当有下方斜杆存在时,按图示编号顺序的最大号差为 8,此时$MS=(8+1)\times2=18$。实际上,此时总刚度矩阵上三角部分中只有 $\pmb{K}_{7,15}$ 这一非零子块特别冒出。如果把总刚度矩阵各行由主对角元素开始至最后一个非零元素为止的元素个数称为每一行的半带宽,并将

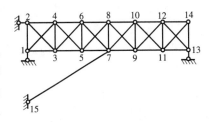

图 2.17

各行半带宽范围内的元素逐行存入一维数组,这就是总刚度矩阵的一维变带宽存放。采用一维变带宽存放可进一步节省计算机的存储空间,但总刚度矩阵元素的地址计算略为复杂一些。

无论总刚度矩阵是采用二维等带宽存放还是一维变带宽存放,在对结构进行结点编号时都应注意使相关结点的结点号之差尽可能地缩小,从而节省计算机的存储空间并提高运算效率。

2.5.2　位移边界条件的处理

在上一节中已经介绍了通过行、列删除来处理支座位移边界条件的方法,但因为采用这种方法处理边界条件时需要重新组织系统方程,不仅消耗计算时间,计算机程序的编制也较困难,所以在程序设计中一般多采用其他等效的处理方法。

为了避免重新组织系统方程,一般不希望将总刚度矩阵换行换列重新排列,也不希望改变总刚度矩阵的阶数,以便使总刚度矩阵中各元素的地址始终保持不变。下面先通过一个具体例子来说明符合上述要求的一种位移边界条件的等效处理方法。

设有一线性代数方程组

$$\begin{bmatrix} a_{11} & a_{12} & a_{13} \\ a_{21} & a_{22} & a_{23} \\ a_{31} & a_{32} & a_{33} \end{bmatrix} \begin{bmatrix} x_1 \\ x_2 \\ x_3 \end{bmatrix} = \begin{bmatrix} b_1 \\ b_2 \\ b_3 \end{bmatrix}$$

其中 x_1、x_2、x_3 为未知量。若 x_2 取已知值 $x_2 = \bar{x}_2$,可以将上述方程改写为

$$\begin{bmatrix} a_{11} & 0 & a_{13} \\ 0 & 1 & 0 \\ a_{31} & 0 & a_{33} \end{bmatrix} \begin{bmatrix} x_1 \\ x_2 \\ x_3 \end{bmatrix} = \begin{bmatrix} b_1 - a_{12}\bar{x}_2 \\ \bar{x}_2 \\ b_3 - a_{32}\bar{x}_2 \end{bmatrix}$$

该方程组与原方程组同阶并且同解,据此可以求解 x_1、x_3,而 x_2 则仍保持原已知值。

上述方法可以适用于任意阶的线性代数方程组。若结构的结点位移向量 $\boldsymbol{\Delta}^0$ 中的第 i 项位移为已知值,则可以按以下的步骤对总刚度方程进行处理:

1)将右端项向量 $\boldsymbol{F}^0$ 中的第 i 项改为该已知值,$\boldsymbol{F}^0$ 中的其余各项需分别减去位于总刚度矩阵 $\boldsymbol{K}^0$ 第 i 列的元素与该已知位移值的乘积。

2)将 $\boldsymbol{K}^0$ 的第 i 行主对角元素赋值为 1,第 i 行和第 i 列的其他元素均赋值为零。

对于所有位移边界条件均作上述处理后采用高斯消去法求解方程组,即可得到所有未知的结点位移。

当总刚度矩阵采用二维等带宽存放时,在位移边界条件处理过程中应注意矩阵元素地址的对应关系。图 2.18 就是这种对应关系的示例。

图 2.18(a)表示某一结构对应的总刚度矩阵。这是一个 10 阶矩阵,共包含 100 个矩阵元素(用"×"表示一个元素)。当第 4 项结点位移为已知值时,需对矩阵的第 4 行及第 4 列元素作图示的处理。若仅考虑总刚度矩阵上三角半带宽范围内的元素,则需处理的矩阵元素如图 2.18(b)所示。当采用二维等带宽存放时,应处理的元素位置如图 2.18(c)所示。

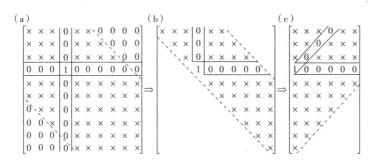

图 2.18

由图 2.18(c)不难看出,若总刚度矩阵采用二维等带宽存放,当已知支座位移的项号不同时,需要作赋值处理的元素个数常常是不同的。这一点在编制计算程序时应当注意。

上述位移边界条件的处理方法实质上就是将一个线性方程组的第 i 个方程改为 $x_i = \bar{x}_i$,$\bar{x}_i$ 表示已知位移。这一要求在计算程序中也可以通过另一种方法来实现。这种方法称为"冲大数"处理法,它是将线性方程组系数矩阵中处于第 i 行的主对角元素乘以一个大数 R,并将右端向量的第 i 项代以 $R \cdot a_{ii} \cdot \bar{x}_i$。这样,方程组的第 i 个方程就成为

$$a_{11}x_1 + a_{12}x_2 + \cdots + R \cdot a_{ii} \cdot x_i + \cdots + a_{1n}x_n = R \cdot a_{ii} \cdot \bar{x}_i$$

当 R 足够大时,上述方程中只有包含 R 的两项起决定作用,其余各项相对于这两项来说数值很小,其影响可以忽略。因此,经上述处理后的方程便等价于 $x_i = \bar{x}_i$。根据经验,大数 R 的值一般可取 $10^6 \sim 10^8$。

在引入边界条件以后,就可以通过求解线性方程组得到未知的结点位移。

2.6　直接刚度法的另一种形式——先处理法

前面介绍的直接刚度法,结构的支座位移边界条件是在生成原始的总刚度矩阵之后引入的,这种方法可称为直接刚度法的后处理法。采用后处理法时结构每一个结点上的未知位移个数以及各单元刚度矩阵的阶数都是相同的,总刚度矩阵的阶数很容易根据结点总数求得,整个分析过程便于规一化,方便了计算程序的设计。但采用后处理法时,在总刚度方程中包括了支座位移方向的平衡方程,故总刚度矩阵的阶数较高,需占用较多的计算机存储量,也影响线性方程组的求解速度。如果结构的支座约束数量较多的话就显得不够经济。另外,对于梁来说实际上一般不存在轴向变形,对于刚架结构也常可以忽略单元轴向变形对内力的影响。考虑上述因素后,位移法基本未知量数目常可大为减少。为了充分考虑这些因素,便出现了直接刚度法的另一种形式——先处理法。

所谓先处理法,就是在计算和生成总刚度矩阵时,先已将支座位移边界条件和因不计刚架杆轴向变形等引起的结点位移相关关系作了考虑。实际上当单元两端的某些位移已知为零时,只需要将 2.3 节中所列的单元刚度矩阵中对应于上述位移的行和列删去,就可以得到考虑位移约束后的单元刚度矩阵。采用先处理法时,各个单元刚度矩阵的阶数常常是不同的,结构的结点位移向量中只需要列入独立的未知结点位移;相应地,

结点力向量中也不必包括支座反力。此时,单元刚度矩阵的元素是按其相应的位移序号对号入座送入总刚度矩阵的相应位置并叠加,从而直接生成结构刚度矩阵。因为在上述过程中已经考虑了结构的位移边界条件,所以生成的结构刚度矩阵是一个对称正定矩阵。求解结构刚度方程便可得到未知的结点位移,然后就可以进一步求得各单元的杆端内力和结构的支座反力。以下结合一个具体的例子说明先处理法的基本解题步骤。

图 2.19(a)示出一平面刚架,若忽略杆件的轴向变形,现对刚架进行分析。结点、单元的编号和结构及单元坐标系的选取如图 2.19(b)所示。单元局部坐标系的原点各柱单

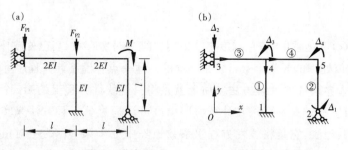

图 2.19

元均设在其上端,各横梁单元均设在其左端。忽略杆件的轴向变形后,结构的未知结点位移共有 4 个,即结点 3 的竖向线位移和结点 2、4、5 的角位移,如图 2.19(b)所示。若将上述位移按其在总位移向量中位置先后顺序编号,则结构的未知结点位移向量和结点荷载向量分别为

$$\boldsymbol{\Delta} = \begin{bmatrix} \theta_2 \\ v_3 \\ \theta_4 \\ \theta_5 \end{bmatrix} = \begin{bmatrix} \Delta_1 \\ \Delta_2 \\ \Delta_3 \\ \Delta_4 \end{bmatrix}, \qquad F = \begin{bmatrix} 0 \\ -F_{P1} \\ 0 \\ -M \end{bmatrix}$$

以上结点位移和结点荷载均是以与结构坐标方向一致时为正。应当注意的是,结点荷载向量中不包括结点 4 上作用的竖向荷载,这是因为在忽略杆件轴向变形的情况下,结点 4 不会发生竖向位移。根据位移法可以判定,这一竖向荷载仅使单元①产生一个数值为 F_{P2} 的轴向压力,它对刚架结点位移和其余杆件的内力均无影响。这样,在利用矩阵位移法的先处理法进行分析时可以先不考虑这一荷载,待分析完毕后再对单元①的杆端轴力和支座 1 的竖向反力进行修正即可。

以下先求各单元刚度矩阵。因为忽略杆件的轴向变形,所以可参照式(2.19)梁式单元刚度矩阵的通式。采用先处理法在形成单元刚度矩阵时应考虑结点位移的约束条件。这样,对于单元①来说,只有结点 4 具有未知角位移 Δ_3,对应式(2.18)中的 θ_i,其余结点位移 $\overline{v}_i$、$\overline{v}_j$、$\overline{\theta}_j$ 的值均为零。此时,只需将式(2.19)所示的单元刚度矩阵中的第 1,3,4 行和列删除,即可得到局部坐标系中单元①的刚度矩阵为

$$3(\theta_4)$$
$$\overline{\boldsymbol{k}}^① = EI\left(\frac{4}{l}\right)3(\theta_4)$$

上述单元刚度矩阵表示,当单元①发生结点角位移 $\Delta_3 = 1$ 而其余的结点位移均为零时,Δ_3 方向的杆端弯矩为 $\frac{4EI}{l}$。矩阵上方和右侧的数字 3 是用于提示刚度矩阵元素所对应的位移序号,便于在送入结构刚度矩阵时找到相应的位置;(θ_4)是用于提示该项位移的性质和发生位置,以下亦同。由于单元①的刚度矩阵中仅包含角位移项,而角位移和弯矩的值在坐标转换时是不会发生改变的。因此,结构坐标系中单元①的刚度矩阵与局部坐标系中的刚度矩阵相同,即有

$$\boldsymbol{k}^{①} = \overline{\boldsymbol{k}}^{①} = EI \left(\frac{4}{l} \right) \begin{matrix} 3(\theta_4) \\ 3(\theta_4) \end{matrix}$$

按照同样的道理,可以根据式(2.19)求得其他各单元的刚度矩阵为

$$\boldsymbol{k}^{②} = \overline{\boldsymbol{k}}^{②} = EI \begin{matrix} 4(\theta_5) \ 1(\theta_2) \\ \begin{bmatrix} \dfrac{4}{l} & \dfrac{2}{l} \\ \dfrac{2}{l} & \dfrac{4}{l} \end{bmatrix} \begin{matrix} 4(\theta_5) \\ 1(\theta_2) \end{matrix} \end{matrix}, \quad \boldsymbol{k}^{③} = \overline{\boldsymbol{k}}^{③} = EI \begin{matrix} 2(v_3) \ 3(\theta_4) \\ \begin{bmatrix} \dfrac{24}{l^3} & \dfrac{12}{l^2} \\ \dfrac{12}{l^2} & \dfrac{8}{l} \end{bmatrix} \begin{matrix} 2(v_3) \\ 3(\theta_4) \end{matrix} \end{matrix}$$

$$\boldsymbol{k}^{④} = \overline{\boldsymbol{k}}^{④} = EI \begin{matrix} 3(\theta_4) \ 4(\theta_5) \\ \begin{bmatrix} \dfrac{8}{l} & \dfrac{4}{l} \\ \dfrac{4}{l} & \dfrac{8}{l} \end{bmatrix} \begin{matrix} 3(\theta_4) \\ 4(\theta_5) \end{matrix} \end{matrix}$$

以上单元③的刚度矩阵中除了角位移项外还包括了线位移项。但因为单元③的局部坐标系与结构坐标系的方向是一致的,所以单元刚度矩阵不需要坐标转换。这样,该刚架在采用上述结构和单元坐标系进行分析时,所有的单元刚度矩阵均不需要作坐标转换。这也说明当刚架结构不考虑杆件的轴向变形时,通过恰当地设定坐标系常可以避免坐标转换,从而使计算得以简化。

将上述单元刚度矩阵的元素按所对应的结点位移序号对号入座,便可以得到结构刚度矩阵为

$$\boldsymbol{K} = EI \begin{matrix} 1(\theta_2) \quad 2(v_3) \qquad 3(\theta_4) \qquad 4(\theta_5) \\ \begin{bmatrix} \dfrac{4}{l}^{②} & 0 & 0 & \dfrac{2}{l}^{②} \\ 0 & \dfrac{24}{l^3}^{③} & \dfrac{12}{l^2}^{③} & 0 \\ 0 & \dfrac{12}{l^2}^{③} & \dfrac{4}{l}^{①} + \dfrac{8}{l}^{③} + \dfrac{8}{l}^{④} & \dfrac{4}{l}^{④} \\ \dfrac{2}{l}^{②} & 0 & \dfrac{4}{l}^{④} & \dfrac{4}{l}^{②} + \dfrac{8}{l}^{④} \end{bmatrix} \begin{matrix} 1(\theta_2) \\ 2(v_3) \\ 3(\theta_4) \\ 4(\theta_5) \end{matrix} \end{matrix} = EI \begin{bmatrix} \dfrac{4}{l} & 0 & 0 & \dfrac{2}{l} \\ 0 & \dfrac{24}{l^3} & \dfrac{12}{l^2} & 0 \\ 0 & \dfrac{12}{l^2} & \dfrac{20}{l} & \dfrac{4}{l} \\ \dfrac{2}{l} & 0 & \dfrac{4}{l} & \dfrac{12}{l} \end{bmatrix}$$

以上结构刚度矩阵中有两个主元素是由数项元素叠加而成的。这是因为当一个结点同时与几个单元相连时,使它发生某项单位位移时在该结点上需作用的结点力等于上述诸单元的杆端力之和。

在求得了结构刚度矩阵之后,就容易写出结构刚度方程为

$$
EI
\begin{bmatrix}
\dfrac{4}{l} & 0 & 0 & \dfrac{2}{l} \\[2mm]
0 & \dfrac{24}{l^3} & \dfrac{12}{l^2} & 0 \\[2mm]
0 & \dfrac{12}{l^2} & \dfrac{20}{l} & \dfrac{4}{l} \\[2mm]
\dfrac{2}{l} & 0 & \dfrac{4}{l} & \dfrac{12}{l}
\end{bmatrix}
\begin{bmatrix}
\Delta_1 \\ \Delta_2 \\ \Delta_3 \\ \Delta_4
\end{bmatrix}
=
\begin{bmatrix}
0 \\ -F_{P1} \\ 0 \\ -M
\end{bmatrix}
$$

由此可以求得各未知结点位移为

$$
\begin{bmatrix}
\Delta_1 \\ \Delta_2 \\ \Delta_3 \\ \Delta_4
\end{bmatrix}
=\frac{1}{EI}
\begin{bmatrix}
\dfrac{4}{l} & 0 & 0 & \dfrac{2}{l} \\[2mm]
0 & \dfrac{24}{l^3} & \dfrac{12}{l^2} & 0 \\[2mm]
0 & \dfrac{12}{l^2} & \dfrac{20}{l} & \dfrac{4}{l} \\[2mm]
\dfrac{2}{l} & 0 & \dfrac{4}{l} & \dfrac{12}{l}
\end{bmatrix}^{-1}
\begin{bmatrix}
0 \\ -F_{P1} \\ 0 \\ -M
\end{bmatrix}
=\frac{1}{276EI}
\begin{bmatrix}
2F_{P1}l^2+14Ml \\
-17F_{P1}l^3-4Ml^2 \\
11F_{P1}l^2+8Ml \\
-4F_{P1}l^2-28Ml
\end{bmatrix}
$$

对于本例,局部坐标系和结构坐标系中的单元结点位移是相同的,因此可将上述结点位移直接代入式(2.18)求得各单元局部坐标系中的杆端力。以单元③为例,杆端力为

$$
\begin{bmatrix}
\overline{F}_{y3} \\ \overline{M}_3 \\ \overline{F}_{y4} \\ \overline{M}_4
\end{bmatrix}
=EI
\begin{bmatrix}
\dfrac{24}{l^3} & \dfrac{12}{l^2} & -\dfrac{24}{l^3} & \dfrac{12}{l^2} \\[2mm]
\dfrac{12}{l^2} & \dfrac{8}{l} & -\dfrac{12}{l^2} & \dfrac{4}{l} \\[2mm]
-\dfrac{24}{l^3} & -\dfrac{12}{l^2} & -\dfrac{24}{l^3} & -\dfrac{12}{l^2} \\[2mm]
\dfrac{12}{l^2} & \dfrac{4}{l} & -\dfrac{12}{l} & \dfrac{8}{l}
\end{bmatrix}
\cdot\frac{1}{276EI}
\begin{bmatrix}
-17F_{P1}l^3-4Ml^2 \\ 0 \\ 0 \\ 11F_{P1}l^2+8Ml
\end{bmatrix}
$$

$$
=
\begin{bmatrix}
-F_{P1} \\
-0.58F_{P1}l-0.058M \\
F_{P1} \\
-0.42F_{P1}l+0.058M
\end{bmatrix}
$$

综上所述,采用先处理法进行结构矩阵分析的步骤如下:

1)结构标识,其中包括对结点和单元编号,设定单元坐标系和结构坐标系。

2)建立未知结点位移向量和结点荷载向量。

3)计算考虑位移约束条件后的各单元刚度矩阵。

4)生成结构刚度矩阵,建立结构刚度方程。

5)求解结构刚度方程,得未知结点位移。

6)计算各单元的杆端力和支座反力。

7)校核。

例 2.3　试采用先处理法建立图 2.20(a)所示刚架的结构刚度方程,忽略杆件的轴向变形。

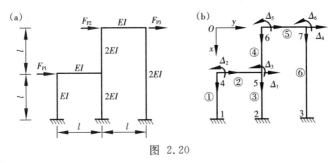

图 2.20

解 (1)结构标识

结构标识如图 2.20(b)所示。单元局部坐标系的原点,各柱单元均设在其上端,各横梁单元均设在其左端,如图中杆上箭头所示。本例中结构坐标系方向取为与柱单元局部坐标系方向相同,此时所有单元的量就都不需要作坐标转换。这是因为忽略杆件的轴向变形之后,横梁单元刚度矩阵中只包含角位移项而不出现线位移项的缘故。

(2)建立未知结点位移向量和结点荷载向量

该刚架独立的未知结点位移共有六个,即结点 4、5、6、7 的角位移和两横梁处的水平线位移,这些位移均按结构坐标系的正方向设取,如图 2.20(b)所示。因为结构刚度方程中对应于 Δ_1、Δ_4 的两个方程表示了横梁在 Δ_1、Δ_4 方向,即水平方向的截面平衡方程,所以相应的结点荷载应该是每一根横梁所受水平荷载的合力。此时,结构的未知结点位移向量和相应的结点荷载向量分别为

$$\boldsymbol{\Delta}=\begin{bmatrix}v_4\\\theta_4\\\theta_5\\v_6\\\theta_6\\\theta_7\end{bmatrix}=\begin{bmatrix}\Delta_1\\\Delta_2\\\Delta_3\\\Delta_4\\\Delta_5\\\Delta_6\end{bmatrix},\quad F=\begin{bmatrix}F_{P1}\\0\\0\\F_{P2}+F_{P3}\\0\\0\end{bmatrix}$$

(3)计算单元刚度矩阵

$$\boldsymbol{k}^{①}=EI\begin{array}{c}1(v_4)2(\theta_4)\\\begin{bmatrix}\dfrac{12}{l^3}&\dfrac{6}{l^2}\\\dfrac{6}{l^2}&\dfrac{4}{l}\end{bmatrix}\begin{array}{l}1(v_4)\\2(\theta_4)\end{array}\end{array},\quad \boldsymbol{k}^{②}=EI\begin{array}{c}2(\theta_4)3(\theta_5)\\\begin{bmatrix}\dfrac{4}{l}&\dfrac{2}{l}\\\dfrac{2}{l}&\dfrac{4}{l}\end{bmatrix}\begin{array}{l}2(\theta_4)\\3(\theta_5)\end{array}\end{array}$$

$$\boldsymbol{k}^{③}=EI\begin{array}{c}1(v_4)3(\theta_5)\\\begin{bmatrix}\dfrac{24}{l^3}&\dfrac{12}{l^2}\\\dfrac{12}{l^2}&\dfrac{8}{l}\end{bmatrix}\begin{array}{l}1(v_4)\\3(\theta_5)\end{array}\end{array},\quad \boldsymbol{k}^{④}=EI\begin{array}{c}4(v_6)5(\theta_6)1(v_4)3(\theta_5)\\\begin{bmatrix}\dfrac{24}{l^3}&\dfrac{12}{l^2}&-\dfrac{24}{l^3}&\dfrac{12}{l^2}\\\dfrac{12}{l^2}&\dfrac{8}{l}&-\dfrac{12}{l^2}&\dfrac{4}{l}\\-\dfrac{24}{l^3}&-\dfrac{12}{l^2}&\dfrac{24}{l^3}&-\dfrac{12}{l^2}\\\dfrac{12}{l^2}&\dfrac{4}{l}&-\dfrac{12}{l^2}&\dfrac{8}{l}\end{bmatrix}\begin{array}{l}4(v_6)\\5(\theta_6)\\1(v_4)\\3(\theta_5)\end{array}\end{array}$$

$$\boldsymbol{k}^{⑤}=EI\begin{array}{c}5(\theta_6)6(\theta_7)\\\begin{bmatrix}\dfrac{4}{l}&\dfrac{2}{l}\\\dfrac{2}{l}&\dfrac{4}{l}\end{bmatrix}\begin{array}{l}5(\theta_6)\\6(\theta_7)\end{array}\end{array},\quad \boldsymbol{k}^{⑥}=EI\begin{array}{c}4(v_6)6(\theta_7)\\\begin{bmatrix}\dfrac{3}{l^3}&\dfrac{3}{l^2}\\\dfrac{3}{l^2}&\dfrac{4}{l}\end{bmatrix}\begin{array}{l}4(v_6)\\6(\theta_7)\end{array}\end{array}$$

(4)建立结构刚度方程

将上述各单元刚度矩阵中的元素按其所对应的位移序号对号入座并叠加,便可生成结构刚度矩阵,并求得结构的刚度方程为

$$
EI\begin{bmatrix} \dfrac{60}{l^3} & \dfrac{6}{l^2} & 0 & -\dfrac{24}{l^3} & -\dfrac{12}{l^2} & 0 \\[2mm] \dfrac{6}{l^2} & \dfrac{8}{l} & \dfrac{2}{l} & 0 & 0 & 0 \\[2mm] 0 & \dfrac{2}{l} & \dfrac{20}{l} & \dfrac{12}{l^2} & \dfrac{4}{l} & 0 \\[2mm] -\dfrac{24}{l^3} & \dfrac{12}{l^2} & \dfrac{27}{l^3} & \dfrac{12}{l^2} & \dfrac{3}{l^2} \\[2mm] -\dfrac{12}{l^2} & 0 & \dfrac{4}{l} & \dfrac{12}{l^2} & \dfrac{12}{l} & \dfrac{2}{l} \\[2mm] 0 & 0 & 0 & \dfrac{3}{l^2} & \dfrac{2}{l} & \dfrac{8}{l} \end{bmatrix}\begin{bmatrix} \Delta_1 \\ \Delta_2 \\ \Delta_3 \\ \Delta_4 \\ \Delta_5 \\ \Delta_6 \end{bmatrix}=\begin{bmatrix} F_{P1} \\ 0 \\ 0 \\ F_{P2}+F_{P3} \\ 0 \\ 0 \end{bmatrix}
$$

例 2.4 试采用先处理法分析图 2.21(a)所示的组合结构。设材料的弹性模量 $E=2.0\times10^5\,\mathrm{MPa}$,横梁的长度均为 $l=1\mathrm{m}$,横截面惯性矩 $I=1.5\times10^{-6}\,\mathrm{m}^4$,拉杆截面积 $A=6.25\times10^{-5}\,\mathrm{m}^2$;支座 A 有顺时针方向转角 $0.01\mathrm{rad}$,支座 B 是转动弹性支座,其转动刚度 $k_\theta=2\times10^2\,\mathrm{kN\cdot m/rad}$;忽略横梁的轴向变形。

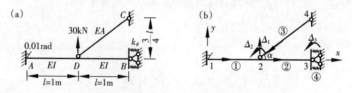

图 2.21

解 (1)结构标识

结构标识如图 2.21(b)所示。单元局部坐标系的原点,各横梁单元均设在其左端,拉杆单元设在结点 2 处。将支座 B 处的转动弹性支座作为一个特殊单元④看待。

(2)建立未知结点位移向量和结点荷载向量

$$
\boldsymbol{\Delta}=\begin{bmatrix} v_2 \\ \theta_2 \\ \theta_3 \end{bmatrix}=\begin{bmatrix} \Delta_1 \\ \Delta_2 \\ \Delta_3 \end{bmatrix},\quad \boldsymbol{F}=\begin{bmatrix} -30\mathrm{kN} \\ 0 \\ 0 \end{bmatrix}
$$

(3)计算单元刚度矩阵

单元①的左端有已知的角位移 $\theta_1=-0.01\mathrm{rad}$,在计算它的单元刚度矩阵时可先暂时将 θ_1 对应的刚度矩阵元素保留,此时有

$$
\boldsymbol{k}^{①}=EI\begin{bmatrix} \dfrac{4}{l} & \dfrac{-6}{l^2} & \dfrac{2}{l} \\[2mm] \dfrac{-6}{l^2} & \dfrac{12}{l^3} & \dfrac{-6}{l^2} \\[2mm] \dfrac{2}{l} & \dfrac{-6}{l^2} & \dfrac{4}{l} \end{bmatrix}=10^2\times\begin{bmatrix} \overset{\theta_1}{-12\mathrm{kN\cdot m}} & \overset{1(v_2)}{-18\mathrm{kN}} & \overset{2(\theta_2)}{6\mathrm{kN\cdot m}} \\ -18\mathrm{kN} & 36\mathrm{kN/m} & -18\mathrm{kN} \\ 6\mathrm{kN\cdot m} & -18\mathrm{kN} & 12\mathrm{kN\cdot m} \end{bmatrix}\begin{matrix} \theta_1 \\ 1(v_2) \\ 2(\theta_2) \end{matrix}
$$

$$\boldsymbol{k}^{②} = EI \begin{bmatrix} \dfrac{12}{l^3} & \dfrac{6}{l^2} & \dfrac{6}{l^2} \\[2mm] \dfrac{6}{l^2} & \dfrac{4}{l} & \dfrac{2}{l} \\[2mm] \dfrac{6}{l^2} & \dfrac{2}{l} & \dfrac{4}{l} \end{bmatrix} = 10^2 \times \begin{array}{ccc} 1(v_2) & 2(\theta_2) & 3(\theta_3) \\ \begin{bmatrix} 36\text{kN/m} & 18\text{kN} & 18\text{kN} \\ 18\text{kN} & 12\text{kN} \cdot \text{m} & 6\text{kN} \cdot \text{m} \\ 18\text{kN} & 6\text{kN} \cdot \text{m} & 12\text{kN} \cdot \text{m} \end{bmatrix} & \begin{array}{c} 1(v_2) \\ 2(\theta_2) \\ 3(\theta_3) \end{array} \end{array}$$

$$\boldsymbol{k}^{③} = \frac{EA}{1.25l}(\sin^2\alpha) = 10^2 \times (36\text{kN/m}) \begin{array}{c} 1(v_2) \\ 1(v_2) \end{array}$$

特殊单元④的存在使得结点 3 发生单位角位移时需要在 Δ_3 方向增加一个力矩,其大小等于转动弹性支座的刚度 k_θ。于是,单元④的刚度矩阵可表示为

$$\boldsymbol{k}^{④} = 10^2 \times (2\text{kN} \cdot \text{m}) \begin{array}{c} 3(\theta_3) \\ 3(\theta_3) \end{array}$$

(4)建立结构刚度方程

先按照对号入座的原则写出保留已知角位移 θ_1 在内的刚度方程为

$$10^2 \times \begin{bmatrix} 12\text{kN} \cdot \text{m} & -18\text{kN} & 6\text{kN} \cdot \text{m} & 0 \\ -18\text{kN} & 108\text{kN/m} & 0 & 18\text{kN} \\ 6\text{kN} \cdot \text{m} & 0 & 24\text{kN} \cdot \text{m} & 6\text{kN} \cdot \text{m} \\ 0 & 18\text{kN} & 6\text{kN} \cdot \text{m} & 14\text{kN} \cdot \text{m} \end{bmatrix} \begin{bmatrix} \theta_1 \\ \Delta_1 \\ \Delta_2 \\ \Delta_3 \end{bmatrix} = \begin{bmatrix} M_1 \\ -30\text{kN} \\ 0 \\ 0 \end{bmatrix}$$

按照已知条件 $\theta_1 = -0.01 \text{ rad}$,将上式中对应 θ_1 的第一个方程删除,并将 θ_1 与系数矩阵第一列元素的乘积移至方程右端与荷载向量合并,即可得到结构刚度方程为

$$10^2 \times \begin{bmatrix} 108\text{kN/m} & 0 & 18\text{kN} \\ 0 & 24\text{kN} \cdot \text{m} & 6\text{kN} \cdot \text{m} \\ 18\text{kN} & 6\text{kN} \cdot \text{m} & 14\text{kN} \cdot \text{m} \end{bmatrix} \begin{bmatrix} \Delta_1 \\ \Delta_2 \\ \Delta_3 \end{bmatrix} = \begin{bmatrix} -48\text{kN} \\ 6\text{kN} \cdot \text{m} \\ 0 \end{bmatrix}$$

(5)计算结点位移

$$\begin{bmatrix} \Delta_1 \\ \Delta_2 \\ \Delta_3 \end{bmatrix} = 10^{-2} \times \begin{bmatrix} 108\text{kN/m} & 0 & 18\text{kN} \\ 0 & 24\text{kN} \cdot \text{m} & 6\text{kN} \cdot \text{m} \\ 18\text{kN} & 6\text{kN} \cdot \text{m} & 14\text{kN} \cdot \text{m} \end{bmatrix}^{-1} \begin{bmatrix} -48\text{kN} \\ 6\text{kN} \cdot \text{m} \\ 0 \end{bmatrix} = 10^{-2} \times \begin{bmatrix} -0.559\text{m} \\ 0.079 \\ 0.684 \end{bmatrix}$$

(6)计算杆端力

依据各单元刚度矩阵和刚度方程可求得杆端力为

$$\begin{bmatrix} \overline{M}_1 \\ \overline{F}_{y2} \\ \overline{M}_2 \end{bmatrix}^{①} = \begin{bmatrix} M_1 \\ F_{y2} \\ M_2 \end{bmatrix}^{①} = 10^2 \times \begin{bmatrix} 12\text{kN} \cdot \text{m} & -18\text{kN} & 6\text{kN} \cdot \text{m} \\ -18\text{kN} & 36\text{kN/m} & -18\text{kN} \\ 6\text{kN} \cdot \text{m} & -18\text{kN} & 12\text{kN} \cdot \text{m} \end{bmatrix} \times 10^{-2} \times \begin{bmatrix} -1.0 \\ -0.559\text{m} \\ 0.079 \end{bmatrix} = \begin{bmatrix} -1.47\text{kN} \cdot \text{m} \\ -3.53\text{kN} \\ 5.00\text{kN} \cdot \text{m} \end{bmatrix}$$

$$\begin{bmatrix} \overline{F}_{y2} \\ \overline{M}_2 \\ \overline{M}_3 \end{bmatrix}^{②} = \begin{bmatrix} F_{y2} \\ M_2 \\ M_3 \end{bmatrix}^{②} = 10^2 \times \begin{bmatrix} 36\text{kN/m} & 18\text{kN} & 18\text{kN} \\ 18\text{kN} & 12\text{kN} \cdot \text{m} & 6\text{kN} \cdot \text{m} \\ 18\text{kN} & 6\text{kN} \cdot \text{m} & 12\text{kN} \cdot \text{m} \end{bmatrix} \times 10^{-2} \times \begin{bmatrix} -0.559\text{m} \\ 0.079 \\ 0.684 \end{bmatrix} = \begin{bmatrix} -6.39\text{kN} \\ -5.00\text{kN} \cdot \text{m} \\ 1.37\text{kN} \cdot \text{m} \end{bmatrix}$$

$$F_{y2}^{③} = 10^2 \times 36\text{kN/m} \times 10^{-2} \times (-0.559)\text{m} = -20.10\text{kN}$$

$$\overline{F}_{x2}^{③} = F_{y2}^{③}/\sin\alpha = -33.50\text{kN}$$

由上述杆端力可得梁的弯矩和拉杆轴力如图 2.22 所示。

(7)校核

考虑结点 2 在竖直方向的平衡,注意到单元对结点的作用力方向与杆端力方向相反,则有

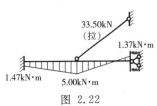

图 2.22

$$\sum Y = -F_{y2}^① - F_{y2}^② - F_{y3}^③ - 30\text{kN} = 3.53\text{kN} + 6.37\text{kN} + 20.10\text{kN} - 30\text{kN} = 0$$

计算无误。

现对例 2.4 中涉及的一些概念问题讨论如下：

(1)已知支座位移

除了按例 2.4 中采用的方法处理之外，也可以将已知支座位移作为一种荷载来考虑，即将由此引起的位移法附加约束反力反向后作为荷载施加于原结构。此时，在矩阵分析过程中 θ_1 被视为零而无需保留，但在算出各杆端力之后单元①的杆端力应叠加该杆件在 θ_1 作用下的固端力，详见 2.7 节中所述。

(2)弹性支座

也可以将结点 3 处转动弹性支座的作用作为一种外力矩来考虑，这样就不必另设特殊单元④。应当注意的是这一外力矩的大小应与该支座转动刚度 k_θ 及其角位移 θ_3 均成正比，且方向与 θ_3 相反，在本例中应为 $-2\text{kN} \cdot \text{m} \times 10^2 \cdot \theta_3$。按照矩阵运算规则，可以将此与未知位移有关的项移项并入方程等号的左边，由此所得的结构刚度方程与本例中所得方程完全相同。

(3)混合结构

应注意不同类型的杆件具有不同的杆端位移，并需采用不同类型的刚度矩阵通式。本例中单元③是桁架单元，因而不必设杆端角位移。此外，应了解在作结构分析时杆件与弹簧之间并没有本质的区别，有时为了求解的方便两者可以互相代换。本例中若将 CD 杆撤去而在 D 点加一个竖向的弹性支座，只要使其弹簧刚度 $k = k_{11}^③ = 10^2 \times 36\text{kN/m}$，则在原荷载作用下横梁的弯矩和剪力都将保持不变。

(4)杆端力

在采用先处理法分析时单元刚度矩阵常经过删行删列，利用这种缩减后的单元刚度矩阵不能计算出单元的全部杆端力。为得到完整的杆端力向量，应采用原完整的单元刚度矩阵和单元刚度方程。例如，对本例单元②有

$$\begin{bmatrix} \overline{F}_{y2} \\ \overline{M}_2 \\ \overline{F}_{y3} \\ \overline{M}_3 \end{bmatrix}^② = \begin{bmatrix} F_{y2} \\ M_2 \\ F_{y3} \\ M_3 \end{bmatrix}^② = 10^2 \times \begin{bmatrix} 36\text{kN/m} & 18\text{kN} & -36\text{kN/m} & 18\text{kN} \\ 18\text{kN} & 12\text{kN} \cdot \text{m} & -18\text{kN} & 6\text{kN} \cdot \text{m} \\ -36\text{kN/m} & -18\text{kN} & 36\text{kN/m} & -18\text{kN} \\ 18\text{kN} & 6\text{kN} \cdot \text{m} & -18\text{kN} & 12\text{kN} \cdot \text{m} \end{bmatrix} \times 10^{-2}$$

$$\times \begin{bmatrix} -0.559\text{m} \\ 0.079 \\ 0 \\ 0.684 \end{bmatrix} = \begin{bmatrix} -6.39\text{kN} \\ -5.00\text{kN} \cdot \text{m} \\ 6.39\text{kN} \\ -1.37\text{kN} \cdot \text{m} \end{bmatrix}$$

另外值得一提的是，因为忽略了横梁的轴向变形，所以不可能利用单元刚度矩阵求得横梁单元的杆端轴力。实际上忽略横梁的轴向变形后其轴力成为不确定的，因而从理论上讲是无法求得的。当然，忽略杆件轴向变形的人为假设只是为了简化分析过程，实际杆件总有轴向变形存在，在一定的受力条件下结构所有内力总是可以求解的。

例 2.5　试采用先处理法分析图 2.23(a)所示刚架，并绘制结构的内力图。忽略杆件的轴向变形。

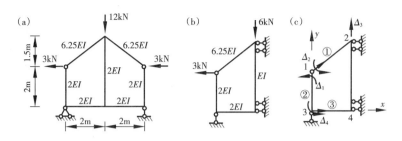

图 2.23

解 （1）结构标识

利用对称性，当忽略杆件轴向变形时，可以将求解图 2.23(a)所示刚架的问题转化为图 2.23(b)所示半边刚架的分析问题。此时结构标识可如图 2.23(c)所示。因杆件 24 的作用只是使结点 2、4 具有相同的竖向位移，该杆件对结构的刚度矩阵并无贡献，其本身也无弯矩和剪力存在，因此不必作为一个单元来考虑。各单元的局部坐标系如图中杆上箭头所示。

（2）建立未知结点位移向量和结点荷载向量

忽略杆件的轴向变形时，图 2.23(b)所示刚架共有四个独立的结点位移，按其正向如图 2.23(c)中所示。需要注意的是，为利用统一的两端固定梁的刚度矩阵公式，结点 1 处应有两个独立的角位移未知量 Δ_1、Δ_2 存在。结点 4 与结点 2 的竖向位移同为 Δ_3。根据结构的几何尺寸可知，结点 1 的水平位移 $u_1 = 0.75\Delta_3$。为了求解的方便，可以将非独立位移 u_1 暂时保留在结点位移向量中，相应地在结点力向量中也暂保留 u_1 所对应的荷载项。若将此时的结点位移向量和结点荷载向量记为 $\boldsymbol{\Delta}'$ 和 $\boldsymbol{F}'$，有

$$\boldsymbol{\Delta}' = \begin{bmatrix} u_1 \\ \theta_{13} \\ \theta_{12} \\ v_2 \\ \theta_3 \end{bmatrix} = \begin{bmatrix} u_1 \\ \Delta_1 \\ \Delta_2 \\ \Delta_3 \\ \Delta_4 \end{bmatrix}, \quad \boldsymbol{F}' = \begin{bmatrix} 3\text{kN} \\ 0 \\ 0 \\ -6\text{kN} \\ 0 \end{bmatrix}$$

（3）计算单元刚度矩阵

因忽略杆件的轴向变形，局部坐标系中的单元刚度矩阵可采用式(2.19)梁式单元的刚度矩阵通式计算，其中

$$\bar{\boldsymbol{k}}^{①} = \frac{EI}{\text{m}^3} \begin{bmatrix} 4.8 & 6\text{m} & -4.8 & 6\text{m} \\ 6\text{m} & 10\text{m}^2 & -6\text{m} & 5\text{m}^2 \\ -4.8 & -6\text{m} & 4.8 & -6\text{m} \\ 6\text{m} & 5\text{m}^2 & -6\text{m} & 10\text{m}^2 \end{bmatrix} \Rightarrow \frac{EI}{\text{m}^3} \begin{bmatrix} 0 & 0 & 0 & 0 & 0 & 0 \\ 0 & 4.8 & 6\text{m} & 0 & -4.8 & 6\text{m} \\ 0 & 6\text{m} & 10\text{m}^2 & 0 & -6\text{m} & 5\text{m}^2 \\ 0 & 0 & 0 & 0 & 0 & 0 \\ 0 & -4.8 & -6\text{m} & 0 & 4.8 & -6\text{m} \\ 0 & 6\text{m} & 5\text{m}^2 & 0 & -6\text{m} & 10\text{m}^2 \end{bmatrix}$$

以上将 $\bar{\boldsymbol{k}}^{①}$ 拓宽成为 6×6 的矩阵是为了便于坐标转换。根据前面坐标系的设定，对于单元①有 $\sin\alpha = 0.6$，$\cos\alpha = 0.8$。通过坐标转换可以得到结构坐标系中单元①的刚度矩阵，再经删行删列即可得到考虑位移约束条件之后单元①的刚度矩阵。若将 u_1 所对应的项仍予以保留，有

$$\boldsymbol{k}^{\textcircled{1}}=\frac{EI}{\mathrm{m}^3}\begin{array}{c}\end{array}\begin{array}{cccccc}u_1 & v_1 & \theta_{12} & u_2 & v_2 & \theta_2 \\[4pt]\left[\begin{array}{cccccc}1.728 & -2.304 & -3.600\mathrm{m} & -1.728 & 2.304 & -3.600\mathrm{m} \\ -2.304 & 3.072 & 4.800\mathrm{m} & 2.304 & -3.072 & 4.800\mathrm{m} \\ -3.600\mathrm{m} & 4.800\mathrm{m} & 10\mathrm{m}^2 & 3.600\mathrm{m} & -4.800\mathrm{m} & 5\mathrm{m}^2 \\ -1.728 & 2.304 & 3.600\mathrm{m} & 1.728 & -2.304 & 3.600\mathrm{m} \\ 2.304 & -3.072 & -4.800\mathrm{m} & -2.304 & 3.072 & -4.800\mathrm{m} \\ -3.600\mathrm{m} & 4.800\mathrm{m} & 5\mathrm{m}^2 & 3.600\mathrm{m} & -4.800\mathrm{m} & 10\mathrm{m}^2\end{array}\right]\end{array}\begin{array}{l}u_1 \\ v_1 \\ \theta_{12} \\ u_2 \\ v_2 \\ \theta_2\end{array}$$

$$\Rightarrow \frac{EI}{\mathrm{m}^3}\begin{array}{c}\end{array}\begin{array}{ccc}u_1 & 2(\theta_{12}) & 3(v_2) \\[4pt]\left[\begin{array}{ccc}1.728 & -3.600\mathrm{m} & 2.304 \\ -3.600\mathrm{m} & 10\mathrm{m}^2 & -4.800\mathrm{m} \\ 2.304 & -4.800\mathrm{m} & 3.072\end{array}\right]\end{array}\begin{array}{l}u_1 \\ 2(\theta_{12}) \\ 3(v_2)\end{array}$$

对于单元②,它的局部坐标系与结构坐标系成正交关系,单元刚度矩阵由局部坐标系转向结构坐标系时只需要将结点线位移的代号改换便可,即可将 $\bar{v}_1$ 改为 u_1,矩阵中的各元素均保持不变,而单元③的局部坐标方向与结构坐标方向相同。于是,有

$$\boldsymbol{k}^{\textcircled{2}}=\frac{EI}{\mathrm{m}^3}\begin{array}{c}\end{array}\begin{array}{ccc}u_1(\bar{v}_1) & 1(\theta_{13}) & 4(\theta_3) \\[4pt]\left[\begin{array}{ccc}3 & 3\mathrm{m} & 3\mathrm{m} \\ 3\mathrm{m} & 4\mathrm{m}^2 & 2\mathrm{m}^2 \\ 3\mathrm{m} & 2\mathrm{m}^2 & 4\mathrm{m}^2\end{array}\right]\end{array}\begin{array}{l}u_1(\bar{v}_1) \\ 1(\theta_{13}) \\ 4(\theta_3)\end{array}, \qquad \boldsymbol{k}^{\textcircled{3}}=\frac{EI}{\mathrm{m}^3}\begin{array}{c}\end{array}\begin{array}{cc}4(\theta_3) & 3(v_2) \\[4pt]\left[\begin{array}{cc}4\mathrm{m}^2 & -3\mathrm{m} \\ -3\mathrm{m} & 3\end{array}\right]\end{array}\begin{array}{l}4(\theta_3) \\ 3(v_2)\end{array}$$

(4)建立结构刚度方程

首先按对号入座的方法建立包括非独立结点位移 u_1 在内的过渡性方程为

$$\frac{EI}{\mathrm{m}^3}\left[\begin{array}{ccccc}4.728 & 3\mathrm{m} & -3.600\mathrm{m} & 2.304 & 3\mathrm{m} \\ 3\mathrm{m} & 4\mathrm{m}^2 & 0 & 0 & 2\mathrm{m}^2 \\ -3.600\mathrm{m} & 0 & 10\mathrm{m}^2 & -4.800\mathrm{m} & 0 \\ 2.304 & 0 & -4.800\mathrm{m} & 6.072 & -3\mathrm{m} \\ 3\mathrm{m} & 2\mathrm{m}^2 & 0 & -3\mathrm{m} & 8\mathrm{m}^2\end{array}\right]\left[\begin{array}{c}u_1\left(=\dfrac{3}{4}\Delta_3\right) \\ \Delta_1 \\ \Delta_2 \\ \Delta_3 \\ \Delta_4\end{array}\right]=\left[\begin{array}{c}-3\mathrm{kN} \\ 0 \\ 0 \\ -6\mathrm{kN} \\ 0\end{array}\right]$$

现在来考虑如何引入 $u_1=0.75\Delta_3$ 的位移约束条件。作为第一步可以将上述方程组结点位移向量中的 u_1 用 $0.75\Delta_3$ 代替。为消除 Δ_3 前的系数 0.75,可以根据矩阵运算法则用 0.75 乘以系数矩阵中的第一列元素而达到同样的效果,得

$$\frac{EI}{\mathrm{m}^3}\left[\begin{array}{ccccc}3.546 & 3\mathrm{m} & -3.600\mathrm{m} & 2.304 & 3\mathrm{m} \\ 2.250\mathrm{m} & 4\mathrm{m}^2 & 0 & 0 & 2\mathrm{m}^2 \\ -2.700\mathrm{m} & 0 & 10\mathrm{m}^2 & -4.800\mathrm{m} & 0 \\ 1.728 & 0 & -4.800\mathrm{m} & 6.072 & -3\mathrm{m} \\ 2.250\mathrm{m} & 2\mathrm{m}^2 & 0 & -3\mathrm{m} & 8\mathrm{m}^2\end{array}\right]\left[\begin{array}{c}\Delta_3 \\ \Delta_1 \\ \Delta_2 \\ \Delta_3 \\ \Delta_4\end{array}\right]=\left[\begin{array}{c}-3\mathrm{kN} \\ 0 \\ 0 \\ -6\mathrm{kN} \\ 0\end{array}\right]$$

为使系数矩阵仍保持对称性,可以将上式中第一个方程的两端同乘以系数 0.75,所得方程组应与原方程组同解,为

$$\frac{EI}{\mathrm{m}^3}\left[\begin{array}{ccccc}2.660 & 2.250\mathrm{m} & -2.700\mathrm{m} & 1.728 & 2.250\mathrm{m} \\ 2.250\mathrm{m} & 4\mathrm{m}^2 & 0 & 0 & 2\mathrm{m}^2 \\ -2.700\mathrm{m} & 0 & 10\mathrm{m}^2 & -4.800\mathrm{m} & 0 \\ 1.728 & 0 & -4.800\mathrm{m} & 6.072 & -3\mathrm{m} \\ 2.250\mathrm{m} & 2\mathrm{m}^2 & 0 & -3\mathrm{m} & 8\mathrm{m}^2\end{array}\right]\left[\begin{array}{c}\Delta_3 \\ \Delta_1 \\ \Delta_2 \\ \Delta_3 \\ \Delta_4\end{array}\right]=\left[\begin{array}{c}-2.25\mathrm{kN} \\ 0 \\ 0 \\ -6\mathrm{kN} \\ 0\end{array}\right]$$

以上方程组位移向量中有两项 Δ_3 存在,为了去除其中的一项,应对系数矩阵作相应的改变。如欲

去除位移向量中的前一项 Δ_3，只需将它所对应的系数矩阵中的第一行元素和第一列元素按照对号入座的方法送入系数矩阵的第四行及第四列的相应位置中去。例如原处于第一行第三列的元素 -2.700m 应送入第四行第三列中与元素 -4.800m 叠加，这是因为这两个元素对应的结点位移是相同的。在处理系数矩阵的同时，应将方程右端向量中的第一项与第四项叠加，这样就等价于将原方程组的第一个方程与第四个方程合并。以上过程可归结为：将系数矩阵的第一行元素叠加到第四行上，同时叠加方程的右端项，然后将系数矩阵的第一列元素叠加到第四列上。

经过上述处理，便可得到考虑了所有位移约束条件的真正的结构刚度方程为

$$\frac{EI}{\text{m}^3}\begin{bmatrix} 4\text{m}^2 & 0 & 2.250\text{m} & 2\text{m}^2 \\ 0 & 10\text{m}^2 & -7.500\text{m} & 0 \\ 2.250\text{m} & -7.500\text{m} & 12.188 & -0.750\text{m} \\ 2\text{m}^2 & 0 & -0.750\text{m} & 8\text{m}^2 \end{bmatrix}\begin{bmatrix} \Delta_1 \\ \Delta_2 \\ \Delta_3 \\ \Delta_4 \end{bmatrix}=\begin{bmatrix} 0 \\ 0 \\ -8.25\text{kN} \\ 0 \end{bmatrix}$$

（5）计算结点位移

$$\begin{bmatrix} \Delta_1 \\ \Delta_2 \\ \Delta_3 \\ \Delta_4 \end{bmatrix}=\frac{\text{m}^3}{EI}\begin{bmatrix} 4\text{m}^2 & 0 & 2.250\text{m} & 2\text{m}^2 \\ 0 & 10\text{m}^2 & -7.500\text{m} & 0 \\ 2.250\text{m} & -7.500\text{m} & 12.188 & -0.750\text{m} \\ 2\text{m}^2 & 0 & -0.750\text{m} & 8\text{m}^2 \end{bmatrix}^{-1}\begin{bmatrix} 0 \\ 0 \\ -8.25\text{kN} \\ 0 \end{bmatrix}=\frac{1}{EI}\begin{bmatrix} 1.198\text{kN}\cdot\text{m}^2 \\ -1.290\text{kN}\cdot\text{m}^2 \\ -1.721\text{kN}\cdot\text{m}^3 \\ -0.461\text{kN}\cdot\text{m}^2 \end{bmatrix}$$

（6）计算杆端力

依据位移约束关系有 $u_1=0.75\Delta_3=0.75\times(-1.721)\dfrac{\text{kN}\cdot\text{m}^3}{EI}=-1.291\dfrac{\text{kN}\cdot\text{m}^3}{EI}$。

为求单元①的杆端力，可先利用坐标转换矩阵 $\boldsymbol{T}$ 将该单元两端的结点位移由结构坐标系转向单元局部坐标系，即

$$\bar{\boldsymbol{\Delta}}^{\textcircled{1}}=\begin{bmatrix} \bar{u}_1 \\ \bar{v}_1 \\ \bar{\theta}_1 \\ \bar{u}_2 \\ \bar{v}_2 \\ \bar{\theta}_2 \end{bmatrix}=\boldsymbol{T}\boldsymbol{\Delta}^{\textcircled{1}}=\begin{bmatrix} 0.8 & 0.6 & 0 & 0 & 0 & 0 \\ -0.6 & 0.8 & 0 & 0 & 0 & 0 \\ 0 & 0 & 1 & 0 & 0 & 0 \\ 0 & 0 & 0 & 0.8 & 0.6 & 0 \\ 0 & 0 & 0 & -0.6 & 0.8 & 0 \\ 0 & 0 & 0 & 0 & 0 & 1 \end{bmatrix}\times\frac{1}{EI}\begin{bmatrix} -1.291\text{kN}\cdot\text{m}^3 \\ 0 \\ -1.290\text{kN}\cdot\text{m}^2 \\ 0 \\ -1.721\text{kN}\cdot\text{m}^3 \\ 0 \end{bmatrix}$$

$$=\frac{1}{EI}\begin{bmatrix} -1.033\text{kN}\cdot\text{m}^3 \\ 0.775\text{kN}\cdot\text{m}^3 \\ -1.290\text{kN}\cdot\text{m}^2 \\ -1.033\text{kN}\cdot\text{m}^3 \\ -1.377\text{kN}\cdot\text{m}^3 \\ 0 \end{bmatrix}$$

由以上求得的杆端位移可以看出，单元①两端沿其局部坐标系 $\bar{x}$ 轴方向的位移是相同的。在忽略杆件的轴向变形时，只能按照局部坐标系中梁式单元的刚度方程求得单元的杆端剪力和弯矩，即

$$\begin{bmatrix} \bar{F}_{y1} \\ \bar{M}_1 \\ \bar{F}_{y2} \\ \bar{M}_2 \end{bmatrix}^{\textcircled{1}}=\frac{EI}{\text{m}^3}\begin{bmatrix} 4.8 & 6\text{m} & -4.8 & 6\text{m} \\ 6\text{m} & 10\text{m}^2 & -6\text{m} & 5\text{m}^2 \\ -4.8 & 6\text{m} & 4.8 & -6\text{m} \\ 6\text{m} & 5\text{m}^2 & -6\text{m} & 10\text{m}^2 \end{bmatrix}\times\frac{1}{EI}\begin{bmatrix} 0.775\text{kN}\cdot\text{m}^3 \\ -1.290\text{kN}\cdot\text{m}^2 \\ -1.377\text{kN}\cdot\text{m}^3 \\ 0 \end{bmatrix}=\begin{bmatrix} 2.59\text{kN} \\ 0 \\ -2.59\text{kN} \\ 6.46\text{kN}\cdot\text{m}^2 \end{bmatrix}$$

对于单元②，可由观察法直接得到单元局部坐标系下的杆端位移，然后可利用梁式单元的刚度矩

阵求得各杆端力为

$$\begin{bmatrix} \overline{F}_{y1} \\ \overline{M}_1 \\ \overline{F}_{y3} \\ \overline{M}_3 \end{bmatrix}^② = \frac{EI}{\mathrm{m}^3} \begin{bmatrix} 3 & 3m & -3 & 3m \\ 3m & 4m^2 & -3m & 2m^2 \\ -3 & -3m & 3 & -3m \\ 3m & 2m^2 & -3m & 4m^2 \end{bmatrix} \times \frac{1}{EI} \begin{bmatrix} -1.292\mathrm{kN} \cdot \mathrm{m}^3 \\ 1.198\mathrm{kN} \cdot \mathrm{m}^2 \\ 0 \\ -0.461\mathrm{kN} \cdot \mathrm{m}^2 \end{bmatrix} = \begin{bmatrix} -1.66\mathrm{kN} \\ 0 \\ 1.66\mathrm{kN} \\ -3.32\mathrm{kN} \cdot \mathrm{m} \end{bmatrix}$$

单元③的局部坐标系方向与结构坐标系相同,于是

$$\begin{bmatrix} \overline{F}_{y3} \\ \overline{M}_3 \\ \overline{F}_{y4} \\ \overline{M}_4 \end{bmatrix}^③ = \frac{EI}{\mathrm{m}^3} \begin{bmatrix} 3 & 3m & -3 & 3m \\ 3m & 4m^2 & -3m & 2m^2 \\ -3 & -3m & 3 & -3m \\ 3m & 2m^2 & -3m & 4m^2 \end{bmatrix} \times \frac{1}{EI} \begin{bmatrix} 0 \\ -0.461\mathrm{kN} \cdot \mathrm{m}^2 \\ -1.721\mathrm{kN} \cdot \mathrm{m}^3 \\ 0 \end{bmatrix} = \begin{bmatrix} 3.78\mathrm{kN} \\ 3.32\mathrm{kN} \cdot \mathrm{m}^2 \\ -3.78\mathrm{kN} \\ 4.24\mathrm{kN} \cdot \mathrm{m} \end{bmatrix}$$

由以上算得的各单元杆端力,可以根据结构力学的方法求得各单元的轴力(与例 2.4 不同,本例中的杆件轴力可由平衡条件求得)。按照对称的原则即可得到另外半边刚架杆件的内力。应当注意的是,原结构 24 杆的轴力应是二倍于按半边结构求得的值。该刚架的弯矩、剪力和轴力图分别如图 2.24(a)~(c)所示。

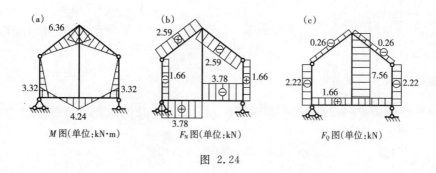

M 图(单位:kN·m)　　　F_N 图(单位:kN)　　　F_Q 图(单位:kN)

图 2.24

现对例 2.5 中涉及的一些概念问题讨论如下:

(1)对称性的利用

利用对称性常可使结构计算模型的单元和结点大为减少,从而达到提高运算效率的目的,其中包括对称结构受对称荷载和反对称荷载两种情况。在取半边结构时应该注意位于对称面上的荷载和杆件的刚度需取原始值的一半。此外,为保证所取半边结构的受力状态与原结构相同,还常需要调整原有支座的形式。例如图 2.25(a)所示的情况若取左半边结构分析,应将原结构的左边支座改为竖向链杆,此时结构的内力才符合于原结构。

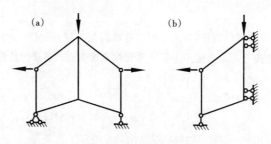

图 2.25

（2）杆件间有铰结点

本章中并未推导一端固定另一端为铰支或滑动支座时杆件的刚度矩阵。因此在利用本章推导的单元刚度矩阵公式计算时必须将铰支端的角位移和滑动支座处的杆端线位移作为独立的结点位移看待，即作为未知量处理。倘若有数个杆件与同一结点铰结连接，则在该结点处上述杆件的杆端角位移均应作为独立的结点位移未知量。

（3）坐标转换

在忽略杆件的轴向变形时，单元刚度矩阵若需作坐标转换的话应先拓宽至 6×6 的矩阵，然后再进行坐标转换。此后方可删除已知为零的杆端位移所对应的矩阵行、列，得到先处理法分析时所需的单元刚度矩阵。当单元局部坐标系与结构坐标系正交时，单元刚度矩阵的坐标转换常不需要作任何计算，而只要将对应的位移代号更换即可。若局部坐标与整体坐标的方向相反，只需要在更换位移代码的同时用 -1 乘以该位移对应的矩阵行，再用 -1 乘以该位移对应的矩阵列。这就相当于将该位移对应的各副元素改变符号，而主元素仍保持不变。

（4）已知位移关系的处理

若结构中某两个结点位移间存在特定关系 $\Delta_i = \beta \Delta_j$，$\beta$ 为常数，在建立结构刚度方程时只需先将系数矩阵的第 i 行各元素乘以 β 并叠加到矩阵的第 j 行上，同时将第 i 项结点力乘以 β 后与第 j 项结点力叠加；然后再将系数矩阵的第 i 列各元素乘以 β 并叠加到矩阵的第 j 列上。求解所得的结构刚度方程可得到 Δ_j 的值，并可以根据位移关系得到 Δ_i 的值。

下面简要地介绍先处理法是如何在计算机上实现的。

实现先处理法的一种做法是程序中利用一维数组 IUNK 根据支座位移指示信息对未知的结点位移按其在总位移向量中出现的顺序重新自动编号，在生成结构刚度矩阵或质量矩阵时只计算并列入上述未知结点位移所对应的行和列。

实现先处理法的另一种做法是借助定位向量来确定单元刚度矩阵元素在结构刚度矩阵中的位置。首先是按照结点编号顺序将结点的未知位移确定排号，如例 2.3 中的 Δ_1 至 Δ_6。然后可对每一个单元建立一个定位向量，向量中元素的个数等于自由单元两端结点位移的自由度数，元素的值则可这样确定：若某一自由度方向上的位移被约束则相应元素的值为零，若位移为未知则相应元素的值等于该未知结点位移的序号。如对于例 2.3 所示刚架来说，单元①的定位向量为 $\lambda^{\textcircled{1}} = \begin{bmatrix} 1 & 2 & 0 & 0 \end{bmatrix}^T$，单元②的定位向量为 $\lambda^{\textcircled{2}} = \begin{bmatrix} 0 & 2 & 0 & 3 \end{bmatrix}^T$ 等等。对于需要考虑杆件轴向变形的一般的平面刚架单元来说，单元定位向量应包含六个元素。根据定位向量所提供的信息计算机可确定某一单元刚度矩阵元素是否需要送入结构刚度矩阵以及相应的位置对应关系。借助定位向量还可以确定单元杆端位移在结构的结点位移向量中的位置以及单元杆端力各分量在结构的结点力向量中的位置。单元定位向量也可以通过程序由计算机自动建立。

2.7　等效结点荷载

结构上的荷载可以作用于结点上，称为结点荷载；也可以作用在杆件上，称为结间荷载。以上讨论了结点荷载作用下结构的矩阵分析问题。当有结间荷载存在时,需先将结间荷载化为等效结点荷载,然后便可按照前面介绍的矩阵位移法进行分析。此时,在计算结构杆件的最终内力时,常需要应用叠加原理。以下来讨论等效结点荷载的计算。

图 2.26(a)所示刚架承受均布荷载 q 和结间集中荷载 F_{P1}、F_{P2} 的作用,结构标识如图中所示。若计及杆件的轴向变形,该结构共计有四个未知结点位移,即结点 2 沿 x、y 方向的线位移以及角位移和结点 3 的角位移。若采用附加约束将上述未知结点位移约束住,就得到图 2.26(b)所示的状态。此时,单元的杆端力即固端反力可由表 2.4 查得。由此可以得到各附加约束中的反力,现将这些反力按结构坐标的正方向标于图 2.26(b)。

为了符合原结构的实际情况,可以将附加约束中的反力经反向(改号)后作用于结构,如图 2.26(c)所示。图 2.26(b)、(c)两种状态叠加就可以得到图 2.26(a)所示原结构的情况。因为图 2.26(b)的状态无结点位移存在,所以图 2.26(a)和(c)两种情况下的结点位移是相同的。也就是说,单就结点位移来说这两种情况所对应的荷载是等效的,故称图(c)的荷载为原荷载的等效结点荷载。图 2.26(c)所示的状态可以采用前面已介绍的矩阵位移法求解。对于结构杆件的内力和支座反力来说,需要将图 2.26(b)、(c)两种状态下求得的结果叠加才能符合原结构。

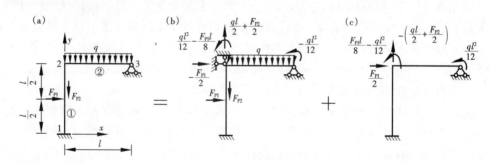

图 2.26

若忽略杆件的轴向变形,图 2.26(a)所示结构的未知结点位移数减少为两个,即结点 2、3 的角位移。相应的附加约束和等效结点荷载也分别只有两个,如图 2.27(a)、(b)所示。图 2.27(b)所示的荷载即为等效结点荷载,由该图用矩阵位移法可求得各结点位移,这些位移也就是原结构的结点位移。将图 2.27(a)、(b)两种情况下求得的结构杆件内力和支座反力叠加,就可以得到原结构的内力和反力。结间荷载作用下单元的固端反力见表 2.4。

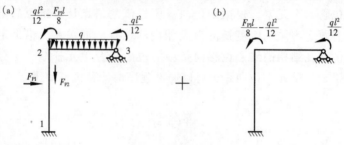

图 2.27

表 2.4　结间荷载作用下单元的固端反力

编　号	荷载简图	反力符号	i 端	j 端
1		F_x	0	0
		F_y	$\dfrac{F_P b^2 (l+2a)}{l^3}$	$\dfrac{F_P a^2 (l+2b)}{l^3}$
		M	$\dfrac{F_P a b^2}{l^2}$	$-\dfrac{F_P a^2 b}{l^2}$
2		F_x	0	0
		F_y	$\dfrac{1}{2}ql$	$\dfrac{1}{2}ql$
		M	$\dfrac{1}{12}ql^2$	$-\dfrac{1}{12}ql^2$
3		F_x	0	0
		F_y	$\dfrac{7}{20}ql$	$\dfrac{3}{20}ql$
		M	$\dfrac{1}{20}ql^2$	$-\dfrac{1}{30}ql^2$
4		F_x	0	0
		F_y	$\dfrac{qa}{2l^3}(2l^3-2la^2+a^3)$	$\dfrac{qa^3}{2l^3}(2l-a)$
		M	$\dfrac{qa^2}{12l^2}(6l^2-8la+3a^2)$	$-\dfrac{qa^3}{12l^2}(4l-3a)$
5		F_x	0	0
		F_y	$-\dfrac{6ab}{l^3}M$	$\dfrac{6ab}{l^3}M$
		M	$-\dfrac{b(3a-l)}{l^2}M$	$-\dfrac{a(3b-l)}{l^2}M$
6		F_x	$\dfrac{F_P b}{l}$	$\dfrac{F_P a}{l}$
		F_y	0	0
		M	0	0
7		F_x	0	0
		F_y	$-\dfrac{6EI}{l^2}$	$\dfrac{6EI}{l^2}$
		M	$-\dfrac{4EI}{l}$	$-\dfrac{2EI}{l}$
8		F_x	0	0
		F_y	$\dfrac{12EI}{l^3}$	$-\dfrac{12EI}{l^3}$
		M	$\dfrac{6EI}{l^2}$	$\dfrac{6EI}{l^2}$

续表

编　号	荷载简图	反力符号	i 端	j 端
9	均匀升温 t l 线胀系数 α	F_x	$\alpha t EA$	$-\alpha t EA$
		F_y	0	0
		M	0	0
10	上升温 t 下降温 t l 线胀系数 α	F_x	0	0
		F_y	0	0
		M	$-\dfrac{2EI\alpha t}{h}$	$\dfrac{2EI\alpha t}{h}$

对于在温度变化或初应变作用下超静定结构的分析问题,同样可以按上述原理来处理。图 2.28 所示为一刚架横梁发生温度变化时的分析方法。图 2.28(c)示出了相应的等效结点荷载。一般地说,温度变化作用下的结构计算需要考虑杆件的轴向变形,因此该结构有四个未知结点位移。

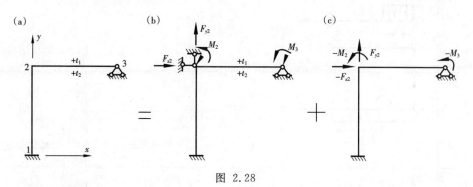

图 2.28

支座位移作用下超静定结构的分析问题,可以采用前已介绍的处理位移边界条件的方法,也可以将已知支座位移的作用转化为等效结点荷载处理,其分析过程如图 2.29 所示。当忽略杆件的轴向变形时,等效结点荷载如图 2.29(c)所示。

当有数种作用因素同时存在时,等效结点荷载可以应用叠加原理求得。

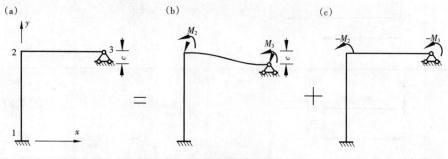

图 2.29

例 2.6　试按先处理法列出图 2.30(a)所示刚架的结构刚度方程,并写出刚架横梁杆端力的矩阵表达式。已知弹簧刚度 $k=\dfrac{EI}{3a^3}$,其左端发生向右的水平位移为 c,忽略杆件的轴向变形。

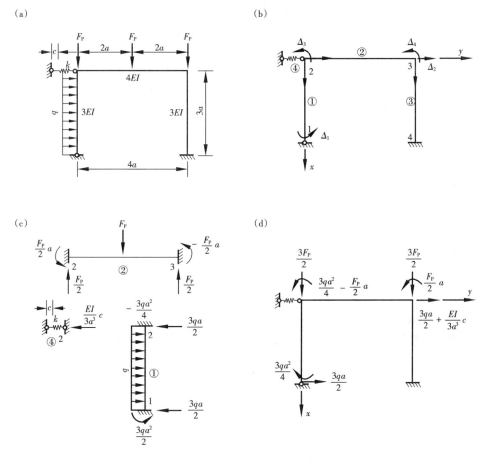

图 2.30

解　(1)结构标识

结构标识如图 2.30(b)所示。单元局部坐标系的原点,各柱单元均设在其上端,横梁单元设在其左端。为避免坐标转换,结构坐标系选为与柱单元局部坐标系同向。将弹簧作为特殊单元④看待。

(2)建立未知结点位移向量和等效结点荷载向量

忽略杆件轴向变形时该刚架共有四个独立的结点位移未知量,如图 2.30(b)所示。

为求等效结点荷载,先按表 2.4 计算各单元的固端反力如图 2.30(c)所示。应当注意的是,单元①的固端反力应按两端固定杆的公式计算。将同一结点上相应的固端反力叠加,并将固端反力反向后与原结点荷载一同作用于该刚架,便可得到结点荷载如图 2.30(d)所示。在忽略杆件轴向变形的条件下,作用于结点 2、3 上的竖向荷载对结构的位移无影响,而且不涉及杆件轴力计算时作用于上述结点的水平荷载可根据需要沿横梁移动。由图 2.30(b)、(c)可知

$$\boldsymbol{\Delta}=\begin{bmatrix}\theta_1\\v_2\\\theta_2\\\theta_3\end{bmatrix}=\begin{bmatrix}\Delta_1\\\Delta_2\\\Delta_3\\\Delta_4\end{bmatrix},\quad \boldsymbol{F}=\begin{bmatrix}-\dfrac{3}{4}qa^2\\[2mm]\dfrac{3}{2}qa+\dfrac{EI}{3a^3}c\\[2mm]\dfrac{3}{4}qa^2-\dfrac{1}{2}F_{\mathrm{P}}a\\[2mm]\dfrac{1}{2}F_{\mathrm{P}}a\end{bmatrix}$$

(3)计算单元刚度矩阵

按图 2.30(b)所示的坐标系选取,可直接得到结构坐标系中的单元刚度矩阵为

$$k^{①}=EI\begin{array}{c}\!\!\!\!2(v_2)\ \ 3(\theta_2)\ \ 1(\theta_1)\\\begin{bmatrix}\dfrac{4}{3a^3}&\dfrac{2}{a^2}&\dfrac{2}{a^2}\\[2mm]\dfrac{2}{a^2}&\dfrac{4}{a}&\dfrac{2}{a}\\[2mm]\dfrac{2}{a^2}&\dfrac{2}{a}&\dfrac{4}{a}\end{bmatrix}\begin{array}{l}2(v_2)\\[2mm]3(\theta_2)\\[2mm]1(\theta_1)\end{array}\end{array},\quad k^{②}=EI\begin{array}{c}3(\theta_2)\ 4(\theta_3)\\\begin{bmatrix}\dfrac{4}{a}&\dfrac{2}{a}\\[2mm]\dfrac{2}{a}&\dfrac{4}{a}\end{bmatrix}\begin{array}{l}3(\theta_2)\\[2mm]4(\theta_3)\end{array}\end{array}$$

$$k^{③}=EI\begin{array}{c}2(v_2)\ \ 4(\theta_3)\\\begin{bmatrix}\dfrac{4}{3a^3}&\dfrac{2}{a^2}\\[2mm]\dfrac{2}{a^2}&\dfrac{4}{a}\end{bmatrix}\begin{array}{l}2(v_2)\\[2mm]4(\theta_3)\end{array}\end{array},\quad k^{④}=EI\left(\dfrac{1}{3a^3}\right)\begin{array}{l}2(v_2)\\\end{array}$$

(4)建立结构刚度方程

将上述单元刚度矩阵的元素按照其对应的未知结点位移序号对号入座,即可生成结构刚度矩阵,据此可列出结构的刚度方程为

$$EI\begin{bmatrix}\dfrac{4}{a}&\dfrac{2}{a^2}&\dfrac{2}{a}&0\\[2mm]\dfrac{2}{a^2}&\dfrac{3}{a^3}&\dfrac{2}{a^2}&\dfrac{2}{a^2}\\[2mm]\dfrac{2}{a}&\dfrac{2}{a^2}&\dfrac{8}{a}&\dfrac{2}{a}\\[2mm]0&\dfrac{2}{a^2}&\dfrac{2}{a}&\dfrac{8}{a}\end{bmatrix}\begin{bmatrix}\Delta_1\\\Delta_2\\\Delta_3\\\Delta_4\end{bmatrix}=\begin{bmatrix}-\dfrac{3}{4}qa^2\\[2mm]\dfrac{3}{2}qa+\dfrac{EI}{3a^3}c\\[2mm]\dfrac{3}{4}qa^2-\dfrac{1}{2}F_{\mathrm{P}}a\\[2mm]\dfrac{1}{2}F_{\mathrm{P}}a\end{bmatrix}$$

(5)列横梁单元杆端力表达式

假设未知结点位移已由上述结构刚度方程中解得。因横梁单元②的杆端位移仅有其两端的角位移,所以不受坐标转换的影响,即有$\bar{\Delta}_3=\Delta_3$、$\bar{\Delta}_4=\Delta_4$,于是就可以直接采用Δ_3、Δ_4计算单元在局部坐标系中的杆端力。单元②的杆端力应为该单元的固端反力与等效结点荷载作用于结构时该单元杆端力之和,即

$$\bar{\boldsymbol{F}}^{②}=\begin{bmatrix}\bar{F}_{y2}\\\bar{M}_2\\\bar{F}_{y3}\\\bar{M}_3\end{bmatrix}^{②}=\begin{bmatrix}\dfrac{F_{\mathrm{P}}}{2}\\[2mm]\dfrac{F_{\mathrm{P}}}{2}a\\[2mm]\dfrac{F_{\mathrm{P}}}{2}\\[2mm]-\dfrac{F_{\mathrm{P}}}{2}a\end{bmatrix}+EI\begin{bmatrix}\dfrac{3}{4a^3}&\dfrac{3}{2a^2}&-\dfrac{3}{4a^3}&\dfrac{3}{2a^2}\\[2mm]\dfrac{3}{2a^2}&\dfrac{4}{a}&-\dfrac{3}{2a^2}&\dfrac{2}{a}\\[2mm]-\dfrac{3}{4a^3}&-\dfrac{3}{2a^2}&\dfrac{3}{4a^3}&-\dfrac{3}{2a^2}\\[2mm]\dfrac{3}{2a^2}&\dfrac{2}{a}&-\dfrac{3}{2a^2}&\dfrac{4}{a}\end{bmatrix}\begin{bmatrix}0\\\Delta_3\\0\\\Delta_4\end{bmatrix}$$

$$
=\begin{bmatrix} \dfrac{F_{\mathrm{P}}}{2} \\[2mm] \dfrac{F_{\mathrm{P}}}{2}a \\[2mm] \dfrac{F_{\mathrm{P}}}{2} \\[2mm] -\dfrac{F_{\mathrm{P}}}{2}a \end{bmatrix} + EI \begin{bmatrix} \dfrac{3}{2a^2} & \dfrac{3}{2a^2} \\[2mm] \dfrac{4}{a} & \dfrac{2}{a} \\[2mm] -\dfrac{3}{2a^2} & -\dfrac{3}{2a^2} \\[2mm] \dfrac{2}{a} & \dfrac{4}{a} \end{bmatrix} \begin{bmatrix} \Delta_3 \\[2mm] \Delta_4 \end{bmatrix}
$$

上式等号右边加号之前表示固端反力,加号之后则为由结点位移所引起的杆端力,它们都是以与横梁单元②的局部坐标系方向一致为正。

*2.8　子 结 构 法

在利用计算机进行复杂结构的分析时,可能会遇到运算时间长或计算机存储空间不足的问题,或者是有些结构是由若干种构造相同的部分集合组成的,此时采用**子结构**法往往十分有效。所谓子结构法就是将一定数量相互连接的单元视作一个新的结构单位,称为超级单元即子结构,而将原结构看成是若干子结构以及普通的单元组装成的整体。这样做的好处是可以降低控制线性方程组的阶数,从而达到节省计算机存储空间和提高运算效率的目的。

图 2.31 所示是由两个普通刚架单元组成的子结构。假设该子结构仅在两端 i、j 与结构的其他子结构或单元连接,则可以设法在刚度方程中将结点 m 的自由度消去。若将 i、j 结点的自由度称为该子结构的外部自由度,记为 $\boldsymbol{\Delta}_B$,对应的结点力记为 $\boldsymbol{F}_B$;将结点 m 的自由度称为该子结构的内部自由度,记为 $\boldsymbol{\Delta}_I$,对应的结点力记为 $\boldsymbol{F}_I$,则该子结构的刚度方程可表示为

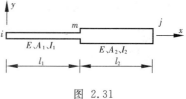

图 2.31

$$
\begin{bmatrix} \boldsymbol{K}_{BB} & \boldsymbol{K}_{BI} \\ \boldsymbol{K}_{IB} & \boldsymbol{K}_{II} \end{bmatrix} \begin{bmatrix} \boldsymbol{\Delta}_B \\ \boldsymbol{\Delta}_I \end{bmatrix} = \begin{bmatrix} \boldsymbol{F}_B \\ \boldsymbol{F}_I \end{bmatrix} \tag{2.37}
$$

由式(2.37)的第二式得

$$
\boldsymbol{\Delta}_I = \boldsymbol{K}_{II}{}^{-1}(\boldsymbol{F}_I - \boldsymbol{K}_{IB}\boldsymbol{\Delta}_B) \tag{2.38}
$$

将式(2.38)代入式(2.37)的第一式得

$$
(\boldsymbol{K}_{BB} - \boldsymbol{K}_{BI}\boldsymbol{K}_{II}{}^{-1}\boldsymbol{K}_{IB})\boldsymbol{\Delta}_B = \boldsymbol{F}_B - \boldsymbol{K}_{BI}\boldsymbol{K}_{II}{}^{-1}\boldsymbol{F}_I \tag{2.39}
$$

若记

$$
\boldsymbol{K}_B = \boldsymbol{K}_{BB} - \boldsymbol{K}_{BI}\boldsymbol{K}_{II}{}^{-1}\boldsymbol{K}_{IB} \tag{2.40}
$$

并将式(2.39)右端视作**等效结点力**,记为 $\boldsymbol{F}_{RB}$,有

$$
\boldsymbol{K}_{RB} = \boldsymbol{F}_B - \boldsymbol{K}_{BI}\boldsymbol{K}_{II}{}^{-1}\boldsymbol{F}_I \tag{2.41}
$$

于是,式(2.39)可改写为

$$
\boldsymbol{K}_B\boldsymbol{\Delta}_B = \boldsymbol{F}_{RB} \tag{2.42}
$$

式(2.42)即为消除了内部自由度后子结构的刚度方程,或称为边界刚度方程。以上推导过程和相关公式实际上可以适用于任何形式的子结构,其中下标 B 指示需保留的边

界结点自由度，下标 I 指示待消去的内部结点自由度。

图 2.32(a)示意同一结构中两个子结构间可能存在的相互关系，设子结构①与子结

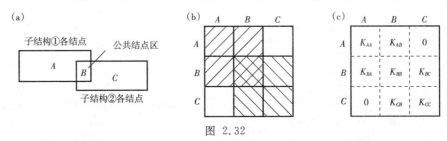

图 2.32

构②共有边界结点区 B。子结构①的其余各结点区 A 和边界结点区 B 对应于图 2.32(b)示意的刚度矩阵中左上带斜线部分；子结构②的其余各结点区 C 与边界结点区 B 对应于刚度矩阵中右下带反向斜线部分。图 2.32(c)所示为相应的子矩阵。据此，可以写出刚度方程为

$$\left.\begin{array}{r} \boldsymbol{K}_{AA}\boldsymbol{\Delta}_A + \boldsymbol{K}_{AB}\boldsymbol{\Delta}_B = \boldsymbol{F}_A \\ \boldsymbol{K}_{BA}\boldsymbol{\Delta}_A + \boldsymbol{K}_{BB}\boldsymbol{\Delta}_B + \boldsymbol{K}_{BC}\boldsymbol{\Delta}_C = \boldsymbol{F}_B \\ \boldsymbol{K}_{CB}\boldsymbol{\Delta}_B + \boldsymbol{K}_{CC}\boldsymbol{\Delta}_C = \boldsymbol{F}_C \end{array}\right\} \qquad (2.43)$$

式中 $\boldsymbol{\Delta}_A$、$\boldsymbol{\Delta}_B$、$\boldsymbol{\Delta}_C$ 和 $\boldsymbol{F}_A$、$\boldsymbol{F}_B$、$\boldsymbol{F}_C$ 分别为 A、B、C 三区的结点位移和结点力向量。按照式(2.39)由式(2.43)中消去 $\boldsymbol{\Delta}_A$ 和 $\boldsymbol{\Delta}_C$，可以得到只包含 $\boldsymbol{\Delta}_B$ 的边界刚度方程，从而解出 $\boldsymbol{\Delta}_B$。然后可利用式(2.43)第一、三两式求得 $\boldsymbol{\Delta}_A$ 和 $\boldsymbol{\Delta}_C$。求得了所有的结点位移之后就不难计算各单元的内力。

在需要时，也可以将由若干个子结构所组成的结构单元作为一个大型的子结构看待，采用这种方法分析便称为多重子结构法。一般地说，如果预先已知道各子结构的刚度方程，或者结构是由类型相同的子结构组成时，采用子结构法分析在节约存储空间的同时还可大大提高运算效率。

例 2.7 试采用子结构法计算图 2.33(a)所示的平面桁架的结点位移。已知桁架杆件的横截面面积为：竖向杆和水平杆 $A_1 = 10.0 \times 10^{-4} \text{ m}^2$，斜杆 $A_2 = 7.07 \times 10^{-4} \text{ m}^2$；材料的弹性模量 $E = 2.0 \times 10^5$

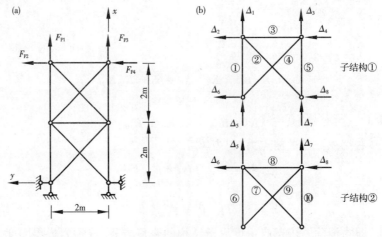

图 2.33

MPa；结点荷载如图所示，其中 $F_{P4}=0$。

解　将桁架看成是由图 2.33(b)所示两个同形子结构组成的。按照 2.6 节可生成以下子结构刚度矩阵。

子结构①

$$
K^{①}=\frac{10^8\,\mathrm{N}}{4\mathrm{m}}\times
\begin{array}{c}
\begin{array}{cccccccc}
1 & 2 & 3 & 4 & 5 & 6 & 7 & 8
\end{array}\ \text{未知量编号}\\
\left[\begin{array}{cccccccc}
5 & & & & & & & \\
1 & 5 & & & \text{对} & & & \\
0 & 0 & 5 & & & \text{称} & & \\
0 & -4 & -1 & 5 & & & & \\
-4 & 0 & -1 & 1 & 5 & & & \\
0 & 0 & 1 & -1 & -1 & 1 & & \\
-1 & -1 & -4 & 0 & 0 & 0 & 5 & \\
-1 & -1 & 0 & 0 & 0 & 0 & 1 & 1
\end{array}\right]
\begin{array}{c}
1\\2\\3\\4\\5\\6\\7\\8
\end{array}
\end{array}
$$

子结构②

$$
K^{②}=\frac{10^8\,\mathrm{N}}{4\mathrm{m}}\times
\begin{array}{c}
\begin{array}{cccc}
5 & 6 & 7 & 8
\end{array}\ \text{未知量编号}\\
\left[\begin{array}{cccc}
5 & & \text{对} & \\
1 & 5 & & \text{称} \\
0 & 0 & 5 & \\
0 & -4 & -1 & 5
\end{array}\right]
\begin{array}{c}
5\\6\\7\\8
\end{array}
\end{array}
$$

依据以上子结构刚度矩阵，按式(2.40)可得

$$
K_B{}^{①}=\frac{10^8\,\mathrm{N}}{4\mathrm{m}}\times
\begin{bmatrix}
5 & -1 & 0 & 0\\
-1 & 1 & 0 & 0\\
0 & 0 & 5 & 1\\
0 & 0 & 1 & 1
\end{bmatrix}
-\frac{10^8\,\mathrm{N}}{4\mathrm{m}}\times
\begin{bmatrix}
-4 & 0 & -1 & 1\\
0 & 0 & 1 & -1\\
-1 & -1 & -4 & 0\\
-1 & -1 & 0 & 0
\end{bmatrix}
$$

$$
\times\left\{\frac{10^8\,\mathrm{N}}{4\mathrm{m}}\times
\begin{bmatrix}
5 & 1 & 0 & 0\\
1 & 5 & 0 & -4\\
0 & 0 & 5 & -1\\
0 & -4 & -1 & 5
\end{bmatrix}\right\}^{-1}
\times\frac{10^8\,\mathrm{N}}{4\mathrm{m}}\times
\begin{bmatrix}
-4 & 0 & -1 & -1\\
0 & 0 & -1 & -1\\
-1 & 1 & -4 & 0\\
1 & -1 & 0 & 0
\end{bmatrix}
$$

$$
=\frac{10^8\,\mathrm{N}}{11\mathrm{m}}\times
\begin{bmatrix}
0 & 0 & 0 & 0\\
0 & 1 & 0 & -1\\
0 & 0 & 0 & 0\\
0 & -1 & 0 & 1
\end{bmatrix}
$$

由于子结构②无内部位移，有 $K_B{}^{②}=K^{②}$。将 $K_B{}^{①}$ 和 $K_B{}^{②}$ 叠加得

$$
K_B=K_B{}^{①}+K_B{}^{②}=\frac{10^8\,\mathrm{N}}{44\mathrm{m}}\times
\begin{bmatrix}
55 & 11 & 0 & 0\\
11 & 59 & 0 & -48\\
0 & 0 & 55 & -11\\
0 & -48 & -11 & 59
\end{bmatrix}
$$

按照式(2.41)可以计算边界等效结点力为

$$
F_{RB}=-\frac{10^8\,\mathrm{N}}{4\mathrm{m}}\times
\begin{bmatrix}
-4 & 0 & -1 & 1\\
0 & 0 & 1 & -1\\
-1 & -1 & -4 & 0\\
-1 & -1 & 0 & 0
\end{bmatrix}
\times\left\{\frac{10^8\,\mathrm{N}}{4\mathrm{m}}\times
\begin{bmatrix}
5 & 1 & 0 & 0\\
1 & 5 & 0 & -4\\
0 & 0 & 5 & -1\\
0 & -4 & -1 & 5
\end{bmatrix}\right\}^{-1}
\begin{bmatrix}
F_{P1}\\
F_{P2}\\
F_{P3}\\
F_{P4}
\end{bmatrix}
$$

$$= \frac{1}{11} \begin{bmatrix} 11 & -11 & 0 & -11 \\ -1 & 5 & -1 & 6 \\ 0 & 11 & 11 & 11 \\ 1 & 6 & 1 & 5 \end{bmatrix} \begin{bmatrix} F_{P1} \\ F_{P2} \\ F_{P3} \\ 0 \end{bmatrix}$$

于是,由式(2.42)的边界刚度方程可以解得

$$\boldsymbol{\Delta}_B = \begin{bmatrix} \Delta_5 \\ \Delta_6 \\ \Delta_7 \\ \Delta_8 \end{bmatrix} = \frac{\mathrm{m}}{10^8\,\mathrm{N}} \times \begin{bmatrix} 0.916 & -1.496 & -0.084 \\ -0.580 & 3.481 & 0.420 \\ -0.084 & 1.504 & 0.916 \\ -0.420 & 3.519 & 0.580 \end{bmatrix} \begin{bmatrix} F_{P1} \\ F_{P2} \\ F_{P3} \end{bmatrix}$$

同时,可由式(2.38)求得内部位移为

$$\boldsymbol{\Delta}_I = \begin{bmatrix} \Delta_1 \\ \Delta_2 \\ \Delta_3 \\ \Delta_4 \end{bmatrix} = \frac{\mathrm{m}}{10^8\,\mathrm{N}} \times \begin{bmatrix} 1.840 & -2.038 & -0.161 \\ -2.038 & 9.229 & 1.962 \\ -0.161 & 1.962 & 1.840 \\ -1.962 & 8.771 & 2.038 \end{bmatrix} \begin{bmatrix} F_{P1} \\ F_{P2} \\ F_{P3} \end{bmatrix}$$

*2.9　矩阵力法的基本原理

与结构力学中的力法相对应,结构的矩阵分析方法中也有**矩阵力法**。力法方程可以一般地用矩阵形式表示为

$$\begin{bmatrix} \delta_{11} & \delta_{12} & \cdots & \delta_{1n} \\ \delta_{21} & \delta_{22} & \cdots & \delta_{2n} \\ \vdots & \vdots & & \vdots \\ \delta_{n1} & \delta_{n2} & \cdots & \delta_{nn} \end{bmatrix} \begin{bmatrix} X_1 \\ X_2 \\ \vdots \\ X_n \end{bmatrix} + \begin{bmatrix} \Delta_{1P} \\ \Delta_{2P} \\ \vdots \\ \Delta_{nP} \end{bmatrix} = \begin{bmatrix} 0 \\ 0 \\ \vdots \\ 0 \end{bmatrix} \tag{2.44}$$

记

$$\boldsymbol{\delta}_{\mathrm{XX}} = \begin{bmatrix} \delta_{11} & \delta_{12} & \cdots & \delta_{1n} \\ \delta_{21} & \delta_{22} & \cdots & \delta_{2n} \\ \vdots & \vdots & & \vdots \\ \delta_{n1} & \delta_{n2} & \cdots & \delta_{nn} \end{bmatrix} \tag{2.45}$$

$$\boldsymbol{X} = (X_1 \quad X_2 \quad \cdots \quad X_n)^{\mathrm{T}} \tag{2.46}$$

$$\boldsymbol{\Delta}_{\mathrm{P}} = (\Delta_{1P} \quad \Delta_{2P} \quad \cdots \quad \Delta_{nP})^{\mathrm{T}} \tag{2.47}$$

则式(2.44)可简写为

$$\boldsymbol{\delta}_{\mathrm{XX}}\boldsymbol{X} + \boldsymbol{\Delta}_{\mathrm{P}} = 0 \tag{2.48}$$

式中,$\boldsymbol{X}$ 为多余约束中的未知力向量;$\boldsymbol{\Delta}_{\mathrm{P}}$ 为外荷载引起的多余约束切口处沿各未知力方向的位移向量;$\boldsymbol{\delta}_{\mathrm{XX}}$ 为力法方程的系数矩阵或称为柔度矩阵,它的第 i 列元素表示第 i 项未知力等于 1 时引起的多余约束切口处沿各未知力方向的位移。

在结构力学中,力法方程系数矩阵和自由项向量中的各项元素是借助于单位荷载法通过手算求得的。上述这些元素确定以后,就可以通过求解力法方程得到各多余约束中的未知力。这样,求解原超静定结构的问题就转变为求解它所对应的基本结构的问题。

由此可见,矩阵力法的基本任务就是用矩阵分析的方法建立上述矩阵形式表达的**力法方程**。为此目的可以有两种方法:一种方法是由人工选定基本结构,然后根据对基本结构的内力计算结果建立一套矩阵分析方法;另一种方法是利用线性代数中关于矩阵秩的运算技巧,首先建立结点的平衡方程,然后利用约当消去法使多余约束力自动分离出来,这种分析方法称为秩力法。按上述第二种方法便于设计计算程序,但它还是以第一种方法作为基础的,因此本节中只是通过对上述第一种方法的简要介绍使读者对矩阵力法的基本原理有所了解。值得一提的是,对于杆件系统的分析来说,采用矩阵力法一般并不比采用矩阵位移法显得优越。但对于一般二维或三维固体结构的矩阵分析——有限元分析来说,采用有限元力法(或混合法)常可以取得比采用有限元位移法更好的应力计算精度,这是因为前者避免了通过对近似位移函数的求导来计算应力的缘故。

首先介绍单元的柔度矩阵,通过柔度矩阵可以将杆端位移用杆端力来表达。根据2.3节所述,自由式单元的杆端位移中可包含刚体位移的成分,此时就无法用其杆端力来表达杆端位移,因此也就无法建立这种单元的柔度矩阵。为此,可以采用如图 2.34 所示两端简支式的单元作为矩阵力法分析的基本元素。

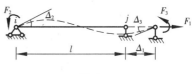

图 2.34

在杆端力的作用下,简支式单元的杆端力和杆位移的关系式可表示为

$$\boldsymbol{\Delta}^e = \boldsymbol{\delta}^e \boldsymbol{F}^e \tag{2.49}$$

式中

$$\Delta^e = \begin{bmatrix} \Delta_1 \\ \Delta_2 \\ \Delta_3 \end{bmatrix}^e \tag{2.50}$$

$$F^e = \begin{bmatrix} F_1 \\ F_2 \\ F_3 \end{bmatrix}^e \tag{2.51}$$

分别为两端简支式单元的杆端位移和杆端力,它们的正方向如图 2.34 所示;系数矩阵为

$$\boldsymbol{\delta}^e = \begin{bmatrix} \dfrac{1}{EA} & 0 & 0 \\ 0 & \dfrac{1}{3EI} & -\dfrac{1}{6EI} \\ 0 & -\dfrac{1}{6EI} & \dfrac{1}{3EI} \end{bmatrix} \tag{2.52}$$

称为简支式单元的柔度矩阵。

若将所有单元的杆端位移和杆端力按单元编号顺序排列,即

$$\boldsymbol{\Delta} = \begin{bmatrix} \boldsymbol{\Delta}^{①} \\ \boldsymbol{\Delta}^{②} \\ \vdots \\ \boldsymbol{\Delta}^{⑩} \end{bmatrix} \tag{2.53}$$

$$F = \begin{bmatrix} F^① \\ F^② \\ \vdots \\ F^⑩ \end{bmatrix} \tag{2.54}$$

$\boldsymbol{\Delta}$ 和 $\boldsymbol{F}$ 分别称为结构的杆端位移向量和杆端力向量,它们之间的关系可以表达为

$$\boldsymbol{\Delta} = \boldsymbol{\delta}_M \boldsymbol{F} \tag{2.55}$$

式中

$$\boldsymbol{\delta}_M = \begin{bmatrix} \boldsymbol{\delta}^① & & & 0 \\ & \boldsymbol{\delta}^② & & \\ & & \ddots & \\ 0 & & & \boldsymbol{\delta}^m \end{bmatrix} \tag{2.56}$$

称为整个结构的未装配柔度矩阵,式(2.55)反映了结构物理学方面的条件。应当注意的是,此时杆端位移是按单元编号顺序排列的,对于同一个结点而言属于不同单元的杆端位移可以是不同的。实际上,在采用矩阵力法分析时所有的量均与结点编号顺序无关,因此也就无需对结点进行编号。

当共计有 p 个结点荷载

$$\boldsymbol{F}_P = (F_{P1} \quad F_{P2} \quad \cdots \quad F_{Pp})^T \tag{2.57}$$

作用于结构时,全部单元的杆端力与上述荷载之间的关系可以用矩阵的形式一般地表示为

$$\boldsymbol{F} = \boldsymbol{b} \boldsymbol{F}_P \tag{2.58}$$

式中

$$\boldsymbol{b} = \begin{bmatrix} \boldsymbol{b}_{11} & \boldsymbol{b}_{12} & \cdots & \boldsymbol{b}_{1p} \\ \boldsymbol{b}_{21} & \boldsymbol{b}_{22} & \cdots & \boldsymbol{b}_{2p} \\ \vdots & \vdots & & \vdots \\ \boldsymbol{b}_{m1} & \boldsymbol{b}_{m2} & \cdots & \boldsymbol{b}_{mp} \end{bmatrix} \tag{2.59}$$

式(2.58)反映了结构的平衡方面的条件。这里结点荷载可以是广义力,矩阵 $\boldsymbol{b}$ 称为荷载 $\boldsymbol{F}_P$ 对于结构的内力影响矩阵。矩阵 $\boldsymbol{b}$ 的一列元素表示了仅有某一项外荷载等于 1 作用时结构所有单元的杆端力,其中 $\boldsymbol{b}_{ij}$ 表示仅有 $\boldsymbol{F}_{Pj} = 1$ 作用时,单元 i 的杆端力子向量。矩阵 $\boldsymbol{b}$ 的列数就等于结点荷载总数 p,它的行数则等于单元总数 m 乘以每个单元的杆端力数目。每个单元的杆端力数目对于桁架而言为 1,对于平面刚架为 3,如图 2.34 所示。

对于一个具有 n 个多余约束的超静定结构来说,如果将 n 个多余约束撤除,并代以 n 个未知力

$$\boldsymbol{X} = (X_1 \quad X_2 \quad \cdots \quad X_n)^T \tag{2.60}$$

则求解原超静定结构的问题就转化为求解原结构所对应的基本结构在原荷载和上述未知力共同作用下的计算问题。将未知力 $\boldsymbol{X}$ 视为外荷载,则作用于基本结构上的荷载列向量可写为 $\begin{bmatrix} \boldsymbol{F}_P \\ \boldsymbol{X} \end{bmatrix}$,其中 $\boldsymbol{F}_P$ 是由结点荷载组成的子向量;$\boldsymbol{X}$ 是由未知力组成的子向量。此时,基本结构的内力影响矩阵可表示为

$$b = (b_P \vdots b_X) \tag{2.61}$$

式中 b_P 表示结点外荷载对基本结构的内力影响矩阵；b_X 表示未知力 X 对基本结构的内力影响矩阵。于是，式(2.58)可写为

$$F = (b_P \vdots b_X) \begin{bmatrix} F_P \\ \cdots \\ X \end{bmatrix} \tag{2.62}$$

根据力法的基本原理可知，欲求得未知力 X 就必须建立变形协调条件，即使得基本结构在未知多余约束力方向上的位移符合于原结构的实际情况。为此，需要讨论上述荷载作用处的位移计算问题。

在矩阵力法中，将荷载作用处沿荷载作用方向上的位移称为载向位移。载向位移的数量应等于结点荷载的数量。

现将载向位移记为

$$\Delta_r = (\Delta_{r1} \quad \Delta_{r2} \quad \cdots \quad \Delta_{rp})^T \tag{2.63}$$

式中若荷载是广义力，则载向位移便是与其相应的广义位移。

对于一个线性变形体系来说，载向位移 Δ_r 与杆端位移 Δ 之间也存在线性关系，这种关系可用矩阵形式表达为

$$\Delta_r = c\Delta \tag{2.64}$$

式中矩阵 c 称为杆端位移与结点载向位移之间的**变换矩阵**，可起到将杆端位移变换为载向位移的作用。以下将证明上述位移变换矩阵 c 与荷载影响矩阵 b 之间存在关系

$$c = b^T \tag{2.65}$$

即两者互为转置矩阵，这种关系通常称为**逆步变换**关系。于是，上述各物理量之间存在以下关系：

$$\text{结点荷载 } F_P \xrightarrow{\quad b \quad} F \text{ 杆端力}$$
$$\text{结点载向位移 } \Delta_r \xleftarrow{\quad c = b^T \quad} \Delta \text{ 杆端位移}$$

设结构在任意一组结点荷载作用下处于平衡状态，此时它的杆端力为

$$F = bF_P$$

若结构发生虚位移，相应的载向虚位移和杆端虚位移分别记为 $\delta\Delta_r$ 和 $\delta\Delta$，则在虚位移过程中外荷载 F_P 将作虚功 $\delta W = F_P^T \delta\Delta_r$，而结构所接受的虚变形功为 $\delta U = F^T \delta\Delta$，根据虚功原理 $\delta W = \delta U$，有

$$F_P^T \delta\Delta_r = F^T \delta\Delta$$

将式(2.58)和式(2.64)代入上式，则有

$$F_P^T c\delta\Delta = F_P^T b^T \delta\Delta$$

由于 F_P 和 $\delta\Delta$ 的任意性，可在矩阵等式两边消去，故有

$$c = b^T$$

这就证明了上述逆步变换关系。

将式(2.65)代入式(2.64)得

$$\Delta_r = b^T \Delta \tag{2.66}$$

由于未知力向量 X 被视作荷载向量中的一个子向量，上述载向位移也需分为对应于

结点外荷载的载向位移 Δ_L 和对应于未知力的载向位移 Δ_X，即

$$\Delta_r = \begin{bmatrix} \Delta_L \\ \cdots \\ \Delta_X \end{bmatrix} \tag{2.67}$$

将式(2.55)代入式(2.66)，并考虑到式(2.61)和式(2.67)关系，有

$$\Delta_r = \begin{bmatrix} \Delta_L \\ \cdots \\ \Delta_X \end{bmatrix} = \begin{bmatrix} b_P^T \\ \cdots \\ b_X^T \end{bmatrix} \delta_M \begin{bmatrix} b_P & \vdots & b_X \end{bmatrix} \begin{bmatrix} F_P \\ \cdots \\ X \end{bmatrix} \tag{2.68}$$

将上式展开后可得

$$\Delta_L = b_P^T \delta_M b_P F_P + b_P^T \delta_M b_X X \tag{2.69}$$

$$\Delta_X = b_X^T \delta_M b_P F_P + b_X^T \delta_M b_X X \tag{2.70}$$

以上式(2.69)第一项和第二项分别表示由于外荷载 F_P 和未知力 X 所引起的外荷载作用处的载向位移，式(2.70)第一项和第二项分别表示由于外荷载 F_P 和未知力 X 所引起的未知力作用处的载向位移。现记

$$\delta_{PP} = b_P^T \delta_M b_P \tag{2.71}$$

$$\delta_{PX} = b_P^T \delta_M b_X \tag{2.72}$$

$$\delta_{XP} = b_X^T \delta_M b_P \tag{2.73}$$

$$\delta_{XX} = b_X^T \delta_M b_X \tag{2.74}$$

以上各式左端矩阵中的一列元素分别表示某一项外荷载 F_P 或某一项未知力 X 等于 1 时所引起的外荷载作用处或未知力作用处的载向位移。根据位移互等定理，有

$$\delta_{PX} = \delta_{XP}^T \tag{2.75}$$

将以上式(2.71)至式(2.74)代入式(2.69)和式(2.70)，并考虑到式(2.75)的关系，有

$$\Delta_L = \delta_{PP} F_P + \delta_{XP}^T X \tag{2.76}$$

$$\Delta_X = \delta_{XP} F_P + \delta_{XX} X \tag{2.77}$$

根据变形协调条件，在多余约束切口处的载向位移 Δ_X 应等于零，即

$$\delta_{XP} F_P + \delta_{XX} X = 0 \tag{2.78}$$

求解式(2.78)可得多余约束处的未知力

$$X = -\delta_{XX}^{-1} \delta_{XP} F_P \tag{2.79}$$

将式(2.71)、式(2.72)、式(2.75)和式(2.78)引入式(2.69)，并记

$$\delta = \delta_{PP} - \delta_{XP}^T \delta_{XX}^{-1} \delta_{XP} \tag{2.80}$$

则有

$$\Delta_L = \delta F_P \tag{2.81}$$

式中 δ 称为结构的柔度矩阵。

若记

$$\Delta_P = \delta_{XP} F_P \tag{2.82}$$

则式(2.78)即转化为式(2.48)所示力法方程的矩阵形式。

将式(2.79)代入式(2.62)可得

$$F = b_P F_P - b_X \delta_{XX}^{-1} \delta_{XP} F_P$$

对照式(2.58)可得

$$b = b_P - b_X \delta_{XX}^{-1} \delta_{XP} \tag{2.83}$$

由上述公式确定的矩阵 b 称为原超静定结构的内力影响矩阵。据此就可以由式(2.58)求得简支式单元的杆端力 F。利用式(2.83)并考虑到式(2.71)的关系,由式(2.80)可知结构的柔度矩阵也可表示为

$$\delta = b_P^T \delta_M b \tag{2.84}$$

由式(2.51)和式(2.54)可知,以上求得的杆端力 F 中只包括每个单元的三个杆端力,如图 2.34 所示。单元的其余杆端力可以根据单元的平衡条件求得。若将一个单元的全部杆端力表示为

$$F_S^e = (F_{S1} \quad F_{S2} \quad F_{S3} \quad F_{S4} \quad F_{S5} \quad F_{S6})^T$$

它们的正方向如图 2.35 所示。对于一个单元来说,F_S^e 与 F^e 之间的关系可确定为

$$F_S^e = B^e F^e \tag{2.85}$$

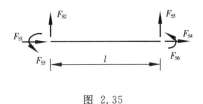

图 2.35

根据简支单元的平衡条件并对照图 2.34 和图 2.35 可得

$$B^e = \begin{bmatrix} -1 & 0 & 0 \\ 0 & 1/l & 1/l \\ 0 & 1 & 0 \\ 1 & 0 & 0 \\ 0 & -1/l & -1/l \\ 0 & 1 & 0 \end{bmatrix} \tag{2.86}$$

B^e 称为简支式单元的杆端力转换矩阵。若记

$$F_S = \begin{bmatrix} F_S^① \\ F_S^② \\ \vdots \\ F_S^m \end{bmatrix} \tag{2.87}$$

$$B = \begin{bmatrix} B^① & & & 0 \\ & B^② & & \\ & & \ddots & \\ 0 & & & B^m \end{bmatrix} \tag{2.88}$$

则可得到全部单元杆端力的计算公式

$$F_S = BF \tag{2.89}$$

根据以上分析过程,矩阵力法的基本计算步骤可归纳如下:

1)划分单元,选定基本结构,确定多余约束力 X。

2)计算各单元的柔度矩阵 $\boldsymbol{\delta}^e$ 并生成未装配结构的柔度矩阵 $\boldsymbol{\delta}_M$。

3)根据单位力作用于基本结构时的内力图形成 $\boldsymbol{b}_P$ 和 $\boldsymbol{b}_X$。

4)计算各单元的杆端力转换矩阵 $\boldsymbol{B}^e$,并构成总的杆端力转换矩阵 $\boldsymbol{B}$。

5)由式(2.71)、式(2.74)和式(2.73)分别计算 $\boldsymbol{\delta}_{PP} = \boldsymbol{b}_P^T \boldsymbol{\delta}_M \boldsymbol{b}_P$, $\boldsymbol{\delta}_{XX} = \boldsymbol{b}_X^T \boldsymbol{\delta}_M \boldsymbol{b}_X$, $\boldsymbol{\delta}_{XP} = \boldsymbol{b}_X^T \boldsymbol{\delta}_M \boldsymbol{b}_P$。

6)求出已装配结构柔度矩阵的逆矩阵 $\boldsymbol{\delta}_{PP}^{-1}$。

7)由式(2.83)求出原超静定结构的内力影响矩阵

$$\boldsymbol{b} = \boldsymbol{b}_P - \boldsymbol{b}_X \boldsymbol{\delta}_{XX}^{-1} \boldsymbol{\delta}_{XP}$$

8)由式(2.58)和式(2.89)求出单元杆端力

$$\boldsymbol{F} = \boldsymbol{b}\boldsymbol{F}_P, \quad \boldsymbol{F}_S = \boldsymbol{B}\boldsymbol{F}$$

9)由式(2.80)或式(2.84)计算柔度矩阵

$$\boldsymbol{\delta} = \boldsymbol{\delta}_{PP} - \boldsymbol{\delta}_{XP}^T \boldsymbol{\delta}_{XX}^{-1} \boldsymbol{\delta}_{XP}$$

或

$$\boldsymbol{\delta} = \boldsymbol{b}_P^T \boldsymbol{\delta}_M \boldsymbol{b}$$

10)由式(2.81)计算载向位移

$$\boldsymbol{\Delta}_L = \boldsymbol{\delta}\boldsymbol{F}_P$$

若原结构中有结间荷载作用,则在按上述过程分析之前需将结间荷载化为等效结点荷载。此时,求解得到的单元杆端力需与相应的单元固端力进行叠加。以上分析过程中仅求得了结构的载向位移。在用矩阵力法求解超静定结构时也可以求出任意结点的位移,在此不再详述。

例2.8 试采用矩阵力法求图2.36(a)所示刚架的弯矩图和载向位移,忽略杆件轴向变形的影响。

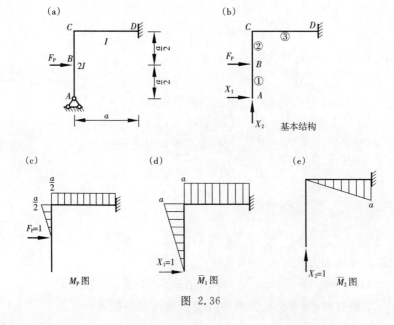

图 2.36

解　此刚架为两次超静定,取基本结构和单元划分如图 2.36(b)所示,单元①、②和③的始端 i 分别设在 A、B 和 C 点。此时外荷载成为结点荷载,故毋需求等效结点荷载,由图 2.36(b)可知

$$\boldsymbol{F}_{\mathrm{P}} = F_{\mathrm{P}}$$

$$\boldsymbol{X} = (X_1 \quad X_2)^{\mathrm{T}}$$

此外,由于单元①的 A 端为铰支座,其杆端弯矩恒为零,不必计入杆端力向量。此时,由式(2.52)可知单元①的柔度矩阵为

$$\boldsymbol{\delta}^{①} = \left(\frac{a}{12EI} \right)$$

单元②、③的柔度矩阵分别为

$$\boldsymbol{\delta}^{②} = \begin{bmatrix} \dfrac{a}{12EI} & -\dfrac{a}{24EI} \\[2ex] -\dfrac{a}{24EI} & \dfrac{a}{12EI} \end{bmatrix}, \quad \boldsymbol{\delta}^{③} = \begin{bmatrix} \dfrac{a}{3EI} & -\dfrac{a}{6EI} \\[2ex] -\dfrac{a}{6EI} & \dfrac{a}{3EI} \end{bmatrix}$$

据此,可构成 $\boldsymbol{\delta}_{\mathrm{M}}$ 为

$$\boldsymbol{\delta}_{\mathrm{M}} = \frac{a}{24EI} \begin{bmatrix} 2 & 0 & 0 & 0 & 0 \\ 0 & 2 & -1 & 0 & 0 \\ 0 & -1 & 2 & 0 & 0 \\ 0 & 0 & 0 & 8 & -4 \\ 0 & 0 & 0 & -4 & 8 \end{bmatrix} \begin{matrix} ① \\ ② \\ \\ ③ \\ \end{matrix}$$

单位荷载和单位未知力作用于基本结构时引起基本结构的弯矩分别如图 2.36(c)、(d)和(e)所示。据此可得内力影响矩阵 $\boldsymbol{b}_{\mathrm{P}}$、$\boldsymbol{b}_{\mathrm{X}}$ 分别为

$$\begin{matrix} & F_{\mathrm{P}} = 1 & & X_1 = 1 \quad X_2 = 1 \end{matrix}$$

$$\boldsymbol{b}_{\mathrm{P}} = \begin{bmatrix} 0 \\ 0 \\ -\dfrac{a}{2} \\ \dfrac{a}{2} \\ -\dfrac{a}{2} \end{bmatrix} \begin{matrix} ① \\ ② \\ \\ ③ \\ \end{matrix}, \quad \boldsymbol{b}_{\mathrm{X}} = \begin{bmatrix} -\dfrac{a}{2} & 0 \\ \dfrac{a}{2} & 0 \\ -a & 0 \\ a & 0 \\ -a & 0 \end{bmatrix} \begin{matrix} ① \\ ② \\ \\ ③ \\ \end{matrix}$$

题中只需求刚架的弯矩图,因而可不必计算和构成转换矩阵 $\boldsymbol{B}^{\mathrm{e}}$ 和 $\boldsymbol{B}$。以下依次计算为

$$\boldsymbol{\delta}_{\mathrm{XX}} = \boldsymbol{b}_{\mathrm{X}}^{\mathrm{T}} \boldsymbol{\delta}_{\mathrm{M}} \boldsymbol{b}_{\mathrm{X}} = \frac{a^3}{6EI} \begin{bmatrix} 7 & -3 \\ -3 & 2 \end{bmatrix}$$

$$\boldsymbol{\delta}_{\mathrm{XX}}^{-1} = \frac{6EI}{5a^3} \begin{bmatrix} 2 & 3 \\ 3 & 7 \end{bmatrix}$$

$$\boldsymbol{\delta}_{\mathrm{XP}} = \boldsymbol{b}_{\mathrm{X}}^{\mathrm{T}} \boldsymbol{\delta}_{\mathrm{M}} \boldsymbol{b}_{\mathrm{P}} = \frac{a^3}{96EI} \begin{bmatrix} 53 \\ -24 \end{bmatrix}$$

原超静定结构的内力影响矩阵为

$$\boldsymbol{b} = \boldsymbol{b}_{\mathrm{P}} - \boldsymbol{b}_{\mathrm{X}} \boldsymbol{\delta}_{\mathrm{XX}}^{-1} \boldsymbol{\delta}_{\mathrm{XP}} = \frac{a}{80} \begin{bmatrix} 17 \\ -17 \\ -6 \\ 6 \\ 3 \end{bmatrix}$$

据此可求得杆端力

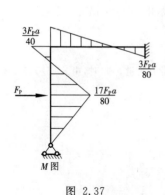

$$F = bF_P = \frac{F_P a}{80} \begin{bmatrix} 17 \\ -17 \\ -6 \\ 6 \\ 3 \end{bmatrix}$$

由式(2.83)可知,结构的柔度矩阵为

$$\boldsymbol{\delta} = \boldsymbol{b}_P^T \boldsymbol{\delta}_M \boldsymbol{b} = \frac{31 F_P a^3}{7840 EI}$$

相应的结构载向位移为

$$\boldsymbol{\Delta}_L = \boldsymbol{\delta} F_P = \frac{31 F_P a^3}{7840 EI}$$

图 2.37

按以上求得的杆端力 F 可以作出刚架的弯矩图如图 2.37 所示。

例 2.9 试采用矩阵力法计算图 2.38(a)所示混合结构的内力。设材料的弹性模量为 E,横梁的横截面惯性矩为 I,桁架杆的横截面面积均为 A。忽略横梁轴向变形的影响。

解 (1)单元划分

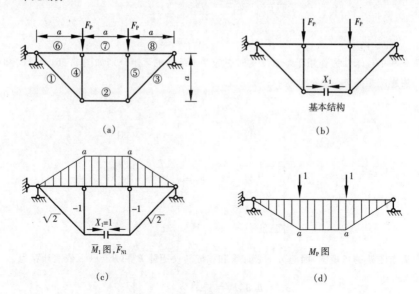

图 2.38

单元划分如图 2.38(a)所示。该结构是一次超静定的,选取基本结构如图 2.38(b)。根据本例结构受力对称的特点,可以将作用于结构上的两个集中力作为一个广义力看待,于是有

$$\boldsymbol{F}_P = F_P, \qquad\qquad \boldsymbol{X} = X_1$$

(2)求未装配结构柔度矩阵 $\boldsymbol{\delta}_M$

由式(2.52)可得各单元的柔度矩阵为

$$\boldsymbol{\delta}^① = \boldsymbol{\delta}^③ = \frac{\sqrt{2}a}{EA}, \quad \boldsymbol{\delta}^② = \boldsymbol{\delta}^④ = \boldsymbol{\delta}^⑤ = \frac{a}{EA}$$

$$\boldsymbol{\delta}^{\textcircled{6}} = \boldsymbol{\delta}^{\textcircled{8}} = \frac{a}{3EI}, \quad \boldsymbol{\delta}^{\textcircled{7}} = \begin{bmatrix} \dfrac{a}{3EI} & -\dfrac{a}{6EI} \\[3mm] -\dfrac{a}{6EI} & \dfrac{a}{3EI} \end{bmatrix}$$

再根据式(2.56)得

$$\boldsymbol{\delta}_{\mathrm{M}} = \begin{bmatrix} \dfrac{\sqrt{2}a}{EA} & & & & & & & & \\[2mm] & \dfrac{a}{EA} & & & & & & & \\[2mm] & & \dfrac{\sqrt{2}a}{EA} & & & & & & \\[2mm] & & & \dfrac{a}{EA} & & & & & \\[2mm] & & & & \dfrac{a}{EA} & & & & \\[2mm] & & & & & \dfrac{a}{3EI} & & & \\[2mm] & & & & & & \dfrac{a}{3EI} & -\dfrac{a}{6EI} & \\[2mm] & & & & & & -\dfrac{a}{6EI} & \dfrac{a}{3EI} & \\[2mm] & & & & & & & & \dfrac{\sqrt{2}a}{3EI} \end{bmatrix}$$

(3)求内力影响矩阵 $\boldsymbol{b}_{\mathrm{P}}$ 和 $\boldsymbol{b}_{\mathrm{X}}$

单位未知力和单位广义外荷载作用于基本结构时的构件内力分别如图 2.38(c)和(d)所示,它们分别构成内力影响矩阵的各元素。据此可写出

$$F_{\mathrm{P}} = 1 \qquad\quad X = 1$$

$$\boldsymbol{b}_{\mathrm{P}} = \begin{bmatrix} 0 \\ 0 \\ 0 \\ 0 \\ 0 \\ a \\ -a \\ a \\ -a \end{bmatrix}, \quad \boldsymbol{b}_{\mathrm{X}} = \begin{bmatrix} \sqrt{2} \\ 1 \\ \sqrt{2} \\ -1 \\ -1 \\ -a \\ a \\ -a \\ a \end{bmatrix}$$

(4)计算 $\boldsymbol{\delta}_{\mathrm{PP}}$、$\boldsymbol{\delta}_{\mathrm{XX}}$ 和 $\boldsymbol{\delta}_{\mathrm{XP}}$

$$\boldsymbol{\delta}_{\mathrm{PP}} = \boldsymbol{b}_{\mathrm{P}}^{\mathrm{T}} \boldsymbol{\delta}_{\mathrm{M}} \boldsymbol{b}_{\mathrm{P}} = -\frac{5a^3}{3EI}$$

$$\boldsymbol{\delta}_{\mathrm{XX}} = \boldsymbol{b}_{\mathrm{X}}^{\mathrm{T}} \boldsymbol{\delta}_{\mathrm{M}} \boldsymbol{b}_{\mathrm{X}} = \frac{5a^3}{3EI} + \frac{a}{EA}(3 + 4\sqrt{2})$$

$$\boldsymbol{\delta}_{\mathrm{XP}} = \boldsymbol{b}_{\mathrm{X}}^{\mathrm{T}} \boldsymbol{\delta}_{\mathrm{M}} \boldsymbol{b}_{\mathrm{P}} = -\frac{5a^3}{3EI}$$

(5)求内力影响矩阵 $\boldsymbol{b}$ 和杆端力矩阵 $\boldsymbol{F}$

记

$$\boldsymbol{\delta}_{\mathrm{XX}}^{-1}\boldsymbol{\delta}_{\mathrm{XP}}=-\cfrac{1}{1+\cfrac{5EI(3+4\sqrt{2})}{3EAa^{2}}}=-s$$

则有

$$\boldsymbol{b}=\boldsymbol{b}_{\mathrm{P}}-\boldsymbol{b}_{\mathrm{X}}\boldsymbol{\delta}_{\mathrm{XX}}^{-1}\boldsymbol{\delta}_{\mathrm{XP}}=\begin{bmatrix}\sqrt{2}\,s\\s\\\sqrt{2}\,s\\-s\\-s\\a(1-s)\\-a(1-s)\\a(1-s)\\-a(1-s)\end{bmatrix},\quad\boldsymbol{F}=\boldsymbol{b}\boldsymbol{F}_{\mathrm{P}}=\begin{bmatrix}\sqrt{2}F_{\mathrm{P}}s\\F_{\mathrm{P}}s\\\sqrt{2}F_{\mathrm{P}}s\\-F_{\mathrm{P}}s\\-F_{\mathrm{P}}s\\a(1-s)F_{\mathrm{P}}\\-a(1-s)F_{\mathrm{P}}\\a(1-s)F_{\mathrm{P}}\\-a(1-s)F_{\mathrm{P}}\end{bmatrix}$$

(6)作内力图

依据以上求得的杆端力 $\boldsymbol{F}$ 可以作出结构在荷载作用下横梁的弯矩图并标出桁架杆件的轴力如图 2.39所示。

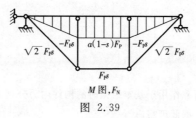

图 2.39

习　　题

2.1　试分别采用后处理法和先处理法列出图示梁的结构刚度矩阵。

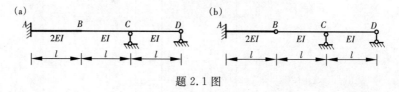

题 2.1 图

2.2　试分别采用后处理法和先处理法列出图示桁架的结构刚度矩阵。设各杆的 $EA=$ 常数。

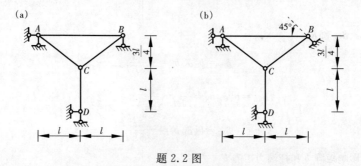

题 2.2 图

2.3 试分别采用后处理法和先处理法分析图示桁架,并将内力标注在图上。设各杆的 $EA =$ 常数。

2.4 试列出图示刚架的结构刚度方程。设杆件的 E、A、I 均相同,结点 3 有水平支座位移 c,结点 2 处弹簧刚度系数为 k。

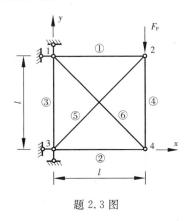

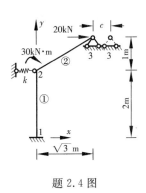

题 2.3 图   题 2.4 图

2.5 试对图示结构的结点适当地编号,使其总刚度矩阵的带宽为最小。求出此时的半带宽。

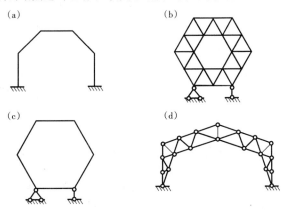

题 2.5 图

2.6 试采用先处理法列出图示刚架的结构刚度方程,并写出 CG 杆杆端力的矩阵表达式。设各杆的 $EI =$ 常数,忽略杆件的轴向变形。

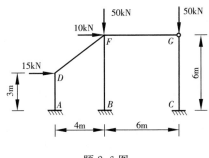

题 2.6 图

2.7 试采用矩阵位移法分析图示刚架,并作出刚架的内力图。设各杆件的 E、A、I 分别为常数,$A=1000I/l^2$。

2.8 试采用先处理法列出图示刚架的结构刚度方程。设各杆件的 $EI=$ 常数,忽略杆件的轴向变形。

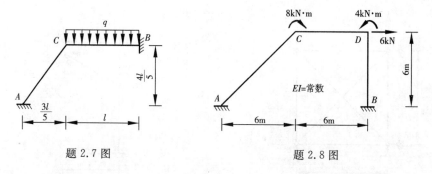

题 2.7 图　　　　　　　　　　题 2.8 图

2.9 试利用对称性采用先处理法分析图示刚架并作出 M、F_Q 图。忽略杆件的轴向变形。

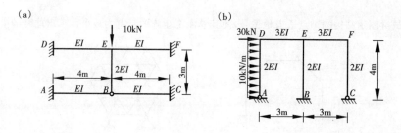

题 2.9 图

2.10 设有如图两杆件刚结组成的特殊单元 ij(或称为子结构),试直接根据单元刚度矩阵元素的物理意义,求出该特殊单元在图示坐标系中的刚度矩阵元素 k_{33} 和 k_{31}。

2.11 试将图示刚架视为由上、下两个 T 字形刚架所组成,试用子结构法列出边界刚度方程。设各杆件的 E、A、I 分别为常数。

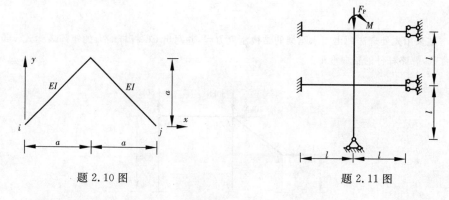

题 2.10 图　　　　　　　　　　题 2.11 图

2.12 试用矩阵力法求图示连续梁的内力图,设各杆的 $EI=$ 常数。

2.13 试用矩阵力法计算图示桁架的内力和载向位移。设 $E=2.0\times10^5$ MPa;各杆件的横截面积为:$A_1=A_4=7.5\times10^{-4}\,\mathrm{m}^2$,$A_2=A_3=1.0\times10^{-3}\,\mathrm{m}^2$,$A_7=6.4\times10^{-4}\,\mathrm{m}^2$,$A_5=A_6=8.0\times10^{-4}\,\mathrm{m}^2$。

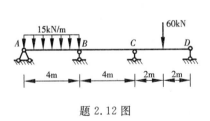

题 2.12 图

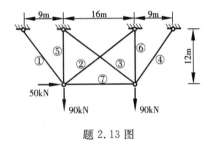

题 2.13 图

第3章 平面桁架静力分析程序设计与应用

3.1 概　述

平面桁架是一种工程应用十分广泛的结构形式。本章所介绍的平面桁架计算程序是按照矩阵位移法中后处理法的基本原理和分析过程设计编制的,适用于平面桁架在静力荷载作用下的内力和位移计算问题。

在结构程序设计中,既要考虑提高运算效率,又要求程序比较简洁;既要使程序便于阅读,又要考虑程序模块的通用性。本章所介绍的平面桁架分析程序在设计中注意兼顾了以上各方面的要求。结构的总刚度矩阵是采用二维等带宽存储,计算程序比采用一维变带宽存储时要简洁并便于阅读。桁架程序的设计充分考虑了程序模块的通用性,**主程序**(C 语言中称"**主函数**"①)所调用的许多**子程序**(C 语言中中称"**函数**"①)以后可直接用于平面刚架分析、空间杆件结构分析乃至弹性力学问题的有限元分析等计算程序中去。在采用矩阵方法分析时,上述各类结构的分析过程是十分相似的,其计算程序的构造自然也十分相似。掌握平面桁架分析程序的设计原理将有利于理解其他各类结构的计算程序,而且不难将平面桁架程序稍作改编以适应其他类型结构的分析问题。

本章程序采用了 FORTRAN95 和 C++两种计算机语言,适用于结点荷载作用下的桁架内力分析问题。当有结间荷载存在时应按照静力等效原则将其转化为结点荷载后再行计算。程序设计中暂限制了桁架的结点和单元总数不超过 100,总刚度矩阵的半带宽不超过 20,支座结点总数不超过 20。若超过上述限值则应将有关数组的容量适当扩大。只要计算机的容量足够,数组容量的扩充是十分方便的。

3.2　平面桁架静力分析主程序

首先介绍平面桁架程序的数据结构。以下按整型变量、实型变量、整型数组和实型数组四个部分分别加以说明。

整型变量

  NN   结点总数;

  NE   单元总数;

  NLN   受荷载作用的结点总数;

  NBN   支座结点总数;

  NNE   每个单元的结点数(对于杆系结构等于 2);

---

① 为叙述方便,以下统称为主程序和子程序。

NDF　　　每个结点的自由度数(对于平面桁架等于 2)；

NDFEL　　每个单元的自由度数,NDFEL＝NDF＊NNE；

NRMX　　TK 数组的最大行数,TK 数组用于存放结构的总刚度矩阵；

NCMX　　TK 数组的最大列数,即允许的总刚度矩阵的最大半带宽；

N　　　　结点位移总数,N＝NDF＊NN,N 即为实际结构总刚度矩阵的阶数；

MS　　　实际结构总刚度矩阵的半带宽。

实型变量

E　　　　材料的弹性模量。

整型数组

NCO　　　各单元的结点号,一维数组,按单元编号顺序存放。对于杆系结构每个单元占用两个数组元素,第 L 个单元两端的结点号分别存放于 NCO(NNE＊(L－1)＋1)和 NCO(NNE＊(L－1)＋2)。

IB　　　　支座结点的位移状态,一维数组,平面桁架的每个支座结点占用三个数组元素。对于第 J 个支座结点来说 IB((NDF＋1)＊(J－1)＋1)存放该支座结点的编号；IB((NDF＋1)＊(J－1)＋2)存放结点沿 x 方向位移状态的指示信息；IB((NDF＋1)＊(J－1)＋3)存放结点沿 y 方向位移状态的指示信息。

实型数组

X　　　　结点的 x 坐标,一维数组,按结点编号顺序存放。

Y　　　　结点的 y 坐标,一维数组,按结点编号顺序存放。

PROP　　各单元的横截面面积,一维数组,按单元编号顺序存放。

AL　　　结点荷载或结点位移,一维数组,按结点编号顺序存放。AL(NDF＊(J－1)＋1)、AL(NDF＊(J－1)＋2)在方程组求解之前分别存放 J 结点 x、y 方向的荷载分量；方程组求解之后分别存放 J 结点 x、y 方向的位移分量。

TK　　　总刚度矩阵,二维数组,按照二维等带宽方式存放。

ELST　　单元刚度矩阵,二维数组,存放当前单元的刚度矩阵元素。

V　　　　一维工作数组,用于方程组求解过程。

FORC　　各单元的轴力,一维数组,按单元编号顺序存放。

REAC　　支座已知位移或**结点合力**,一维数组,按结点编号顺序存放。REAC(NDF＊(J－1)＋1)、REAC(NDF＊(J－1)＋2)开始时按需要分别存放 J 结点 x、y 方向的已知位移值；运算完毕时分别存放 J 结点 x、y 方向的结点合力。对于支座结点来说结点合力即为支座反力；对于自由结点其分别等于相应的结点荷载。

　　除了上述变量和数组以外,在程序中还用到一些工作变量和数组,它们的含义在程序阅读中较易理解。平面桁架静力分析主程序如下,其**流程**如图 3.1 所示。

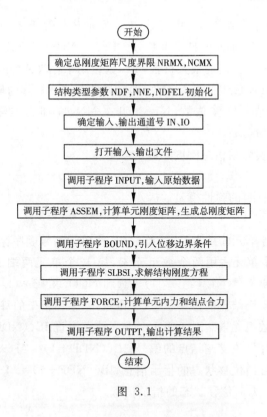

图 3.1

平面桁架静力分析主程序（FORTRAN 95）

```
!
!                    STATIC ANALYSIS OF PLANE TRUSSES
!
!                           MAIN PROGRAM
!
    COMMON NRMX,NCMX,NDFEL,NN,NE,NLN,NBN,NDF,NNE,N,MS,IN,IO,E,G
    DIMENSION X(100),Y(100),NCO(200),PROP(100),IB(60),TK(200,20), &
  &              AL(200),FORC(100),REAC(200),ELST(4,4),V(20)
    CHARACTER(len=20)FILE1,FILE2
!
!   INITIALIZATION OF PROGRAM PARAMETERS
    NRMX=200
    NCMX=20
    NDF=2
    NNE=2
    NDFEL=NDF*NNE
!   ASSIGN DATA SET NUMBERS TO IN,FOR INPUT,AND IO FOR OUTPUT
    IN=5
    IO=6
```

```
!   OPEN ALL FILES
    READ(*,*)FILE1,FILE2
    OPEN(UNIT=IO,FILE=FILE1,FORM= 'FORMATTED',STATUS='UNKNOWN')
    OPEN(UNIT=IN,FILE=FILE2,FORM='FORMATTED',STATUS='OLD')
!
!   DATA INPUT
    CALL INPUT(X,Y,NCO,PROP,AL,IB,REAC)
!
!   ASSEMBLING OF TOTAL STIFFNESS MATRIX
    CALL ASSEM(X,Y,NCO,PROP,TK,ELST,AL)
!
!   INTRODUCTION OF BOUNDARY CONDITIONS
    CALL BOUND(TK,AL,REAC,IB)
!
!   SOLUTION OF THE SYSTEM OF EQUATIONS
    CALL SLBSI(TK,AL,V,N,MS,NRMX,NCMX)
!
!   COMPUTATION OF MEMBER FORCES
    CALL FORCE(NCO,PROP,FORC,REAC,X,Y,AL)
!   OUTPUT
    CALL OUTPT(AL,FORC,REAC)
!
    STOP
    END
```

平面桁架静力分析主函数(C++)

```cpp
//
//                    STATIC ANALYSIS OF PLANE TRUSSES
//
//                             MAIN PROGRAM
//
# include < iostream.h>
# include < fstream.h>
# include < stdlib.h>
# include < math.h>
# include < iomanip.h>
// Functions declaration ( for C++Only )
void INPUT(double X[], double Y[], int NCO[], double PROP[],
          double AL[], int IB[], double REAC[]);
void ASSEM(double X[], double Y[], int NCO[], double PROP[],
          double TK[][20], double ELST[][5], double AL[]);
```

```
void STIFF(int NEL, double X[], double Y[], int NCO[],
           double PROP[], double ELST[][5], double AL[]);
void ELASS(int NEL, int NCO[], double TM[][20], double ELMAT[][5]);
void BOUND(double TK[][20], double AL[], double REAC[], int IB[]);
void SLBSI(double A[][20], double B[], double D[], int N, int MS,
           int NRMX, int NCMX);
void FORCE(int NCO[], double PROP[], double FORC[], double REAC[],
           double X[], double Y[], double AL[]);
void OUTPT(double AL[], double FORC[], double REAC[]);
//   INITIALIZATION OF GLOBAL VARIABLES
int NN,NE,NLN,NBN,N,MS;
double E,G;
// ASSIGN DATA SET NUMBERS TO IN,FOR INPUT,AND IO FOR OUTPUT
ifstream READ_IN;
ofstream WRITE_IO;
// INITIALIZATION OF PROGRAM PARAMETERS
int NRMX=200;
int NCMX=20;
int NDF=2;
int NNE=2;
int NDFEL=NDF* NNE;
int main()
{
    double X[100],Y[100],PROP[100],TK[200][20],
           AL[200],FORC[100],REAC[200],ELST[5][5],V[20];
    int NCO[200], IB[60];
     char file1[20],file2[20]
//
// OPEN ALL FILES
    cin≫file1≫file2
    WRITE_IO.open(file1);
    READ_IN.open(file2);
//
// DATA INPUT
    INPUT(X,Y,NCO,PROP,AL,IB,REAC);
//
// ASSEMBLING OF TOTAL STIFFNESS MATRIX
    ASSEM(X,Y,NCO,PROP,TK,ELST,AL);
//
// INTRODUCTION OF BOUNDARY CONDITIONS
    BOUND(TK,AL,REAC,IB);
```

```
// SOLUTION OF THE SYSTEM OF EQUATIONS
    SLBSI(TK,AL,V,N,MS,NRMX,NCMX);
//
// COMPUTATION OF MEMBER FORCES
    FORCE(NCO,PROP,FORC,REAC,X,Y,AL);
//
// OUTPUT
    OUTPT(AL,FORC,REAC);
//
// CLOSE ALL FILES
    READ_IN.close();
    WRITE_IO.close();
    return 0;
}
```

　　本章平面桁架静力分析程序共包含八个子程序。主程序所调用的生成总刚度矩阵的子程序 ASSEM、引入位移边界条件的子程序 BOUND 和解代数方程组的子程序 SLB-SI 等均具有通用性,其中子程序 ASSEM 还需调用 STIFF 和 ELASS 两个子程序。子程序 STIFF 用以计算单元刚度矩阵;子程序 ELASS 也是一个通用子程序,用以将单元刚度矩阵元素送入总刚度矩阵。上述通用子程序可以直接应用于空间桁架和平面刚架分析程序,也可用于弹性力学问题的有限元分析程序。例如对于平面刚架静力分析来说,只需将主程序结构类型参数中 NDF 的值改为 NDF=3,并按照平面刚架单元刚度矩阵和杆端力的计算公式修改子程序 STIFF 和 FORCE,再将用于输入输出数据的子程序 IN-PUT 和 OUTPUT 略作相应的修改即可,主程序流程和其余子程序均可不变。这样,程序功能的扩展就十分方便。

　　如果平面桁架的杆件或结点数较多,超过了 3.1 节中所提及的限值,只需要将主程序中数组说明语句中相应数组的容量扩大,并按照 2.4 节所述估计总刚度矩阵的阶数和半带宽,决定是否需要修改变量 NRMX 和 NCMX。例如,若仅仅单元总数超过限值 100 为 120 个,其余量值均未超过相应的限值,就只需将主程序说明语句中的数组 NCO(200)改为 NCO(240),PROP(100)改为 PROP(120),FORC(100)改为 FORC(120)即可计算。

　　数据输入、输出通道号 IN、IO 可根据实际情况而定。实型变量 G 是留作程序功能扩展时可存放材料的剪切模量或泊松比之用。

3.3　平面桁架静力分析子程序及其功能

　　平面桁架静力分析程序中共有八个子程序,主程序对它们的调用及子程序之间的关系如图 3.2 所示。

　　以下按照在本程序中的调用顺序逐一介绍各子程序及其功能。

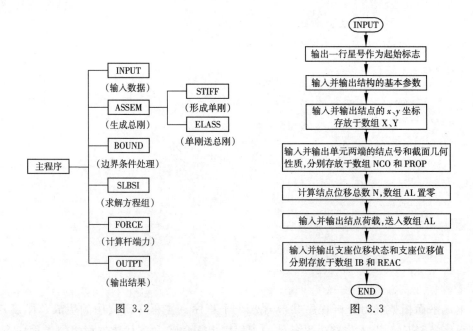

图 3.2   图 3.3

3.3.1 子程序 INPUT(X,Y,NCO,PROP,Al,IB,REAC)

平面桁架静力分析程序所需要的所有原始数据均通过调用子程序 INPUT 输入计算机。该子程序输入数据的流程如图 3.3 所示。

本子程序中结点荷载和支座信息是通过两个循环体输入的,这里 W 和 IC 是两个工作数组。W 先后用于临时存放某结点的荷载和支座已知位移值;IC 先后用于临时存放某单元两端的结点号和支座位移状态。所谓支座位移状态是指支座结点号和该支座沿 x、y 轴方向的位移是否受到约束的指示信息,如果受到约束(包括为已知值)则对应的值为 0;未受约束时则对应的值为 1。

子程序 INPUT 共包括五个输入语句,先后输入五组原始数据。原始数据的填写将在 3.4 节平面桁架程序的应用这一节中介绍。每一组原始数据输入后程序中要求计算机立即将数据输出,以供校对。

桁架静力分析子程序 INPUT(FORTRAN 95)

```fortran
      SUBROUTINE INPUT(X,Y,NCO,PROP,AL,IB,REAC)
!    INPUT PROGRAM
!
      COMMON NRMX,NCMX,NDFEL,NN,NE,NLN,NBN,NDF,NNE,N,MS,IN,IO,E,G
      DIMENSION X(1),Y(1),NCO(1),PROP(1),AL(1),IB(1),REAC(1),      &
      &            W(3),IC(2)
!
!
      WRITE(IO,20)
20    FORMAT(' ',70('*'))
```

```
!
!     READ BASIC PARAMETERS
      READ(IN,*) NN,NE,NLN,NBN,E
      WRITE(IO,21) NN,NE,NLN,NBN,E
   21     FORMAT (//' INTERNAL DATA '//' NUMBER OF NODES       : ',
I5/          &
      &         ' NUMBER OF ELEMENTS      : ',I5/' NUMBER OF LOADED NODES  :
',  &
      &         I5/' NUMBER OF SUPPORT NODES : ',I5/' MODULUS OF ELASTICITY : ',
  &
      &         F15.0//' NODAL COORDINATES'/7X,'NODE',6X,'X',9X,'Y')
!
!     READ NODAL COORDINATES IN ARRAY X AND Y
      READ(IN,*) (I,X(I),Y(I),J=1,NN)
      WRITE(IO,2) (I,X(I),Y(I),I=1,NN)
    2 FORMAT(I10,2F10.2)
!
!     READ ELEMENT CONNECTIVITY IN ARRAY NCO AND
!     ELEMENT PROPERTIES IN ARRAY PROP
      WRITE(IO,22)
   22 FORMAT(/' ELEMENT CONNECTIVITY AND PROPERTIES'/4X,'ELEMENT',3X,  &
      &         'START NODE  END NODE',5X,'AREA')
      DO I=1,NE
          READ(IN,*) NUM,IC(1),IC(2),PROP(NUM)
          WRITE(IO,34) NUM,IC(1),IC(2),PROP(NUM)
          N1=NNE*(NUM -1)
          NCO(N1+ 1)=IC(1)
          NCO(N1+ 2)=IC(2)
      ENDDO
   34 FORMAT(3I10,F15.5)
!
!     COMPUTE ACTUAL NUMBER OF UNKNOWNS AND CLEAR THE LOAD VECTOR
      N=NN* NDF
      DO I=1,N
          REAC(I)=0.
          AL(I)=0.
      ENDDO
!
!     READ THE NODAL LOADS AND STORE THEM IN ARRAY AL
      WRITE(IO,23)
   23 FORMAT(/' NODAL LOADS'/7X,'NODE',5X,'PX',8X,'PY')
```

```
    DO I=1,NLN
        READ(IN,*) NUM,(W(K),K=1,NDF)
        WRITE(IO,2) NUM,(W(K),K=1,NDF)
        DO K=1,NDF
            L=NDF*(NUM-1)+K
            AL(L)=W(K)
        ENDDO
    ENDDO
!
!    READ BOUNDARY NODES DATA. STORE UNKNOWN STATUS INDICATORS
!    IN ARRAY IB, AND PRESCRIBED UNKNOWN VALUES IN ARRAY REAC
    WRITE(IO,24)
  24    FORMAT (/' BOUNDARY  CONDITION  DATA '/23X, ' STATUS ', 14X,
'PRESCRIBED      &
        &       VALUES'/15X, '(0:PRESCRIBED, 1:FREE)'/7X, 'NODE ', 8X, 'U ', 9X,
'V', &
        &       16X,'U',9X,'V')
    DO I=1,NBN
        READ(IN,*) NUM,(IC(K),K=1,NDF),(W(K),K=1,NDF)
        WRITE(IO,9) NUM,(IC(K),K=1,NDF),(W(K),K=1,NDF)
        L1=(NDF+1)*(I-1)+1
        L2=NDF*(NUM-1)
        IB(L1)=NUM
        DO K=1,NDF
            N1=L1+K
            N2=L2+K
            IB(N1)=IC(K)
            REAC(N2)=W(K)
        ENDDO
    ENDDO
  9 FORMAT(3I10,10X,2F10.4)
!
    RETURN
    END
```

桁架静力分析函数 INPUT(C++)

```cpp
//
void INPUT(double X[], double Y[], int NCO[], double PROP[],
        double AL[], int IB[], double REAC[])
{
// INPUT PROGRAM
```

```
//
    int I, NUM, N1, IC[2], K, L, L1, L2, N2;
    double W[3];
    WRITE_IO.setf(ios::fixed);
    WRITE_IO.setf(ios::showpoint);
    WRITE_IO << " " <<
    "*********************************************************************"
            << endl;
//
// READ BASIC PARAMETERS
    READ_IN >> NN >> NE >> NLN >> NBN >> E;
    WRITE_IO << "\n\n INTERNAL DATA \n\n"<< "NUMBER OF NODES          :"
            << setw(5) << NN << "\n"<< "NUMBER OF ELEMENTS       :" << setw(5)
            << NE << "\n" << "NUMBER OF LOADED NODES   :"<< setw(5) << NLN
            << "\n"<< "NUMBER OF SUPPORT NODES :"<< setw(5) << NBN << "\n"
            << "MODULUS OF ELASTICITY :"<< setw(15) << setprecision(0) << E
            << "\n\n" << "NODAL COORDINATES\n"<< setw(11) << "NODE"<< setw(7)
            << "X" << setw(10) << "Y\n";
//
// READ NODAL COORDINATES IN ARRAY X AND Y
    for (I=1; I< =NN; I+ + )
    {
        READ_IN >> NUM >> X[NUM] >> Y[NUM];
    }
    for (I=1; I< =NN; I+ + )
    {
        WRITE_IO.precision(2);
        WRITE_IO << setw(10) << I<< setw(10) << X[I] << setw(10) << Y[I]
                << "\n";
    }
// READ ELEMENT CONNECTIVITY IN ARRAY NCO AND
// ELEMENT PROPERTIES IN ARRAY PROP
    WRITE_IO << "\n ELEMENT CONNECTIVITY AND PROPERTIES\n" << setw(11)
            << "ELEMENT" << setw(23) << "START NODE  END NODE"<< setw(9)
            << "AREA" << endl;
    for (I=1; I< =NE; I+ + )
    {
        READ_IN >> NUM >> IC[0] >> IC[NUM] >> PROP[NUM];
        WRITE_IO.precision(5);
        WRITE_IO << setw(10) << NUM << setw(10) << IC[0] << setw(10) << IC[1]
                << setw(15) << PROP[NUM] << "\n";
        N1=NNE* (NUM- 1);
```

```
        NCO[N1+ 1]=IC[0];
        NCO[N1+ 2]=IC[1];
    }
//
// COMPUTE ACTUAL NUMBER OF UNKNOWNS AND CLEAR THE LOAD VECTOR
    N=NN* NDF;
    for (I=1; I< =N; I+ + )
    {
        REAC[I]=0.0;
        AL[I]=0.0;
    }
//
// READ THE NODAL LOADS AND STORE THEM IN ARRAY AL
    WRITE_IO ≪ "\n NODAL LOADS\n" ≪ setw(11) ≪ "NODE" ≪ setw(7) ≪ "PX"
            ≪ setw(10) ≪ "PY" ≪ endl;
    for (I=1; I< =NLN; I+ + )
    {
        READ_IN ≫ NUM ≫ W[0] ≫ W[1];
        WRITE_IO.precision(2);
        WRITE_IO ≪ setw(10) ≪ NUM ≪ setw(10) ≪ W[0] ≪ setw(10) ≪ W[1]
                ≪ "\n";
        for (K=1; K< =NDF; K+ + )
        {
            L=NDF* (NUM- 1)+ K;
            AL[L]=W[K- 1];
        }
    }
// READ BOUNDARY NODES DATA. STORE UNKNOWN STATUS INDICATORS
// IN ARRAY IB, AND PRESCRIBED UNKNOWN VALUES IN ARRAY REAC
    WRITE_IO ≪ "\n BOUNDARY CONDITION DATA\n" ≪ setw(29) ≪ "STATUS"
            ≪ setw(31) ≪ "PRESCRIBED VALUES\n" ≪ setw(37)
            ≪ "(0:PRESCRIBED, 1:FREE)\n"≪ setw(11) ≪ "NODE" ≪ setw(9)
            ≪ "U" ≪ setw(10) ≪ "V" ≪ setw(17) ≪ "U" ≪ setw(10) ≪ "V"
            ≪ endl;
    for (I=1; I< =NBN; I+ + )
    {
        READ_IN ≫ NUM ≫ IC[0] ≫ IC[1] ≫ W[0] ≫ W[1];
        WRITE_IO.precision(4);
        WRITE_IO ≪ setw(10) ≪ NUM ≪ setw(10) ≪ IC[0] ≪ setw(10) ≪ IC[1]
                ≪ setw(20) ≪ W[0] ≪ setw(10) ≪ W[1] ≪ "\n";
        L1=(NDF+ 1)* (I- 1)+ 1;
```

```
        L2=NDF*（NUM- 1);
        IB[L1]=NUM;
        for（K=1; K< =NDF; K+ + )
        {
            N1=L1+ K;
            N2=L2+ K;
            IB[N1]=IC[K- 1];
            REAC[N2]=W[K- 1];
        }
    }
//
    return;
}
```

3.3.2　子程序 ASSEM(X,Y,NCO,PROP,TK,ELST,AL)

子程序 ASSEM 的功能是在 TK 数组中生成总刚度矩阵。程序中首先是通过循环找出相关结点间结点号之差 L 的最大值,暂存于变量 MS,由此计算总刚度矩阵的半带宽并存放于 MS。然后再将存放总刚度矩阵的数组 TK 置零,并通过对每一个单元的循环,先后调用于程序 STIFF 和 ELASS 计算单元刚度矩阵并将它的贡献送入总刚度矩阵。子程序 ASSEM 的流程如图 3.4 所示。

桁架静力分析子程序 ASSEM(FORTRAN 95)

```fortran
        SUBROUTINE ASSEM(X,Y,NCO,PROP,TK,ELST,AL)
!    ASSEMBLING OF THE TOTAL MATRIX FOR THE PROBLEM
!
        COMMON NRMX,NCMX,NDFEL,NN,NE,NLN,NBN,NDF,NNE,N,MS,IN,IO,E,G
        DIMENSION X(1),Y(1),NCO(1),TK(200,20),ELST(NDFEL,NDFEL),      &
     &            PROP(1),AL(1)
!
!
!    COMPUTE HALF BAND WIDTH AND STORE IN MS
        N1=NNE- 1
        MS=0
        DO I=1,NE
            L1=NNE*（I- 1)
            DO J=1,N1
                L2=L1+ J
                J1=J+ 1
                DO K=J1,NNE
                    L3=L1+ K
```

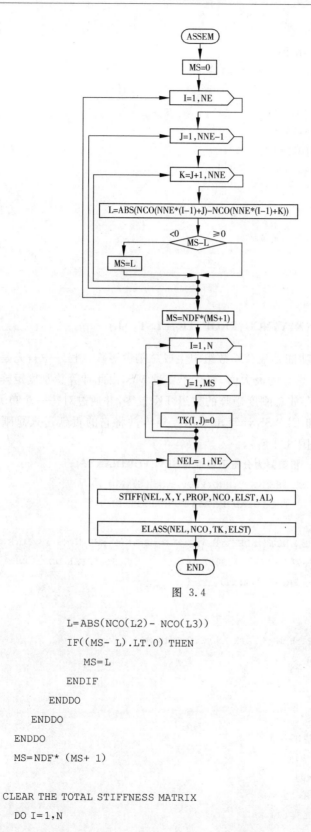

图 3.4

```
        L=ABS(NCO(L2)- NCO(L3))
        IF((MS- L).LT.0) THEN
            MS=L
        ENDIF
      ENDDO
    ENDDO
  ENDDO
  MS=NDF* (MS+ 1)
!
! CLEAR THE TOTAL STIFFNESS MATRIX
  DO I=1,N
```

```fortran
          DO J=1,MS
             TK(I,J)=0.
          ENDDO
        ENDDO
!
        DO NEL=1,NE
!          COMPUTE THE STIFFNESS MATRIX FOR ELEMENT NEL
           CALL STIFF(NEL,X,Y,NCO,PROP,ELST,AL)
!          PLACE THE MATRIX IN THE TOTAL STIFFNESS MATRIX
           CALL ELASS(NEL,NCO,TK,ELST)
        ENDDO
!
        RETURN
        END
```

桁架静力分析函数 ASSEM(C++)

```cpp
void ASSEM(double X[], double Y[], int NCO[], double PROP[],
           double TK[][20], double ELST[][5], double AL[])
{
// ASSEMBLING OF THE TOTAL MATRIX FOR THE PROBLEM
    int N1, I, L1, J, L2, J1, K, L3, L, NEL;
// COMPUTE HALF BAND WIDTH AND STORE IN MS
    N1=NNE- 1;
MS=0;
for (I=1; I< =NE; I+ + )
{
    L1=NNE* (I- 1);
    for (J=1; J< =N1; J+ + )
    {
        L2=L1+ J;
        J1=J+ 1;
        for (K=J1; K< =NNE; K+ + )
        {
            L3=L1+ K;
            L=abs(NCO[L2]- NCO[L3]);
            if ((MS- L)< =0)
            {
                MS=L;
            }
        }
    }
}
}
```

```
    MS=NDF* (MS+ 1);
// CLEAR THE TOTAL STIFFNESS MATRIX
    for (I=1; I< =N; I+ + )
{
        for (J=1; J< =MS; J+ + )
        {
            TK[I][J]=0.0;
        }
    }
for (NEL=1; NEL< =NE; NEL+ + )
{
//      COMPUTE THE STIFFNESS MATRIX FOR ELEMENT NEL
        STIFF(NEL,X,Y,NCO,PROP,ELST,AL);
//      PLACE THE MATRIX IN THE TOTAL STIFFNESS MATRIX
        ELASS(NEL,NCO,TK,ELST);
    }
//
return;
    }
```

　　本子程序所调用的子程序 STIFF 和 ELASS 将在稍后介绍。子程序中计算总刚度矩阵半带宽的过程对于刚架或连续体有限元分析也同样适用。如 2.5 节中所述,计算总刚度矩阵半带宽的关键是找出结构相关结点结点号之差的最大值。所谓相关结点是指属于同一个单元的结点。若单元发生某项单位结点位移,则相关结点上必然产生位移法约束反力。或者说,相关结点在总刚度矩阵中必然对应非零子块,从而有可能影响总刚度矩阵的半带宽。

　　确定半带宽的程序段最外层循环是对于每一个单元进行的,目的是逐个单元寻找结点号之差的最大值。对于一般连续体有限元分析来说,每一个单元可以有三个以上的结点。例如图 3.5(a)所示为四结点矩形平面应力单元,它的结点号分别为 i、j、k、l。为了找出该单元所属的相关结点结点号之差的最大值,只需按图 3.5(b)所示 $j=1$、2、3 的顺序计算结点号差值,并记录下其中的最大值。这一过程是通过该程序段的第二、三层循环实现的。在寻得了所有单元相关结点号的最大差值之后,便可按式(2.36)计算总刚度矩阵的半带宽。

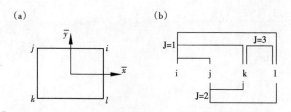

图 3.5

对于杆系结构来说每一个单元仅有两个结点,此时对每个单元只需计算一次结点号差值。此时总刚度矩阵半带宽的计算流程实际上可以简化为题 3.2 图所示。

3.3.3　子程序 STIFF(NEL,X,Y,PROP,NCO,ELST,AL)

子程序 STIFF 按照第 2 章式(2.15)计算结构坐标系中桁架单元的刚度矩阵,并存放于二维数组 ELST。因为单元刚度矩阵是对称的,程序中仅计算位于矩阵上三角部分的元素。在此之前首先需要计算单元的长度和单元方向角的正、余弦,即 $\sin\alpha$、$\cos\alpha$ 的值。平面桁架子程序 STIFF 的流程如图 3.6 所示。

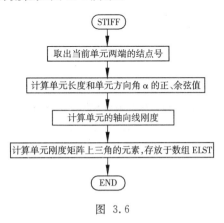

图 3.6

桁架静力分析子程序 STIFF (FORTRAN 95)

```
      SUBROUTINE STIFF(NEL,X,Y,NCO,PROP,ELST,AL)
!     COMPUTATION OF ELEMENT STIFFNESS MATRIX FOR CURRENT ELEMENT
!
      COMMON NRMX,NCMX,NDFEL,NN,NE,NLN,NBN,NDF,NNE,N,MS,IN,IO,E,G
      DIMENSION X(1),Y(1),NCO(1),PROP(1),ELST(4,4),AL(1)
!
      L=NNE*(NEL- 1)
      N1=NCO(L+ 1)
      N2=NCO(L+ 2)
!
!     COMPUTE LENGTH OF ELEMENT, AND SINE AND COSINE OF ITS LOCAL X AXIS
      D=SQRT((X(N2)-X(N1))** 2+ (Y(N2)-Y(N1))** 2)
      CO=(X(N2)-X(N1))/D
      SI=(Y(N2)-Y(N1))/D
!
!     COMPUTE ELEMENT STIFFNESS MATRIX
      COEF=E* PROP(NEL)/D
      ELST(1,1)=COEF* CO* CO
      ELST(1,2)=COEF* CO* SI
```

```
        ELST(2,2)=COEF*SI*SI
        DO I=1,2
            DO J=1,2
                K1=I+NDF
                K2=J+NDF
                ELST(K1,K2)=ELST(I,J)
                ELST(I,K2)=-ELST(I,J)
            ENDDO
        ENDDO
        ELST(2,3)=-ELST(1,2)
!
        RETURN
        END
```

桁架静力分析函数 STIFF (C++)

```cpp
void STIFF(int NEL, double X[], double Y[], int NCO[],
          double PROP[], double ELST[][5], double AL[])
{
// COMPUTATION OF ELEMENT STIFFNESS MATRIX FOR CURRENT ELEMENT
//
    int L, N1, N2, I, J, K1, K2;
    double D, CO, SI, COEF;
//
//
    L=NNE*(NEL-1);
    N1=NCO[L+1];
    N2=NCO[L+2];
//
// COMPUTE LENGTH OF ELEMENT, AND SINE AND COSINE OF ITS LOCAL X AXIS
    D=sqrt(pow((X[N2]-X[N1]),2)+pow((Y[N2]-Y[N1]),2));
    CO=(X[N2]-X[N1])/D;
    SI=(Y[N2]-Y[N1])/D;
//
// COMPUTE ELEMENT STIFFNESS MATRIX
    COEF=E* PROP[NEL]/D;
    ELST[1][1]=COEF*CO*CO;
    ELST[1][2]=COEF*CO*SI;
    ELST[2][2]=COEF*SI*SI;
    for (I=1; I< =2; I++)
    {
        for (J=1; J< =2; J++)
```

```
        {
            K1=I+NDF;
            K2=J+NDF;
            ELST[K1][K2]=ELST[I][J];
            ELST[I][K2]=-ELST[I][J];
        }
    }
    ELST[2][3]=- ELST[1][2];
    return;
}
```

应当注意的是,本子程序在计算单元刚度矩阵时是以 N1 作为单元局部坐标系原点的。N1 是取自存放各单元两端结点号的数组 NCO 中有关当前单元的第一个结点号,即程序中将前面的一个结点号默认为单元局部坐标系的原点。

3.3.4　子程序 ELASS(NEL,NCO,TM,ELMAT)

子程序 ELASS 用于将当前单元矩阵的贡献送入总矩阵。上述单元矩阵和总矩阵分别存放于二维数组 ELMAT 和 TM。子程序 ASSEM 在调用本子程序时通过变量名的虚实结合以达到在 TK 数组中生成总刚度矩阵的目的。子程序 ELASS 也可以在结构动力或稳定性分析的程序中用于生成总质量矩阵或初应力矩阵。

生成总刚度矩阵的基本原理已在第 2 章中介绍。程序中总刚度矩阵是采用二维等带宽存放的,因此只需要生成总刚度矩阵上三角部分中属于带宽范围内的元素。子程序 ELASS 的计算流程如图 3.7 所示。

桁架静力分析子程序 ELASS (FORTRAN 95)

```
        SUBROUTINE ELASS(NEL,NCO,TM,ELMAT)
!    STORE THE ELEMENT MATRIX FOR ELEMENT NEL IN THE TOTAL MATRIX
        COMMON NRMX,NCMX,NDFEL,NN,NE,NLN,NBN,NDF,NNE,N,MS,IN,IO,E,G
        DIMENSION NCO(1),TM(200,20),ELMAT(NDFEL,NDFEL)
        L1=NNE*(NEL-1)
        DO I=1,NNE
            L2=L1+I
            N1=NCO(L2)
            I1=NDF*(I-1)
            J1=NDF*(N1-1)
            DO J=1,NNE
                L2=L1+J
                N2=NCO(L2)
                I2=NDF*(J-1)
                J2=NDF*(N2-1)
                DO K=1,NDF
```

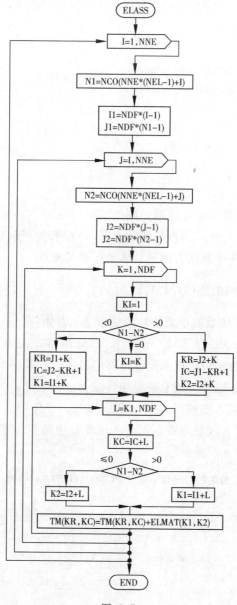

图 3.7

```
        KI=1
        IF((N1-N2).EQ.0) THEN
!   STORE A DIAGONAL SUBMATRIX
            KI=K
        ENDIF
        IF((N1-N2).LE.0) THEN
!   STORE AN OFF DIAGONAL SUBMATRIX
            KR=J1+K
            IC=J2-KR+1
```

```
                      K1=I1+K
                  ELSE
!    STORE THE TRANSPOSE OF AN OFF DIAGONAL MATRIX
                      KR=J2+K
                      IC=J1-KR+1
                      K2=I2+K
                  ENDIF
                  DO L=KI,NDF
                    KC=IC+L
                    IF((N1-N2).LE.0) THEN
                        K2=I2+L
                    ELSE
                        K1=I1+L
                    ENDIF
                    TM(KR,KC)=TM(KR,KC)+ELMAT(K1,K2)
                  ENDDO
              ENDDO
          ENDDO
      ENDDO
      RETURN
      END
```

桁架静力分析函数 ELASS（C++）

```cpp
void ELASS(int NEL, int NCO[], double TM[][20], double ELMAT[][5])
{
// STORE THE ELEMENT MATRIX FOR ELEMENT NEL IN THE TOTAL MATRIX
    int L1, I, L2, N1, I1, J1, J, N2, I2, J2, K, KI, KR, IC, K1, K2, L, KC;
    L1=NNE*(NEL-1);
    for (I=1; I< =NNE; I++)
    {
        L2=L1+I;
        N1=NCO[L2];
        I1=NDF*(I-1);
        J1=NDF*(N1-1);
        for (J=1; J< =NNE; J++)
        {
            L2=L1+J;
            N2=NCO[L2];
            I2=NDF*(J-1);
            J2=NDF*(N2-1);
            for (K=1; K< =NDF; K++)
```

```
            {
                KI=1;
                if ((N1-N2)==0)
                {
//    STORE A DIAGONAL SUBMATRIX
                    KI=K;
                }
                if ((N1-N2)< =0)
                {
//    STORE AN OFF DIAGONAL SUBMATRIX
                    KR=J1+K;
                    IC=J2-KR+1;
                    K1=I1+K;
                }
                else
                {
//    STORE THE TRANSPOSE OF AN OFF DIAGONAL MATRIX
                    KR=J2+K;
                    IC=J1-KR+1;
                    K2=I2+K;
                }
                for (L=KI; L< =NDF; L++)
                {
                    KC=IC+L;
                    if ((N1-N2)< =0)
                    {
                        K2=I2+L;
                    }
                    else
                    {
                        K1=I1+L;
                    }
                    TM[KR][KC]=TM[KR][KC]+ ELMAT[K1][K2];
                }
            }
        }
    }
    return;
}
```

现对照流程图 3.7 分析本子程序的运行原理。在计入单元刚度矩阵的贡献从而生成总刚度矩阵的运算过程中,需要特别注意的是保证矩阵元素地址对应的正确性。单元刚度矩阵的元素是以结点子块为序送入总刚度矩阵的。子程序 ELASS 中通过最外层和次外层关于变量 I 和 J 的循环首先确定当前子块所对应的结点号,并由此确定该子块在单元刚度矩阵和总刚度矩阵中的位置。当前子块所对应的结点号记为 N1、N2,它们均取自于数组 NCO 的相应元素。对于主子块应有 N1＝N2,对于副子块 N1≠N2。当前子块在单元刚度矩阵中的位置由变量 I1、I2 的值确定,它们分别为单元刚度矩阵中位于该子块之前元素的行数和列数;这一子块送入总刚度矩阵的位置由变量 J1、J2 的值确定,它们分别为总刚度矩阵中位于该子块之前元素的行数和列数。上述变量的含义可见于图 3.8。

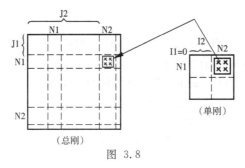

图 3.8

在确定了当前子块在上述矩阵中的位置以后,子程序再通过关于变量 K、L 对结点各自由度的循环确定该子块中每一个元素在单元刚度矩阵和二维等带宽存放后的总刚度矩阵中的地址对应关系。其中 K 实际上是对子块中每一行的循环,L 是对每一列的循环。某一个矩阵元素在单元刚度矩阵中的行、列号由变量 K1、K2 的值确定,该元素在二维等带宽存放后的总刚度矩阵即 TM 数组中的行、列号由变量 KR、KC 的值确定。

在理解图 3.7 的计算流程时应当注意以下几点:

1)总刚度矩阵是采用二维等带宽存放的,因此原处于地址(I,J)的矩阵元素在 TM 数组中所处的地址应该是(I,J－I＋1)。

2)TM 数组中的元素属于原总刚度矩阵的上三角部分,桁架单元刚度矩阵的四个结点子块中有一个是不需要送入 TM 数组的,因此有关 J 的循环不是由 1,而应由 I 起始。

3)属于总刚度矩阵上三角部分的副子块可能来自单元刚度矩阵上三角的副子块,也可能来自它的下三角的副子块,这需要通过比较 N1、N2 的大小来确定。因为子程序 STIFF 只计算了单元刚度矩阵的上三角部分,所以当要取的是下三角副子块时,需将现有的上三角副子块转置后得到,由此就在流程图中形成了左、右两条线路。

4)对于单元刚度矩阵的主子块元素来说,只需将其中属于上三角部分的元素送入 TM 数组,因此有关 L 的循环是由 KI 起始。由图中不难看出,在处理主子块时 KI＝K,在处理副子块时 KI＝1,这样就可以达到这一效果。

在经过上述运算确定了矩阵元素地址的对应关系之后,就可以将它们一一送入 TM 数组的正确位置。每调用一次本子程序就计入了一个单元刚度矩阵的贡献。

例 3.1　设有一桁架单元如图 3.9 所示,单元局部坐标系的原点位于结点 5。试问该单元的刚度矩阵中位于第二行第三列的元素送入 TM(即 TK)数组时 KR、KC 的值为多少?

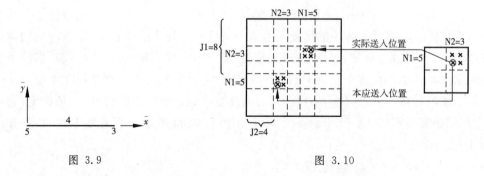

图 3.9　　　　　　　　　　　　　　　　　　　图 3.10

解　KR、KC 分别为刚度矩阵元素在 TK 数组中的行、列号。根据刚度矩阵元素的物理意义,该单元刚度元素本应送入总刚度矩阵的位置如图 3.10 所示,此时 J1=8,J2=4。但由于只需要形成总刚度矩阵的上三角部分,而单元刚度矩阵的下三角部分在子程序 STIFF 中又未予以计算,所以该元素实际送入总刚度矩阵的位置应如图所示。由此不难判定:

$$KR=J2+1=5$$
$$KC=IC+2=(J1-KR+1)+2=6$$

3.3.5　子程序 BOUND(TK,AL,REAC,IB)

子程序 BOUND 的功能是在总刚度方程中引入位移边界条件。计算机处理位移边界条件的原理和方法已在第 2 章 2.5 节中介绍。有关支座结点位移状态的指示信息和已知的位移值分别取自 IB 和 REAC 数组,总刚度矩阵和总刚度方程的右端向量分别存放于 TK 和 AL 数组。子程序 BOUND 的流程如图 3.11 所示。

由图 3.11 的计算流程可以看出,子程序 BOUND 通过关于变量 L 的循环对每一个支座结点首先从数组 IB 中找到它的编号并送入变量 NO,第 L 个支座结点的编号应存放于数组元素 IB((NDF+1)*(L-1)+1);然后是根据 NO 的值计算出该支座结点所对应的位移子向量在总位移向量中的起始前地址,并送入变量 K1。以下程序通过变量 I 对于每一个结点自由度的循环判断上述子向量中的各项位移是否受到约束,这一信息仍是由数组 IB 的相应元素提供。若 IB 相应元素的值为 1 则表示该项位移并未受到约束,不需要作位移边界条件方面的处理;若 IB 相应元素的值为零则表示该项位移为已知值,此时需要对总刚度方程作相应位移边界条件的处理。

桁架静力分析子程序 BOUND (FORTRAN 95)

```
      SUBROUTINE BOUND(TK,AL,REAC,IB)
!     INTRODUCTION OF THE BOUNDARY CONDITIONS
      COMMON NRMX,NCMX,NDFEL,NN,NE,NLN,NBN,NDF,NNE,N,MS,IN,IO,E,G
      DIMENSION AL(1),IB(1),REAC(1),TK(200,20)
      DO L=1,NBN
         L1=(NDF+ 1)*(L-1)+ 1
         NO=IB(L1)
         K1=NDF*(NO-1)
```

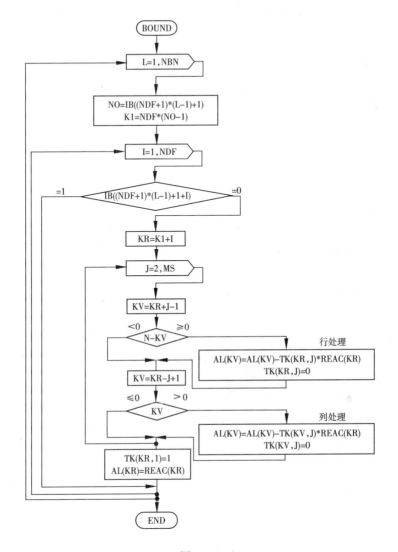

图 3.11

```
        DO I=1,NDF

          L2=L1+I

          IF(IB(L2).EQ.0) THEN

!    PRESCRIBED UNKNOWN TO BE CONSIDERED

              KR=K1+I

          DO J=2,MS

              KV=KR+J-1

              IF((N-KV).GE.0) THEN

!    MODIFY ROW OF TK AND CORRESPONDINF ELEMENTS IN AL

                  AL(KV)=AL(KV)-TK(KR,J)*REAC(KR)

                  TK(KR,J)=0.
```

```
                    ENDIF
                KV=KR-J+1
                IF(KV.GT.0) THEN
!    MODIFY COLUMN IN TK AND CORRESPONDING ELEMENTS IN AL
                    AL(KV)=AL(KV)-TK(KV,J)*REAC(KR)
                TK(KV,J)=0.
                    ENDIF
            ENDDO
!    SET DIAGONAL COEFFICIENT OF TK EQUAL TO 1 PLACE PRESCRIBED UNKNOWN
!    VALUE IN AL
                TK(KR,1)=1.
                AL(KR)=REAC(KR)
            ENDIF
          ENDDO
        ENDDO
        RETURN
        END
```

桁架静力分析函数 BOUND (C++)

```cpp
void BOUND(double TK[][20], double AL[], double REAC[], int IB[])
{
//   INTRODUCTION OF THE BOUNDARY CONDITIONS
    int L, L1, NO, K1, I, L2, KR, J, KV;
    for (L=1; L< =NBN; L++)
    {
        L1=(NDF+1)*(L-1)+1;
        NO=IB[L1];
        K1=NDF*(NO-1);
        for (I=1; I< =NDF; I++)
        {
            L2=L1+I;
            if (IB[L2]==0)
            {
//   PRESCRIBED UNKNOWN TO BE CONSIDERED
                KR=K1+I;
                for (J=2; J< =MS; J++)
                {
                    KV=KR+J-1;
                    if ((N- KV)> =0)
                    {
//   MODIFY ROW OF TK AND CORRESPONDINF ELEMENTS IN AL
```

```
                AL[KV]=AL[KV]- TK[KR][J]*REAC[KR];
                TK[KR][J]=0.0;
              }
            KV=KR-J+1;
            if(KV> 0)
              {
// MODIFY COLUMN IN TK AND CORRESPONDING ELEMENTS IN AL
                AL[KV]=AL[KV]-TK[KV][J]*REAC[KR];
                TK[KV][J]=0.0;
              }
          }
// SET DIAGONAL COEFFICIENT OF TK EQUAL TO 1 PLACE PRESCRIBED UNKNOWN
// VALUE IN AL
            TK[KR][1]=1.0;
            AL[KR]=REAC[KR];
        }
    }
  return;
}
```

　　在作具体的处理位移边界条件的运算之前应先确定该项支座位移在总位移向量中的序号 KR,然后通过关于变量 J 的循环对总刚度矩阵作如图 2.18(c)所示的行处理和列处理。此时 J 为刚度矩阵元素在 TK 数组中的列号。在作上述行处理之前先处理方程的右端向量 AL 中位于该项支座位移之后的诸项元素;在作上述列处理之前先处理 AL 中位于该项支座位移之前的诸项元素。最后再对该支座位移所对应的总刚度矩阵主元素和方程的右端项进行处理。

　　由于总刚度矩阵在 TK 数组中是采用二维等带宽存放的,支座位移的序号不同时,TK 数组中需要置零的元素个数是不同的。例如,假设有一总刚度矩阵存放于 TK 数组如图 3.12(a)所示,图 3.12(b)～(d)分别示出了支座位移的序号 KR=6、3 和 10 时总刚度矩阵中需作置零处理的元素位置。对于图 3.12(b)的情况,需作行处理和列处理的项数相同,各有 MS—1 项元素需要置零;图 3.12(c)所示为支座位移属于位移向量中前面数项时的情况,此时需作列处理的项数减少;图 3.12(d)所示为支座位移属于位移向量中最后数项时的情况,此时需作行处理的项数减少。程序中通过变量 KV 的作用使计算机自动实现上述处理项数的控制。例如对于图 3.12(c)所示的情况未知量总数 N=12,在作行处理时 KV=3+J-1,N-KV=10-J 不可能发生小于零的情况,所以行处理项数不减少;但在作列处理时 KV=3-J+1,当 J=4 时就出现 KV≤0 的情况,所以列处理仅需执行到 J=3 即第三列为止。对于平面杆系结构来说支座位移约束条件数必定大于 3,在执行子程序 BOUND 处理边界条件时 TK 数组中的某些元素可能被重复置零。

　　由图 3.11 的流程中也可以看出,KV 同时起到了控制总刚度方程右端向量 AL 中需

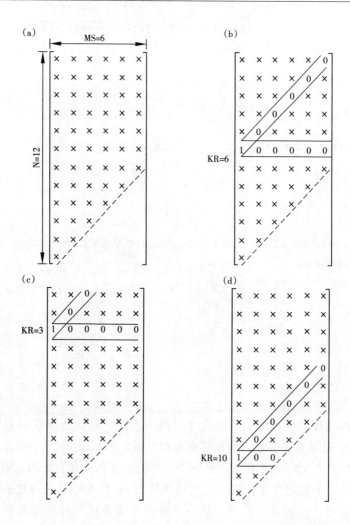

图 3.12

作处理之项的范围。如 2.5 节所述,右端向量处理的方法是将支座已知位移值与该位移所对应的总刚度矩阵中相应的一列元素相乘,并改变符号后与方程原右端向量叠加。但因为总刚度矩阵中不属于带宽范围内的元素均为零元素,这些元素与支座已知位移的乘积必为零,所以 AL 数组中相应的那些项就不需要作修正计算。此外应当注意的是:由于 TK 数组中仅存放了总刚度矩阵上三角部分半带宽范围内的元素,程序中在处理方程右端项需用到矩阵下三角部分的元素时是根据总刚度矩阵的对称性在 TK 数组的当前行,即 KR 行中取值的。

　　子程序 BOUND 是一个通用子程序,可适用于各种类型的结构计算程序。使用本子程序的前提是总刚度矩阵采用二维等带宽存放。这就是说,子程序 BOUND 需与子程序 ELASS 配合使用。

　　例 3.2　设利用本章平面桁架静力分析程序计算图 3.13 所示桁架,试问在调用子程序 BOUND 引入位移边界条件时语句 KV＝KR＋J－1 共计执行了多少次? TK 数组中共计有多少个数组元素被置零?

解　按照图 3.13 的结点编号,相关结点的最大结点号差为 2,总刚度矩阵的半带宽 MS=(2+1)×2=6。该桁架具有两个支座结点包括三个位移边界条件,按图 3.11 的计算流程可知该语句共计执行 3×(MS−1)=15 次。

TK 数组尺度为 8×6,其中被置零的元素如图 3.14 所示,共计有 15 个。

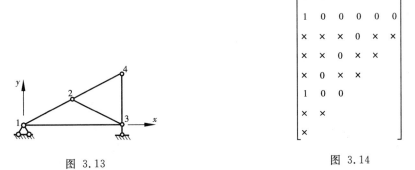

$$\begin{bmatrix} 1 & 0 & 0 & 0 & 0 & 0 \\ 1 & 0 & 0 & 0 & 0 & 0 \\ \times & \times & \times & 0 & \times & \times \\ \times & \times & 0 & \times & \times & \\ \times & 0 & \times & \times & & \\ 1 & 0 & 0 & & & \\ \times & \times & & & & \\ \times & & & & & \end{bmatrix}$$

　　图 3.13　　　　　　　　　　　　　　　　　　　图 3.14

3.3.6　子程序 SLBSI(A,B,D,N,MS,NX,MX)

子程序 SLBSI 的功能是求解线性代数方程组。程序要求方程组的系数矩阵是对称正定矩阵,其上三角部分带宽范围内的矩阵元素存放于二维数组 A,方程组的右端向量存放于一维数组 B。在方程组求解之后数组 B 用以存放所求得的未知量向量。N 为实际的未知量总数;MS 为方程系数矩阵的半带宽;NX,MX 为 A 数组的尺度界限;D 是一个一维工作数组。本子程序被平面桁架分析主程序调用时数组 A、B 分别由数组 TK、AL 所替代。

方程组的求解是按照以下高斯消去法的基本原理进行的。

设有一线性代数方程组

$$\begin{bmatrix} a_{11}^0 & a_{12}^0 & a_{13}^0 & \cdots & a_{1n}^0 \\ a_{21}^0 & a_{22}^0 & a_{23}^0 & \cdots & a_{2n}^0 \\ a_{31}^0 & a_{32}^0 & a_{33}^0 & \cdots & a_{3n}^0 \\ \vdots & \vdots & \vdots & \cdots & \vdots \\ a_{n1}^0 & a_{n2}^0 & a_{n3}^0 & \cdots & a_{nn}^0 \end{bmatrix} \begin{bmatrix} x_1 \\ x_2 \\ x_3 \\ \vdots \\ x_n \end{bmatrix} = \begin{bmatrix} b_1^0 \\ b_2^0 \\ b_3^0 \\ \vdots \\ b_n^0 \end{bmatrix} \tag{3.1}$$

式中,字母上标"0"指示是原始值,上标的数字每经一次计算增加 1。

首先,将式(3.1)的第一个方程两边同除以该方程的第一项系数 a_{11}^0 得

$$x_1 + a_{12}^1 x_2 + a_{13}^1 x_3 + \cdots + a_{1n}^1 x_n = b_1^1 \tag{3.2}$$

式中

$$\left. \begin{array}{l} a_{1j}^1 = a_{1j}^0 / a_{11}^0 \quad (j=2,\cdots,n) \\ b_1^1 = b_1^0 / a_{11}^0 \end{array} \right\} \tag{3.3}$$

利用式(3.2)可以消去式(3.1)中第 2 至 n 个方程中的未知量 x_1。这样,原方程组化为

$$\begin{bmatrix} 1 & a_{12}^1 & a_{13}^1 & \cdots & a_{1n}^1 \\ 0 & a_{22}^1 & a_{23}^1 & \cdots & a_{2n}^1 \\ 0 & a_{32}^1 & a_{33}^1 & \cdots & a_{3n}^1 \\ \vdots & \vdots & \vdots & \cdots & \vdots \\ 0 & a_{n2}^1 & a_{n3}^1 & \cdots & a_{nn}^1 \end{bmatrix} \begin{bmatrix} x_1 \\ x_2 \\ x_3 \\ \vdots \\ x_n \end{bmatrix} = \begin{bmatrix} b_1^1 \\ b_2^1 \\ b_3^1 \\ \vdots \\ b_n^1 \end{bmatrix} \qquad (3.4)$$

式中

$$\left. \begin{aligned} a_{ij}^1 &= a_{ij}^0 - a_{i1}^0 a_{1j}^1 \\ b_i^1 &= b_i^0 - a_{i1}^0 b_1^0 \end{aligned} \right\} \quad (i,j=2,\cdots,n) \qquad (3.5)$$

以下可以采取与上述做法类似的步骤继续进行消去运算,即先将式(3.4)中第二个方程两边同除以系数 a_{22}^1,再在以下的各方程中消去未知量 x_2。重复上述过程 n 次,原方程组最终可化为如下形式:

$$\begin{bmatrix} 1 & a_{12}^1 & a_{13}^1 & \cdots & a_{1n}^1 \\ 0 & 1 & a_{23}^2 & \cdots & a_{2n}^2 \\ 0 & 0 & 1 & \cdots & a_{3n}^3 \\ \vdots & \vdots & \vdots & \cdots & \vdots \\ 0 & 0 & 0 & \cdots & 1 \end{bmatrix} \begin{bmatrix} x_1 \\ x_2 \\ x_3 \\ \vdots \\ x_n \end{bmatrix} = \begin{bmatrix} b_1^1 \\ b_2^2 \\ b_3^3 \\ \vdots \\ b_n^n \end{bmatrix} \qquad (3.6)$$

此时方程组的非零系数全部位于系数矩阵的上三角部分,下三角部分的系数则均为零。至此完成了消去过程。其中消去第 k 个未知量 x_k 的代数运算可以一般地表达为

$$\left. \begin{aligned} a_{kj}^k &= a_{kj}^{k-1}/a_{kk}^{k-1} \\ b_k^k &= b_k^{k-1}/a_{kk}^{k-1} \end{aligned} \right\} \quad (j=k+1,\cdots,n) \qquad (3.7)$$

和

$$\left. \begin{aligned} a_{ij}^k &= a_{ij}^{k-1} - a_{ik}^{k-1} a_{kj}^k \\ b_i^k &= b_i^{k-1} - a_{ik}^{k-1} b_k^k \end{aligned} \right\} \quad (i,j=k+1,\cdots,n) \qquad (3.8)$$

消去过程完成之后,方程组的第 k 个方程的一般形式为

$$x_k + a_{k,k+1}^k x_{k+1} + \cdots + a_{k,n}^k x_n = b_k^k$$

据此,回代过程的代数运算可一般地表达为

$$x_k = b_k^k - \sum_{j=k+1}^n a_{kj}^k x_j \quad (k=n-1,\cdots,1) \qquad (3.9)$$

若原方程组的系数矩阵是对称正定矩阵,则在执行上述消去过程中当前行以下方程的系数在每轮消去运算后仍能保持对称。因此,行消去运算可以从每一行的对角元素开始做起,从而提高计算效率。由于系数矩阵是采用二维等带宽存放,原系数矩阵中处于地址(I,J)的系数在 A 数组中的位置应为(I,J－I+1),所有运算只需在带宽范围内进行。注意到上述情况后就不难理解全部运算过程。子程序 SLBSI 的计算流程如图 3.15 所示。

桁架静力分析子程序 SLBSI (FORTRAN 95)

```
SUBROUTINE SLBSI(A,B,D,N,MS,NX,MX)
!    SOLUTION OF SIMUTANEOUS SYSTEMS OF EQUATIONS BY THE GAUSS
!    ELIMINATION METHOD,FOR SYMMETRIC BANDED MATRICES
```

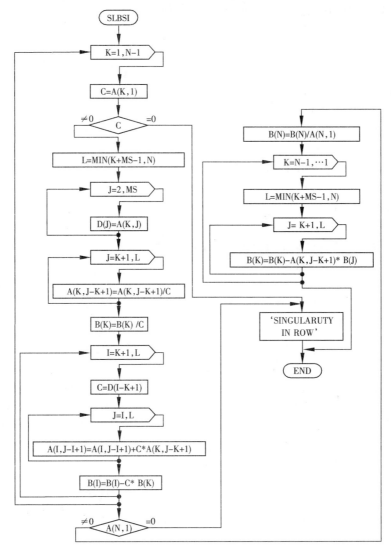

图 3.15

```
DIMENSION A(NX,MX),B(NX),D(MX)
N1=N- 1
DO K=1,N1
   C=A(K,1)
   K1=K+ 1
   IF((ABS(C)- 0.000001).LE.0) THEN
      WRITE(6,2) K
2      FORMAT('****SINGULARITY IN ROW',I5)
      STOP
   ELSE
```

```
!              DIVIDE ROW BY DIAGONAL COEFFICIENT
               NI=K1+ MS-2
               L=MIN0(NI,N)
               DO J=2,MS
                  D(J)=A(K,J)
               ENDDO
               DO J=K1,L
                  K2=J-K+1
                  A(K,K2)=A(K,K2)/C
               ENDDO
               B(K)=B(K)/C
!
!              ELIMINATE UNKNOWN X(K) FROM ROW I
               DO I=K1,L
                  K2=I-K1+2
                  C=D(K2)
                  DO J=I,L
                     K2=J-I+1
                     K3=J-K+1
                     A(I,K2)=A(I,K2)-C*A(K,K3)
                  ENDDO
                  B(I)=B(I)-C*B(K)
               ENDDO
            ENDIF
         ENDDO
!
!     COMPUTE LAST UNKNOWN
      IF((ABS(A(N,1))-0.000001).LE.0) THEN
         WRITE(6,7) K
7        FORMAT('****SINGULARITY IN ROW',I5)
         STOP
      ELSE
         B(N)=B(N)/A(N,1)
!
!     APPLY BACKSUBSTITUTE PROCESS TO COMPUTE REMAINING UNKNOWNS
         DO I=1,N1
            K=N- I
            K1=K+ 1
            NI=K1+ MS- 2
            L=MIN0(NI,N)
            DO J=K1,L
```

```
                K2=J- K+ 1
                B(K)=B(K)- A(K,K2)* B(J)
            ENDDO
          ENDDO
        ENDIF
        RETURN
        END
```

桁架静力分析函数 SLBSI (C++)

```cpp
void SLBSI(double A[][20], double B[], double D[], int N, int MS,
           int NRMX, int NCMX)
{
// SOLUTION OF SIMUTANEOUS SYSTEMS OF EQUATIONS BY THE GAUSS
// ELIMINATION METHOD,FOR SYMMETRIC BANDED MATRICES

    int N1, K, K1, NI, L, J, K2, I, K3;
    double C;
//
    N1=N- 1;
    for (K=1; K< =N1; K++ )
    {
        C=A[K][1];
        K1=K+ 1;
        if (C< =0.000001 && C> =-0.000001)
        {
            WRITE_IO << "  * * * *  SINGULARITY IN ROW" << setw(5) << K;
            return;
        }
        else
        {
//
//          DIVIDE ROW BY DIAGONAL COEFFICIENT
            NI=K1+MS- 2;
            if (NI< =N) {L=NI;} else {L=N;}
            for (J=2; J< =MS; J++ )
            {
                D[J]=A[K][J];
            }
            for (J=K1; J< =L; J++ )
            {
                K2=J-K+1;
```

```
                        A[K][K2]=A[K][K2]/C;
                }
                B[K]=B[K]/C;
//
//              ELIMINATE UNKNOWN X(K) FROM ROW I
                for (I=K1; I< =L; I++)
                  {
                      K2=I-K1+2;
                      C=D[K2];
                      for (J=I; J< =L; J++)
                        {
                            K2=J-I+1;
                            K3=J-K+1;
                            A[I][K2]=A[I][K2]-C*A[K][K3];
                        }
                      B[I]=B[I]-C*B[K];
                  }
            }
    }
//
// COMPUTE LAST UNKNOWN
    if (A[N][1]< =0.000001 && A[N][1]> =0.000001)
    {
        WRITE_IO ≪ " ****SINGULARITY IN ROW"≪ setw(5) ≪ K;
        return;
    }
    else
    {
        B[N]=B[N]/A[N][1];
//
//      APPLY BACKSUBSTITUTE PROCESS TO COMPUTE REMAINING UNKNOWNS
        for (I=1; I< =N1; I++)
        {
            K=N-I;
            K1=K+1;
            NI=K1+MS-2;
            if (NI< =N) {L=NI;} else {L=N;}
            for (J=K1; J< =L; J++)
            {
                K2=J-K+1;
                B[K]=B[K]-A[K][K2]*B[J];
```

```
        }
      }
    }
//
      return;
    }
```

子程序 SLBSI 首先实现消去过程。对于一个 N 阶的线性代数方程组共执行 N−1
次消去运算。在进行第 K 行所对应的消去运算前先判断该行的主系数 A(K,1)是否
为零。如果 A(K,1)为零则本行消去过程无法进行,计算机输出"行奇异"的信息及相
应时行号;如果 A(K,1)不为零则对当前行 K 的各系数及右端项进行运算,接着对该
行以下各行系数及其右端项进行运算。上一轮运算完成后再执行下一行所对应的消
去运算。

消去过程执行完毕后接着执行回代运算。在求算末行的未知量之前先判斯末行的
主系数是否为零,如不为零则正常执行回代过程。

3.3.7　子程序 FORCE(NCO,PROP,FORC,REAC,X,Y,AL)

子程序 FORCE 的功能是根据已求得的存放于 AL 数组中的结点位移计算平面桁架
杆件的轴力和结点合力,分别存放于一维数组 FORC 和 REAC。所谓结点合力是指与某
结点相连接的各桁架单元的轴力在该结点处的合力。当结点上无荷载作用时结点合力
各分量应为零,当有荷载作用时结点合力的分量与荷载分量的值相等。对于支座结点来
说,结点合力就等于支座反力。

平面桁架子程序 FORCE 的流程如图 3.16 所示。

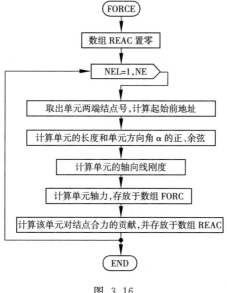

图 3.16

桁架静力分析子程序 FORCE（FORTRAN 95）

```fortran
      SUBROUTINE FORCE(NCO,PROP,FORC,REAC,X,Y,AL)
!     COMPUTATION OF ELEMENT FORCES
!
      COMMON NRMX,NCMX,NDFEL,NN,NE,NLN,NBN,NDF,NNE,N,MS,IN,IO,E,G
      DIMENSION NCO(1),PROP(1),FORC(1),REAC(1),X(1),Y(1),AL(1)
!
!
!     CLEAR THE REACTIONS ARRAY
      DO I=1,N
         REAC(I)=0.
      ENDDO
!
      DO NEL=1,NE
         L=NNE*(NEL-1)
         N1=NCO(L+1)
         N2=NCO(L+2)
         K1=NDF*(N1-1)
         K2=NDF*(N2-1)
!
!     COMPUTE LENGTH OF ELEMENT,AND SINE/COSINE OF ITS LOCAL X AXIS
         D=SQRT((X(N2)-X(N1))**2+(Y(N2)-Y(N1))**2)
         CO=(X(N2)-X(N1))/D
         SI=(Y(N2)-Y(N1))/D
         COEF=E*PROP(NEL)/D
!
!     COMPUTE MEMBER AXIAL FORCE AND STORE IN ARRAY FORC
         FORC(NEL)=COEF*((AL(K2+1)-AL(K1+1))*CO+(AL(K2+2)-AL(K1+2))*SI)
!
!     COMPUTE NODAL RESULTANTS
         REAC(K1+1)=REAC(K1+1)-FORC(NEL)*CO
         REAC(K1+2)=REAC(K1+2)-FORC(NEL)*SI
         REAC(K2+1)=REAC(K2+1)+FORC(NEL)*CO
         REAC(K2+ 2)=REAC(K2+ 2)+FORC(NEL)*SI
      ENDDO
      RETURN
      END
```

桁架静力分析函数 FORCE（C++）

```cpp
void FORCE(int NCO[], double PROP[], double FORC[], double REAC[],
          double X[], double Y[], double AL[])
```

```
{
//   COMPUTATION OF ELEMENT FORCES
     int I, NEL, L, N1, N2, K1, K2;
     double D, CO, SI, COEF;
//
//   CLEAR THE REACTIONS ARRAY
     for (I=1; I< =N; I+ + )
     {
         REAC[I]=0.0;
     }
     for (NEL=1; NEL< =NE; NEL++)
     {
         L=NNE*(NEL-1);
         N1=NCO[L+1];
         N2=NCO[L+2];
         K1=NDF*(N1-1);
         K2=NDF*(N2-1);
//
//   COMPUTE LENGTH OF ELEMENT, AND SINE/COSINE OF ITS LOCAL X AXIS
         D=sqrt(pow((X[N2]-X[N1]),2)+pow((Y[N2]-Y[N1]),2));
         CO=(X[N2]-X[N1])/D;
         SI=(Y[N2]-Y[N1])/D;
         COEF=E* PROP[NEL]/D;
//
//   COMPUTE MEMBER AXIAL FORCE AND STORE IN ARRAY FORC
         FORC[NEL]=COEF*((AL[K2+1]-AL[K1+1])* CO+(AL[K2+2]-AL[K1+2])*SI);
//
//   COMPUTE NODAL RESULTANTS
         REAC[K1+1]=REAC[K1+1]-FORC[NEL]*CO;
         REAC[K1+2]=REAC[K1+2]-FORC[NEL]*SI;
         REAC[K2+1]=REAC[K2+1]+FORC[NEL]*CO;
         REAC[K2+2]=REAC[K2+2]+FORC[NEL]* SI;
     }
     return;
}
```

该子程序中当前单元两端的结点号 N1、N2 均取自数组 NCO。K1、K2 分别为该单元两端结点位移子向量和杆端力子向量在 AL 数组和 REAC 数组中的起始前地址。

3.3.8　子程序 OUTPT(AL,FORC,REAC)

所有计算结果在调用子程序 OUTPT 时输出,输出结果包括各结点的位移,各单元的轴力和各结点合力,分别存放于数组 AL,FORC 和 REAC 中。本子程序的流程如图 3.17所示。

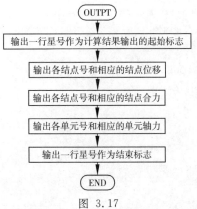

图　3.17

本子程序中 K1,K2 分别为当前结点对应的结点位移子向量和结点合力子向量在 AL 数组和 REAC 数组中的起始和结束地址。

桁架静力分析子程序 OUTPT (FORTRAN 95)

```
      SUBROUTINE OUTPT(AL,FORC,REAC)
!     OUTPUT PROGRAM
        COMMON NRMX,NCMX,NDFEL,NN,NE,NLN,NBN,NDF,NNE,N,MS,IN,IO,E,G
        DIMENSION AL(1),REAC(1),FORC(1)
!
!     WRITE NODAL DISPLACEMENTS
        WRITE(IO,1)
    1   FORMAT(//1X,70('*')//'RESULTS'//'NODAL DISPLACEMENTS'/7X,'NODE'  &
        &       ,11X,'U',14X,'V')
        DO I=1,NN
          K1=NDF*(I-1)+1
          K2=K1+NDF-1
          WRITE(IO,2) I,(AL(J),J=K1,K2)
        ENDDO
    2   FORMAT(I10,6F15.4)
!
!     WRITE NODAL REACTIONS
        WRITE(IO,3)
    3   FORMAT(/'NODAL REACTIONS'/7X,'NODE',10X,'PX'13X,'PY')
        DO I=1,NN
          K1=NDF*(I-1)+1
          K2=K1+NDF-1
          WRITE(IO,2) I,(REAC(J),J=K1,K2)
        ENDDO
```

```
!
!   WRITE MEMBER AXIAL FORCES
      WRITE(IO,4)
   4  FORMAT(/'MEMBER FORCES'/6X,'MEMBER    AXIAL FORCE')
      DO I=1,NE
         WRITE(IO,2) I,FORC(I)
      ENDDO
      WRITE(IO,5)
   5  FORMAT(//1X,70('*'))
!

      RETURN
      END
```

桁架静力分析 OUTPT (C++)

```cpp
void OUTPT(double AL[], double FORC[], double REAC[])
{
// OUTPUT PROGRAM
   int I, K1, K2, J;
//
//   WRITE NODAL DISPLACEMENTS
   WRITE_IO <<
   "\n\n *******************************************************************\n\n"
         << "RESULTS\n\n" << "NODAL DISPLACEMENTS\n" << setw(11) << "NODE"
         << setw(12) << "U" << setw(15) << "V" << endl;
   for (I=1; I< =NN; I++)
   {
      K1=NDF* (I-1)+1;
      K2=K1+NDF-1;
      WRITE_IO << setw(10) << I;
      for (J=K1; J< =K2; J++)
      {
         WRITE_IO << setw(15) << AL[J];
      }
      WRITE_IO << endl;
   }
//
// WRITE NODAL REACTIONS
   WRITE_IO << "\nNODAL REACTIONS\n" << setw(11) << "NODE" << setw(12) << "PX"
         << setw(15) << "PY\n";
   for (I=1; I< =NN; I++)
   {
```

```
        K1=NDF*(I-1)+1;

        K2=K1+NDF-1;

        WRITE_IO ≪ setw(10) ≪ I;

        for (J=K1; J< =K2; J++)

        {

            WRITE_IO ≪ setw(15) ≪ REAC[J];

        }

        WRITE_IO ≪ endl;

    }

//

// WRITE MEMBER AXIAL FORCES

    WRITE_IO ≪ "\nMEMBER FORCES" ≪ setw(27) ≪ "MEMBER    AXIAL FORCE\n";

    for (I=1; I< =NE; I++)

    {

        WRITE_IO ≪ setw(10) ≪ I ≪ setw(15) ≪ FORC[I] ≪ endl;

    }

    WRITE_IO ≪

    "\n\n*********************************************************************\n";

    return;

}
```

3.4　平面桁架静力分析程序的应用

利用本章介绍的计算程序分析平面桁架时,首先应画出桁架的计算简图,按照第 2 章中所述对桁架的结点和单元进行编号,并设定结构坐标系。然后需按实际问题的已知条件准备好原始数据。程序中目前对原始数据和计算结果采用文件输入和文件输出。

本平面桁架静力分析程序共需输入以下五组原始数据,并假设全部数据均采用自由格式填写:

1)第一组数据——**基本参数**,分别存放于变量 NN,NE,NLN,NBN,E。

依次填写桁架的结点总数,单元总数,受荷载作用的结点总数,支座结点总数和材料的弹性模量。

2)第二组数据——**结点坐标**,分别存放于数组 X,Y。

以结点编号为序依次填写结点的编号和结点的 x、y 坐标值。

3)第三组数据——单元两端结点号和横截面面积,分别存放于数组 NCO 和 PROP。

以单元编号为序依次填写单元的编号,单元两端结点的编号和横截面面积。单元两端结点编号的填写顺序可以任取。

4)第四组数据——结点荷载,存放于数组 AL。

对于有荷载作用的结点,以结点为序填写结点的编号和 x,y 方向的结点荷载。结点荷载以与结构坐标系的方向一致为正,反之则为负。若某结点仅在一个方向上有荷载作用,则该结点另一方向荷载的数值填零。

5)第五组数据——支座约束信息,分别存放于数组 IB 和 REAC。

对于支座结点,以结点为序填写支座结点的编号,结点 x、y 方向位移状态的指示信息和 x、y 方向的已知位移值。位移状态指示信息的填写方法是:若支座结点在某一方向的位移是未知值时填 1;位移是已知值时则填 0。支座的已知位移值按已知条件填写,取与结构坐标系方向一致为正,反之则为负。若位移状态指示信息已指示支座结点的某一项位移是未知值,则相应的已知位移值需填写一个任意的数值,如可以填 0.0。程序中根据指示信息不会调用该项位移值。

以上原始数据分为整型量和实型量两类,相应的数据应分别填写整型数和实型数。

为了利用本章介绍的平面桁架静力分析程序进行实际计算,首先需要建立源程序文件,可取名为 TRU. FOR。源程序文件中应包括以上 3.2 节中介绍的主程序和 3.3 节中介绍的全部八个子程序。上述源程序在经过计算机编译、连接后自动生成可执行程序 TRU. EXE。这样就完成了计算程序方面的准备工作。

原始数据的输入,输出方式一般采用文件输入和文件输出,这样有利于原始数据的准备,修改,计算结果的整理、分析和资料的保存等需要。如果采用文件输入、输出,就应按上述填写的原始数据建立数据文件,可取名为 TRU. DAT;还应为存放输出结果的文件定名,可取名为 TRU. RES,这样就完成了程序运行前的准备工作。发出运行程序的命令,计算机能自动完成分析过程,并将计算结果存放在结果文件中。

在需要时也可以将输入和输出方式改为屏幕输入和屏幕输出。此外,可以在子程序 INPUT 中增加原始数据采用格式输入时的格式语句,将数据输入方式改为格式输入。

以下通过算例来说明平面桁架静力分析程序的应用。

例 3.3 试用本章桁架静力分析程序计算图 3.18(a)所示桁架。已知桁架上、下弦杆件的横截面面积均为 $6.0 \times 10^{-3} \, \mathrm{m}^2$,腹杆的横截面面积为 $2.0 \times 10^{-3} \, \mathrm{m}^2$,材料的弹性模量为 $2.0 \times 10^5 \, \mathrm{MPa}$。

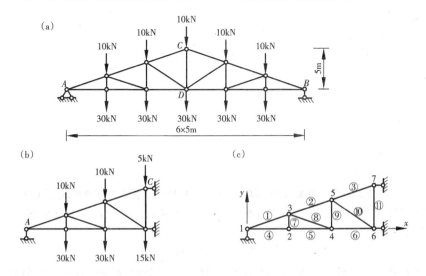

图 3.18

解　图 3.18(a)所示桁架严格意义上虽非对称结构,但其受力状态具有对称性,可以取图 3.18(b)所示半边桁架进行分析。在应用结构力学中有关对称性的原理时应注意:半边桁架 C、D 结点上的竖向荷载应取原荷载的二分之一,即分别为 5kN 和 15kN;CD 杆件的横截面面积应改取原截面面积的二分之一,即为 $1.0×10^{-3} m^2$;原结构支座 A 处无水平方向的反力存在,因此取半边桁架计算时在 C、D 结点处加上水平链杆支承后需将原固定铰支座 A 改为竖向链杆即活动铰支座。采用上述半边结构的计算简图时结点和单元的编号和结构坐标系的设定可如图 3.18(c)所示。

当采用 $kN·m$ 单位制时,原始数据填写如下。

第一组数据:7,11,6,3,2.0E8

第二组数据:1, 0.0,0.0

　　　　　　2, 5.0,0.0

　　　　　　3, 5.0,1.67

　　　　　　4,10.0,0.0

　　　　　　5,10.0,3.33

　　　　　　6,15.0,0.0

　　　　　　7,15.0,5.0

第三组数据:1, 1,3,0.006

　　　　　　2, 3,5,0.006

　　　　　　3, 5,7,0.006

　　　　　　4, 1,2,0.006

　　　　　　5, 2,4,0.006

　　　　　　6, 4,6,0.006

　　　　　　7, 3,2,0.002

　　　　　　8, 3,4,0.002

　　　　　　9, 5,4,0.002

　　　　　　10,5,6,0.002

　　　　　　11,7,6,0.001

第四组数据:3,0.0,−10.0

　　　　　　5,0.0,−10.0

　　　　　　7,0.0,−5.0

　　　　　　2,0.0,−30.0

　　　　　　4,0.0,−30.0

　　　　　　6,0.0,−15.0

第五组数据:1,1,0,0.0,0.0

　　　　　　6,0,1,0.0,0.0

　　　　　　7,0,1,0.0,0.0

按照上述原始数据可建立数据文件,可取名为 TRU1. DAT。数据文件中各组数据的顺序应严格按照以上顺序排列,并需注意不能将关于几个单元或结点的数据放在同一行中。例如对于第三组数据不能将前两行的数据合并为一行,误为

$$1,1,3,0.006,2,3,5,0.006$$

数据文件建立之后,就可发出命令运行程序,并取 TRU1. RES 为结果文件名(详见附录 I)。计算完毕则得到结果文件如 TRU1. RES 所示。

　　计算结果文件中从第一行星号开始是该桁架的原始数据表格,这一部分内容是执行子程序 INPUT 中的输出语句后形成的;从第二行星号开始至第三行星号为止是全部计算结果,这一部分内容是执行子程序 OUTPT 中的输出语句后形成的。计算结果中包括各结点的位移,各结点合力和各单元的轴力。

<h2 style="text-align:center">TRU1. RES</h2>

****

INTERNAL DATA

NUMBER OF NODES　　　　　　:　　7

NUMBER OF ELEMENTS　　　　:　　11

NUMBER OF LOADED NODES　:　　6

NUMBER OF SUPPORT NODES :　　3

MODULUS OF ELASTICITY :　　　200000000.

NODAL COORDINATES

NODE	X	Y
1	0.00	0.00
2	5.00	0.00
3	5.00	1.67
4	10.00	0.00
5	10.00	3.33
6	15.00	0.00
7	15.00	5.00

ELEMENT CONNECTIVITY AND PROPERTIES

ELEMENT	START NODE	END NODE	AREA
1	1	3	0.00600
2	3	5	0.00600
3	5	7	0.00600
4	1	2	0.00600
5	2	4	0.00600
6	4	6	0.00600
7	3	2	0.00200
8	3	4	0.00200
9	5	4	0.00200
10	5	6	0.00200
11	7	6	0.00100

NODAL LOADS

NODE　　PX　　　PY

```
        3        0.00      - 10.00
        5        0.00      - 10.00
        7        0.00       - 5.00
        2        0.00      - 30.00
        4        0.00      - 30.00
        6        0.00      - 15.00


   BOUNDARY CONDITION DATA
                    STATUS           PRESCRIBED  VALUES
                (0:PRESCRIBED, 1:FREE)
        NODE     U        V           U          V
         1       1        0        0.0000     0.0000
         6       0        1        0.0000     0.0000
         7       0        1        0.0000     0.0000


   ************************************************************************


   RESULTS


   NODAL DISPLACEMENTS
        NODE         U              V
         1       - 0.0035        0.0000
         2       - 0.0022      - 0.0187
         3         0.0013      - 0.0186
         4       - 0.0010      - 0.0228
         5         0.0013      - 0.0223
         6         0.0000      - 0.0224
         7         0.0000      - 0.0210
   NODAL REACTIONS
        NODE        PX             PY
         1         0.0000        99.9998
         2         0.0000      - 30.0000
         3       - 0.0002      - 10.0000
         4       - 0.0001      - 29.9999
         5       - 0.0001       - 9.9999
         6       179.9998      - 15.0000
         7     - 179.9994       - 4.9999


   MEMBER FORCES
        MEMBER   AXIAL FORCE
         1       - 315.6590
```

2	− 253.1335
3	− 189.7740
4	299.4005
5	299.4005
6	240.2397
7	30.0000
8	− 62.3735
9	49.7596
10	− 72.3772
11	55.1198

****

应当注意的是,以上按图 3.18(b)进行计算所得的结果中,桁架的内力和结点的竖向位移与原桁架完全符合,但原桁架 CD 杆的内力应是计算值的两倍;但对于结点的水平位移还需要作一个简单的换算。例如原桁架 D 点的水平位移实际上是 A 点水平位移计算值的负值。

实际上,杆件的横截面面积和材料的弹性模量的大小并不影响静定结构的内力,而只影响静定结构的位移。因此,本例中如果仅需要计算杆件内力的话,在数据填写时杆件的横截面面积和材料的弹性模量可以任意填写适当的数字。

根据以上结果文件可以标出桁架的内力如图 3.19 所示。右半边桁架杆件的内力与左半边处于对称位置的杆件内力相同。

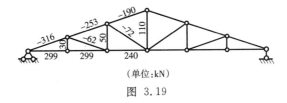

(单位:kN)

图 3.19

例 3.4 试用本章桁架静力分析程序计算图 3.20(a)所示桁架。设各杆件的横截面面积均为 $1.0 \times 10^{-3} \mathrm{m}^2$,材料的弹性模量为 $2 \times 10^5 \mathrm{MPa}$。已知中间支座 B 发生沉陷 $c = 1.0 \times 10^{-2} \mathrm{m}$。

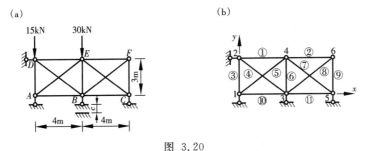

图 3.20

解 桁架的结点、单元编号和结构坐标系的设定如图 3.20(b)所示。当采用 kN・m 单位制时,原始数据填写如下。

第一组数据:6,11,2,4,2.0E8

第二组数据:1,0.0,0.0

```
            2,0.0,3.0
            3,4.0,0.0
            4,4.0,3.0
            5,8.0,0.0
            6,8.0,3.0
第三组数据:1,2,4,0.001
            2,4,6,0.001
            3,2,1,0.001
            4,2,3,0.001
            5,4,1,0.001
            6,4,3,0.001
            7,4,5,0.001
            8,3,6,0.001
            9,6,5,0.001
            10,1,3,0.001
            11,3,5,0.001
第四组数据:2,0.0,-15.0
            4,0.0,-30.0
第五组数据:1,1,0,0.0,0.0
            2,0,1,0.0,0.0
            3,1,0,0.0,-0.01
            5,1,0,0.0,0.0
```

按以上数据建立数据文件 TRU2. DAT,程序运行完毕得到的结果文件如 TRU2. RES 所示。

TRU2. RES

****

```
    INTERNAL DATA

    NUMBER OF NODES          :    6
    NUMBER OF ELEMENTS       :   11
    NUMBER OF LOADED NODES   :    2
    NUMBER OF SUPPORT NODES  :    4
    MODULUS OF ELASTICITY    :   200000000.


    NODAL COORDINATES
        NODE        X           Y
          1        0.00        0.00
          2        0.00        3.00
          3        4.00        0.00
          4        4.00        3.00
```

```
        5      8.00      0.00
        6      8.00      3.00
```

ELEMENT CONNECTIVITY AND PROPERTIES

ELEMENT	START NODE	END NODE	AREA
1	2	4	0.00100
2	4	6	0.00100
3	2	1	0.00100
4	2	3	0.00100
5	4	1	0.00100
6	4	3	0.00100
7	4	5	0.00100
8	3	6	0.00100
9	6	5	0.00100
10	1	3	0.00100
11	3	5	0.00100

NODAL LOADS

NODE	PX	PY
2	0.00	− 15.00
4	0.00	− 30.00

BOUNDARY CONDITION DATA

	STATUS		PRESCRIBED	VALUES
	(0:PRESCRIBED, 1:FREE)			
NODE	U	V	U	V
1	1	0	0.0000	0.0000
2	0	1	0.0000	0.0000
3	1	0	0.0000	− 0.0100
5	1	0	0.0000	0.0000

```
**************************************************************************
```

RESULTS

NODAL DISPLACEMENTS

NODE	U	V
1	− 0.0042	0.0000
2	0.0000	− 0.0015
3	− 0.0021	− 0.0100
4	− 0.0022	− 0.0081

```
        5          - 0.0001          0.0000
        6          - 0.0044        - 0.0012


  NODAL REACTIONS
      NODE          PX               PY
        1          0.0000          174.8032
        2          0.0001         - 15.0000
        3          0.0000        - 289.6064
        4          0.0000         - 30.0001
        5          0.0000          159.8033
        6         - 0.0001          0.0000


  MEMBER FORCES
      MEMBER      AXIAL FORCE
        1         - 109.1945
        2         - 110.5278
        3          - 96.8958
        4          136.4930
        5         - 129.8457
        6          124.8147
        7         - 128.1790
        8          138.1597
        9          - 82.8958
       10          103.8766
       11          102.5432
```

****

由以上计算结果可以标出桁架的内力如图 3.21 所示。

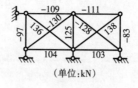

（单位:kN）

图 3.21

例 3.5　试用本章桁架静力分析程序计算图 3.22(a)所示桁架。设备杆件的横截面面积均为 $5.0\times10^{-4}\,\mathrm{m}^2$，材料的弹性模量为 $2.0\times10^5\,\mathrm{MPa}$。已知 B 点处为弹性支座，弹簧刚度 $\mathrm{k}=2.5\times10^4\,\mathrm{kN/m}$；$D$ 点处为斜向滑动支座，滑动面倾斜角为 $45°$。

解　利用本章桁架静力分析程序计算图示桁架时在数据准备过程中主要有两个问题需要解决，即 B 点处的弹性支座和 D 点处的斜向滑动支座如何处理的问题。

先讨论 B 点处弹性支座的处理。根据力学的等效原则可以将弹簧用一个置于竖直方向的桁架杆

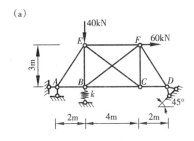
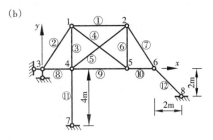

图 3.22

件代替,该桁架杆件的轴向线刚度 EA/l 应等于原弹簧的刚度 k。可任取该杆件的长度 $l=4\text{m}$,则杆件横截面面积应取 $A=kl/E=5.0\times10^{-4}\,\text{m}^2$。

斜向滑动支座的作用是限制 D 点沿斜面法线方向的位移,这种作用也可理解为使 D 点的 x、y 方向位移之间符合特定的关系。有关预定位移关系的处理实际上在 2.6 节例 2.5 中已经述及,但按该例介绍的方法处理需要改变总刚度方程的阶数,这样会使计算程序的编制工作复杂化。因此在计算机分析时可考虑采用以下两种方法来解决这一问题。

一种方法是在程序设计中引入结点坐标系。这一坐标系仅适用于 D 点,它的原点位于 D 点并有一根轴与 D 点的边界位移约束方向重合。这样就可以按结点坐标系来描述 D 支座的位移约束条件。

利用结点坐标系时需要对总刚度矩阵作相应的变换。为了避免修改程序,也可采用另一种方法来解决斜向约束的问题。如图 3.22(b)所示,可以用倾斜 45°的桁架杆件来代替原斜向滑动支座的作用。该桁架杆件的长度可以任取一适当的值,而杆件的横截面面积应取一个大数,例如可以取该桁架其他杆件横截面面积的 1000 倍,这样就可以保证 D 点的位移特性基本符合于原结构的情况。

当采用 kN·m 单位制时,原始数据填写如下。

第一组数据:8,12,2,3,2.0E8

第二组数据:1, 2.0,3.0

　　　　　　2, 6.0,3.0

　　　　　　3, 0.0,0.0

　　　　　　4, 2.0,0.0

　　　　　　5, 6.0,0.0

　　　　　　6, 8.0,0.0

　　　　　　7, 2.0,−4.0

　　　　　　8,10.0,−2.0

第三组数据:1,1,2,0.0005

　　　　　　2,1,3,0.0005

　　　　　　3,1,4,0.0005

　　　　　　4,1,5,0.0005

　　　　　　5,2,4,0.0005

　　　　　　6,2,5,0.0005

　　　　　　7,2,6,0.0005

　　　　　　8,3,4,0.0005

　　　　　　9,4,5,0.0005

　　　　　　10,5,6,0.0005

　　　　　　11,7,4,0.0005

　　　　　　12,8,6,0.5

　　第四组数据:1,0.0,−40.0

　　　　　　2,60.0,　0.0

　　第五组数据:3,0,0,0.0,0.0

　　　　　　7,0,0,0.0,0.0

　　　　　　8,0,0,0.0,0.0

　　按以上数据建立数据文件 TRU3. DAT,程序运行完毕得到结果文件如 TRU3. RES 所示。由计算结果中可以看出,桁架 6 号结点的 x 方向位移与 y 方向位移相等,符合于原结构 D 支座的实际位移情况。原桁架杆件的轴力如图 3.23 所示。

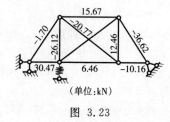

（单位:kN）

图 3.23

TRU3. RES

****

INTERNAL DATA

NUMBER OF NODES 　　　　　: 　8

NUMBER OF ELEMENTS 　　　: 　12

NUMBER OF LOADED NODES 　: 　2

NUMBER OF SUPPORT NODES : 　3

MODULUS OF ELASTICITY : 　　200000000.

NODAL COORDINATES

NODE	X	Y
1	2.00	3.00
2	6.00	3.00
3	0.00	0.00
4	2.00	0.00
5	6.00	0.00
6	8.00	0.00
7	2.00	− 4.00
8	10.00	− 2.00

ELEMENT CONNECTIVITY AND PROPERTIES

```
ELEMENT   START NODE END NODE   AREA
        1         1        2      0.00050
        2         1        3      0.00050
        3         1        4      0.00050
        4         1        5      0.00050
        5         2        4      0.00050
        6         2        5      0.00050
        7         2        6      0.00050
        8         3        4      0.00050
        9         4        5      0.00050
       10         5        6      0.00050
       11         7        4      0.00050
       12         8        6      0.50000
```

```
NODAL LOADS
    NODE       PX          PY
       1       0.00     - 40.00
       2      60.00       0.00
```

```
BOUNDARY CONDITION DATA
                    STATUS         PRESCRIBED  VALUES
             (0:PRESCRIBED，1:FREE)
    NODE       U        V              U         V
       3       0        0           0.0000    0.0000
       7       0        0           0.0000    0.0000
       8       0        0           0.0000    0.0000
**********************************************************************
```

```
RESULTS
```

```
NODAL DISPLACEMENTS
    NODE        U              V
       1      0.0016       - 0.0011
       2      0.0022         0.0001
       3      0.0000         0.0000
       4      0.0006       - 0.0003
       5      0.0009       - 0.0003
       6      0.0007         0.0007
       7      0.0000         0.0000
       8      0.0000         0.0000
```

```
NODAL REACTIONS
    NODE        PX              PY
     1        0.0000        - 40.0000
     2       60.0000          0.0000
     3      - 29.5264         1.4166
     4        0.0000          0.0000
     5        0.0000          0.0000
     6      - 0.0005        - 0.0009
     7        0.0000          8.1112
     8      - 30.4731        30.4731


MEMBER FORCES
    MEMBER   AXIAL FORCE
     1         15.6721
     2        - 1.7025
     3        - 26.1211
     4        - 20.7706
     5         30.0164
     6         12.4623
     7        - 36.6230
     8         30.4708
     9          6.4577
    10        - 10.1588
    11        - 8.1112
    12        - 43.0955
```

****

习　题

3.1 如欲利用本章中的平面桁架程序计算一个具有 120 个结点、130 个单元的平面桁架,程序的哪些地方必须修改? 应如何修改? 假设该桁架的其他参数均未超过程序规定的限值。

3.2 如果不考虑子程序 ASSEM 对于弹性力学有限元分析程序的通用性,仅考虑子程序应用于杆件体系分析,则该子程序中半带宽的计算流程可简化成下图。试按照图示的计算流程修改子程序 AS-SEM,并用修改后的桁架程序重新计算例 3.1 的桁架,验证所作修改的正确性。

3.3 若利用本章中的桁架程序计算图 3.20 所示的平面桁架,结构标识和数据填写如例 3.4,问

(1)在子程序 ASSEM 的执行过程中共计有多少个单元刚度矩阵元素被送入 TK 数组?

(2)TK 数组中所存放的总刚度矩阵元素共计有多少个?

(3)在将单元④的刚度矩阵中处于第三行第四列的那个元素送入数组 TK 时,子程序 ASSEM 中的变量 NEL 和子程序 ELASS 中的变量 I、J、K、L 和变量 N1、N2 的值各为多少?

3.4 利用本章的桁架程序计算图示平面桁架时,子程序 BOUND 中的语句 TK(KR,J)＝0,

TK(KV,J)＝0 和 TK(KR,1)＝1 各执行多少次？桁架的结点编号如图所示。

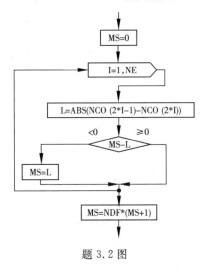

题 3.2 图

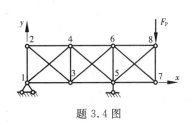

题 3.4 图

　　3.5　若欲将本章中的平面桁架程序修改后用于不超过 100 个单元,100 个结点和 30 个边界结点的空间桁架计算,主程序哪些地方必须修改,应如何修改？所有 8 个子程序中哪几个子程序是必须修改的？

　　3.6　如果将总刚度矩阵的全部元素都存入相应数组,即总刚度矩阵采用二维满方阵存放,则子程序 ELASS 的流程如图所示。试编写符合上述情况的子程序 ELASS。

　　3.7　如果总刚度矩阵采用二维满方阵存放,试画出子程序 BOUND 的流程图即计算框图,并编写这一框图相应的子程序。

　　3.8　综合填空。若利用本章中的桁架程序计算例 3.3,

　　(1) 在执行完子程序 INPUT 时, X(6)＝_____,NCO(6)＝_____,PROP(6)＝_____,IB(4)＝_____, IB(6)＝_____, AL(6)＝_____；

　　(2) 在调用子程序 STIFF 计算单元⑦的刚度矩阵元素时 N1＝_____, N2＝_____,COEF＝_____；

　　(3) 在调用子程序 ELASS 将上述单元的最后一个元素送入总刚度矩阵之时, N1＝_____, N2＝_____, I2＝_____, J2＝_____, KR＝_____,KC＝_____；

　　(4) 当调用子程序 BOUND 引入位移边界条件,在执行 L＝3 的一轮循环时 AL 数组中有_____个元素经过重新计算,其中有_____个元素经重新计算

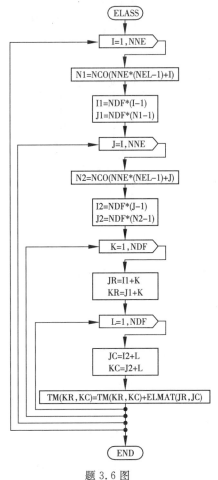

题 3.6 图

后数值发生改变；

（5）当调用子程序 FORCE，在计算单元③的轴力时，K1＝_____，K2＝_____；

（6）当调用子程序 OUTPT，在输出结点 5 的位移和结点合力时，K1＝_____，K2＝_____。

3.9 试填写利用结构的对称性计算图示平面桁架内力时所需要的原始数据，并利用计算机完成该桁架的计算。设桁架各杆件的 EA 相同。

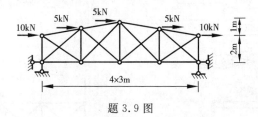

题 3.9 图

3.10 若在图示桁架的 C 点加一个水平 F_P 使 AC 杆发生顺时针转角为 $0.6\times10^{-3}\,\mathrm{rad}$，试填写计算该桁架时所需要的原始数据，并利用计算机完成这一计算。设各杆件材料的弹性模量 $E=2.1\times10^{5}$ MPa，各杆件的横截面面积 $A=0.0015\mathrm{m}^2$。

3.11 利用本章桁架静力分析程序计算图所示混合结构，试填写原始数据，并在计算机上完成这一计算。设杆件材料的弹性模量 $E=2.0\times10^{5}$ MPa，所有二力杆的横截面面积 $A=6.0\times10^{-4}\,\mathrm{m}^2$，受弯杆件的截面面积 $A=6.0\times10^{-3}\,\mathrm{m}^2$，横截面惯性矩 $I=6.25\times10^{-5}\,\mathrm{m}^2$。

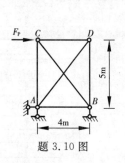

题 3.10 图

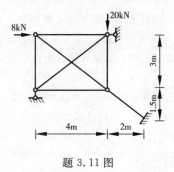

题 3.11 图

第 4 章 平面刚架静力分析程序设计与应用

4.1 概 述

刚架结构是最常见的杆系结构形式之一。本章介绍的刚架分析程序也是按照矩阵位移法中后处理法的基本原理和分析过程编制的。程序适用于平面刚架静力问题的线性分析。

采用矩阵位移法进行结构分析的过程对于不同类型的结构来说是十分相似的。在第 3 章介绍平面桁架分析程序时已提到,该程序中所调用的许多子程序,如子程序 AS-SEM、ELASS、BOUND、SLBSI 等在程序编制时已考虑到功能的通用性,这些子程序可以直接应用于平面刚架静力分析程序。其余子程序则需稍作修改。刚架结构与桁架结构相比,单元刚度矩阵和杆件内力的计算公式不同,因而子程序 STIFF 和 FORCE 的变动较大。

本章程序仍采用了 FORTRAN95 和 C++两种计算机语言,使用时需注意荷载应作用在刚架的结点上,程序中暂限刚架的结点和单元总数各不超过 100,总刚度矩阵的半带宽不超过 30,支座结点总数不超过 20。当有关数量超过上述限值时应将相应数组的容量扩大。若有结间荷载作用则应按第 2 章 2.7 节所述将结间荷载化为等效结点荷载。

4.2 平面刚架静力分析主程序

平面刚架静力分析程序的数据结构与第 3 章平面桁架程序的数据结构基本相同。对于平面刚架来说因每个结点具有三个独立的自由度,有些数组需要作相应的扩展。以下仅将这些有变化的数组列出并加以说明,其余变量及数组的含义可见于 3.2 节。

IB 支座结点位移状态,一维数组,扩展为每个支座结点占四个数组元素。IB((NDF+1)*(J−1)+1)存放第 J 个支座结点的编号;IB((NDF+1)*(J−1)+I),I=2,3,4 分别存放该支座结点 x、y 和转角方向的位移状态的指示信息。0 表示某项位移是已知的;1 则表示某项位移是未知的。

PROP 单元截面性质参数,一维数组,扩展为每个单元占两个数组元素。其中 PROP(2*L−1)存放 L 号单元的横截面面积;PROP(2*L)存放该单元的横截面惯性矩。

AL 结点荷载或结点位移,一维数组,按结点编号顺序存放,扩展为每个结点占三个数组元素。AL(NDF*(J−1)+I),I=1,2,3 先是分别存放 J 结点 x、y 和转角方向的结点荷载分量;方程组求解后分别存放 J 结点 x、y 和转角方向的位移分量。

FORC　　单元杆端力,一维数组,按单元编号顺序存放,扩展为每个单元占六个数组元素。$FORC(6*(L-1)+I)$,$I=1,2,3$ 分别存放 L 单元首结点 x、y 和转角方向的杆端力;$FORC(6*(L-1)+I)$,$I=4,5,6$ 分别存放 L 单元尾结点的三个杆端力。上述首结点即为单元局部坐标系的原点。

REAC　　支座结点的已知位移或结点合力,一维数组,按结点编号顺序存放,扩展为每个结点占三个数组元素。$REAC(NDF*(J-1)+I)$,$I=1,2,3$ 开始时分别存放 J 结点 x、y 和转角方向的已知位移;计算完杆端内力后分别存放 J 结点 x、y 和转角方向的结点合力。

　　平面刚架程序与平面桁架程序的主程序流程相同,可参见图 3.1。

　　本平面刚架静力分析程序中有关结点总数、单元总数和支座结点总数的限值和第 3 章桁架程序中相同。与 3.2 节桁架静力分析主程序相比,平面刚架主程序的不同之处仅在于根据平面刚架每个结点具有 3 个自由度的特点将有关数组的容量作相应的扩大,将存放总刚度矩阵的 TK 数组的尺度界限 NRMX、NCMX 作相应的扩大,并将结构类型参数中每个结点的自由度数 NDF 改为 3。

平面刚架静力分析主程序(FORTRAN 95)

```
!
!               STATIC ANALYSIS FOR PLANE FRAME SYSTEMS
!
!                          MAIN PROGRAM
!
      COMMON NRMX,NCMX,NDFEL,NN,NE,NLN,NBN,NDF,NNE,N,MS,IN,IO,E,G
      DIMENSION X(100),Y(100),NCO(200),PROP(200),IB(80),TK(300,30), &
   &          AL(300),REAC(300),FORC(600),ELST(6,6),V(30)
      CHARACTER(len=20)FILE1,FILE2
!
!   INITIALIZATION OF PROGRM PARAMETERS
      NRMX=300
      NCMX=30
      NDF=3
      NNE=2
      NDFEL=NDF* NNE
!
!   ASSIGN DATA SET NUMBERS TO IN, FOR INPUT, AND IO, FOR OUTPUT
      IN=5
      IO=6
!   OPEN ALL FILES
      READ(*,*)FILE1,FILE2
      OPEN(UNIT=IO,FILE=FILE1,FORM='FORMATTED',STATUS='UNKNOWN')
      OPEN(UNIT=IN,FILE=FILE2,FORM='FORMATTED',STATUS='OLD')
```

```
!
!    DATA INPUT
        CALL INPUT(X,Y,NCO,PROP,AL,IB,REAC)
!
!    ASSEMBLING OF TOTAL STIFFNESS MATRIX
        CALL ASSEM(X,Y,NCO,PROP,TK,ELST,AL)
!
!    INTRODUCTION OF BOUNDARY CONDITIONS
        CALL BOUND(TK,AL,REAC,IB)
!
!    SOLUTION OF THE SYSTEM OF EQUATIONS
        CALL SLBSI(TK,AL,V,N,MS,NRMX,NCMX)
!
!    COMPUTATION OF MEMBER FORCES
        CALL FORCE(NCO,PROP,FORC,REAC,X,Y,AL)
!
!    OUTPUT
        CALL OUTPT(NCO,AL,FORC,REAC)
!
        STOP
        END
```

平面刚架静力分析主函数(C++)

```cpp
//
//                  STATIC ANALYSIS FOR PLANE FRAME SYSTEMS
//
//                             MAIN PROGRAM
//
# include < iostream.h>
# include < fstream.h>
# include < stdlib.h>
# include < math.h>
# include < iomanip.h>
// Functions declaration ( for C++ Only )
void INPUT(double X[], double Y[], int NCO[], double PROP[],
           double AL[], int IB[], double REAC[]);
void ASSEM(double X[], double Y[], int NCO[], double PROP[],
           double TK[][30], double ELST[][6], double AL[]);
void STIFF(int NEL, double X[], double Y[], double PROP[],
           int NCO[], double ELST[][6], double AL[]);
void ELASS(int NEL, int NCO[], double TM[][30], double ELMAT[][6]);
void BOUND(double TK[][30], double AL[], double REAC[], int IB[]);
```

```cpp
void SLBSI(double A[][30], double B[], double D[], int N, int MS,
           int NRMX, int NCMX);
void FORCE(int NCO[], double PROP[], double FORC[], double REAC[],
           double X[], double Y[], double AL[]);
void OUTPT(int NCO[], double AL[], double FORC[], double REAC[]);
void BTAB3(double A[][6], double B[][6], double V[], int N, int NX);
// ASSIGN DATA SET NUMBERS TO IN,FOR INPUT,AND IO FOR OUTPUT
ifstream READ_IN;
ofstream WRITE_IO;
//   INITIALIZATION OF GLOBAL VARIABLES
int NN,NE,NLN,NBN,N,MS;
double E,G;
// INITIALIZATION OF PROGRAM PARAMETERS
int NRMX=300;
int NCMX=30;
int NDF=3;
int NNE=2;
int NDFEL=NDF* NNE;
int main()
{
    double X [100],Y[100],PROP[200],TK[300][30],
           AL[300],FORC[600],REAC[300],ELST[6][6],V[30];
    int NCO[200], IB[80];
    char file1[20],file2[20]
//
// OPEN ALL FILES
    cin≫file1≫file2
    WRITE_IO.open(file1);
    READ_IN.open(file2);
//
// DATA INPUT
    INPUT(X,Y,NCO,PROP,AL,IB,REAC);
//
// ASSEMBLING OF TOTAL STIFFNESS MATRIX
    ASSEM(X,Y,NCO,PROP,TK,ELST,AL);
//
// INTRODUCTION OF BOUNDARY CONDITIONS
    BOUND(TK,AL,REAC,IB);
//
// SOLUTION OF THE SYSTEM OF EQUATIONS
    SLBSI(TK,AL,V,N,MS,NRMX,NCMX);
```

```
//
// COMPUTATION OF MEMBER FORCES
    FORCE(NCO,PROP,FORC,REAC,X,Y,AL);
//
// OUTPUT
    OUTPT(NCO,AL,FORC,REAC);
//
// CLOSE ALL FILES
    READ_IN.close();
    WRITE_IO.close();
    return 0;
}
```

本章平面刚架静力分析程序共包含九个子程序。由主程序直接调用的子程序仍是六个,其中子程序 ASSEM、BOUND、SLBSI 以及由子程序 ASSEM 调用的子程序 ELASS 与第 3 章桁架程序中的同名子程序完全相同。由子程序 ASSEM 调用的子程序 STIFF 还需调用一个新的子程序 BTAB3,用于将刚架单元的刚度矩阵转向整体坐标系。在平面桁架子程序 STIFF 中由于是直接按照结构坐标系中的单元刚度矩阵公式计算刚度元素的,这样就无需要再调用子程序 BTAB3 进行坐标转换。

4.3 平面刚架静力分析子程序及其功能

平面刚架静力分析程序中主程序对子程序的调用及子程序之间的关系如图 4.1 所示。

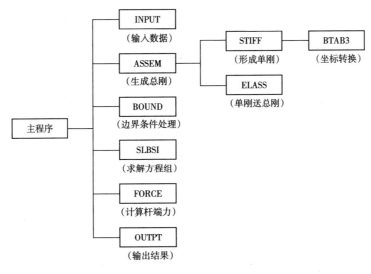

图 4.1

本节仅介绍子程序 INPUT、STIFF、FORCE、OUTPT 以及子程序 STIFF 所调用的子程序 BTAB3,其余子程序在第 3 章中已经介绍,可见于 3.3 节。

4.3.1 子程序 INPUT(X,Y,NCO,PROP,AL,IB,REAC)

平面刚架静力分析程序所需要的所有原始数据均通过调用子程序 INPUT 输入计算机。该子程序输入数据的流程仍与 3.3 节中的图 3.3 相同。

该子程序只需在 3.3 节平面桁架数据输入子程序的基础上稍作修改便可得到。这些修改主要是:杆件截面的几何性质除了横截面面积外还应包括横截面惯性矩;结点荷载除了 x、y 轴方向的荷载外还应包括结点力矩;支座结点的位移状态和已知位移值也应包括角位移的状态和相应的值。与上述修改相对应需修改有关的格式语句。

刚架静力分析子程序 INPUT (FORTRAN 95)

```
!
      SUBROUTINE INPUT(X,Y,NCO,PROP,AL,IB,REAC)
!     INPUT PROGRAM
!
      COMMON NRMX,NCMX,NDFEL,NN,NE,NLN,NBN,NDF,NNE,N,MS,IN,IO,E,G
      DIMENSION X(1),Y(1),NCO(1),PROP(1),AL(1),IB(1),REAC(1),W(3), &
     &          IC(3)
!
!
      WRITE(IO,20)
 20   FORMAT(' ',70('*'))
!
!     READ BASIC PARAMETERS
      READ(IN,*) NN,NE,NLN,NBN,E
      WRITE(IO,21) NN,NE,NLN,NBN,E
 21   FORMAT (//' INTERNAL DATA'//' NUMBER OF NODES          :', &
     &       I5/' NUMBER OF ELEMENTS       :',I5/' NUMBER OF LOADED NODES :', &
     &       I5/' NUMBER OF SUPPORT NODES :',I4/' MODULUS OF ELASTICITY :', &
     &       F15.0//' NODAL COORDINATES'/7X,'NODE',6X,'X',9X,'Y')
!
!     READ NODAL COORDINATES IN ARRAY X AND Y
      READ(IN,*) (I,X(I),Y(I),J=1,NN)
      WRITE(IO,2) (I,X(I),Y(I),I=1,NN)
 2    FORMAT(I10,2F10.2)
!
!     READ ELEMENT CONNECTIVITY IN ARRAY NCO AND
!     ELEMENT PROPERTIES IN ARRAY PROP
      WRITE(IO,22)
 22   FORMAT(/' ELEMENT CONNECTIVITY AND PROPERTIES'/4X,'ELEMENT', &
     &        3X,'START NODE  END NODE',5X,'AREA', 5X,'M. OF INERTIA')
```

```
      DO J=1,NE
      READ(IN,*) I,IC(1),IC(2),W(1),W(2)
      WRITE(IO,34) I,IC(1),IC(2),W(1),W(2)
   34 FORMAT(3I10,2F15.5)
      N1=NNE* (I-1)
      PROP(N1+1)=W(1)
      PROP(N1+2)=W(2)
      NCO(N1+1)=IC(1)
      NCO(N1+2)=IC(2)
      ENDDO
!
!   COMPUTE ACTUAL NUMBER OF UNKNOWNS AND CLEAR THE LOAD VECTOR
      WRITE(IO,23)
   23 FORMAT(/' NODAL LOADS'/7X,'NODE',5X,'PX',8X,'PY',8X,'MZ')
      N=NN* NDF
      DO I=1,N
         AL(I)=0.
         REAC(I)= 0.
      ENDDO
!
!   READ THE NODAL LOADS AND STORE THEM IN ARRAY AL
      DO I=1,NLN
         READ(IN,*) J,(W(K),K=1,NDF)
         WRITE(IO,8) J,(W(K),K=1,NDF)
    8    FORMAT(I10,3F10.2)
         DO K=1,NDF
            L=NDF* (J-1)+K
            AL(L)= W(K)
         ENDDO
      ENDDO
!
!   READ BOUNDARY NODES DATA. STORE UNKNOWN STATUS INDICATORS
!   IN ARRAY IB, AND PRESCRIBED UNKNOWN VALUES IN ARRAY REAC
      WRITE(IO,24)
   24 FORMAT (/' BOUNDARY CONDITION DATA '/27X,'STATUS ',18X,'PRESCRIBED &
     &      VALUES'/19X,'(0:PRESCRIBED, 1:FREE)'/7X,'NODE',8X,'U',9X,'V',
     &      8X,'RZ',10X,'U',9X,'V',8X,'RZ')
      DO I=1,NBN
         READ(IN,*) J,(IC(K),K=1,NDF),(W(K),K=1,NDF)
         WRITE(IO,10) J,(IC(K),K=1,NDF),(W(K),K=1,NDF)
         L1= (NDF+1)*(I-1)+1
```

```
        L2= NDF* (J-1)
        IB(L1)= J
        DO K=1,NDF
           N1=L1+K
           N2=L2+K
           IB(N1)=IC(K)
           REAC(N2)=W(K)
        ENDDO
     ENDDO
10   FORMAT(4I10,4X,3F10.4)
!

    RETURN
    END
```

刚架静力分析函数 INPUT (C++)

```cpp
void INPUT(double X[], double Y[], int NCO[], double PROP[],
          double AL[], int IB[], double REAC[])

{
// INPUT PROGRAM
//
    int I, NUM, N1, IC[3], K, L, L1, L2, N2;
    double W[3];
    WRITE_IO.setf(ios::fixed);
    WRITE_IO.setf(ios::showpoint);
    WRITE_IO ≪ " " ≪
    "*********************************************************************"
            ≪ endl;
//
// READ BASIC PARAMETERS
    READ_IN ≫ NN ≫ NE ≫ NLN ≫ NBN ≫ E;
    WRITE_IO ≪ "\n\n INTERNAL DATA \n\n" ≪ " NUMBER OF NODES            :"
            ≪ setw(5) ≪ NN ≪ "\n" ≪ " NUMBER OF ELEMENTS         :" ≪ setw(5)
            ≪ NE ≪ "\n" ≪ " NUMBER OF LOADED NODES   :" ≪ setw(5) ≪ NLN
            ≪ "\n" ≪ " NUMBER OF SUPPORT NODES :" ≪ setw(5) ≪ NBN ≪ "\n"
            ≪ " MODULUS OF ELASTICITY :" ≪ setw(15) ≪ setprecision(0) ≪ E
            ≪ "\n\n" ≪ " NODAL COORDINATES \n" ≪ setw(11) ≪ "NODE" ≪ setw(7)
            ≪ "X" ≪ setw(10) ≪ "Y\n";
//
// READ NODAL COORDINATES IN ARRAY X AND Y
    for (I=1; I< =NN; I++)
    {
        READ_IN ≫ NUM ≫ X[NUM-1] ≫ Y[NUM-1];
```

```
        }
    for(I= 1;I< = NN;I+ + )
    {
        WRITE_IO.precision(2);
        WRITE_IO ≪ setw(10) ≪I ≪ setw(10) ≪ X[I- 1] ≪ setw(10) ≪ Y[I- 1]
                ≪ "\n";
    }
// READ ELEMENT CONNECTIVITY IN ARRAY NCO AND
// ELEMENT PROPERTIES IN ARRAY PROP
    WRITE_IO ≪ "\n ELEMENT CONNECTIVITY AND PROPERTIES\n" ≪ setw(11)
            ≪ "ELEMENT" ≪ setw(23) ≪ "START NODE   END NODE" ≪ setw(9)
            ≪ "AREA" ≪ setw(20) ≪ "M. OF INERTIA" ≪ endl;
    for (I=1; I< =NE; I++)
    {
        READ_IN ≫ NUM ≫ IC[0] ≫ IC[1] ≫ W[0] ≫ W[1];
        WRITE_IO.precision(5);
        WRITE_IO ≪ setw(10) ≪ NUM ≪ setw(10) ≪ IC[0] ≪ setw(10) ≪ IC[1]
                ≪ setw(15) ≪ W[0] ≪ setw(15) ≪ W[1] ≪ "\n";
        N1= NNE* (NUM-1);
        PROP[N1]= W[0];
        PROP[N1+1]= W[1];
        NCO[N1]= IC[0];
        NCO[N1+1]= IC[1];
    }
//
// COMPUTE ACTUAL NUMBER OF UNKNOWNS AND CLEAR THE LOAD VECTOR
    N=NN*NDF;
    for (I=1; I<=N; I++ )
    {
        AL[I- 1]= 0.0;
        REAC[I- 1]= 0.0;
    }
//
// READ THE NODAL LOADS AND STORE THEM IN ARRAY AL
    WRITE_IO ≪ "\n NODAL LOADS\n" ≪ setw(11) ≪ "NODE" ≪ setw(7) ≪ "PX"
            ≪ setw(10) ≪ "PY" ≪ setw(10) ≪ "MZ" ≪ endl;
    for (I=1; I< =NLN; I++)
    {
        READ_IN ≫ NUM ≫ W[0] ≫ W[1] ≫ W[2];
        WRITE_IO.precision(2);
        WRITE_IO ≪ setw(10) ≪ NUM ≪ setw(10) ≪ W[0] ≪ setw(10) ≪ W[1]
```

```
                          ≪ setw(10) ≪ W[2] ≪ "\n";
            for (K= 1; K< = NDF; K++)
            {
                L= NDF* (NUM-1)+K;
                AL[L-1]= W[K-1];
            }
        }
// READ BOUNDARY NODES DATA. STORE UNKNOWN STATUS INDICATORS
// IN ARRAY IB, AND PRESCRIBED UNKNOWN VALUES IN ARRAY REAC
        WRITE_IO ≪ "\n BOUNDARY CONDITION DATA\n" ≪ setw(29) ≪ "STATUS"
                ≪ setw(31) ≪ "PRESCRIBED VALUES\n" ≪ setw(37)
                ≪ "(0:PRESCRIBED, 1:FREE)\n" ≪ setw(11) ≪ "NODE" ≪ setw(9)
                ≪ "U" ≪ setw(10) ≪ "V" ≪ setw(10) ≪ "RZ" ≪ setw(17) ≪ "U"
                ≪ setw(10) ≪ "V" ≪ setw(10) ≪ "RZ" ≪ endl;
        for (I=1; I< =NBN; I++)
        {
            READ_IN ≫ NUM ≫ IC[0] ≫ IC[1] ≫ IC[2] ≫ W[0] ≫ W[1] ≫ W[2];
            WRITE_IO.precision(4);
            WRITE_IO ≪ setw(10) ≪ NUM ≪ setw(10) ≪ IC[0] ≪ setw(10) ≪ IC[1]
                    ≪ setw(10) ≪ IC[2] ≪ setw(20) ≪ W[0] ≪ setw(10) ≪ W[1]
                    ≪ setw(10) ≪ W[2] ≪ "\n";
            L1= (NDF+1)*(I-1)+1;
            L2= NDF* (NUM-1);
            IB[L1-1]= NUM;
            for (K= 1; K< = NDF; K++)
            {
                N1= L1+K;
                N2= L2+K;
                IB[N1-1]= IC[K-1];
                REAC[N2-1]= W[K-1];
            }
        }
//
        return;
    }
```

4.3.2　子程序 STIFF(NEL, X, Y, PROP, NCO, ELST, AL)

　　子程序 STIFF 功能是形成结构坐标系中刚架单元的刚度矩阵,并存放于二维数组
ELST。程序首先按 2.2 节中式(2.21)计算局部坐标系中刚架单元的刚度矩阵元素,然后通
过调用子程序 BTAB3 将单元刚度矩阵转向结构坐标系。子程序的计算流程如图 4.2所示。

　　坐标转换矩阵按式(2.22)形成。由式(2.22)可见,坐标转换矩阵共包括两个非零子块,这两个子块中的各相应元素是相同的。因此,程序首先计算位于矩阵左上角子块中的元素,然后将其值赋给右下角子块中的相应元素。存放单元刚度矩阵和坐标转换矩阵的两个二维数组 ELST 和 ROT 预先被置零。这样,以下只需对其中的非零元素计算和赋值。计算得到的单元刚度矩阵以 N1 作为局部坐标系的原点。

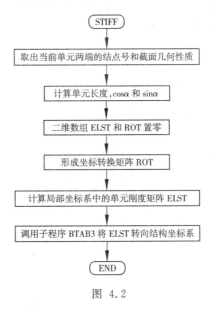

图 4.2

刚架静力分析子程序 STIFF (FORTRAN 95)

```
!
  SUBROUTINE STIFF(NEL,X,Y,PROP,NCO,ELST,AL)
!   COMPUTATION OF ELEMENT STIFFNESS MATRIX FOR CURRENT ELEMENT
!
    COMMON NRMX,NCMX,NDFEL,NN,NE,NLN,NBN,NDF,NNE,N,MS,IN,IO,E,G
    DIMENSION X(1),Y(1),NCO(1),PROP(1),ELST(6,6),AL(1), &
    &          ROT(6,6),V(6)
!
!
    L= NNE* (NEL-1)
    N1= NCO(L+1)
    N2= NCO(L+2)
    AX= PROP(L+1)
    YZ= PROP(L+2)
!
!   COMPUTE LENGTH OF ELEMENT, AND SINE AND COSINE OF ITS LOCAL X AXIS
    DX= X(N2)-X(N1)
    DY= Y(N2)-Y(N1)
    D= SQRT(DX* * 2+DY* * 2)
```

```
          CO= DX/D
          SI= DY/D
!     CLEAR THE ELEMENT STIFFNESS AND ROTATION MATRICES
          DO I= 1, 6
             DO J= 1, 6
                ELST(I,J)= 0.
                ROT(I,J)= 0.
             ENDDO
          ENDDO
!
!     FORM ELEMENT ROTATION MATRIX
          ROT(1,1)= CO
          ROT(1,2)= SI
          ROT(2,1)= -SI
          ROT(2,2)= CO
          ROT(3,3)= 1.
          DO I= 1,3
             DO J= 1,3
                ROT(I+3,J+3)= ROT(I,J)
             ENDDO
          ENDDO
!
!     COMPUTE ELEMENT LOCAL STIFFNESS MATRIX
          ELST(1,1)= E* AX/D
          ELST(1,4)= -ELST(1,1)
          ELST(2,2)= 12* E* YZ/(D* * 3)
          ELST(2,3)= 6* E* YZ/(D* D)
          ELST(2,5)= -ELST(2,2)
          ELST(2,6)= ELST(2,3)
          ELST(3,2)= ELST(2,3)
          ELST(3,3)= 4* E* YZ/D
          ELST(3,5)= -ELST(2,3)
          ELST(3,6)= 2* E* YZ/D
          ELST(4,1)= ELST(1,4)
          ELST(4,4)= ELST(1,1)
          ELST(5,2)= ELST(2,5)
          ELST(5,3)= ELST(3,5)
          ELST(5,5)= ELST(2,2)
          ELST(5,6)= ELST(3,5)
          ELST(6,2)= ELST(2,6)
          ELST(6,3)= ELST(3,6)
```

```
    ELST(6,5)= ELST(5,6)
    ELST(6,6)= ELST(3,3)
!
!   ROTATE ELEMENT STIFFNESS MATRIX TO GLOBAL COORDINATES
    CALL BTAB3(ELST,ROT,V,6,6)
!
    RETURN
    END
```

刚架静力分析函数 STIFF（C＋＋）

```
void STIFF(int NEL, double X[], double Y[], double PROP[],
        int NCO[], double ELST[][6], double AL[])
{
// COMPUTATION OF ELEMENT STIFFNESS MATRIX FOR CURRENT ELEMENT
//
    int L, N1, N2, I, J;
    double DX, DY, D, CO, SI, AX, YZ, ROT[6][6], V[6];
//
//
    L= NNE* (NEL-1);
    N1= NCO[L];
    N2= NCO[L+1];
    AX= PROP[L];
    YZ= PROP[L+1];
//
// COMPUTE LENGTH OF ELEMENT, AND SINE AND COSINE OF ITS LOCAL X AXIS
    DX= X[N2-1]-X[N1-1];
    DY= Y[N2-1]-Y[N1-1];
    D= sqrt(DX* DX+DY* DY);
    CO= DX/D;
    SI= DY/D;
//
// CLEAR THE ELEMENT STIFFNESS AND ROTATION MATRICES
    for (I=1;I< =6;I++)
    {
        for (J=1;J< =6;J++)
        {
            ELST[I-1][J-1]=0.0;
            ROT[I-1][J-1]=0.0;
        }
    }
//
```

```
    // FORM ELEMENT ROTATION MATRIX
       ROT[0][0]=CO;
       ROT[0][1]=SI;
       ROT[1][0]=-SI;
       ROT[1][1]=CO;
       ROT[2][2]=1.0;
       for (I=1;I< =3;I++)
       {
          for (J=1;J< =3;J++)
          {
             ROT[I+2][J+2]=ROT[I-1][J-1];
          }
       }
    //
    // COMPUTE ELEMENT LOCAL STIFFNESS MATRIX
       ELST[0][0]=E* AX/D;
       ELST[0][3]=-ELST[0][0];
       ELST[1][1]=12* E* YZ/(pow(D,3));
       ELST[1][2]=6* E* YZ/(D* D);
       ELST[1][4]=-ELST[1][1];
       ELST[1][5]=ELST[1][2];
       ELST[2][1]=ELST[1][2];
       ELST[2][2]=4* E* YZ/D;
       ELST[2][4]=-ELST[1][2];
       ELST[2][5]=2* E* YZ/D;
       ELST[3][0]=ELST[0][3];
       ELST[3][3]=ELST[0][0];
       ELST[4][1]=ELST[1][4];
       ELST[4][2]=ELST[2][4];
       ELST[4][4]=ELST[1][1];
       ELST[4][5]=ELST[2][4];
       ELST[5][1]=ELST[1][5];
       ELST[5][2]=ELST[2][5];
       ELST[5][4]=ELST[4][5];
       ELST[5][5]=ELST[2][2];
    //
    // ROTATE ELEMENT STIFFNESS MATRIX TO GLOBAL COORDINATES
       BTAB3(ELST,ROT,V,6,6);
    //
       return;
    }
```

4.3.3　子程序 BTAB3(A,B,V,N,NX)

子程序 BTAB3 中 A、B 均为二维数组,存放两个 N 阶方形矩阵。矩阵阶数的限值为 NX、V 为一维工作数组,其容量为 NX。本子程序的功能是完成矩阵运算 $\boldsymbol{B}^{\mathrm{T}}\boldsymbol{AB}$,并将运算结果存放在 A 数组中。子程序 STIFF 调用本子程序时数组名 A、B 分别由 ELST、ROT 替代,变量名 N、NX 均由 NDFEL 替代。这样,通过调用本子程序就可完成式 (2.13)所表示的单元刚度矩阵的坐标转换。子程序 BTAB3 的计算流程如图 4.3 所示。

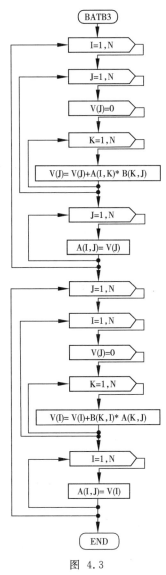

图 4.3

刚架静力分析子程序 BTAB3 (FORTRAN 95)

```
!
      SUBROUTINE BTAB3(A,B,V,N,NX)
!     COMPUTE THE MATRIX OPERATION A=TRANSPOSE(B)* A* B
```

```
!
      DIMENSION A(NX,NX),B(NX,NX),V(NX)
!
!
!    COMPUTE A* B AND STORE IN A
      DO I=1,N
         DO J=1,N
            V(J)=0.
            DO K=1,N
               V(J)=V(J)+A(I,K)* B(K,J)
            ENDDO
         ENDDO
         DO J=1,N
            A(I,J)=V(J)
         ENDDO
      ENDDO
!
!    COMPUTE TRANSPOSE(B)* A AND STORE IN A
      DO J=1,N
         DO I=1,N
            V(I)=0.
            DO K=1,N
               V(I)=V(I)+B(K,I)* A(K,J)
            ENDDO
         ENDDO
         DO I=1,N
            A(I,J)=V(I)
         ENDDO
      ENDDO
!
      RETURN
      END
```

刚架静力分析函数 BTAB3 (C++)

```cpp
void BTAB3(double A[][6], double B[][6], double V[], int N, int NX)
{
// COMPUTE THE MATRIX OPERATION A=TRANSPOSE(B)* A* B
//
   int I, J, K;
// COMPUTE A* B AND STORE IN A
   for (I=1;I< =N;I++)
   {
```

```
    for (J=1;J< =N;J++)
    {
        V[J-1]=0.0;
        for (K=1;K< =N;K++)
        {
            V[J-1]=V[J-1]+A[I-1][K-1]* B[K-1][J-1];
        }
    }
    for (J=1;J< =N;J++)
    {
        A[I-1][J-1]=V[J-1];
    }
}
//
// COMPUTE TRANSPOSE(B)* A AND STORE IN A
    for (J=1;J< =N;J++)
    {
        for (I=1;I< =N;I++)
        {
            V[I-1]=0.0;
            for (K=1;K< =N;K++)
            {
                V[I-1]=V[I-1]+B[K-1][I-1]* A[K-1][J-1];
            }
        }
        for (I=1;I< =N;I++)
        {
            A[I-1][J-1]=V[I-1];
        }
    }
//
    return;
}
```

本子程序首先计算矩阵乘积 $\boldsymbol{AB}$ 并将计算结果存放于 A 数组,然后再计算 $\boldsymbol{B}^{\mathrm{T}}$ 与上述中间结果矩阵 $\boldsymbol{A}$ 的乘积,其结果仍存放于 A 数组。以上过程可表示为 $\boldsymbol{AB}{\rightarrow}\boldsymbol{A}$, $\boldsymbol{B}^{\mathrm{T}}\boldsymbol{A}{\rightarrow}\boldsymbol{A}$。程序中先逐行计算中间结果矩阵中各元素,一行元素计算完毕后通过工作数组 V 存放到 A 数组的相应行中。然后再逐列计算 $\boldsymbol{B}^{\mathrm{T}}$ 与上述中间结果矩阵的乘积,一列元素计算完毕后仍通过工作数组 V 存放到 A 数组的相应列中。采用一维工作数组 V 是为了防止过早破坏矩阵 $\boldsymbol{A}$ 中的有用元素。

4.3.4　子程序 FORCE(NCO,PROP,FORC,REAC,X,Y,AL)

　　子程序 FORCE 的功能是根据已求得的结点位移 AL,计算各单元的杆端力和各结点合力。杆端力是按单元编号顺序存放于数组 FORC;结点合力则是按结点编号顺序存放于数组 REAC。子程序流程如图 4.4 所示。

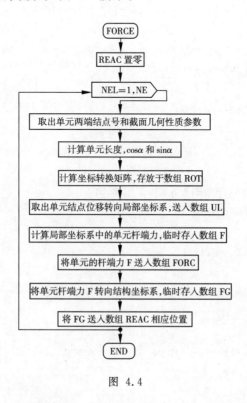

图　4.4

刚架静力分析子程序 FORCE (FORTRAN 95)

```
!
    SUBROUTINE FORCE(NCO,PROP,FORC,REAC,X,Y,AL)
!   COMPUTATION OF ELEMENT FORCES
    COMMON NRMX,NCMX,NDFEL,NN,NE,NLN,NBN,NDF,NNE,N,MS,IN,IO,E,G
    DIMENSION NCO(1),PROP(1),FORC(1),REAC(1),X(1),Y(1),AL(1), &
    &        ROT(3,3),U(6),F(6),UL(6),FG(6)
!
!
    DO I=1,N
       REAC(I)=0.
    ENDDO
    DO NEL=1,NE
       L=NNE* (NEL-1)
       N1=NCO(L+1)
```

```
            N2=NCO(L+2)
            AX=PROP(L+1)
            YZ=PROP(L+2)
!
!           COMPUTE LENGTH OF ELEMENT, AND SINE AND COSINE OF ITS GLOBAL X AXIS
            DX=X(N2)-X(N1)
            DY=Y(N2)-Y(N1)
            D=SQRT(DX* * 2+DY* * 2)
            CO=DX/D
            SI=DY/D
!
!           FORM ELEMENT ROTATION MATRIX
            ROT(1,1)=CO
            ROT(1,2)=SI
            ROT(1,3)=0.
            ROT(2,1)=-SI
            ROT(2,2)=CO
            ROT(2,3)=0.
            ROT(3,1)=0.
            ROT(3,2)=0.
            ROT(3,3)=1.
!
!           ROTATE ELEMENT NODAL DISPLACEMENTS TO ELEMENT
!           LOCAL REFERENCE FRAME, AND STORE IN ARRAY UL
            K1=NDF* (N1-1)
            K2=NDF* (N2-1)
            DO I=1,3
               J1=K1+I
               J2=K2+I
               U(I)=AL(J1)
               U(I+3)=AL(J2)
            ENDDO
            DO I=1,3
               UL(I)=0.
               UL(I+3)=0.
               DO J=1,3
                  UL(I)=UL(I)+ROT(I,J)* U(J)
                  UL(I+3)=UL(I+3)+ROT(I,J)* U(J+3)
               ENDDO
            ENDDO
```

```
!
!           COMPUTE MEMBER END FORCES IN LOCAL COORDINATES
            F(1)=E* AX/D* (UL(1)-UL(4))
            F(2)=12* E* YZ/(D* * 3)* (UL(2)-UL(5))+6* E* YZ/(D* D)* (UL(3)+UL
            (6))
            F(3)=6* E* YZ/(D* D)* (UL(2)-UL(5))+2* E* YZ/D* (2* UL(3)+UL(6))
            F(6)=6* E* YZ/(D* D)* (UL(2)-UL(5))+2* E* YZ/D* (UL(3)+2* UL(6))
            F(4)=-F(1)
            F(5)=-F(2)
            I1=6* (NEL-1)
!
!           STORE MEMBER END FORCES IN ARRAY FORC
            DO I=1,6
               I2=I1+I
               FORC(I2)=F(I)
            ENDDO
!
!           ROTATE MEMBER END FORCES TO THE GLOBAL REFERENCE FRAME
!           AND STORE IN ARRAY FG
            DO I=1,3
               FG(I)=0.
               FG(I+3)=0.
               DO J=1,3
                  FG(I)=FG(I)+ROT(J,I)* F(J)
                  FG(I+3)=FG(I+3)+ROT(J,I)* F(J+3)
               ENDDO
            ENDDO
!
!   ADD ELEMENT CONTRIBUTION TO NODAL RESULTANTS IN ARRAY REAC
            DO I=1,3
               J1=K1+I
               J2=K2+I
               REAC(J1)=REAC(J1)+FG(I)
               REAC(J2)=REAC(J2)+FG(I+3)
            ENDDO
         ENDDO
         RETURN
         END
```

刚架静力分析函数 FORCE（C++）

```
void FORCE(int NCO[], double PROP[], double FORC[], double REAC[],
          double X[], double Y[], double AL[])
```

```
{
// COMPUTATION OF ELEMENT FORCES
    int I, NEL, L, N1, N2, K1, K2, J1, J2, J, I1, I2;
    double DX, DY, D, CO, SI, ROT[6][6], U[6], UL[6], F[6], AX, YZ, FG[6];
//
// CLEAR THE REACTIONS ARRAY
    for (I=1; I< =N; I++)
    {
        REAC[I-1]=0.0;
    }
    for (NEL=1; NEL< =NE; NEL++)
    {
        L=NNE* (NEL-1);
        N1=NCO[L];
        N2=NCO[L+1];
        AX=PROP[L];
        YZ=PROP[L+1];
//
//      COMPUTE LENGTH OF ELEMENT, AND SINE/COSINE OF ITS LOCAL X AXIS
        DX=X[N2-1]-X[N1-1];
        DY=Y[N2-1]-Y[N1-1];
        D=sqrt(DX* DX+DY* DY);
        CO=DX/D;
        SI=DY/D;
//
//      FORM ELEMENT ROTATION MATRIX
        ROT[0][0]=CO;
        ROT[0][1]=SI;
        ROT[0][2]=0.0;
        ROT[1][0]=-SI;
        ROT[1][1]=CO;
        ROT[1][2]=0.0;
        ROT[2][0]=0.0;
        ROT[2][1]=0.0;
        ROT[2][2]=1.0;
//
//      ROTATE ELEMENT NODAL DISPLACEMENTS TO ELEMENT
//      LOCAL REFERENCE FRAME, AND STORE IN ARRAY UL
        K1=NDF* (N1-1);
        K2=NDF* (N2-1);
        for (I=1;I< =3;I++)
```

```
        {
            J1=K1+I;
            J2=K2+I;
            U[I-1]=AL[J1-1];
            U[I+2]=AL[J2-1];
        }
        for (I=1; I< =3; I++)
        {
            UL[I-1]=0.0;
            UL[I+2]=0.0;
            for (J=1;J< =3;J++)
            {
                UL[I-1] =ROT[I-1][J-1]* U[J-1];
                UL[I+2] =ROT[I-1][J-1]* U[J+2];
            }
        }
//
//   COMPUTE MEMBER END FORCES IN LOCAL COORDINATES
        F[0]=E* AX/D* (UL[0]-UL[3]);
        F[1]=12* E* YZ/(pow(D,3))* (UL[1]-UL[4])+6* E* YZ/(D* D)* (UL[2]+UL[5]);
        F[2]=6* E* YZ/(D* D)* (UL[1]-UL[4])+2* E* YZ/D* (2* UL[2]+UL[5]);
        F[5]=6* E* YZ/(D* D)* (UL[1]-UL[4])+2* E* YZ/D* (UL[2]+2* UL[5]);
        F[3]=-F[0];
        F[4]=-F[1];
        I1=6* (NEL-1);
//
//   STORE MEMBER END FORCES IN ARRAY FORC
        for (I=1;I< =6;I++)
        {
            I2=I1+I;
            FORC[I2-1]=F[I-1];
        }
//
//   ROTATE MEMBER END FORCES TO THE GLOBAL REFERENCE FRAME
//   AND STORE IN ARRAY FG
        for (I=1;I< =3;I++)
        {
            FG[I-1]=0.0;
            FG[I+2]=0.0;
            for (J=1;J< =3;J++)
            {
```

```
            FG[I-1]=FG[I-1]+ROT[J-1][I-1]* F[J-1];
            FG[I+2]=FG[I+2]+ROT[J-1][I-1]* F[J+2];
        }
    }
//
//    ADD ELEMENT CONTRIBUTION TO NODAL RESULTANTS IN ARRAY REAC
    for (I=1;I< =3;I++)
    {
        J1=K1+I;
        J2=K2+I;
        REAC[J1-1]=REAC[J1-1]+FG[I-1];
        REAC[J2-1]=REAC[J2-1]+FG[I+2];
    }
}
return;
}
```

　　杆端力 FORC 是单元局部坐标系中的量,即各单元杆端的轴力、剪力和弯矩。局部坐标系的原点位于每一个单元的首结点,也就是 NCO 数组中该单元两端结点号的前一个结点号。结点合力 REAC 是结构坐标系中的量,它是由转向结构坐标系之后的各单元的杆端力在各结点上叠加而成的。对于支座结点来说,结点合力即为支座反力;对于自由结点来说,结点合力就等于作用于该结点的荷载。

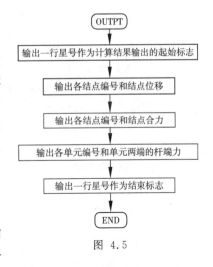

图 4.5

4.3.5　子程序 OUTPT(NCO,AL,FORC,REAC)

　　调用本子程序计算机即输出全部计算结果。输出结果包括各结点的位移,各单元两端的杆端力和各结点合力,分别存放在数组 AL,FORC 和 REAC 中。子程序 OUTPT 的流程如图 4.5 所示。

刚架静力分析子程序 OUTPT (FORTRAN 95)

```
!
      SUBROUTINE OUTPT(NCO,AL,FORC,REAC)
!   OUTPUT PROGRAM
!
      COMMON NRMX,NCMX,NDFEL,NN,NE,NLN,NBN,NDF,NNE,N,MS,IN,IO,E,G
      DIMENSION NCO(1),AL(1),FORC(1),REAC(1)
!
!   WRITE NODAL DISPLACEMENTS
      WRITE(IO,1)
```

```
 1   FORMAT(//1X,70('* ')//' RESULTS'//' NODAL DISPLACEMENTS'/7X, &
     &        'NODE',11X,'U',14X,'V',13X,'RZ')
     DO I=1,NN
        K1=NDF* (I-1)+ 1
        K2=K1+NDF-1
        WRITE(IO,2) I,(AL(J),J=K1,K2)
 2      FORMAT(I10,6F15.4)
     ENDDO
!
!    WRITE NODAL REACTIONS
     WRITE(IO,3)
 3   FORMAT(/' NODAL REACTIONS'/7X,'NODE' 10X,'PX',13X,'PY',13X,'MZ')
     DO I=1,NN
        K1=NDF* (I-1)+1
        K2=K1+NDF-1
        WRITE(IO,2) I,(REAC(J),J=K1,K2)
     ENDDO
!
!    WRITE MEMBER END FORCES
     WRITE(IO,4)
 4   FORMAT(/' MEMBER FORCES'/6X,'MEMBER',5X,'NODE',9X,'FX',13X, &
     &        'FY',13X,'MZ')
     DO I=1,NE
        K1=6* (I-1)+1
        K2=K1+2
        N1=NNE* (I-1)
        WRITE(IO,6) I,NCO(N1+1),(FORC(J),J=K1,K2)
        K1=K2+1
        K2=K1+2
        WRITE(IO,7) NCO(N1+2),(FORC(J),J=K1,K2)
     ENDDO
 6   FORMAT(2I10,3F15.4)
 7   FORMAT(I20,3F15.4)
     WRITE(IO,5)
 5   FORMAT(//1X,70('* '))
!
     RETURN
     END
```

刚架静力分析函数 OUTPT（C++）

```cpp
void OUTPT(int NCO[], double AL[], double FORC[], double REAC[])
{
// OUTPUT PROGRAM
    int I, K1, K2, J, N1;
//
// WRITE NODAL DISPLACEMENTS
    WRITE_IO <<
    "\n\n *********************************************************************\n\n"
            << "RESULTS\n\n" << "NODAL DISPLACEMENTS\n" << setw(11) << "NODE"
            << setw(12) << "U" << setw(15) << "V" << endl;

    for (I=1; I< =NN; I++)
    {
        K1=NDF* (I-1)+1;
        K2=K1+NDF-1;
        WRITE_IO << setw(10) << I;
        for (J=K1; J< =K2; J++)
        {
            WRITE_IO << setw(15) << AL[J-1];
        }
        WRITE_IO << endl;
    }
//
// WRITE NODAL REACTIONS
    WRITE_IO << "\nNODAL REACTIONS\n" << setw(11) << "NODE" << setw(12) << "PX"
            << setw(15) << "PY" << setw(15) << "MZ\n";
    for (I=1; I< =NN; I++)
    {
        K1=NDF* (I-1)+1;
        K2=K1+NDF-1;
        WRITE_IO << setw(10) << I;
        for (J=K1; J< =K2; J++)
        {
            WRITE_IO << setw(15) << REAC[J-1];
        }
        WRITE_IO << endl;
    }
//
// WRITE MEMBER END FORCES
    WRITE_IO << "\n MEMBER FORCES\n" << setw(11) << "MEMBER" << setw(10) << "NODE"
```

```
                    ≪ setw(11) ≪ "FX" ≪ setw(15) ≪ "FY" ≪ setw(16) ≪ "MZ\n";
        for (I=1;I< =NE;I++)
        {
            K1=6* (I-1)+1;
            K2=K1+2;
            N1=NNE* (I-1);
            WRITE_IO ≪ setw(10) ≪ I ≪ setw(10) ≪ NCO[N1];
            for (J=K1;J< =K2;J++)
            {
                WRITE_IO ≪ setw(15) ≪ FORC[J-1];
            }
            WRITE_IO ≪ endl;
            K1=K2+1;
            K2=K1+2;
            WRITE_IO ≪ setw(20) ≪ NCO[N1+1];
            for (J=K1;J< =K2;J++)
            {
                WRITE_IO ≪ setw(15) ≪ FORC[J-1];
            }
            WRITE_IO ≪ endl;
        }
        WRITE_IO ≪
        "\n\n **********************************************************************\n";
        return;
    }
```

4.4　平面刚架静力分析程序的应用

　　分析时首先应画出刚架的计算简图,进行结点和单元编号并设定结构坐标系,然后需按实际问题的已知条件准备好原始数据。当有结间荷载作用时应将它们化为等效结点荷载。原始数据共包括以下五组数据,程序中要求按自由格式填写并采用文件输入。

　　1)第一组数据——基本参数,分别存放于变量 NN,NE,NLN,NBN,E。

　　依次填写刚架的结点总数,单元总数,受荷载作用的结点总数,支座结点总数和材料的弹性模量。

　　2)第二组数据——结点坐标,分别存放于数组 X,Y。

　　以结点编号为序依次填写结点的编号和它的 x、y 坐标值。

　　3)第三组数据——单元两端结点号和截面特征,分别存放于数组 NCO 和 PROP。

　　以单元编号为序依次填写单元的编号,单元两端结点的编号,单元的横截面面积和惯性矩。单元两端结点编号的填写顺序可以任取。

4)第四组数据——结点荷载,存放于数组 AL。

对于有荷载作用的结点,以结点为序填写结点的编号和 x、y 以及转角方向的结点荷载。结点荷载以与结构坐标系的方向一致为正,反之则为负。结点弯矩是以逆时针方向为正。

5)第五组数据——支座约束信息,分别存放于数组 IB 和 REAC。

对支座结点,以结点为序填写支座结点的编号、该支座结点在 x,y 和转角方向位移状态的指示信息和 x,y 和转角方向的已知位移值。若支座结点某一方向的位移是未知值时相应的位移状态的指示信息填 1;若位移是已知值时相应的指示信息填 0。支座的已知位移值按已知条件填写并取与结构坐标方向一致为正。若位移状态指示信息已指示支座结点的某一项位移是未知值,则相应的已知位移值需要填写一个任意的数值,如可以填 0.0。程序中根据指示信息不会调取该项位移值。

为了利用本章介绍的平面刚架静力分析程序进行实际计算,首先需要建立源程序文件,可取名为 FRA.FOR。源程序文件中除了应包括以上 4.2 节中介绍的主程序和 4.3 节中介绍的五个子程序外,还应包括 3.3 节中介绍的四个通用子程序,即子程序 ASSEM、ELASS、BOUND 和 SLBSI。上述源程序在经过计算机编译、连接后得到可执行程序 FRA.EXE。这样就完成了计算程序方面的准备工作。

本刚架静力分析程序中原始数据仍采用文件输入和文件输出。这样就应按上述要求填写原始数据并建立数据文件,可取名为 FRA.DAT。存放输出结果的文件可取名为 FRA.RES。

例 4.1　试利用本章刚架静力分析程序计算图 4.6(a)所示刚架。已知材料的弹性模量 $E=2.1\times10^5\,\text{MPa}$;各柱子的横截面面积 $A_1=4.0\times10^{-2}\,\text{m}^2$,惯性矩 $I_1=1.2\times10^{-4}\,\text{m}^4$;斜杆的横截面面积 $A_2=3.0\times10^{-2}\,\text{m}^2$,惯性矩 $I_2=0.7\times10^{-4}\,\text{m}^4$。

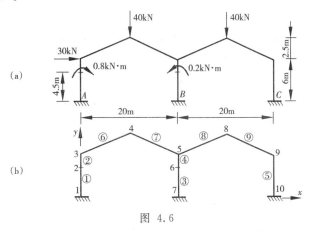

图 4.6

解　原刚架的左柱和中柱上有集中力矩作用,此时可以按图 4.6(b)所示进行结点和单元编号,这样所有的荷载都成为结点荷载。当采用 kN·m 单位制时,原始数据可填写如下。

第一组数据:10,9,5,3,2.1E8

第二组数据:1, 0.0,0.0

　　　　　　2, 0.0,4.5

```
                     3, 0.0,6.0
                     4,10.0,8.5
                     5,20.0,6.0
                     6,20.0,4.5
                     7,20.0,0.0
                     8,30.0,8.5
                     9,40.0,6.0
                    10,40.0,0.0
第三组数据:1, 1,2,4.0E-2,1.2E-4
                     2, 2,3,4.0E-2,1.2E-4
                     3, 7,6,4.0E-2,1.2E-4
                     4, 6,5,4.0E-2,1.2E-4
                     5,10,9,4.0E-2,1.2E-4
                     6, 3,4,3.0E-2,0.7E-4
                     7, 4,5,3.0E-2,0.7E-4
                     8, 5,8,3.0E-2,0.7E-4
                     9, 8,9,3.0E-2,0.7E-4
第四组数据:2,0.0,0.0,-0.8
                     3,3.0,   0.0,   0.0
                     4,0.0,-40.0,   0.0
                     6,0.0,   0.0,   0.2
                     8,0.0,-40.0,   0.0
第五组数据:1,0,0,0,0.0,0.0,0.0
                     7,0,0,0,0.0,0.0,0.0
                    10,0,0,0,0.0,0.0,0.0
```

　　按照以上原始数据可建立数据文件 FRA1. DAT。运行程序并将结果文件取名为 FRA1. RES,程序运行完毕后得到全部计算结果如 FRA1. RES 所示。

FRA1. RES

```
***************************************************************************


   INTERNAL DATA


   NUMBER OF NODES        :   10
   NUMBER OF ELEMENTS     :    9
   NUMBER OF LOADED NODES :    5
   NUMBER OF SUPPORT NODES :    3
   MODULUS OF ELASTICITY :      210000000.


   NODAL COORDINATES
```

```
NODE        X            Y
  1       0.00         0.00
  2       0.00         4.50
  3       0.00         6.00
  4      10.00         8.50
  5      20.00         6.00
  6      20.00         4.50
  7      20.00         0.00
  8      30.00         8.50
  9      40.00         6.00
 10      40.00         0.00
```

ELEMENT CONNECTIVITY AND PROPERTIES

ELEMENT	START NODE	END NODE	AREA	M. OF INERTIA
1	1	2	0.04000	0.00012
2	2	3	0.04000	0.00012
3	7	6	0.04000	0.00012
4	6	5	0.04000	0.00012
5	10	9	0.04000	0.00012
6	3	4	0.03000	0.00007
7	4	5	0.03000	0.00007
8	5	8	0.03000	0.00007
9	8	9	0.03000	0.00007

NODAL LOADS

NODE	PX	PY	MZ
2	0.00	0.00	-0.80
3	3.00	0.00	0.00
4	0.00	-40.00	0.00
6	0.00	0.00	0.20
8	0.00	-40.00	0.00

BOUNDARY CONDITION DATA

	STATUS			PRESCRIBED	VALUES	
	(0:PRESCRIBED, 1:FREE)					
NODE	U	V	RZ	U	V	RZ
1	0	0	0	0.0000	0.0000	0.0000
7	0	0	0	0.0000	0.0000	0.0000
10	0	0	0	0.0000	0.0000	0.0000

```
*************************************************************************

RESULTS

NODAL DISPLACEMENTS
    NODE         U              V              RZ
     1        0.0000         0.0000         0.0000
     2       -0.0223         0.0000         0.0062
     3       -0.0297         0.0000         0.0032
     4       -0.0141        -0.0627        -0.0007
     5        0.0015         0.0000        -0.0003
     6        0.0010         0.0000        -0.0003
     7        0.0000         0.0000         0.0000
     8        0.0174        -0.0638         0.0011
     9        0.0333         0.0000        -0.0039
    10        0.0000         0.0000         0.0000

NODAL REACTIONS
    NODE         PX             PY             MZ
     1       28.0768        20.6322        -97.6617
     2        0.0000         0.0000         -0.8000
     3        2.9999         0.0000         0.0000
     4        0.0005       -40.0001         0.0000
     5       -0.0003         0.0001         0.0000
     6        0.0000         0.0000         0.2000
     7       -0.9407        38.4662         3.9945
     8       -0.0002       -40.0001         0.0000
     9        0.0003        -0.0001         0.0000
    10      -30.1364        20.9017        106.8831

MEMBER FORCES
  MEMBER    NODE         FX             FY             MZ
     1        1        20.6322       -28.0768        -97.6617
              2       -20.6322        28.0768        -28.6837
     2        2        20.6322       -28.0767         27.8837
              3       -20.6322        28.0767        -69.9988
     3        7        38.4662         0.9407          3.9945
              6       -38.4662        -0.9407          0.2384
     4        6        38.4662         0.9407         -0.0384
              5       -38.4662        -0.9407          1.4494
```

5	10	20.9017	30.1364	106.8831
	9	-20.9017	-30.1364	73.9353
6	3	35.1528	12.4790	69.9987
	4	-35.1528	-12.4790	58.6322
7	4	34.8467	-11.2522	-58.6322
	5	-34.8467	11.2522	-57.3530
8	5	33.8685	11.2192	55.9036
	8	-33.8685	-11.2192	59.7408
9	8	34.3057	-12.9685	-59.7408
	9	-34.3057	12.9685	-73.9353

****

　　以上从第一行星号开始是该刚架的原始数据表格,从第二行星号开始至第三行星号为止是全部计算结果。计算结果包括各结点的位移,各结点合力和各单元两端的杆端力。各单元两端的杆端力是以与局部坐标系的方向一致为正。按照上述计算结果可画出刚架的弯矩、剪力和轴力图如图 4.7(a)～(c)所示。

(a)

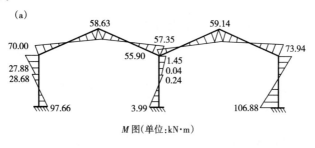

M 图(单位:kN·m)

(b)

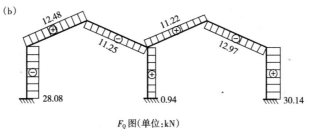

F_Q 图(单位:kN)

(c)

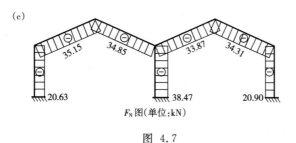

F_N 图(单位:kN)

图 4.7

例 4.2　试用本章刚架静力分析程序计算图 4.8(a)所示刚架在水平均布荷载 q 作用下的内力。忽略杆件轴向变形的影响。

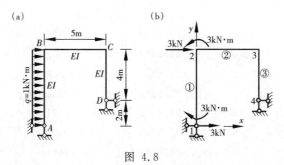

图 4.8

解　结间均布荷载 q 应按 2.7 节所述化为等效结点荷载。因为程序中的单元刚度矩阵是按两端均为固定端的情况推导得到的,所以等效结点荷载应按两端固定梁的公式求得。上述等效结点荷载和结构标识均如图 4.8(b)所示。

本题中只需计算刚架的内力,而结构在外荷载作用下的内力只与杆件的相对刚度有关,因此可以任取 E、I 为适当的数值,如 E 取钢材弹性模量的数值 2.0×10^5 MPa,截面的惯性矩 I 取 1.333×10^{-4} m^2,也可取更为简单的数值。由于忽略杆件轴向变形的影响,杆件的横截面面积应取一个适当扩大后的数值,如取为 $1.0 m^2$。

按以上所述,当采用 kN·m 单位制时,原始数据填写如下。

第一组数据,4,3,2,2,2.0E8

第二组数据:1,0.0,0.0

　　　　　　2,0.0,6.0

　　　　　　3,5.0,6.0

　　　　　　4,5.0,2.0

第三组数据:1,1,2,1.0,1.333E−4

　　　　　　2,2,3,1.0,1.333E−4

　　　　　　3,3,4,1.0,1.333E−4

第四组数据:1,3.0,0.0,−3.0

　　　　　　2,3.0,0.0, 3.0

第五组数据:1,0,0,1,0.0,0.0,0.0

　　　　　　4,0,0,1,0.0,0.0,0.0

根据以上数据建立数据文件 FRA2.DAT,在程序运行后得到的计算结果如 FRA2.RES 所示。

FRA2. RES

****

```
INTERNAL DATA

NUMBER OF NODES          :    4
NUMBER OF ELEMENTS       :    3
NUMBER OF LOADED NODES   :    2
NUMBER OF SUPPORT NODES  :    2
MODULUS OF ELASTICITY    :    200000000.
```

NODAL COORDINATES

NODE	X	Y
1	0.00	0.00
2	0.00	6.00
3	5.00	6.00
4	5.00	2.00

ELEMENT CONNECTIVITY AND PROPERTIES

ELEMENT	START NODE	END NODE	AREA	M. OF INERTIA
1	1	2	1.00000	0.00013
2	2	3	1.00000	0.00013
3	3	4	1.00000	0.00013

NODAL LOADS

NODE	PX	PY	MZ
1	3.00	0.00	-3.00
2	3.00	0.00	3.00

BOUNDARY CONDITION DATA

	STATUS			PRESCRIBED VALUES		
	(0:PRESCRIBED，1:FREE)					
NODE	U	V	RZ	U	V	RZ
1	0	0	1	0.0000	0.0000	0.0000
4	0	0	1	0.0000	0.0000	0.0000

****

RESULTS

NODAL DISPLACEMENTS

NODE	U	V	RZ
1	0.0000	0.0000	- 0.0011
2	0.0037	0.0000	0.0000
3	0.0037	- 0.0000	- 0.0005
4	0.0000	0.0000	- 0.0011

NODAL REACTIONS

NODE	PX	PY	MZ
1	- 0.6818	- 2.6727	- 3.0000

2	3.0000	0.0000	3.0000
3	0.0000	0.0000	0.0000
4	-2.3182	2.6727	0.0000

MEMBER FORCES

MEMBER	NODE	FX	FY	MZ
1	1	-2.6727	0.6818	-3.0000
	2	2.6727	-0.6818	7.0909
2	2	2.3182	-2.6727	-4.0909
	3	-2.3182	2.6727	-9.2727
3	3	2.6727	2.3182	9.2727
	4	-2.6727	-2.3182	0.0000

****

以上计算结果中的结点位移和支座反力即为原结构相应的值。杆端力中单元①的杆端力还需与相应的固端力叠加后得到。

刚架的弯矩、剪力和轴力分别如图 4.9(a)、(b)和(c)所示。

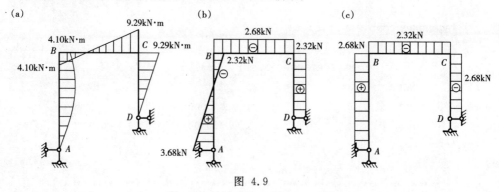

图 4.9

例 4.3　试用本章刚架静力分析程序计算图 2.23 所示带铰结点的刚架，并将计算结果与例 2.5 手算分析结果进行比较。

解　本问题的关键在于刚架中铰结点的处理。在利用本章刚架程序进行分析时，可以用近似方法来解决这一问题。在原铰结点邻近部位取一小段杆件作为一个特殊的单元看待，并利用这一特殊单元实现原结构此处为铰结的力学特性。此时，计算简图中将原铰取消，结点、单元编号可如图 4.10 所示。

为了尽量符合于原结构，特殊单元⑤的长度应取相对充分小的值，可取为 1.0×10^{-2} m。该单元的横截面面积取与原杆件相同，横截面惯性矩则取一个充分小的值，如取原杆件的十万分之一。这样，单元⑤的作用就近似于一个铰。

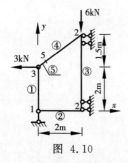

图 4.10

设结构材料是钢筋混凝土，弹性模量取 $E = 2.5 \times 10^4$ MPa，杆件的横截面惯性矩应按原结构杆件弯曲刚度的相对比值填写适当的数字。为了符合例 2.5 忽略杆件轴向变形影响的条件，杆件的横截面面积应取一个充分大数,可取 $A=5.0\mathrm{m}^2$。

当采用 kN—m 单位制时,本例的数据可填写如下。

第一组数据:5　5　2　3　2.5E7

第二组数据:1　0.0　0.0

　　　　　　2　2.0　0.0

　　　　　　3　0.0　2.0

　　　　　　4　2.0　3.5

　　　　　　5　0.8E−2　2.006

第三组数据:1　1　3　5.0　2.0E−4

　　　　　　2　1　2　5.0　2.0E−4

　　　　　　3　2　4　5.0　1.0E−4

　　　　　　4　5　4　5.0　6.25E−4

　　　　　　5　3　5　5.0　6.25E−9

第四组数据:3　−3.0　　0.0　0.0

　　　　　　4　　0.0　−6.0　0.0

第五组数据:1　0　0　1　0.0　0.0　0.0

　　　　　　2　0　1　0　0.0　0.0　0.0

　　　　　　4　0　1　0　0.0　0.0　0.0

计算所得结果如 FRA3. RES 所示。

```
************************************************************

     INTERNAL DATA

     NUMBER OF NODES            :    5
     NUMBER OF ELEMENTS         :    5
     NUMBER OF LOADED NODES  :    2
     NUMBER OF SUPPORT NODES :    3
     MODULUS OF ELASTICITY :      25000000.

     NODAL COORDINATES
        NODE        X           Y
         1         0.00        0.00
         2         2.00        0.00
         3         0.00        2.00
         4         2.00        3.50
         5         0.01        2.01


     ELEMENT CONNECTIVITY AND PROPERTIES
        ELEMENT   START NODE  END NODE     AREA      M. OF INERTIA
          1          1          3        5.00000       0.00020
```

2	1	2	5.00000	0.00020
3	2	4	5.00000	0.00010
4	5	4	5.00000	0.00063
5	3	5	5.00000	0.00000

NODAL LOADS

NODE	PX	PY	MZ
3	-3.00	0.00	0.00
4	0.00	-6.00	0.00

BOUNDARY CONDITION DATA

	STATUS			PRESCRIBED VALUES		
	(0:PRESCRIBED, 1:FREE)					
NODE	U	V	RZ	U	V	RZ
1	0	0	1	0.0000	0.0000	0.0000
2	0	1	0	0.0000	0.0000	0.0000
4	0	1	0	0.0000	0.0000	0.0000

****

RESULTS

NODAL DISPLACEMENTS

NODE	U	V	RZ
1	0.0000	0.0000	- 0.0002
2	0.0000	- 0.0007	0.0000
3	- 0.0005	- 0.0000	0.0005
4	0.0000	- 0.0007	0.0000
5	- 0.0005	- 0.0000	- 0.0005

NODAL REACTIONS

NODE	PX	PY	MZ
1	1.6665	6.0000	- 0.0000
2	0.0000	- 0.0000	4.2162
3	- 3.0000	0.0000	- 0.0000
4	1.3335	- 6.0000	6.4511
5	- 0.0000	0.0000	- 0.0000

MEMBER FORCES

MEMBER	NODE	FX	FY	MZ

1	1	2.2396	-1.6665	-3.3046
	3	-2.2396	1.6665	-0.0284
2	1	0.0000	3.7604	3.3046
	2	0.0000	-3.7604	4.2162
3	2	3.7604	0.0000	0.0000
	4	-3.7604	0.0000	0.0000
4	5	0.2770	2.5918	0.0025
	4	-0.2770	-2.5918	6.4511
5	3	0.2770	2.5918	0.0284
	5	-0.2770	-2.5918	-0.0025

****

与例 2.5 手算结果比较后可知,按上述近似处理方法计算所得的杆端力误差在 4% 之内。需要说明一下的是,以上提到的"充分小的值"或"充分大的值"都是根据原结构的情况相对而言的。有时取过小的小值或过大的大值反而会增大计算误差。

习　题

4.1　试修改本章中的平面刚架静力分析程序中的主程序,使修改后的程序段可以作为空间刚架分析程序的主程序。设有关单元总数、结点总数和支座结点总数的限值仍然保持不变。

4.2　例 4.1 中单元⑧两端的结点号和杆端力将分别存放在哪两个数组中? 试说出它们在这两个数组中各自的地址。

4.3　在调用子程序 ELASS 将例 4.1 刚架中单元③对总刚度矩阵的全部贡献送入数组 TK 之后,该子程序中 KR、KC 和 K1、K2 的值各为多少? 为什么?

4.4　在调用于程序 BOUND 处理例 4.2 图 4.8(b)所示刚架的支座位移条件时,数组 TK 中共有多少元素被置零? 为什么? 支座位移条件处理完毕时 NO=?

4.5　若利用本章介绍的程序计算例 4.1 所示刚架,在调用子程序 FORCE 计算到单元⑧的杆件长度时变量 N1、N2 的值各为多少? 单元⑧的杆端力 F(4)被送往何处?

4.6　试填写计算图示刚架时的原始数据,并利用计算机完成该刚架的分析。已知杆件材料的弹性模量 $E=3.0\times10^4\,\mathrm{MPa}$,各杆件截面均为边长 0.3m 的正方形,支座结点 4 发生沉陷 0.02m。

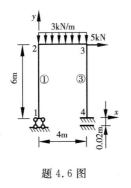

题 4.6 图

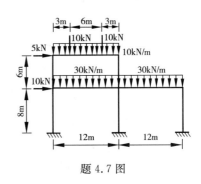

题 4.7 图

4.7　试填写计算图示刚架时所需要的原始数据,并利用计算机完成该刚架的分析。设各横梁的横

截面面积 $A_1 = 0.35\text{m}^2$，惯性矩 $I_1 = 0.0388\text{m}^4$；各柱子的横截面面积 $A_2 = 0.24\text{m}^2$，惯性矩 $I_2 = 0.0388\text{m}^2$；材料的弹性模量 $E = 3.0 \times 10^4 \text{MPa}$。

4.8　试填写计算图示刚架时所需要的原始数据。设各杆的横截面积均为 0.16m^2，横截面惯性矩均为 0.002m^4，材料的弹性模量 $E = 3.0 \times 10^4 \text{MPa}$；弹簧刚度 $k = 0.5 \times 10^4 \text{kN/m}$。

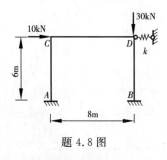
题 4.8 图

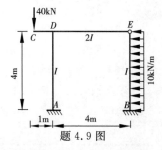
题 4.9 图

4.9　试用本章中刚架静力分析程序计算图示结构，并与手算结果进行比较。设忽略杆件的轴向变形。

4.10　若要扩充本章刚架分析程序的功能，使之能自动实现有结间荷载作用时的刚架分析，试编写需增设的计算等效结点荷载的子程序，并按照功能要求对原刚架分析程序进行必要的修改。上述结间荷载包括作用于单元上的横向均布荷载、横向集中力和集中力矩。

第5章 结构动力分析和程序设计与应用

5.1 概　　述

前面各章讨论了静力荷载作用下结构的矩阵分析方法,并介绍了结构静力分析的计算程序及程序设计原理。随着工程实践的不断发展,结构动力分析的重要性已越来越显现出来。例如,许多工业厂房的设计需要充分考虑机械设备的振动对结构物的影响,地震区房屋结构的设计必须考虑抗震设防;高层建筑和高耸构筑物的设计常需考虑风荷载的动力影响等等。本章将介绍结构动力分析的矩阵位移法,并介绍如何利用计算机解决结构的动力分析问题。

在结构动力学中已经知道,应用**达朗伯原理**可以将结构动力分析问题转化为静力分析问题。实际上,结构动力分析的矩阵位移法可以看作是静力分析矩阵位移法的延伸。两者的主要区别是:在作结构的动力分析时必须考虑**惯性力**的作用,对于有些情况还需要考虑**阻尼**的影响,此外,结构的动力响应通常是时间 t 的函数。

在同一动力荷载作用下,不同结构的**动力响应**是不相同的,动力响应的形态和大小与结构的**自振频率**有着直接关系。为了掌握结构的动力特性,选择合理的结构形式,就需要计算结构的自振频率及其相应的**振型**。因此,自振频率和振型的分析成为结构动力分析的一个基础性的重要方面,也是本章要讨论的主要内容。

体系振动的自由度是动力分析中的重要概念。所谓振动的自由度是指确定体系上全部质量位置所需独立参数的数目。一般地说,结构物的质量是连续分布的,因此惯性力也是连续分布的,确定一个实际结构全部质量位置所需的独立参数将有无穷多个。因此,实际结构物的振动是一个无限自由度体系的振动问题,对它的求解一般是相当困难的。但因结构的动力响应一般主要是受到其前面的若干振型的影响,在工程设计中常采取将实际的无限自由度体系振动的分析问题近似地转化为有限自由度体系的振动分析问题的做法。上述的转化过程可以通过多种途径加以实现。例如,可以采取常用的集中质量法,即将结构的质量就近合理地集中到结构的有限个点上,然后按照有限自由度的振动问题分析。但采用这一分析方法时运动方程系数矩阵的形成过程不便于规一化,这就不利于计算程序的设计和计算机的利用。

本章将介绍另一种具有普遍适用性的将无限自由度体系转化为有限自由度体系的分析方法,这种方法称为**有限单元法**。此外,本章还将介绍应用有限单元法进行刚架动力分析的计算程序以及程序的设计原理与应用。

5.2　结构动力分析的有限单元法

结构动力分析的有限单元法与前述矩阵位移法是十分相似的。例如,若要对

图 5.1(a)所示刚架进行动力分析,可以如在刚架静力分析的矩阵位移法中一样,将刚架看作是由若干个单元所组成,如图 5.1(b)所示。下面来考虑如何将这一刚架的振动问题转化为有限自由度体系的振动问题。要达到这一目的,就需要用有限数量的位移来表达刚架在振动过程中的位移形态,亦即确定全部质量的位置。

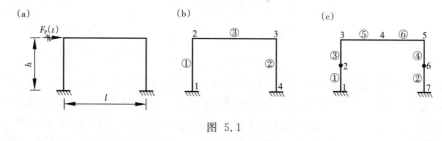

图 5.1

根据材料力学,当一等截面直杆仅在它的两端受到外部作用时,杆件形心轴处的轴向位移呈一次函数变化,横向位移呈三次函数变化。这种描述单元位移变化规律的函数在有限单元法中称为**位移函数**。根据上述位移函数,单元轴线上任意点的轴向位移可以由单元两端的轴向位移唯一确定,横向位移可以由单元两端的横向线位移和角位移唯一确定。这样,图 5.1(a)所示刚架的变形就可以由图 5.1(b)结点 2、3 的六个独立位移完全确定。如果在作结构动力分析时假定各单元的动位移仍符合上述的变化规律,则图 5.1(a)所示刚架上任意点的动位移也就可以由图 5.1(b)结点 2、3 的线位移和角位移共计六个独立位移确定。于是图 5.1(a)所示刚架的振动问题就转化为六个自由度体系的振动问题了。

结构在作振动时,惯性力是沿其质量分布而分布的,对于杆系结构来说是沿结构杆件长度分布的。杆件一微段上所受到的惯性力除与该微段的质量成正比外还与微段运动的**加速度**成正比。此外,阻尼力一般也是沿结构杆件长度分布的。若阻尼作用可归结为**粘滞阻尼**,则阻尼力与微段运动的**速度**成正比。在上述分布力的作用下结构杆件的位移形态实际上是十分复杂的。因而在动力分析时,关于杆件的轴向位移呈线性函数变化,横向位移呈三次函数变化的设定是一种近似假设。这种基于场函数近似假设的分析方法则是一种近似的分析方法,称为有限单元法。

有限单元法的一个重要特点是它的计算精度一般随着单元划分的细化而增高。例如在对图 5.1(a)所示的刚架作动力分析时若采用图 5.1(c)所示的单元划分,即把每一个杆件划分为两个单元,则所得结果的精度要比采用图 5.1(b)所示的单元划分时高得多。但由于此时自由结点的数目增加到 5 个,图 5.1(c)所示为 15 个自由度体系的振动问题,计算的工作量也将随之增大。如果需要进一步提高计算精度,通常只需进一步将单元分细。例如将每一个杆件划分为 3 个、4 个或更多的单元。从理论上讲,在一定的区间内某种复杂的函数变化规律一般都可以用分段的相对比较简单的函数充分地逼近它。这样,在用有限单元法进行结构的动力分析时,通过单元的适当划分就可以得到满足预定精度要求的结果。可以证明,只要假设的位移函数能使线位移和角位移在单元的边界即结点处满足连续条件,则随着单元的细分有限单元解将收敛于精确解。上述有限单元法仍是以结点位移作为基本未知量,因此也可以称为有限单元位移法。

　　值得一提的是,在用第 2 章所述的矩阵位移法对图 5.1(a)所示刚架作结点荷载作用下的线性静力分析时,采用图 5.1(b)和(c)两种单元划分时所得的计算结果是相同的。这是因为此时前面所提到的位移函数精确地符合杆件的实际变形,这样就没有所谓分段逼近的问题,也就不需要将杆件再划分为若干个单元了,由图 5.1(b)所示的计算图式求得的结果即为精确结果。在 5.3 节中将介绍依据位移函数推导单元刚度矩阵的方法。由此可见,所采用的位移函数是近似的还是精确的是有限单元位移法与一般矩阵位移法的主要区别。从广义的角度讲,上述有限单元法也就是矩阵位移法。或者可以说,前面介绍的矩阵位移法只是有限单元位移法的一种特例,即此时假设的位移函数正好符合结构的实际变形。

　　矩阵位移法所建立的结构控制方程实质上是一组结点的平衡方程,它是在单元分析的基础上集成得到的。静力分析时单元杆端力与杆端位移之间是通过单元刚度矩阵相联系的,单元和结构坐标系中刚架单元的刚度矩阵分别如式(2.21)和式(2.23)所示。

　　在作动力分析时,除单元两端位移引起的杆端力之外,还必须考虑单元所受的惯性力和阻尼力所引起的杆端力。惯性力是与质量运动的加速度成正比,其方向与加速度的方向相反;阻尼作用若可归结为粘滞阻尼,则阻尼力与质量运动的速度成正比,其方向与质量运动的速度方向相反。

　　根据有限单元法的基本概念,通过假设位移函数,单元上各点的位移、位移速度和加速度均可以由单元两端结点的位移,位移速度和加速度表达。这样,局部坐标中由惯性力所引起的杆端力最终可表示为

$$F_m^e(t) = m\ddot{\Delta}^e(t) \tag{5.1}①$$

式中,m 称为**单元质量矩阵**;$\ddot{\Delta}^e(t)$ 为单元的结点位移加速度向量。由阻尼力所引起的杆端力可表示为

$$F_c^e(t) = c\dot{\Delta}^e(t) \tag{5.2}$$

式中,c 称为**单元阻尼矩阵**;$\dot{\Delta}(t)$ 为单元的结点位移速度向量。局部坐标系中的单元质量矩阵和单元阻尼矩阵均可应用**虚功原理**导得。

　　因为结点位移加速度和速度在坐标转换时与结点位移具有相同的转换规律,按照2.3 节所述可知,单元质量矩阵和阻尼矩阵由局部坐标系到结构坐标系的坐标转换方法与单元刚度矩阵的转换方法相同。

　　单元质量矩阵或单元阻尼矩阵中的某一列元素分别表示相应结点位移加速度或位移速度为 1 时所引起的各杆端力。这一物理意义与单元刚度矩阵中一列元素的物理意义相类似,只是产生杆端力的原因不同罢了。这样就可以按照与静力分析时生成结构刚度矩阵同样的方法来生成结构质量矩阵和结构阻尼矩阵。

　　对于一般的有限自由度系统来说,运动方程可表示为

---

　　①　从本章开始,为方便起见不再用带“—”的量表示局部坐标系中的量。

$$K\pmb{\Delta}(t) + C\dot{\pmb{\Delta}}(t) + M\ddot{\pmb{\Delta}}(t) = \pmb{F}(t) \tag{5.3}$$

式中,$\pmb{K}$ 为一般静力分析时的结构刚度矩阵;$\pmb{C}$ 称为**结构阻尼矩阵**;$\pmb{M}$ 称为**结构质量矩阵**。$\pmb{\Delta}(t)$、$\dot{\pmb{\Delta}}(t)$ 和 $\ddot{\pmb{\Delta}}(t)$ 分别为结构结点的位移、位移速度和加速度向量;$\pmb{F}(t)$ 为结点荷载向量,它们都是时间 t 的函数。

若不存在动荷载 $\pmb{F}(t)$,则有自由振动的运动方程为

$$K\pmb{\Delta}(t) + C\dot{\pmb{\Delta}}(t) + M\ddot{\pmb{\Delta}}(t) = \pmb{0} \tag{5.4}$$

若忽略阻尼的作用,则无阻尼强迫振动的运动方程为

$$K\pmb{\Delta}(t) + M\ddot{\pmb{\Delta}}(t) = \pmb{F}(t) \tag{5.5}$$

若上述两种因素均不存在,则得无阻尼自由振动的运动方程为

$$K\pmb{\Delta}(t) + M\ddot{\pmb{\Delta}}(t) = \pmb{0} \tag{5.6}$$

在 5.1 节中已经提到,在工程设计中结构自振频率及其振型的分析是结构动力分析的重要基础。为此需要着重讨论运动方程式(5.6)的求解问题。

设方程式(5.6)的解具有形式

$$\pmb{\Delta}(t) = \pmb{X}\sin(\omega t + \varphi) \tag{5.7}$$

式中,$\pmb{X}$ 称为**振幅向量**。于是,有

$$\ddot{\pmb{\Delta}}(t) = -\pmb{X}\sin(\omega t + \varphi)\omega^2 \tag{5.8}$$

将以上两式代入式(5.6)并消去不恒为零的因子 $\sin(\omega t + \varphi)$ 后得

$$\pmb{KX} - \omega^2 \pmb{MX} = \pmb{0} \tag{5.9}$$

在数学上,式(5.9)所表示的是**广义特征值问题**,它是一个关于未知向量 $\pmb{X}$ 的线性齐次代数方程组。其中 $\pmb{X}=0$ 是式(5.9)的一组解,表示结构处于静止状态而未发生振动,因而这组解并不是所需要的。根据线性代数的理论,式(5.9)取得非零解的充分和必要条件是方程的系数行列式等于零,即

$$|\pmb{K} - \omega^2 \pmb{M}| = 0 \tag{5.10}$$

式(5.10)称为多自由度体系振动问题的特征方程,或称**为频率方程**,它是关于 ω^2 的高次代数方程。若式(5.10)中矩阵的阶数为 n,则方程就有 n 个实根 $\omega_1^2, \omega_2^2, \cdots, \omega_i^2, \cdots, \omega_n^2$,称为式(5.10)的**特征值**。对于每一个特征值 ω_i^2,由式(5.9)可以求得相应的 $\pmb{X}_i$,$\pmb{X}_i$ 则称为特征向量。以上 n 个特征值共对应 n 个线性无关的特征向量,ω_i 和 $\pmb{X}_i$ 称为体系的第 i 阶自振频率和主振型。ω_i 的最小值称为振动体系的**基本频率**(第一频率),相应的主振型则称为基本振型(第一振型)。上述全部频率按由小到大顺序排列组成的向量称为**频率向量**,记为

$$\pmb{\omega} = \begin{bmatrix} \omega_1 \\ \omega_1 \\ \vdots \\ \omega_n \end{bmatrix} \tag{5.11}$$

在矩阵位移法中已知,线弹性体系的结构刚度矩阵是对称矩阵。由 5.5 节的分析将可知,结构质量矩阵也是对称矩阵。

设 ω_i 为第 i 个自振频率,其相应的主振型为 $\boldsymbol{X}_i$;ω_j 为第 j 个自振频率,其相应的主振型为 $\boldsymbol{X}_j$。由式(5.9)有

$$(\boldsymbol{K} - \omega_i^2 \boldsymbol{M}) \boldsymbol{X}_i = \boldsymbol{0} \tag{a}$$

$$(\boldsymbol{K} - \omega_j^2 \boldsymbol{M}) \boldsymbol{X}_j = \boldsymbol{0} \tag{b}$$

现以 $\boldsymbol{X}_j^{\mathrm{T}}$ 和 $\boldsymbol{X}_i^{\mathrm{T}}$ 分别左乘式(a)和式(b),然后将所得的前一式转置,且考虑到有 $\boldsymbol{K}^{\mathrm{T}} = \boldsymbol{K}$,$\boldsymbol{M}^{\mathrm{T}} = \boldsymbol{M}$,则可得

$$\boldsymbol{X}_j^{\mathrm{T}}(\boldsymbol{K} - \omega_i^2 \boldsymbol{M}) \boldsymbol{X}_i = 0 \tag{c}$$

$$\boldsymbol{X}_i^{\mathrm{T}}(\boldsymbol{K} - \omega_j^2 \boldsymbol{M}) \boldsymbol{X}_j = 0 \tag{d}$$

将以上两式相减可得

$$(\omega_i^2 - \omega_j^2) \boldsymbol{X}_i^{\mathrm{T}} \boldsymbol{M} \boldsymbol{X}_j = 0 \tag{e}$$

因为 $\omega_i \neq \omega_j$,故有

$$\boldsymbol{X}_i^{\mathrm{T}} \boldsymbol{M} \boldsymbol{X}_j = 0 \tag{5.12}$$

式(5.12)称为主振型的**第一正交条件**,即主振型关于质量矩阵的正交条件。

将式(5.12)代入式(d)得

$$\boldsymbol{X}_i^{\mathrm{T}} \boldsymbol{K} \boldsymbol{X}_j = 0 \tag{5.13}$$

式(5.13)称为主振型的**第二正交条件**,即主振型关于刚度矩阵的正交条件。

对于实际结构来说,自振频率和主振型是结构固有的属性,它只与结构本身的刚度和质量分布有关,而与作用于体系的外界因素无关。但在采用有限单元法分析结构的振动问题时,是将实际结构由无限自由度振动问题近似地转化为有限自由度振动问题进行分析的,因此求得的自振频率和主振型自然就与单元的划分和位移函数的选取等因素有关。一般地说,用有限单元位移法求得的结构基本频率以及较低的几个频率的精度远好于用此方法求得的较高频率的精度。这是因为低频振动时结构的位移状况更容易用分段的简单函数曲线来逼近。例如,图 5.2(a)、(b)、(c)分别为质量均匀分布的简支梁相应于它前面三个自振频率 ω_1,ω_2 和 ω_3 的振型图,它们分别是周期为 $2l,l$ 和 $2l/3$ 的正弦曲线。若用分段的三次函数近似表达上述主振型,当采用同样的分段数时对于图 5.2(a)所示主振型自然近似程度最高。此外,用有限单元位移法求得的自振频率一般都高于真实结构相应的自振频率,这是因为用设定的位移函数来代替实际的振型曲线就相当于在体系上施加了某种约束,从而增大了体系的刚度,导致计算得到的自振频率值偏大。

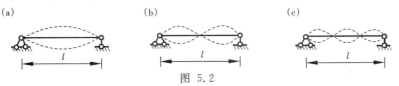

图 5.2

将 $\boldsymbol{K}^{-1}$ 或 $\boldsymbol{M}^{-1}$ 左乘式(5.9),都可以得到形为

$$\boldsymbol{A} \boldsymbol{X} = \lambda \boldsymbol{X} \tag{5.14}$$

的**标准特征值问题**。当采用以 $\boldsymbol{K}^{-1}$ 左乘式(5.9)的做法时有

$$\lambda = \frac{1}{\omega^2}, \boldsymbol{A} = \boldsymbol{K}^{-1} \boldsymbol{M} \tag{5.15a}$$

当采用 $\boldsymbol{M}^{-1}$ 左乘式(5.9)的做法时有

$$\lambda = \omega^2, \boldsymbol{A} = \boldsymbol{M}^{-1}\boldsymbol{K} \tag{5.15b}$$

由此可见,结构自振频率的分析最终可以归结为标准特征值问题。虽然结构刚度矩阵 $\boldsymbol{K}$ 和质量矩阵 $\boldsymbol{M}$ 均为对称矩阵,但由式(5.15a)或式(5.15b)求得的矩阵系数 $\boldsymbol{A}$ 一般是非对称的。为了避免系数矩阵失去对称性,可以采用 5.7 节中介绍的乔列斯基法将广义特征值问题转化为标准特征值问题。

5.3　用虚功原理推导单元刚度矩阵

在第 2 章矩阵位移法中已经根据材料力学公式和结构力学中的转角位移方程直接导出了桁架、梁和刚架单元的刚度矩阵。本节将介绍应用虚功原理推导单元刚度矩阵的方法,这是一种推导单元刚度矩阵的更为一般适用的方法。这一推导方法的介绍也是为以后用虚功原理导出单元质量矩阵乃至其他单元矩阵作好准备。

5.3.1　用结点位移表达单元的位移模式

设有一任意刚架单元如图 5.3 所示,两端的结点号分别为 i 和 j,ixy 为单元局部坐标系,x 表示单元轴线上任意点的位置。

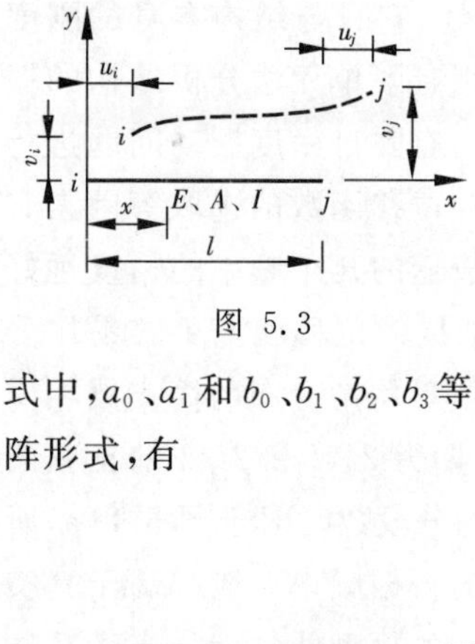

图 5.3

若单元的两端发生图示位移,由材料力学可知,单元轴线上任意点的轴向位移 u 是 x 的线性函数,而横向位移 v 可以用 x 的完全三次式表示,即有

$$\left.\begin{array}{l} u = a_0 + a_1 x \\ v = b_0 + b_1 x + b_2 x^2 + b_3 x^3 \end{array}\right\} \tag{a}$$

式中,a_0、a_1 和 b_0、b_1、b_2、b_3 等为待定常数,可由单元两端的位移条件确定。将式(a)写成矩阵形式,有

$$\begin{bmatrix} u \\ v \end{bmatrix} = \begin{bmatrix} 1 & 0 & 0 & x & 0 & 0 \\ 0 & 1 & x & 0 & x^2 & x^3 \end{bmatrix} \begin{bmatrix} a_0 \\ b_0 \\ b_1 \\ a_1 \\ b_2 \\ b_3 \end{bmatrix} \tag{b}$$

若记

$$\boldsymbol{w} = (u \quad v)^{\mathrm{T}} \tag{5.16}$$

$$\boldsymbol{H} = \begin{bmatrix} 1 & 0 & 0 & x & 0 & 0 \\ 0 & 1 & x & 0 & x^2 & x^3 \end{bmatrix} \tag{5.17}$$

$$\boldsymbol{a} = (a_0 \quad b_0 \quad b_1 \quad a_1 \quad b_2 \quad b_3)^{\mathrm{T}} \tag{5.18}$$

则式(b)可简写为

$$\boldsymbol{w} = \boldsymbol{H}\boldsymbol{a} \tag{5.19}$$

上式称为单元的位移函数。

由式(5.19)算得的单元两端的位移应等于结点 i、j 位移向量中的各个分量,即有

$$
\left.
\begin{aligned}
u_i &= (u)_{x=0} = a_0 \\
u_j &= (u)_{x=l} = a_0 + a_1 l \\
v_i &= (v)_{x=0} = b_0 \\
\theta_i &= \left(\frac{\mathrm{d}v}{\mathrm{d}x}\right)_{x=0} = b_1 \\
v_j &= (v)_{x=l} = b_0 + b_1 l + b_2 l^2 + b_3 l^3 \\
\theta_j &= \left(\frac{\mathrm{d}v}{\mathrm{d}x}\right)_{x=l} = b_1 + 2b_2 l + 3b_3 l^2
\end{aligned}
\right\} \tag{c}
$$

将以上式(c)写成矩阵形式,则有

$$
\boldsymbol{\Delta}^e = \boldsymbol{G}\boldsymbol{a} \tag{5.20}
$$

式中 $\boldsymbol{\Delta}^e = (u_i \quad v_i \quad \theta_i \quad u_j \quad v_j \quad \theta_j)^\mathrm{T}$ 为单元两端结点在局部坐标系中的位移向量。由式(c)可得

$$
\boldsymbol{G} = \begin{bmatrix}
1 & 0 & 0 & 0 & 0 & 0 \\
0 & 1 & 0 & 0 & 0 & 0 \\
0 & 0 & 1 & 0 & 0 & 0 \\
1 & 0 & 0 & l & 0 & 0 \\
0 & 1 & l & 0 & l^2 & l^3 \\
0 & 0 & 1 & 0 & 2l & 3l^2
\end{bmatrix} \tag{5.21}
$$

以 $\boldsymbol{G}^{-1}$ 左乘式(5.20)得

$$
\boldsymbol{a} = \boldsymbol{G}^{-1}\boldsymbol{\Delta}^e \tag{5.22}
$$

式中

$$
\boldsymbol{G}^{-1} = \begin{bmatrix}
1 & 0 & 0 & 0 & 0 & 0 \\
0 & 1 & 0 & 0 & 0 & 0 \\
0 & 0 & 1 & 0 & 0 & 0 \\
-\dfrac{1}{l} & 0 & 0 & \dfrac{1}{l} & 0 & 0 \\
0 & -\dfrac{3}{l^2} & -\dfrac{2}{l} & 0 & \dfrac{3}{l^2} & -\dfrac{1}{l} \\
0 & \dfrac{2}{l^3} & \dfrac{1}{l^2} & 0 & -\dfrac{2}{l^3} & \dfrac{1}{l^2}
\end{bmatrix} \tag{5.23}
$$

将式(5.22)代入式(5.19)可得

$$
\boldsymbol{w} = \boldsymbol{H}\boldsymbol{G}^{-1}\boldsymbol{\Delta}^e \tag{d}
$$

若定义

$$
\boldsymbol{N} = \boldsymbol{H}\boldsymbol{G}^{-1} \tag{5.24}
$$

则式(d)可写为

$$
\boldsymbol{w} = \boldsymbol{N}\boldsymbol{\Delta}^e \tag{5.25}
$$

N 称为单元的**形函数矩阵**。通过利用形函数矩阵,式(5.25)实现了用结点位移表达单元轴线上任意点位移的目的。将式(5.17)和式(5.23)代入式(5.24)则有

$$N = \begin{bmatrix} 1-\dfrac{x}{l} & 0 & 0 & \dfrac{x}{l} & 0 & 0 \\ 0 & 1-3(\dfrac{x}{l})^2+2(\dfrac{x}{l})^3 & x(1-\dfrac{x}{l})^2 & 0 & 3(\dfrac{x}{l})^2-2(\dfrac{x}{l})^3 & x(\dfrac{x}{l}-1)(\dfrac{x}{l}) \end{bmatrix} \qquad (5.26)$$

若记

$$N_1 = \begin{bmatrix} 1-\dfrac{x}{l} & 0 & 0 & \dfrac{x}{l} & 0 & 0 \end{bmatrix} \qquad (e)$$

$$N_2 = \begin{bmatrix} 0 & 1-3(\dfrac{x}{l})^2+2(\dfrac{x}{l})^3 & x(1-\dfrac{x}{l})^2 & 0 & 3(\dfrac{x}{l})^2-2(\dfrac{x}{l})^3 & x(\dfrac{x}{l}-1)(\dfrac{x}{l}) \end{bmatrix} \quad (f)$$

则形函数矩阵 N 也可以表示为

$$N = \begin{pmatrix} N_1 \\ N_2 \end{pmatrix} \qquad (g)$$

5.3.2　用结点位移表达单元的应变和应力

对于刚架单元,一般可以忽略剪切变形的影响。此时单元的线应变 ε 可分解成两部分:ε_a 为拉压正应变,ε_b 为弯曲正应变,即有

$$\varepsilon = \begin{bmatrix} \varepsilon_a \\ \varepsilon_b \end{bmatrix} = \begin{bmatrix} \dfrac{\mathrm{d}u}{\mathrm{d}x} \\ -y\dfrac{\mathrm{d}^2 v}{\mathrm{d}x^2} \end{bmatrix} = \begin{bmatrix} \dfrac{\mathrm{d}N_1}{\mathrm{d}x} \\ -y\dfrac{\mathrm{d}^2 N_2}{\mathrm{d}x^2} \end{bmatrix} \Delta^e \qquad (h)$$

式中正应变是以拉伸应变为正。若记

$$\begin{aligned} B &= \begin{bmatrix} \dfrac{\mathrm{d}N_1}{\mathrm{d}x} \\ -y\dfrac{\mathrm{d}^2 N_2}{\mathrm{d}x^2} \end{bmatrix} \\ &= \begin{bmatrix} -\dfrac{1}{l} & 0 & 0 & \dfrac{1}{l} & 0 & 0 \\ 0 & \dfrac{6}{l^2}(1-\dfrac{2x}{l})y & \dfrac{2}{l}(2-\dfrac{3x}{l})y & 0 & -\dfrac{6}{l^2}(1-\dfrac{2x}{l})y & \dfrac{2}{l}(1-\dfrac{3x}{l})y \end{bmatrix} \end{aligned} \qquad (5.27)$$

则式(h)可简写为

$$\varepsilon = B\Delta^e \qquad (5.28)$$

式中,B 称为**单元应变矩阵**。利用单元应变矩阵 B 由式(5.28)可以将单元各截面上任意点的线应变用结点位移表达。

根据式(5.28),由胡克定律可以得到用结点位移表示单元各截面上任意点应力的表达式为

$$\sigma = \begin{bmatrix} \sigma_a \\ \sigma_b \end{bmatrix} = E\varepsilon = EB\Delta^e \qquad (5.29)$$

式中,σ_a 和 σ_b 分别为单元的拉压正应力和弯曲正应力,E 为材料的弹性模量。

5.3.3　由虚功原理导出刚架单元的刚度矩阵

设一处于平衡状态的刚架单元轴线处发生虚位移 w^*，由式(5.25)可知

$$w^* = N\Delta^{e*} \tag{i}$$

式中，Δ^{e*} 为单元结点的虚位移向量。利用式(5.28)，单元的虚应变 ε^* 可表示为

$$\varepsilon^* = B\Delta^{e*} \tag{j}$$

因受载荷作用，存在于刚架单元中的应力由于上述虚应变所作的**虚功**可用体积积分表示为

$$\delta U = \int_V \varepsilon^{*\mathrm{T}}\boldsymbol{\sigma}\mathrm{d}V = \int_V \Delta^{e*\mathrm{T}}\boldsymbol{B}^{\mathrm{T}}E\boldsymbol{B}\Delta^e\mathrm{d}V$$

$$= \Delta^{e*\mathrm{T}}\int_V \boldsymbol{B}^{\mathrm{T}}E\boldsymbol{B}\,\mathrm{d}V\Delta^e \tag{5.30}$$

单元杆端力 $\boldsymbol{F}^e$ 由于虚位移而作的虚功为

$$\delta W = \Delta^{e*\mathrm{T}}\boldsymbol{F}^e \tag{5.31}$$

由虚功原理 $\delta U = \delta W$，可得

$$\boldsymbol{F}^e = E\int_V \boldsymbol{B}^{\mathrm{T}}\boldsymbol{B}\mathrm{d}V\Delta^e \tag{k}$$

若记

$$\boldsymbol{k}^e = E\int_V \boldsymbol{B}^{\mathrm{T}}\boldsymbol{B}\mathrm{d}V \tag{5.32}$$

则式(k)可表示为

$$\boldsymbol{F}^e = \boldsymbol{k}^e\Delta^e \tag{5.33}$$

式(5.33)反映了单元杆端力与杆端位移之间的关系，也就是单元的刚度方程，$\boldsymbol{k}^e$ 则为单元刚度矩阵。将式(5.27)代入式(5.32)，经过一系列的积分运算，可以得到刚架单元刚度矩阵的显式为

$$
\boldsymbol{k}^e =
\begin{bmatrix}
\dfrac{EA}{l} & 0 & 0 & -\dfrac{EA}{l} & 0 & 0 \\[2mm]
0 & \dfrac{12EI}{l^3} & \dfrac{6EI}{l^2} & 0 & -\dfrac{12EI}{l^3} & \dfrac{6EI}{l^2} \\[2mm]
0 & \dfrac{6EI}{l^2} & \dfrac{4EI}{l} & 0 & -\dfrac{6EI}{l^2} & \dfrac{2EI}{l} \\[2mm]
-\dfrac{EA}{l} & 0 & 0 & \dfrac{EA}{l} & 0 & 0 \\[2mm]
0 & -\dfrac{12EI}{l^3} & -\dfrac{6EI}{l^2} & 0 & \dfrac{12EI}{l^3} & -\dfrac{6EI}{l^2} \\[2mm]
0 & \dfrac{6EI}{l^2} & \dfrac{2EI}{l} & 0 & -\dfrac{6EI}{l^2} & \dfrac{4EI}{l}
\end{bmatrix}
\tag{5.34}
$$

式中 l 为单元的长度，A 和 I 分别为单元横截面的面积和惯性矩。式(5.34)所示的刚架单元刚度矩阵与 2.3 节中利用转角位移方程导得的单元刚度矩阵完全相同。

由此可见，当位移函数精确地符合单元的实际变形时，由虚功原理导得的单元刚度

矩阵是精确的。对于许多力学问题,例如**弹性力学**问题,一般不可能像对杆件单元那样通过静力分析得到单元结点力与结点位移之间的精确关系式。因此,在采用有限单元法求解时就只有利用虚功原理或其他**能量原理**推导单元刚度矩阵。对于这类问题来说单元的实际位移模式往往十分复杂而且是未知的,因此必须假定近似的位移函数,并由此导出近似的单元刚度矩阵。

5.4　用虚功原理推导等效结点荷载

若在刚架单元上有结间荷载作用,则在由平衡状态发生虚位移时外力虚功还应包括结间荷载所作的虚功。

首先讨论结间荷载为集中荷载的情况。设有一集中荷载 F_P,作用在单元的轴线上,沿局部坐标系 x,y 轴方向的分量分别为 F_{Px} 和 F_{Py},即

$$F_P = (F_{Px} \quad F_{Py})^T \tag{1}$$

将该集中荷载作用点处的虚位移表示为 w_0^*,则在单元发生虚位移时 F_P 所作的虚功为

$$\delta W' = w_0^{*\,T} F_P = \Delta^{e\,*\,T} N_0^T F_P \tag{5.35}$$

式中 N_0 为形函数矩阵在荷载作用点处的值。

若单元轴线上作用有集度为 q 的分布荷载,沿局部坐标系 x,y 轴方向的分量分别为 q_x 和 q_y,它们都是截面位置 x 的函数,则有

$$q = (q_x \quad q_y)^T \tag{m}$$

当单元发生虚位移时分布荷载 q 所作的虚功为

$$\delta W'' = \int_0^l w^{*\,T} q \, dx = \Delta^{e\,*\,T} \int_0^l N^T q \, dx \tag{5.36}$$

将式(5.35)和式(5.36)引入虚功方程,并考虑到可能有多个结间荷载存在的情况,可得

$$F^e + \sum_i N_{0i}^T F_{Pi} + \sum_i \int_0^l N^T q_i \, dx = k^e \Delta^e \tag{n}$$

若记

$$F_d^e = \sum_i N_{0i}^T F_{Pi} + \sum_i \int_0^l N^T q_i \, dx \tag{5.37}$$

F_d^e 称为原结间荷载的等效结点力。由此可见,所谓等效是指单元的实际荷载与等效结点力在任何虚位移上所作的虚功相等,这就是**静力等效**的原则。利用式(5.37),式(n)可改写为

$$F^e + F_d^e = k^e \Delta^e \tag{5.38}$$

将由式(5.37)所求得的各单元的等效结点力转向结构坐标系,并在结点处与原结点荷载叠加后即可得到结构在有结间荷载作用时的等效结点荷载。对于刚架结构的静力分析来说,若取式(5.19)所示的位移函数,则所求得的等效结点荷载是精确的,与采用 2.7 节中所述方法求得的等效结点荷载相同。对于许多力学问题,如弹性力学问题,一般不可能通过静力分析得到类似表 2.4 中所示的单元**固端力**。在采用有限单元法求解时,必须应用上述虚功原理或其他能量原理导出等效结点荷载。因为此时假设的位移函数通常

是近似的,所以求得的等效结点荷载也将是近似的。

如果结间荷载包括集中的或分布的力矩荷载,则相应的虚功也应包括外力矩与单元轴线上相应处虚转角的乘积。为了用结点位移表达单元轴线上任意点的转角,需要在位移向量 $\boldsymbol{w}$ 中增加转角项 $\mathrm{d}v/\mathrm{d}x$,即将式(5.16)修改为

$$\boldsymbol{w} = (u \quad v \quad \frac{\mathrm{d}v}{\mathrm{d}x})^{\mathrm{T}} \tag{5.39}$$

相应地需修改形函数矩阵 $\boldsymbol{N}$。此外,式(l)和式(m)中应分别包括集中力矩项 $F_{P\theta}$ 和分布力矩项 q_θ。然后可以利用式(5.37)计算相应的等效结点力,这里不再详述。

若单元上具有**初应变** $\boldsymbol{\varepsilon}^0$,它可能是由于温度变化或其他原因所引起的,则由 $\boldsymbol{\varepsilon}^* = \boldsymbol{B}\boldsymbol{\Delta}^{e*}$ 可得

$$\boldsymbol{\Delta}^{e*\,\mathrm{T}}\boldsymbol{F}_d^e = \int_V \boldsymbol{\varepsilon}^{*\,\mathrm{T}}\boldsymbol{\sigma}^0\mathrm{d}V = \int_V \boldsymbol{\Delta}^{e*\,\mathrm{T}}\boldsymbol{B}^{\mathrm{T}}E\boldsymbol{\varepsilon}^0\mathrm{d}V = \boldsymbol{\Delta}^{e*\,\mathrm{T}}\int_V \boldsymbol{B}^{\mathrm{T}}E\boldsymbol{\varepsilon}^0\mathrm{d}V \tag{o}$$

由此可得

$$\boldsymbol{F}_d^e = E\int_V \boldsymbol{B}^{\mathrm{T}}\boldsymbol{\varepsilon}^0\mathrm{d}V \tag{5.40}$$

式(o)中,$\boldsymbol{\sigma}^0$ 称为**初应力**向量,有 $\boldsymbol{\sigma}^0 = E\boldsymbol{\varepsilon}^0$;$\boldsymbol{F}_d^e$ 即为单元由初应变引起的等效结点力。通过利用等效结点力,初应变作用下的结构计算问题可以化为荷载作用下的结构计算问题。此时,在求得结点位移之后应按下式来计算单元的应力:

$$\boldsymbol{\sigma} = E(\boldsymbol{\varepsilon} - \boldsymbol{\varepsilon}^0) \tag{5.41}$$

例 5.1　试计算两端固定的刚架单元分别在图 5.4(a)所示的均布荷载和图 5.4(b)所示的集中荷载作用下的等效结点力。

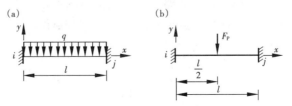

图 5.4

解　图 5.4(a)所示的单元仅有横向均布荷载的作用,于是有

$$\boldsymbol{q} = (q_x \quad q_y)^{\mathrm{T}} = (0 \quad -q)^{\mathrm{T}}$$

由式(5.37)并结合考虑到式(g),有

$$\boldsymbol{F}_d^e = \int_0^l \boldsymbol{N}^{\mathrm{T}}\boldsymbol{q}\mathrm{d}x = -q\int_0^l \boldsymbol{N}_2^{\mathrm{T}}\mathrm{d}x$$

将式(f)代入上式后通过积分运算可得

$$\boldsymbol{F}_d^e = (0 \quad -\frac{ql}{2} \quad -\frac{ql^2}{12} \quad 0 \quad -\frac{ql}{2} \quad \frac{ql^2}{12})^{\mathrm{T}}$$

对于图 5.4(b)所示横向集中荷载作用的情况有

$$\boldsymbol{F}_P = (F_{Px} \quad F_{Py})^{\mathrm{T}} = (0 \quad -F_P)^{\mathrm{T}}$$

以 $x = l/2$ 代入式(5.26)算得 $\boldsymbol{N}_0$,代入式(5.37)得

$$\boldsymbol{F}_d^e = (0 \quad -\frac{F_P}{2} \quad -\frac{F_P l}{8} \quad 0 \quad -\frac{F_P}{2} \quad \frac{F_P l}{8})^{\mathrm{T}}$$

以上求得的单元等效结点力在数值上与 2.7 节表 2.4 中所列相应情况下的固端力的数值相同、但符号相反。

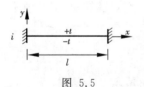

图 5.5

例 5.2　试计算图 5.5 所示刚架单元在图示温度变化作用下的等效结点力。已知单元横截面是宽度为 b 高度为 h 的矩形，材料的线膨胀系数为 α。

解　因为单元上侧温度升高的数值等于下侧温度降低的数值，并且单元是矩形截面，所以拉压初应变 $\varepsilon_a^0 = 0$。此时，单元微段两侧截面的相对转角为 $\dfrac{\alpha \Delta t}{h} \mathrm{d}x$，相应于截面上任意点的弯曲初应变 $\varepsilon_b^0 = y \cdot \dfrac{\alpha \Delta t}{h}$。

在发生图示温度变化时若单元可自由变形则其上侧发生伸长应变，即单元上侧的虚应变为正值。此时，Δt 应取正值，即 $\Delta t = 2t$。于是，上述虚应变可表示为

$$\varepsilon^0 = \begin{bmatrix} \varepsilon_a^0 \\ \varepsilon_b^0 \end{bmatrix} = \begin{bmatrix} 0 \\ y \cdot \dfrac{2\alpha t}{h} \end{bmatrix}$$

将上式代入式(5.40)可求得相应的等效结点力为

$$\boldsymbol{F}_d^e = \left(0 \quad 0 \quad \frac{2\alpha t}{h} EI \quad 0 \quad 0 \quad -\frac{2\alpha t}{h} EI\right)^{\mathrm{T}}$$

5.5　刚架单元的质量矩阵

如果将刚架单元在振动过程中所受到的惯性力作为一种随时间变化的结间荷载看待，则可按照 5.4 节中所述的方法求得由惯性力而引起的单元杆端力。

对于一般的刚架振动问题，可以忽略杆件转动惯量的作用。惯性力的作用可表示为侧向分布荷载 $\boldsymbol{q}(t)$，$\boldsymbol{q}(t)$ 的值不仅可沿单元局部坐标 x 而变化，并且是时间 t 的函数。若记 A 为单元的横截面面积，ρ 为单元材料的密度，则有

$$\boldsymbol{q}(t) = \begin{bmatrix} q_x(t) \\ q_y(t) \end{bmatrix} = -\rho A \begin{bmatrix} \ddot{u}(t) \\ \ddot{v}(t) \end{bmatrix} = -\rho A \ddot{\boldsymbol{w}}(t) \tag{a}$$

式中，$\ddot{u}(t)$、$\ddot{v}(t)$ 分别为单元轴线上一点沿局部坐标系 x 和 y 轴方向的位移加速度；$\ddot{\boldsymbol{w}}(t)$ 为位移加速度向量。将式(5.25)代入式(a)则可将分布的惯性力用单元结点加速度 $\ddot{\boldsymbol{\Delta}}^e(t)$ 表达，即

$$\boldsymbol{q}(t) = -\rho A \boldsymbol{N} \ddot{\boldsymbol{\Delta}}^e(t) \tag{5.42}$$

当单元上无集中质量存在时，将上式引入式(5.37)即可得到由单元分布质量的惯性力所引起的等效结点力为

$$\boldsymbol{F}_d(t) = \int_0^l \boldsymbol{N}^{\mathrm{T}} \boldsymbol{q}(t) \mathrm{d}x = -\rho A \int_0^l \boldsymbol{N}^{\mathrm{T}} \boldsymbol{N} \mathrm{d}x \ddot{\boldsymbol{\Delta}}^e(t) \tag{b}$$

惯性力所引起的单元杆端力应是上述等效结点力的负值，即

$$\boldsymbol{F}_m(t) = \rho A \int_0^l \boldsymbol{N}^{\mathrm{T}} \boldsymbol{N} \mathrm{d}x \ddot{\boldsymbol{\Delta}}^e(t) \tag{c}$$

若记

$$\boldsymbol{m} = \rho A \int_0^l \boldsymbol{N}^{\mathrm{T}} \boldsymbol{N} \mathrm{d}x \tag{5.43}$$

m 即称为刚架单元的质量矩阵。将上式引入式(c)即可得到单元杆端力与杆端位移加速度之间的关系如式(5.1)所示。

将式(5.26)代入式(5.43)并进行一系列积分运算后可得

$$
m = \frac{\rho A l}{420}
\begin{bmatrix}
140 & 0 & 0 & 70 & 0 & 0 \\
0 & 156 & 22l & 0 & 54 & -13l \\
0 & 22l & 4l^2 & 0 & 13l & -3l^2 \\
70 & 0 & 0 & 140 & 0 & 0 \\
0 & 54 & 13l & 0 & 156 & -22l \\
0 & -13l & -3l^2 & 0 & -22l & 4l^2
\end{bmatrix}
\tag{5.44}
$$

式(5.44)所示的质量矩阵也常称为刚架单元的**一致质量矩阵**,它是一个对称矩阵。

由单元质量矩阵组装结构质量矩阵的过程与结构刚度矩阵的组装过程相同。由此可知,结构的一致质量矩阵 M 也是对称矩阵。

如果将单元的质量 m 等分成两半,分别集中于单元的两端,如图 5.6 所示,现在来推导此时的单元质量矩阵。

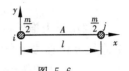

图 5.6

采取上述集中质量的方法时,单元的惯性力将集中作用于单元的两端结点,分别为

$$
\boldsymbol{F}_{Pi} = (F_{Px} \quad F_{Py})_i^T = (-\frac{m}{2} \cdot \ddot{u}_i(t) \quad -\frac{m}{2} \cdot \ddot{v}_i(t))^T
\tag{c}
$$

$$
\boldsymbol{F}_{Pj} = (F_{Px} \quad F_{Py})_j^T = (-\frac{m}{2} \cdot \ddot{u}_j(t) \quad -\frac{m}{2} \cdot \ddot{v}_j(t))^T
\tag{d}
$$

若将惯性力看作是一种单元荷载,则根据式(5.37)有

$$
\boldsymbol{F}_d^e = \boldsymbol{N}_{0i}^T \boldsymbol{F}_{Pi} + \boldsymbol{N}_{0i}^T \boldsymbol{F}_{Pj}
\tag{e}
$$

集中惯性力所引起的杆端力应是上述等效结点力的负值,即有

$$
\boldsymbol{F}_m^e = -\boldsymbol{N}_{0i}^T \boldsymbol{F}_{Pi} - \boldsymbol{N}_{0i}^T \boldsymbol{F}_{Pj}
\tag{f}
$$

式中 $\boldsymbol{N}_{0i}$ 和 $\boldsymbol{N}_{0j}$ 分别为形函数矩阵 $\boldsymbol{N}$ 在 $x=0$ 和 $x=l$ 处的值,可由式(5.26)算得。将式(c)、式(d)代入式(f)便可得到形如式(5.1)的单元杆端力与结点加速度之间的关系式。此时

$$
m =
\begin{bmatrix}
\dfrac{m}{2} & 0 & 0 & 0 & 0 & 0 \\
0 & \dfrac{m}{2} & 0 & 0 & 0 & 0 \\
0 & 0 & 0 & 0 & 0 & 0 \\
0 & 0 & 0 & \dfrac{m}{2} & 0 & 0 \\
0 & 0 & 0 & 0 & \dfrac{m}{2} & 0 \\
0 & 0 & 0 & 0 & 0 & 0
\end{bmatrix}
\tag{5.45}
$$

称为单元的**集中质量矩阵**,式中 $m = \rho A l$ 为单元的质量。由式(5.45)所示的单元集中质量矩阵可以组装生成结构的集中质量矩阵。

单元的集中质量矩阵也可以直接根据结点的平衡条件求得,它与位移函数无关。因此,集中质量法不属于典型的有限单元法的范围。上述集中质量法可以认为是通常的集中质量法的特例,即此时集中质量处必然包括刚架结构本身的结点和边界结点在内。即使在杆件的自重与它所支承的物体重量相比可以忽略时,上述结点和边界结点的位移仍需作为基本未知量来处理。这样,整个分析过程就可以像静力分析的矩阵位移法一样充分地规一化,从而有利于用计算机分析求解。

集中质量矩阵是一个对角矩阵,它的形成比较省时,并可以节约计算机的存贮空间。对于结构自重较小而支承物体重量较大时,采用集中质量法可以得到满意的结果。应当说明的是,由于采取了对于质量分布的近似处理,此时求得的结构自振频率不一定如采用一致质量矩阵计算时那样总是高于精确值。相反,计算所得的自振频率往往是偏低的。

5.6 结构动力分析有限单元法示例

利用以上推导得到的式(5.44)或式(5.45)计算出各单元的质量矩阵后,即可按照第 2 章矩阵位移法中介绍的"对号入座"的方法生成结构质量矩阵 $\boldsymbol{M}$。如果单元局部坐标系的方向与结构坐标系的方向不一致,则需要先将局部坐标系中的单元质量矩阵转向结构坐标系,坐标转换的方法与单元刚度矩阵的转换方法相同。

在求得了结构刚度矩阵 $\boldsymbol{K}$ 和结构质量矩阵 $\boldsymbol{M}$ 之后,即可按式(5.10)的频率方程,即

$$|\boldsymbol{K} - \omega^2 \boldsymbol{M}| = 0$$

求得体系的自振频率。

与结构静力分析时的矩阵位移法一样,求解自振频率的有限单元法也分为先处理法和后处理法。如果在形成结构质量矩阵之前就先将结构的边界位移约束条件考虑进去,这就是先处理法。本章动力分析程序中采用的就是这一方法。

以下通过例子来说明采用有限单元法计算结构自振频率的方法与步骤。

例 5.3 试采用有限单元法计算图 5.7(a)所示两端固定梁横向振动的前两个自振频率 ω_1 和 ω_2。已知材料的密度为 ρ。

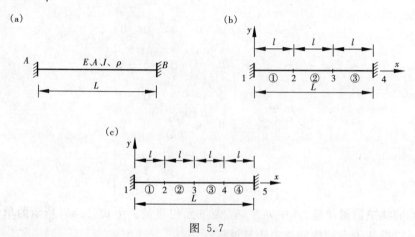

图 5.7

解　(1)单元划分和结构标识

将梁划分为长度相等的三个单元,即单元长度 $l=L/3$,结构标识如图 5.7(b)所示。单元局部坐标系的原点均设在单元的左端,这样各局部坐标系与结构坐标系的方向相同。

(2)建立未知结点位移向量

若采用先处理法求解,梁在发生横向振动时的未知结点位移向量为

$$\boldsymbol{\Delta} = (v_2 \quad \theta_2 \quad v_3 \quad \theta_3)^\mathrm{T} = (\Delta_1 \quad \Delta_2 \quad \Delta_3 \quad \Delta_4)^\mathrm{T}$$

在作动力分析时,以上未知结点位移均为时间 t 的函数。

(3)计算单元刚度矩阵和单元一致质量矩阵

各单元刚度矩阵仍按 2.6 节中所述方法求得为

$$\boldsymbol{k}^① = \overline{\boldsymbol{k}}^① = \frac{EI}{l^3}\begin{matrix} & 1 & 2 \\ \begin{matrix}1\\2\end{matrix} & \end{matrix}\begin{bmatrix} 12 & -6l \\ -6l & 4l^2 \end{bmatrix}\begin{matrix}1\\2\end{matrix}$$

$$\boldsymbol{k}^② \overline{\boldsymbol{k}}^② = \frac{EI}{l^3}\begin{bmatrix} 12 & 6l & -12 & 6l \\ 6l & 4l^2 & -6l & 2l^2 \\ -12 & -6l & 12 & -6l \\ 6l & 2l^2 & -6l & 4l^2 \end{bmatrix}\begin{matrix}1\\2\\3\\4\end{matrix}, \qquad \boldsymbol{k}^③ = \overline{\boldsymbol{k}}^③ = \frac{EI}{l^3}\begin{bmatrix} 12 & 6l \\ 6l & 4l^2 \end{bmatrix}\begin{matrix}3\\4\end{matrix}$$

各单元一致质量矩阵按 5.5 节中式(5.44)求得为

$$\boldsymbol{m}^① = \overline{\boldsymbol{m}}^① = \frac{\rho Al}{420}\begin{bmatrix} 156 & -22l \\ -22l & 4l^2 \end{bmatrix}\begin{matrix}1\\2\end{matrix}$$

$$\boldsymbol{m}^② = \overline{\boldsymbol{m}}^② = \frac{\rho Al}{420}\begin{bmatrix} 156 & 22l & 54 & -13l \\ 22l & 4l^2 & 13l & -3l^2 \\ 54 & 13l & 156 & -22l \\ -13l & -3l^2 & -22l & 4l^2 \end{bmatrix}\begin{matrix}1\\2\\3\\4\end{matrix}, \qquad \boldsymbol{m}^③ = \overline{\boldsymbol{m}}^③ = \frac{\rho Al}{420}\begin{bmatrix} 156 & 22l \\ 22l & 4l^2 \end{bmatrix}\begin{matrix}3\\4\end{matrix}$$

(4)生成结构刚度矩阵、结构质量矩阵,建立频率方程

由以上各单元刚度矩阵按照"对号入座"的方法生成的结构刚度矩阵为

$$\boldsymbol{K} = \frac{EI}{l^3}\begin{bmatrix} 24 & 0 & -12 & 6l \\ 0 & 8l^2 & -6l & 2l^2 \\ -12 & -6l & 24 & 0 \\ 6l & 2l^2 & 0 & 8l^2 \end{bmatrix}\begin{matrix}1\\2\\3\\4\end{matrix}$$

按照同样的方法可以生成结构质量矩阵为

$$\boldsymbol{M} = \frac{\rho Al}{420}\begin{bmatrix} 312 & 0 & 54 & -13l \\ 0 & 8l^2 & 13l & -3l^2 \\ 54 & 13l & 312 & 0 \\ -13l & -3l^2 & 0 & 8l^2 \end{bmatrix}\begin{matrix}1\\2\\3\\4\end{matrix}$$

将以上求得的结构刚度矩阵和结构质量矩阵代入式(5.10),即可得到梁自由振动的频率方程为

$$\left| \frac{EI}{l^3}\begin{bmatrix} 24 & 0 & -12 & 6l \\ 0 & 8l^2 & -6l & 2l^2 \\ -12 & -6l & 24 & 0 \\ 6l & 2l^2 & 0 & 8l^2 \end{bmatrix} - \frac{\rho Al\omega^2}{420}\begin{bmatrix} 312 & 0 & 54 & -13l \\ 0 & 8l^2 & 13l & -3l^2 \\ 54 & 13l & 312 & 0 \\ -13l & -3l^2 & 0 & 8l^2 \end{bmatrix} \right| = 0$$

(5)计算自振频率

由以上频率方程可以求得梁的四个自振频率,其中较低的两个自振频率分别为

$$\underset{(\text{基频})}{\omega_1}=\frac{22.465}{L^2}\sqrt{\frac{EI}{\rho A}},\qquad \omega_2=\frac{62.903}{L^2}\sqrt{\frac{EI}{\rho A}}$$

通过例 5.3 的计算分析应了解以下的基本概念。

梁的振动实际上是无限自由度的振动问题,根据梁振动的精确理论可以求得两端固定梁最低的两个自振频率分别为 $\omega_1=\dfrac{22.373}{L^2}\sqrt{\dfrac{EI}{\rho A}}$ 和 $\omega_2=\dfrac{61.670}{L^2}\sqrt{\dfrac{EI}{\rho A}}$。用有限单元法求得的自振频率分别比自振频率的精确值偏高 0.41% 和 2.0%。

如欲进一步提高自振频率的计算精度,可以将梁划分为更多的单元。例如可以将梁划分为如图 5.7(c)所示由四个单元组成。此时求得最低的两个自振频率分别为 $\omega_1=\dfrac{22.403}{L^2}\sqrt{\dfrac{EI}{\rho A}}$ 和 $\omega_2=\dfrac{62.243}{L^2}\sqrt{\dfrac{EI}{\rho A}}$,分别比精确值偏高 0.13% 和 0.93%。

例 5.4　试采用集中质量矩阵计算图 5.7(a)所示梁最低的两个自振频率 ω_1 和 ω_2。

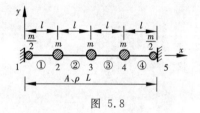

图 5.8

解　(1)单元划分和结构标识

将梁划分为长度相等的四个单元,此时单元长度 $l=L/4$,并将各单元的质量 $m=\rho AL/4$ 分为两半集中到单元两端的结点上,如图 5.8 所示。各单元局部坐标系的原点均设在单元的左端。

(2)建立未知结点位移向量

采用先处理法求解,梁发生横向振动时的未知结点位移向量为

$$\boldsymbol{\Delta}=(v_2\ \ \theta_2\ \ v_3\ \ \theta_3\ \ v_4\ \ \theta_4)^{\mathrm{T}}=(\Delta_1\ \ \Delta_2\ \ \Delta_3\ \ \Delta_4\ \ \Delta_5\ \ \Delta_6)^{\mathrm{T}}$$

(3)计算单元刚度矩阵和单元集中质量矩阵

各单元刚度矩阵分别为

$$\boldsymbol{k}^{\text{①}}=\frac{EI}{l^3}\begin{bmatrix}12 & -6l\\ -6l & 4l^2\end{bmatrix}$$

$$\boldsymbol{k}^{\text{②}}=\boldsymbol{k}^{\text{③}}=\frac{EI}{l^3}\begin{bmatrix}12 & 6l & -12 & 6l\\ 6l & 4l^2 & -6l & 2l^2\\ -12 & -6l & 12 & -6l\\ 6l & 2l^2 & -6l & 4l^2\end{bmatrix},\qquad \boldsymbol{k}^{\text{④}}=\frac{EI}{l^3}\begin{bmatrix}12 & 6l\\ 6l & 4l^2\end{bmatrix}$$

忽略转动惯量的作用时,各单元的集中质量矩阵可以按 5.5 节中式(5.45)计算分别为

$$\boldsymbol{m}^{\text{①}}=\boldsymbol{m}^{\text{④}}=\begin{bmatrix}\frac{m}{2} & 0\\ 0 & 0\end{bmatrix},\qquad \boldsymbol{m}^{\text{②}}=\boldsymbol{m}^{\text{③}}=\begin{bmatrix}\frac{m}{2} & 0 & 0 & 0\\ 0 & 0 & 0 & 0\\ 0 & 0 & \frac{m}{2} & 0\\ 0 & 0 & 0 & 0\end{bmatrix}$$

(4)建立频率方程

由以上单元刚度矩阵和单元集中质量矩阵可生成结构刚度矩阵和结构集中质量矩阵,从而可得该振动体系的频率方程为

$$\left| \frac{EI}{l^3} \begin{bmatrix} 24 & 0 & -12 & 6l & 0 & 0 \\ 0 & 8l^2 & -6l & 2l^2 & 0 & 0 \\ -12 & -6l & 24 & 0 & -12 & 6l \\ 6l & 2l^2 & 0 & 8l^2 & -6l & 2l^2 \\ 0 & 0 & -12 & -6l & 24 & 0 \\ 0 & 0 & 6l & 2l^2 & 0 & 8l^2 \end{bmatrix} - \omega^2 \begin{bmatrix} m & 0 & 0 & 0 & 0 & 0 \\ 0 & 0 & 0 & 0 & 0 & 0 \\ 0 & 0 & m & 0 & 0 & 0 \\ 0 & 0 & 0 & 0 & 0 & 0 \\ 0 & 0 & 0 & 0 & m & 0 \\ 0 & 0 & 0 & 0 & 0 & 0 \end{bmatrix} \right| = 0$$

(5)计算自振频率

由上述频率方程可以求得梁的六个自振频率,其中最低的两个自振频率分别为

$$\omega_1 = \frac{22.301}{L^2}\sqrt{\frac{EI}{\rho A}}, \qquad \omega_2 = \frac{59.265}{L^2}\sqrt{\frac{EI}{\rho A}}$$
（基频）

将上述结果与梁自振频律的精确值进行比较可知,它们分别比相应的精确值偏低 0.32% 和 3.9%。可见采用集中质量的物理近似进行计算时,一般有使计算频率偏小的趋向。在板壳振动问题中,上述趋向常能与因采用有限单元位移法使结构刚化以至计算频率偏高的趋向起部分抵消的作用。

在应用有限单元法计算结构的自振频率时,仍可利用振型的**对称**或**反对称**性质。例如对于图 5.7(a)所示的两端固定梁,相应于自振频率 ω_1 和 ω_2 的振型曲线分别如图 5.9(a)、(b) 所示,分别是对称和反对称的。这样就可以如在静力分析时一样,取半边结构进行分析计算。当利用一致质量矩阵计算时,可以分别取计算简图如图 5.10(a)、(b)所示。

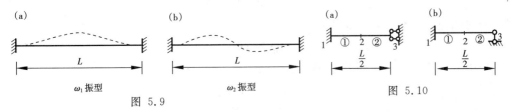

图 5.9　　　　　　　　　　　图 5.10

按照图 5.10(a)所示的计算简图求得的基本频率与采用图 5.7(c)所示计算简图求得的梁的基本频率 ω_1 相同;按照图 5.10(b)所示的计算简图求得的基本频率实际上就是图 5.7(c)所示梁的第二频率 ω_2。在采用集中质量矩阵计算时同样也可以利用振型的对称或反对称性质。在计算第一频率和第二频率时可以分别采用如图 5.11(a)、(b)所示的计算简图。

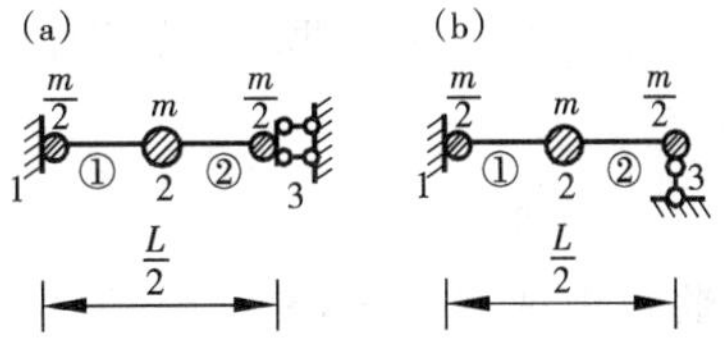

图 5.11

5.7　求解特征值问题的雅可比法

当结构振动的自由度较多时,频率方程一般是高次代数方程,此时求解体系的特征值就变得比较困难。为此,本节将介绍求解特征值问题的**雅可比方法**,本章中介绍的刚架动力分析程序就是按照这一方法求解特征值问题的。

从数学上讲,如果式(5.14)所示标准特征值问题的系数矩阵 **A** 是一个实对称矩阵,

就可以利用雅可比方法求出其所有的特征值和**特征向量**。

若式(5.14)所表示为一 n 阶线性齐次代数方程组,则对应其 n 个特征值 λ_1, λ_2, λ_3, $\cdots$, λ_n 和 n 个规格化特征向量 X_1, X_2, $\cdots$, X_n 有

$$AX_1 = \lambda_1 X_1$$
$$AX_2 = \lambda_2 X_2$$
$$\cdots\cdots$$
$$AX_n = \lambda_n X_n \tag{a}$$

或写为

$$A(X_1 \quad X_2 \quad \cdots \quad X_n) = (\lambda_1 X_1 \quad \lambda_2 X_2 \quad \cdots \quad \lambda_n X_n) \tag{b}$$

记

$$Q = (X_1 \quad X_2 \quad \cdots \quad X_n) \tag{5.46}$$

称为**特征向量矩阵**,则有

$$(\lambda_1 X_1 \quad \lambda_2 X_2 \quad \cdots \quad \lambda_n X_n) = Q\lambda \tag{c}$$

式中

$$\lambda = \begin{bmatrix} \lambda_1 & 0 & \cdots & 0 \\ 0 & \lambda_2 & \cdots & 0 \\ \vdots & \vdots & & \vdots \\ 0 & 0 & \cdots & \lambda_n \end{bmatrix} \tag{5.47}$$

是一个对角矩阵。于是,式(b)可写为

$$AQ = Q\lambda \tag{5.48}$$

以下来分析特征向量矩阵 Q 的性质。因为有

$$AX_i = \lambda_i X_i$$
$$AX_j = \lambda_j X_j$$

将以上第一式的两端转置后以 X_j 右乘,并以 X_i^T 左乘以上第二式可得

$$X_i^T A^T X_j = \lambda_i X_i^T X_j$$
$$X_i^T A X_j = \lambda_j X_i^T X_j$$

将以上两式相减,并考虑到 A 是对称矩阵,有 $A = A^T$,则有

$$(\lambda_j - \lambda_i) X_i^T X_j = 0 \tag{d}$$

于是,有

$$X_i^T X_j = \begin{cases} 0 & \text{当 } i \neq j \text{ 时} \\ 1 & \text{当 } i = j \text{ 时} \end{cases} \tag{5.49}$$

可见,由上述规格化特征向量所构成的特征向量矩阵 Q 是一个**正交矩阵**。根据线性代数的理论,对于正交矩阵 Q 有

$$Q^T = Q^{-1} \tag{5.50}$$

将 Q^T 左乘式(5.48)并考虑到式(5.50)可得

$$Q^T A Q = \lambda \tag{5.51}$$

根据式(5.51),如果能找到一个正交矩阵 Q,由它对矩阵 A 实施式(5.51)左端所示

的正交变换得到的是一个对角矩阵的话,则该对角矩阵的各对角线元素即为式(5.14)所示标准特征值问题的各特征值,而矩阵 Q 的各列元素即为上述特征值所对应的特征向量。

雅可比法就是通过一连串的正交变换使对称系数矩阵 A 的非对角线元素逐步趋向于零,从而求得特征值和特征向量。以下结合一个例子来具体说明这一方法。

若有一个四阶对称矩阵

$$
A = \begin{bmatrix} a_{11} & a_{12} & a_{13} & a_{14} \\ a_{21} & a_{22} & a_{23} & a_{24} \\ a_{31} & a_{32} & a_{33} & a_{34} \\ a_{41} & a_{42} & a_{43} & a_{44} \end{bmatrix} \tag{e}
$$

式中,$a_{ij} = a_{ji}$。若要消去它的非对角线元素 a_{24},可以构造正交变换矩阵为

$$
R_1 = \begin{bmatrix} 1 & 0 & 0 & 0 \\ 0 & c & 0 & -s \\ 0 & 0 & 1 & 0 \\ 0 & s & 0 & c \end{bmatrix} \tag{f}
$$

其中 $c = \cos\theta, s = \sin\theta, \theta$ 是待定的角度。由正交变换得

$R_1^{\mathrm{T}} A R_1 =$

$$
\begin{bmatrix} a_{11} & ca_{12} + sa_{14} & a_{13} & -sa_{12} + ca_{14} \\ ca_{12} + sa_{14} & c^2 a_{22} + s^2 a_{44} + 2sc a_{24} & ca_{23} + sa_{34} & -cs(a_{22} - a_{44}) + a_{24}(c^2 - s^2) \\ a_{13} & ca_{23} + sa_{34} & a_{33} & -sa_{23} + ca_{34} \\ -sa_{12} + ca_{14} & -cs(a_{22} - a_{44}) + a_{24}(c^2 - s^2) & -sa_{23} + ca_{34} & s^2 a_{22} + c^2 a_{44} - 2sc a_{24} \end{bmatrix} \tag{g}
$$

为使经过上述正交变换所得到的矩阵中处于第二行第四列的元素变为零,就必须使

$$
-\cos\theta\sin\theta(a_{22} - a_{44}) + a_{24}(\cos^2\theta - \sin^2\theta) = 0
$$

或写为

$$
a_{24}\tan^2\theta + (a_{22} - a_{44})\tan\theta - a_{24} = 0 \tag{h}
$$

式(h)是一个关于 $\tan\theta$ 的一元二次方程,方程的根为

$$
\tan\theta = \frac{-(a_{22} - a_{44}) \pm \sqrt{(a_{22} - a_{44})^2 + 4a_{24}^2}}{2a_{24}}
$$

为达到预定的目的,只需取其中的一个根即可。若取

$$
\tan\theta = \frac{-(a_{22} - a_{44}) + \sqrt{(a_{22} - a_{44})^2 + 4a_{24}^2}}{2a_{24}} \tag{i}
$$

由式(i)求得 $\tan\theta$ 的值后就可以按照以下公式:

$$
\left. \begin{aligned} \cos\theta &= \frac{1}{\sqrt{1 + \tan^2\theta}} \\ \sin\theta &= \cos\theta\tan\theta \end{aligned} \right\} \tag{j}
$$

求得 $\cos\theta$ 和 $\sin\theta$,并进而求得正交变换后矩阵的各组成元素。由式(g)可以看出,在作消去 a_{24} 的正交变换时只有处于第二、四行以及第二、四列的矩阵元素发生了改变。

　　雅可比法就是通过反复运用上述正交变换过程使得对称系数矩阵的所有非对角元素逐步趋向近于零。对于一般的实对称矩阵 $\boldsymbol{A}$，若要使矩阵中处于位置(I,J)的非对角元素转化为零，正交变换矩阵 $\boldsymbol{R}_1$ 可以这样来构造：首先取一个与矩阵 $\boldsymbol{A}$ 同阶的单位矩阵，然后将该单位矩阵处于位置(I,I)和(J,J)的元素改为 $\cos\theta$，位置(I,J)的元素改为 $-\sin\theta$，位置(J,I)的元素改为 $\sin\theta$。由此得到一个正交矩阵 $\boldsymbol{R}_1$。利用该正交矩阵对矩阵 $\boldsymbol{A}$ 实施正交变换 $\boldsymbol{R}_1^{\mathrm{T}}\boldsymbol{A}\boldsymbol{R}_1$，并令所得到的矩阵中处于位置$(I,J)$的非对角元素为零，则有

$$\tan\theta = \frac{-(a_{ii}-a_{jj})+\sqrt{(a_{ii}-a_{jj})^2+4a_{ij}^2}}{2a_{ij}} \tag{5.52}$$

然后按照式(j)算得相应的 $\cos\theta$ 和 $\sin\theta$ 值。上述正交变换所得矩阵中位于第 I、J 行和列的诸元素可以按以下公式计算：

　　第 I 行元素

$$\left.\begin{aligned}
a_{ii} &= \cos^2\theta a_{ii} + \sin^2\theta a_{jj} + 2\sin\theta\cos\theta a_{ij}\\
a_{ij} &= -\cos\theta\sin\theta(a_{ii}-a_{jj}) + a_{ij}(\cos^2\theta-\sin^2\theta) = 0\\
a_{ik} &= -\cos\theta a_{ik} + \sin\theta a_{jk}\\
&\quad k=1,2,\cdots,n;\text{但 }k\neq i,k\neq j
\end{aligned}\right\} \tag{5.53}$$

　　第 J 行元素

$$\left.\begin{aligned}
a_{jj} &= \sin^2\theta a_{ii} + \cos^2\theta a_{jj} - 2\cos\theta\sin\theta a_{ij}\\
a_{ji} &= -\cos\theta\sin\theta(a_{ii}-a_{jj}) + a_{ji}(\cos^2\theta-\sin^2\theta) = 0\\
a_{jk} &= -\sin\theta a_{ik} + \cos\theta a_{jk}\\
&\quad k=1,2,\cdots,n;\text{但 }k\neq i,k\neq j
\end{aligned}\right\} \tag{5.54}$$

　　第 I 列元素

$$a_{ki} = \cos\theta a_{ki} + \sin\theta a_{kj}$$
$$k=1,2,\cdots,n;\text{但 }k\neq i,k\neq j \tag{5.55}$$

　　第 J 列元素

$$a_{kj} = -\sin\theta a_{ki} + \cos\theta a_{kj}$$
$$k=1,2,\cdots,n;\text{但 }k\neq i,k\neq j \tag{5.56}$$

在上述正交变换的过程中矩阵的其余元素仍保持不变。对比式(5.53)与式(5.55)，式(5.54)与(5.56)可以看出，对称的系数矩阵 $\boldsymbol{A}$ 经过上述**正交变换**后仍然是一个对称矩阵。因此，可以根据需要施行新的正交变换将矩阵的其他非对角元素转化为零。一般地说，矩阵非对角元素的化零过程宜从绝对值最大的非对角元素开始。应当注意的是，在施行当前一轮正交变换时可能会使原先已化为零的非对角元素重新取得非零值。因此，雅可比方法实际上是一种迭代方法。可以证明，这一迭代过程是收敛的。

　　假设经过 n 次迭代后原矩阵 $\boldsymbol{A}$ 的对角化已满足预定的精度要求，即近似有

$$\boldsymbol{R}_n^{\mathrm{T}}\cdots\boldsymbol{R}_3^{\mathrm{T}}\boldsymbol{R}_2^{\mathrm{T}}\boldsymbol{R}_1^{\mathrm{T}}\boldsymbol{A}\boldsymbol{R}_1\boldsymbol{R}_2\boldsymbol{R}_3\cdots\boldsymbol{R}_n = \boldsymbol{Q}^{\mathrm{T}}\boldsymbol{A}\boldsymbol{Q} = \boldsymbol{\lambda} \tag{5.57}$$

则矩阵 $\boldsymbol{\lambda}$ 的对角线元素即为原标准特征值问题的特征值，而特征向量矩阵 $\boldsymbol{Q}$ 的计算公式为

$$\boldsymbol{Q} = \boldsymbol{R}_1\boldsymbol{R}_2\boldsymbol{R}_3\cdots\boldsymbol{R}_n \tag{5.58}$$

以下来讨论如何将式(5.9)所表示的广义特征值问题转化为标准特征值问题。一般地说,虽然结构刚度矩阵 K 和结构质量矩阵 M 都是对称的,但由式 5.15(a)、(b)求得的系数矩阵 A 却未必是对称的,这样就不能利用雅可比方法求解特征值。为了保持系数矩阵的对称性,可以采用以下乔列斯基方法实现上述转化。

在式(5.9)中若记 $A=K,B=M,\lambda=\omega^2$ 即可得到广义特征值问题的一般表达形式

$$AX = \lambda BX \tag{5.59}$$

在此,A 代表结构刚度矩阵,因而是对称正定矩阵;B 代表结构质量矩阵,当采用一致质量矩阵计算时也是对称正定矩阵。根据线性代数理论,一个对称正定矩阵总可以分解为一个下三角矩阵与其相应的上三角矩阵的乘积。若将矩阵 B 施行分解,有

$$B = S^T S \tag{5.60}$$

式中 S 为一上三角矩阵。则式(5.59)可写为

$$AX = \lambda S^T S X \tag{5.61}$$

根据矩阵运算的规则,可以将式(5.61)改写为

$$AS^{-1}SX = \lambda S^T S X$$

再以 $(S^T)^{-1}$ 左乘上式,并注意到 S 是上三角矩阵,有 $(S^T)^{-1} = (S^{-1})^T$,则有

$$(S^{-1})^T A S^{-1} S X = \lambda S X \tag{k}$$

若记

$$X' = SX \tag{5.62}$$

$$H = (S^{-1})^T A S^{-1} \tag{5.63}$$

则式(k)成为

$$HX' = \lambda X' \tag{5.64}$$

式(5.64)便是标准特征值问题的表达形式。因为 A 是对称矩阵,根据线性代数可知,由式(5.63)所定义的矩阵 H 也一定是对称矩阵。这样就可以利用雅可比方法求得式(5.64)所对应的特征值 λ 和特征向量 X'。如此求得的特征值即为式(5.59)表示的原广义特征值问题所对应的特征值,由式(5.62)知,原广义特征值问题所对应的特征向量可按下式计算:

$$X = S^{-1} X' \tag{5.65}$$

除了上述雅可比方法外还有几种求解特征值问题的方法,例如向量迭代法,子空间迭代法等,用这些方法可以较方便地求得结构的基本频率或最低的几阶频率及其相应的振型。

5.8　平面刚架动力分析程序概述

以上介绍了利用有限单元法进行平面刚架动力分析的基本原理和分析过程。利用有限单元法分析可以相当精确地求得刚架较低的前若干个自振频率,以满足工程设计的需要。

平面刚架动力分析程序是根据有限单元法的分析过程而编制的。程序中是采用一致质量矩阵,程序主要是用于计算刚架的自振频率,同时也以可求得相应于这些自振频率的振动模态,即相应的振型。刚架动力分析程序的设计仍是以第 3 章中介绍的平面桁架静力分析程序和第 4 章中介绍的平面刚架静力分析程序作为基础,只是根据动力分析

的需要更换或修改了部分内容。子程序 STIFF 用于计算单元刚度矩阵，子程序 BTAB3
用于坐标转换的矩阵运算，均与平面刚架静力分析程序中相应的子程序完全相同，本章
中不再另作介绍。原用于生成结构刚度矩阵的子程序 ASSEM 稍经修改后可同时用于
生成结构质量矩阵。程序中还增加了子程序 EMASS 用以计算单元的一致质量矩阵。
动力分析程序中总矩阵采用二维满方阵存放，因而用于计算单元的一致质量矩阵的子程
序 ELASS 作了相应改动。原静力分析程序中用于处理位移边界条件的子程序
BOUND,用于求解线性方程组的子程序 SLBSI 和用于计算杆端力的子程序 FORCE 已
由用于求解特征值和特征向量的子程序 EIGG 所代替。子程序 EIGG 也可适用于结构稳
定性分析等其他特征值问题的分析,该子程序中所调用的 DECOG、INVCH、JACOB 和
MATMB 等四个子程序将在 5.10 节中做详细介绍。

　　本章介绍的平面刚架动力分析程序适用于计算结点总数不超过 50,单元总数不超过
100 的刚架的各自振频率与振型。应当注意的是,这里所谓的结点总数并非是指实际结
构的自然结点总数,单元总数也并非等于实际结构的杆件数目,而是指经采用有限单元
法将结构离散化之后,抽象的结点和单元总数。对于结构动力分析来说,杆件沿轴线方
向的位移为一次函数,垂直于轴线方向的位移呈三次函数只是一种近似假设。为了减少
这一假设带来的误差从而求得比较精确的结果,往往需要将每一个结构构件划分为若干
个单元,这样就增加了结点和单元的总数。若结点或单元的数量超过了程序中的限值,
则需在数组说明中将相应数组的容量按实际需要适当扩大。

5.9　平面刚架动力分析主程序

　　平面刚架动力分析主程序是在刚架静力分析主程序的基础上改编而成的。为了适
应刚架动力分析的需要,程序的数据结构中增加了以下一些新的变量和数组,现分别予
以说明。其余变量和数组的含义与其在静力分析程序中时相同。

实型变量

G　　　　结构材料的密度。

整型数组

IUNK　　未知结点位移序号及支座位移信息,一维数组;每一个结点位移对应于
　　　　　IUNK 的一个数组元素。当某项结点位移受到约束则 IUNK 数组中的相
　　　　　应元素的值为零,当数组元素 IUNK(NDF * (J−1)+I)的值不为零时则
　　　　　给出第 J 号结点的第 I 项位移所对应的未知结点位移序号。未知结点位
　　　　　移序号是指已经剔除受支座约束的那些结点位移之后的结点位移序号。

实型数组

TM　　　结构质量矩阵,二维数组,与 TK 数组尺度相同。

ELMA　　单元质量矩阵,二维数组,与 ELST 数组尺度相同。

H　　　　工作数组,用于子程序 EIGG,二维数组,与 TK 和 TM 数组尺度相同。

刚架静力分析程序中用来存放支座位移状态指示信息的数组 IB,存放结点荷载及结

点位移值的数组 AL,存放单元杆端力和结点合力的数组 FORC 和 REAC 在动力分析程序中不再需要,已被去除。此外,动力分析程序中因为结构刚度矩阵未采用带状存放,所以 TK 数组的列数与行数相同,主程序中的变量 NCMX、MS 以及记录结点荷载总数的变量 NLN 在动力分析程序中无作用。由于这些简单变量只占用极少的存贮空间,为了程序修改的方便在动力分析程序中对上述变量仍予以了保留。

平面刚架动力分析主程序的流程如图 5.12 所示。子程序 ASSEM 用于先后生成结构的刚度矩阵和结构的一致质量矩阵。子程序 EIGG 先是利用 5.7 节中所述的乔列斯基方法将广义特征值问题转化为标准特征值问题,然后采用雅可比方法计算刚架的自振频率和相应的振型。

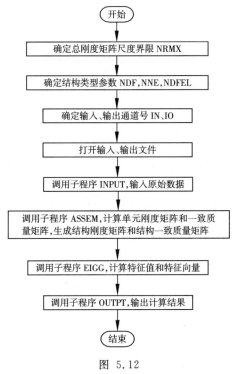

图 5.12

平面刚架动力分析主程序 (FORTRAN 95)

```
!
!          DYNAMIC    ANALYSIS FOR    PLANE    FRAME    SYSTEMS
!
!
!                         MAIN      PROGRAM
!
    COMMON NRMX,NCMX,NDFEL,NN,NE,NLN,NBN,NDF,NNE,N,MS,IN,IO,E,G
    DIMENSION X(50),Y(50),NCO(200),PROP(200),IUNK(150),V(150),          &
    &          ELST(6,6),ELMA(6,6),TK(150,150),TM(150,150),H(150,150)
    CHARACTER(len=20)FILE1,FILE2
!
!
!  INITIALIZATION OF PROGRAM PARAMETERS
```

```
        NRMX=150
        NDF=3
        NNE=2
        NDFEL=NDF* NNE
!
!   ASSIGN DATA SET NUMBERS TO IN, FOR INPUT, AND IO, FOR OUTPUT
        IN=5
        IO=6
!
!   OPEN ALL FILES
        READ(* ,* )FILE1,FILE2
        OPEN(UNIT=IO,FILE=FILE1,FORM='FORMATTED',STATUS ='UNKNOWN')
        OPEN(UNIT=IN,FILE=FILE2,FORM='FORMATTED',STATUS='OLD')
!
!   DATA INPUT
        CALL INPUT(X,Y,NCO,PROP,IUNK)
!
!   ASSEMBLE TOTAL STIFFNESS MATRIX IN ARRAY TK,
!   AND TOTAL MASS MATRIX IN ARRAY TM
        CALL ASSEM(X,Y,NCO,PROP,TK,TM,ELST,ELMA,IUNK)
!
!   COMPUTE NATURAL MODES AND FREQUENCIES
        CALL EIGG(TK,TM,H,V,0.000000001,N,NRMX)
!
!   OUTPUT
        CALL OUTPT(TK,TM)
!
        STOP
        END
```

平面刚架动力分析主函数（C++）

```
//
//           DYNAMIC   ANALYSIS FOR   PLANE   FRAME   SYSTEMS
//
//                      MAIN    PROGRAM
//
# include < iostream.h>
# include < fstream.h>
# include < stdlib.h>
# include < math.h>
# include < iomanip.h>
```

```
void INPUT(double X[], double Y[], int NCO[], double PROP[],
          int IUNK[]);
void ASSEM(double X[], double Y[], int NCO[], double PROP[],
          double TK[][150], double TM[][150], double ELST[][6],
          double ELMA[][6], int IUNK[], double V[]);
void STIFF(int NEL, double X[], double Y[], double PROP[],
          int NCO[], double ELST[][6], double AL[], double V[]);
void ELASS(int NEL, int NCO[], int IUNK[], double ELST[][6],
          double ELMA[][6], double TK[][150], double TM[][150]);
void EMASS(int NEL,double X[], double Y[], double PROP[], int NCO[],
          double ELMA[][6], double V[]);
void EIGG(double A[][150], double B[][150], double H[][150], double V[],
          double ERR, int N, int NX);
void DECOG(double A[][150], int N, int NX);
void INVCH(double S[][150], double A[][150], int N, int NX);
void JACOB(double A[][150], double V[][150], double ERR, int N, int NX);
void MATMB(double A[][150], double B[][150], double V[], int N, int NX);
void OUTPT(double TK[][150], double TM[][150]);
void BTAB3(double A[][150], double B[][150], double V[], int N, int NX);
// ASSIGN DATA SET NUMBERS TO IN,FOR INPUT,AND IO FOR OUTPUT
ifstream READ_IN;
ofstream WRITE_IO;
//   INITIALIZATION OF GLOBAL VARIABLES
int NN,NE,NLN,NBN,N,MS;
double E,G;
// INITIALIZATION OF PROGRAM PARAMETERS
int NRMX=150;
int NDF=3;
int NNE=2;
int NDFEL=NDF* NNE;
int main()
{
double X[50],Y[50],PROP[200],V[150],
       ELST[6][6],ELMA[6][6],TK[150][150],TM[150][150],H[150][150];
int NCO[200],IUNK[150];
char file1[20],file2[20]
//
//   OPEN ALL FILES
    cin≫ file1≫file2
    WRITE_IO.open(file1);
    READ_IN.open(file2);
```

```
//
//  DATA INPUT
    INPUT(X,Y,NCO,PROP,IUNK);
//
//  ASSEMBLE TOTAL STIFFNESS MATRIX IN ARRAY TK,
//  AND TOTAL MASS MATRIX IN ARRAY TM
    ASSEM(X,Y,NCO,PROP,TK,TM,ELST,ELMA,IUNK,V);
//
//  COMPUTE NATURAL MODES AND FREQUENCIES
    EIGG(TK,TM,H,V,0.000000001,N,NRMX);
//
//  OUTPUT
    OUTPT(TK,TM);
    return 0;
}
```

5.10　平面刚架动力分析子程序及其功能

平面刚架动力分析程序中共包括十二个子程序,主程序对其调用情况以及这些子程序之间的调用关系如图 5.13 所示。

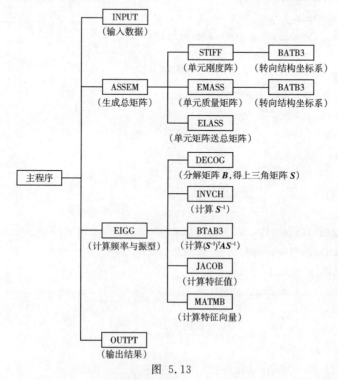

图 5.13

平面刚架动力分析程序中所调用的子程序有一些是与刚架静力分析程序中同名的子程序内容完全相同的,例如子程序 STIFF、BTAB3 等,它们的功能和程序结构可见于4.3节;有一些子程序是将刚架静力分析的相应子程序略加修改后得到的,例如子程序 INPUT、ASSEM、ELASS、OUTPT 等,只需稍作解释就很容易理解;另有一些子程序例如计算单元一致质量矩阵的子程序 EMASS 和计算特征值与特征向量的子程序 EIGG 等是因动力分析需要而新增设的,本节中将着重介绍。其中子程序 EIGG 需要调用一组子程序,包括子程序 DECOG、INVCH、JACOB 和 MATMB 等,它们都是有关矩阵运算或分析的通用子程序,需要时也可用于多种特征值问题的分析程序中。

5.10.1　子程序 INPUT(X,Y,NCO,PROP,IUNK)

平面刚架动力分析程序所需要的全部原始数据均通过调用于程序 INPUT 输入计算机。计算机在执行输入过程中会输出这些数据以供校对,子程序 INPUT 的流程如图 5.14 所示。

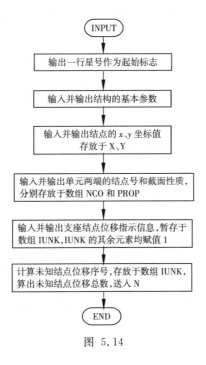

图 5.14

子程序 INPUT 共计包括四个输入语句,分别输入四组原始数据。与刚架静力分析的子程序 INPUT 比较可知,第一组数据基本参数中增加了结构材料的密度 G,去除了结点荷载总数 NLN,这是根据刚架自振频率分析的特点而确定的。第二组数据结点坐标和第三组数据单元两端的结点号以及截面性质与静力分析时相同。因为结构的自振频率以及振型与外荷载无关,所以不需要输入结点荷载方面的信息。此外,第四组数据支座结点位移方面的信息也只需输入有、无位移约束的指示信息,若某项位移被约束,则相应的位移值必定为零。刚架动力分析原始数据的填写将在 5.11 节刚架动力分析程序的应用这一节中详细介绍。

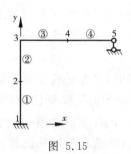

图 5.15

本子程序中单元两端的结点号和截面性质仍是通过两个工作数组 IC 和 W 转载后分别送入数组 NCO 和 PROP 的。在输入支座位移指示信息之前，首先将数组 IUNK 的全部元素赋初值为 1，支座位移信息输入之后数组 INUK 中相应于有支座位移约束的数组元素被赋值为 0。最后通过循环语句逐个计算未知结点位移的序号，并将数组 IUNK 中相应元素的值由 1 修改为未知位移的序号。以图 5.15 所示的刚架为例，当采用如图的单元划分和结点编号时，在执行子程序 INPUT 的过程中数组 IUNK 前 15 个元素的值先后为：

初　值　1,1,1,1,1,1,1,1,1,1,1,1,1,1,1

中间值　0,0,0,1,1,1,1,1,1,1,1,1,1,0,1

终　值　0,0,0,1,2,3,4,5,6,7,8,9,10, 0,11

子程序 INPUT 最后将未知结点位移总数送入 N，它的数值应等于结点位移总数减去支座位移约束数。对于图 5.15 所示刚架有 N＝11。

刚架动力分析子程序 INPUT (FORTRAN 95)

```
!
!
      SUBROUTINE INPUT(X,Y,NCO,PROP,IUNK)
!   INPUT PROGRAM
!
      COMMON NRMX,NCMX,NDFEL,NN,NE,NLN,NBN,NDF,NNE,N,MS,IN,IO,E,G
      DIMENSION X(1),Y(1),NCO(1),PROP(1),IUNK(1),IC(3),W(3)
      WRITE(IO,20)
   20 FORMAT(' ',70('* '))
!   READ BASIC PARAMETERS
      READ(IN,* ) NN,NE,NBN,E,G
      WRITE(IO,21) NN,NE,NBN,E,G
   21 FORMAT(//' INTERNAL DATA'//' NUMBER OF NODES          :',I5/          &
     &        ' NUMBER OF ELEMENTS    :',I5/'NUMBER OF SUPPORT NODES :',I5/  &
     &        ' MODULUS OF ELASTICITY :',F15.0/' DENSITY :',14X,F15.4//     &
     &        'NODAL COORDINATES'/7X,'NODE',6X,'X',9X,'Y')
    1 FORMAT(3I10,2F10.2)
!   READ NODAL COORDINATES IN ARRAY X AND Y
      READ(IN,* ) (I,X(I),Y(I),J=1,NN)
      WRITE(IO,2) (I,X(I),Y(I),I=1,NN)
    2 FORMAT(I10,2F10.2)
!   READ ELEMENT CONNECTIVITY IN ARRAY NCO AND
!   ELEMENT PROPERTIES IN ARRAY PROP
      WRITE(IO,22)
   22 FORMAT(/' ELEMENT CONNECTIVITY AND PROPERTIES'/4X,'ELEMENT',      &
```

```
     &         3X,'START NODE   END NODE',5X,'AREA', 5X,'M. OF INERTIA')
      DO J=1,NE
          READ(IN,* ) I,IC(1),IC(2),W(1),W(2)
          WRITE(IO,34) I,IC(1),IC(2),W(1),W(2)
  34      FORMAT(3I10,2F15.5)
          N1=NNE* (I- 1)
          PROP(N1+1)=W(1)
          PROP(N1+2)=W(2)
          NCO(N1+1)=IC(1)
           NCO(N1+2)=IC(2)
      ENDDO
!   READ BOUNDARY CONDITIONS AND INITIALIZE IUNK TO CONTAIN 1 FOR
!   UNKNOWN DISPLACEMENTS AND 0 FOR PRESCRIBED DISPLACEMENTS
      N=NN* NDF
      DO I=1,N
          IUNK(I)=1
      ENDDO
      WRITE(IO,24)
  24  FORMAT (/'BOUNDARY CONDITION DATA '/27X,'STATUS '                    &
     &        /19X,'(0:PRESCRIBED, 1:FREE)'/7X,'NODE',8X,'U',9X,'V',8X,'RZ')
      DO I=1,NBN
          READ(IN,* ) J,(IC(K),K=1,NDF)
          WRITE(IO,5) J,(IC(K),K=1,NDF)
   5      FORMAT(4I10)
          K1=NDF* (J- 1)
          DO K=1,NDF
             K2=K1+K
             IUNK(K2)=IC(K)
          ENDDO
      ENDDO
!   MODIFY IUNK PLACING ACTUAL ORDINAL NUMBER, INSTEAD OF 1, FOR UNKNOWN
!   DISPLACEMENTS, COMPUTE TOTAL NUMBER OF UNKNOWN DISPLACEMENTS
      K=0
      DO I=1,N
          IF(IUNK(I)/=0)THEN
             K=K+1
             IUNK(I)=K
          ENDIF
      ENDDO
      N=K
      RETURN
```

```
        END
```

刚架动力分析函数 INPUT (C++)

```cpp
void INPUT(double X[], double Y[], int NCO[], double PROP[],
          int IUNK[])
// INPUT PROGRAM
{
    int I, NUM, N1, IC[3], K, K1, K2;
    double W[3];
    WRITE_IO.setf(ios::fixed);
    WRITE_IO.setf(ios::showpoint);
    WRITE_IO ≪ " " ≪
    "*************************************************************************"
        ≪ endl;
// READ BASIC PARAMETERS
    READ_IN ≫ NN ≫ NE ≫ NBN ≫ E ≫ G;
    WRITE_IO ≪ "\n\n INTERNAL DATA \n\n" ≪ " NUMBER OF NODES           :"
    ≪ setw(5) ≪ NN ≪ "\n" ≪ " NUMBER OF ELEMENTS        :" ≪ setw(5)
    ≪ NE ≪ "\n" ≪ " NUMBER OF SUPPORT NODES :" ≪ setw(5) ≪ NBN ≪ "\n"
    ≪ " MODULUS OF ELASTICITY :" ≪ setw(15) ≪ setprecision(0) ≪ E
    ≪ "\n DENSITY :" ≪ setw(15) ≪ setprecision(4) ≪ G ≪"\n\n NODAL
      COORDINATES \n" ≪ setw(11) ≪ "NODE" ≪ setw(7) ≪ "X" ≪ setw(10) ≪ "Y\n";
// READ NODAL COORDINATES IN ARRAY X AND Y
    for (I=1; I< =NN; I++)
    {
        READ_IN ≫ NUM ≫ X[NUM- 1] ≫ Y[NUM- 1];
    }
    for (I=1; I< =NN; I++)
        WRITE_IO.precision(2);
        WRITE_IO ≪ setw(10) ≪ I≪ setw(10) ≪ X[I- 1] ≪ setw(10) ≪ Y[I- 1]
            ≪ "\n";
    }
// READ ELEMENT CONNECTIVITY IN ARRAY NCO AND
// ELEMENT PROPERTIES IN ARRAY PROP
    WRITE_IO ≪ "\n ELEMENT CONNECTIVITY AND PROPERTIES\n" ≪ setw(11)
            ≪ "ELEMENT" ≪ setw(23) ≪ "START NODE   END NODE" ≪ setw(9)
            ≪ "AREA" ≪ setw(18) ≪ "M. OF INERTIA" ≪ endl;
    for (I=1; I< =NE; I++)
    {
        N1=NNE* (I- 1);
        READ_IN ≫ NUM ≫ IC[0] ≫ IC[1] ≫ W[0] ≫ W[1];
```

```
    WRITE_IO.precision(5);
    WRITE_IO ≪ setw(10) ≪ NUM ≪ setw(10) ≪ IC[0] ≪ setw(10) ≪ IC[1]
           ≪ setw(15) ≪ W[0] ≪ setw(15) ≪ W[1] ≪ "\n";
    PROP[N1]=W[0];
    PROP[N1+1]=W[1];
    NCO[N1]=IC[0];
    NCO[N1+1]=IC[1];
}
// READ BOUNDARY CONDITIONS AND INITIALIZE IUNK TO CONTAIN 1 FOR
// UNKNOWN DISPLACEMENTS AND 0 FOR PRESCRIBED DISPLACEMENTS
N=NN* NDF;
for (I=1; I< =N; I++)
{
    IUNK[I- 1]=1;
}
WRITE_IO ≪ "\nBOUNDARY CONDITION DATA\n" ≪ setw(31) ≪ "STATUS\n"
        ≪ setw(39) ≪ "(0:PRESCRIBED, 1:FREE)\n" ≪ setw(11) ≪ "NODE"
        ≪ setw(9) ≪ "U" ≪ setw(10) ≪ "V" ≪ setw(10) ≪ "RZ\n";
for (I=1; I< =NBN; I++)
{
    READ_IN ≫ NUM ≫ IC[0] ≫ IC[1] ≫ IC[2];
    WRITE_IO.precision(4);
    WRITE_IO ≪ setw(10) ≪ NUM ≪ setw(10) ≪ IC[0] ≪ setw(10) ≪ IC[1]
           ≪ setw(10) ≪ IC[2] ≪ "\n";
    K1=NDF* (NUM- 1);
    for (K=1; K< =NDF; K++)
    {
        K2=K1+K;
        IUNK[K2- 1]=IC[K- 1];
    }
}
//
// MODIFY IUNK PLACING ACTUAL ORDINAL NUMBER, INSTEAD OF 1, FOR UNKNOWN
// DISPLACEMENTS, COMPUTE TOTAL NUMBER OF UNKNOWN DISPLACEMENTS
K=0;
for (I=1; I< =N; I++)
{
    if (IUNK[I- 1]< 0||IUNK[I- 1]> 0)
    {
        K=K+1;
        IUNK[I- 1]=K;
```

```
        }
    }
    N=K;
    return;
}
```

5.10.2　子程序 ASSEM(X,Y,NCO,PROP,TK,TM,ELST,ELMA,IUNK)

　　动力分析子程序 ASSEM 除了需要生成结构刚度矩阵之外还需要生成结构质量矩阵,分别存放于数组 TK 和 TM 中。本子程序对于每一个单元先是调用子程序 STIFF 和 EMASS,分别形成单元刚度矩阵 ELST 和单元一致质量矩阵 ELMA,然后调用子程序 ELASS,分别将当前单元的刚度矩阵和质量矩阵对结构刚度矩阵和结构质量矩阵的贡献送入 TK 和 TM 数组的相应位置。由于结构刚度矩阵和结构质量矩阵均未采用带状存放,也就不需要如静力分析时那样计算矩阵的带宽。动力分析子程序 ASSEM 的流程如图 5.16 所示。

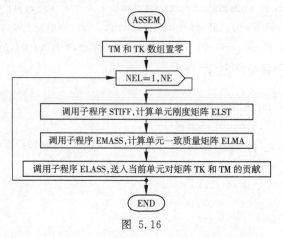

图 5.16

刚架动力分析子程序 ASSEM (FORTRAN 95)

```
      SUBROUTINE ASSEM(X,Y,NCO,PROP,TK,TM,ELST,ELMA,IUNK)
!     ASSEMBLING OF THE TOTAL STIFFNESS AND MASS MATRICES
!
      COMMON NRMX,NCMX,NDFEL,NN,NE,NLN,NBN,NDF,NNE,N,MS,IN,IO,E,G
      DIMENSION X(1),Y(1),NCO(1),ELST(6,6),PROP(1),AL(1),   &
     &          ELMA(6,6),IUNK(1),TK(150,150),TM(150,150)
!     CLEAR THE TOTAL STIFFNESS AND MASS MATRICES
      DO I=1,N
        DO J=1,N
          TM(I,J)=0.0
          TK(I,J)=0.0
        ENDDO
```

```
      ENDDO
      DO NEL=1,NE
!   COMPUTE THE ELEMENT STIFFNESS MATRIX
          CALL STIFF(NEL,X,Y,PROP,NCO,ELST,AL)
!   COMPUTE THE ELEMENT MASS MATRIX
          CALL EMASS(NEL,X,Y,PROP,NCO,ELMA)
!   ADD THE ELEMENT STIFFNESS AND MASS MATRICES TO THE TOTAL MATRICES
          CALL ELASS(NEL,NCO,IUNK,ELST,ELMA,TK,TM)
      ENDDO
      RETURN
      END
```

刚架动力分析函数 ASSEM (C++)

```cpp
void ASSEM(double X[], double Y[], int NCO[], double PROP[],
          double TK[][150], double TM[][150], double ELST[][150],
          double ELMA[][150], int IUNK[], double V[])
// ASSEMBLING OF THE TOTAL MATRIX FOR THE PROBLEM
{
    int I, J, NEL;
    double AL[10];
// CLEAR THE TOTAL STIFFNESS AND MASS MATRICES
    for (I=1; I< =N; I++)
    {
        for (J=1; J< =N; J++)
        {
            TM[I- 1][J- 1]=0.0;
            TK[I- 1][J- 1]=0.0;
        }
    }
    for (NEL=1; NEL< =NE; NEL++)
    {
//   COMPUTE THE STIFFNESS MATRIX FOR ELEMENT NEL
        STIFF(NEL,X,Y,PROP,NCO,ELST,AL,V);
//   COMPUTE THE ELEMENT MASS MATRIX
        EMASS(NEL,X,Y,PROP,NCO,ELMA,V);
//   ADD THE ELEMENT STIFFNESS AND MASS MATRICES TO THE TOTAL MATRICES
        ELASS(NEL,NCO,IUNK,ELST,ELMA,TK,TM);
    }
    return;
}
```

本子程序中所调用的子程序 STIFF 与刚架静力分析程序中的子程序 STIFF 完全相

同,有关解释可参见 4.3 节。

5.10.3 子程序 EMASS(NEL,X,Y,PROP,NCO,ELMA)

子程序 EMASS 的功能是首先按照 5.5 节式(5.44)计算局部坐标系中的单元一致质量矩阵,然后调用子程序 BTAB3 将一致质量矩阵转向结构坐标系。子程序 EMASS 的程序结构与子程序 STIFF 相似。所调用子程序 BTAB3 的有关解释可见于 4.3 节。子程序 EMASS 的流程如图 5.17 所示。

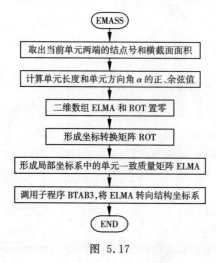

图 5.17

刚架动力分析子程序 EMASS (FORTRAN 95)

```
!
      SUBROUTINE EMASS(NEL,X,Y,PROP,NCO,ELMA)
!  COMPUTATION OF ELEMENT MASS MATRIX FOR THE CURRENT ELEMENT
!
      COMMON NRMX,NCMX,NDFEL,NN,NE,NLN,NBN,NDF,NNE,N,MS,IN,IO,E,G
      DIMENSION X(1),Y(1),NCO(1),PROP(1),ELMA(6,6),  &
     &          ROT(6,6),V(6)
!
      L=NNE* (NEL- 1)
      N1=NCO(L+1)
      N2=NCO(L+2)
      AX=PROP(L+1)
!
!  COMPUTE LENGTH OF ELEMENT, AND SINE AND COSINE OF ITS LOCAL X AXIS
      DX=X(N2)- X(N1)
      DY=Y(N2)- Y(N1)
      D=SQRT(DX* * 2+DY* * 2)
      CO=DX/D
```

```
      SI=DY/D
!
!     CLEAR ELEMENT MASS AND ROTATION MATRICES
      DO I=1,6
         DO J=1,6
            ELMA(I,J)=0.0
            ROT(I,J)=0.0
         ENDDO
      ENDDO
!
!     FORM ELEMENT ROTATION MATRIX
      ROT(1,1)=CO
      ROT(1,2)=SI
      ROT(2,1)=- SI
      ROT(2,2)=CO
      ROT(3,3)=1.0
      DO I=1,3
         DO J=1,3
            ROT(I+3,J+3)=ROT(I,J)
         ENDDO
      ENDDO
!
!     COMPUTE THE ELEMENT LOCAL MASS MATRIX
      COEF=G* AX* D/420.0
      ELMA(1,1)=COEF* 140.0
      ELMA(1,4)=COEF* 70.0
      ELMA(2,2)=COEF* 156.0
      ELMA(2,3)=COEF* 22.0* D
      ELMA(2,5)=COEF* 54.0
      ELMA(2,6)=- 13.0* D* COEF
      ELMA(3,2)=ELMA(2,3)
      ELMA(3,3)=COEF* 4.0* D* D
      ELMA(3,5)=COEF* 13.0* D
      ELMA(3,6)=- COEF* 3.0* D* D
      ELMA(4,1)=ELMA(1,4)
      ELMA(4,4)=ELMA(1,1)
      ELMA(5,2)=ELMA(2,5)
      ELMA(5,3)=ELMA(3,5)
      ELMA(5,5)=ELMA(2,2)
      ELMA(5,6)=- COEF* 22.0* D
      ELMA(6,2)=ELMA(2,6)
```

```
      ELMA(6,3)=ELMA(3,6)
      ELMA(6,5)=ELMA(5,6)
      ELMA(6,6)=ELMA(3,3)
!
!     ROTATE THE ELEMENT MASS MATRIX TO GLOBAL COORDINATES
      CALL BTAB3(ELMA,ROT,V,NDFEL,NDFEL)
!
      RETURN
      END
```

刚架动力分析函数 EMASS（C＋＋）

```cpp
void EMASS(int NEL,double X[],double Y[],double PROP[],int NCO[],
          double ELMA[][6],double V[])
//   COMPUTATION OF ELEMENT MASS MATRIX FOR THE CURRENT ELEMENT
{
    int L,N1,N2,I,J;
    double D,CO,SI,AX,ROT[6][6],COEF;
//
    L=NNE*(NEL-1);
    N1=NCO[L];
    N2=NCO[L+1];
    AX=PROP[L];
//
// COMPUTE LENGTH OF ELEMENT,AND SINE AND COSINE OF ITS LOCAL X AXIS
    D=sqrt(pow((X[N2-1]-X[N1-1]),2)+pow((Y[N2-1]-Y[N1-1]),2));
    CO=(X[N2-1]-X[N1-1])/D;
    SI=(Y[N2-1]-Y[N1-1])/D;
//
//   CLEAR ELEMENT MASS AND ROTATION MATRICES
    for (I=1;I<=6;I++)
    {
        for (J=1;J<=6;J++)
        {
            ELMA[I-1][J-1]=0.0;
            ROT[I-1][J-1]=0.0;
        }
    }
//
// FORM ELEMENT ROTATION MATRIX
    ROT[0][0]=CO;
    ROT[0][1]=SI;
```

```
    ROT[1][0]=- SI;
    ROT[1][1]=CO;
    ROT[2][2]=1.0;
    for (I=1;I< =3;I++)
    {
        for (J=1;J< =3;J++)
        {
            ROT[I+2][J+2]=ROT[I- 1][J- 1];
        }
    }
//
// COMPUTE THE ELEMENT LOCAL MASS MATRIX
    COEF=G* AX* D/420.0;
    ELMA[0][0]=COEF* 140.0;
    ELMA[0][3]=COEF* 70.0;
    ELMA[1][1]=COEF* 156.0;
    ELMA[1][2]=COEF* 22.0* D;
    ELMA[1][4]=COEF* 54.0;
    ELMA[1][5]=- 13.0* D* COEF;
    ELMA[2][1]=ELMA[1].[2];
    ELMA[2][2]=COEF* 4.0* D* D;
    ELMA[2][4]=COEF* 13.0* D;
    ELMA[2][5]=- COEF* 3.0* D* D;
    ELMA[3][0]=ELMA[0][3];
    ELMA[3][3]=ELMA[0][0];
    ELMA[4][1]=ELMA[1][4];
    ELMA[4][2]=ELMA[2][4];
    ELMA[4][4]=ELMA[1][1];
    ELMA[4][5]=- COEF* 22.0* D;
    ELMA[5][1]=ELMA[1][5];
    ELMA[5][2]=ELMA[2][5];
    ELMA[5][4]=ELMA[4][5];
    ELMA[5][5]=ELMA[2][2];
//
// ROTATE THE ELEMENT MASS MATRIX TO GLOBAL COORDINATES
    BTAB3(ELMA,ROT,V,NDFEL,NDFEL);
//
    return;
}
```

5.10.4　子程序 ELASS(NEL,NCO,IUNK,ELST,ELMA,TK,TM)

子程序 ELASS 的功能是分别计入当前单元(第 NEL 单元)刚度矩阵 ELST 和单元质量矩阵 ELMA 对结构刚度矩阵和结构质量矩阵的贡献。经对每一个单元分别调用本子程序,全部单元刚度矩阵和单元质量矩阵的贡献均被计入。此时,在 TK 和 TM 数组中分别生成了结构刚度矩阵和结构质量矩阵。

结构刚度矩阵和结构质量矩阵均为对称矩阵。因为未采用带状存贮,所以生成结构矩阵的运算过程与静力分析程序中的子程序 ELASS 有所不同。此外,本子程序根据动力问题分析的特点,在生成结构刚度矩阵和结构质量矩阵时是借助于数组 IUNK 中的有关信息,自动剔除总矩阵中对应于支座位移约束的行和列。于是,所生成的结构矩阵中只包含对应于未知结点位移的行和列,已经体现了支座的位移约束作用。动力分析子程序 ELASS 的流程见图 5.18 所示。

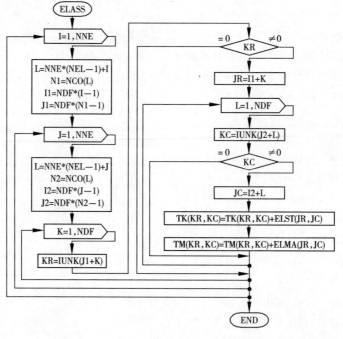

图 5.18

本子程序前半部分的流程与图 3.7 基本相同。将单元矩阵的元素送入结构矩阵的运算是按结点子块为单位进行的。变量 N1 和 N2 用来定义当前子块,取自存放当前单元两端结点号的数组元素 NCO(NNE * (NEL−1)+1)或 NCO(NNE * (NEL−1)+2)。对于主子块来说有 N1=N2,对于副子块 N1≠N2。变量 J1 和 J2 用来确定当前子块在结构矩阵中所处的位置,分别为 TK 或 TM 数组中当前子块之前的行数和列数;变量 I1 和 I2 用来确定当前子块在单元矩阵中所处的位置,分别为 ELST 或 ELMA 数组中当前子块之前的行数和列数。J1、J2 和 I1、I2 的上述含义可见于图 3.8。

在确定了矩阵子块在结构和单元矩阵中的位置以后,子程序中通过变量 K、L 对每个结点自由度的循环将单元矩阵子块中的每一个元素送入结构矩阵中的相对应位置。其中 K 的循环是对于块中每一行的循环；L 的循环是对于块中每一列的循环。

刚架动力分析子程序 ELASS（FORTRAN 95）

```fortran
      SUBROUTINE ELASS(NEL,NCO,IUNK,ELST,ELMA,TK,TM)
!     ADDITION OF THE ELEMENT MATRICES INTO THE TOTAL MATRICES
!
      COMMON NRMX,NCMX,NDFEL,NN,NE,NLN,NBN,NDF,NNE,N,MS,IN,IO,E,G
      DIMENSION NCO(1),IUNK(1),ELST(6,6),ELMA(6,6),   &
     &          TK(150,150),TM(150,150)
!
!
      DO I=1,NNE
         L=NNE*(NEL- 1)+I
         N1=NCO(L)
         I1=NDF*(I- 1)
         J1=NDF*(N1- 1)
         DO J=1,NNE
            L=NNE*(NEL- 1)+J
            N2=NCO(L)
            I2=NDF*(J- 1)
            J2=NDF*(N2- 1)
            DO K=1,NDF
!     KR=ROW NUMBER IN TK AND TM FOR THE KTH UNKNOWN OF NODE N1
               KR=IUNK(J1+K)
               IF(KR/=0)THEN
!     UNKNOWN ID RELEVANT. PROCEED.
                  JR=I1+K
                  DO L=1,NDF
!     KC=COLUMN NUMBER IN TK AND TM FOR THE LTH UNKNOWN OF NODE N2
                     KC=IUNK(J2+L)
                     IF(KC/=0)THEN
!     UNKNOWN IS RELEVANT. PROCEED.
                        JC=I2+L
!     ADD ELEMENT COEFFICIENTS TO TOTAL MATRICES
                        TK(KR,KC)=TK(KR,KC)+ELST(JR,JC)
                        TM(KR,KC)=TM(KR,KC)+ELMA(JR,JC)
                     ENDIF
                  ENDDO
               ENDIF
            ENDDO
```

```
        ENDDO
      ENDDO
      RETURN
    END
```

刚架动力分析函数 ELASS（C++）

```cpp
void ELASS(int NEL, int NCO[], int IUNK[], double ELST[][6],
        double ELMA[][6], double TK[][150], double TM[][150])
// ADDITION OF THE ELEMENT MATRICES INTO THE TOTAL MATRICES
{
    int I, N1, I1, J1, J, N2, I2, J2, K, KR, L, KC, JR, JC;
    for (I=1;I< =NNE;I++)
    {
        L=NNE* (NEL- 1)+I;
        N1=NCO[L- 1];
        I1=NDF* (I- 1);
        J1=NDF* (N1- 1);
        for (J=1;J< =NNE;J++)
        {
            L=NNE* (NEL- 1)+J;
            N2=NCO[L- 1];
            I2=NDF* (J- 1);
            J2=NDF* (N2- 1);
            for (K=1;K< =NDF;K++)
            {
// KR=ROW NUMBER IN TX AND TM FOR THE KTH UNKNOWN OF NODE N1
                KR=IUNK[J1+K- 1];
                if (KR< 0||KR> 0)
                {
//              UNKNOWN IS RELEVANT. PROCEED.
                    JR=I1+K;
                    for (L=1;L< =NDF;L++)
                    {
// KC=COLUMN NUMBER IN TK AND TM FOR THE LTH UNKNOWN OF NODE N2
                        KC=IUNK[J2+L- 1];
                        if (KC< 0||KC> 0)
                        {
// UNKNOWN IS RELEVANT. PROCEED.
                            JC=I2+L;
// ADD ELEMENT COEFFICIENTS TO TOTAL MATRICES
                            TK[KR-1][KC-1]= TK[KR-1][KC-1]+ELST[JR-1][JC-1];
```

```
                        TM[KR-1][KC-1]= TM[KR-1][KC-1]+ELMA[JR-1][JC-1];
                    }
                }
            }
        }
    }
    return;
}
```

结构矩阵中每一个矩阵元素的地址由变量 KR 和 KC 定义,其中 KR 是元素所处的行号,KC 是它所处的列号。若不剔除支座位移约束所对应的行和列,单元矩阵当前子块中的第 K 行元素处于结构矩阵中的第 J1＋K 行,对应于第 J1＋K 个结点位移。在剔除支座位移约束所对应的行和列之后,KR 的值应等于相应的未知结点位移的序号。程序中首先将 IUNK(J1＋K)的值赋给 KR,若 KR 所得之值为零则表示总矩阵中该行元素对应的位移受到支座约束,程序中将不予计算而转入下一轮循环;若 KR 所得之值不为零则赋入未知结点位移序号。这样,结构矩阵的第 KR 行相应于单元矩阵的第 JR＝I1＋K 行。程序中按照同样的方法剔除支座位移约束所对应的列,此时结构矩阵的第 KC 列相应于单元矩阵的第 JC＝I2＋L 列。

5.10.5　子程序 EIGG(A,B,H,V,ERR,N,NX)

子程序 EIGG 用于求解形如

$$AX =\lambda BX$$

的广义特征值问题。二维数组 A,B 分别用于存放上式中的系数矩阵 A 和 B。刚架动力分析程序中在调用本子程序时数组名 A,B 由 TK,TM 所置换,分别存放结构刚度矩阵和结构质量矩阵。变量 N 和 NX 分别表示数组 A 和 B 的实际尺度和尺度界限。H 是与 A、B 相同尺度的二维工作数组,V 是相应的一维工作数组,变量 ERR 是选定的误差限值。误差的定义将在子程序 JACOB 中介绍。由主程序的调用语句可以看出,本动力分析程序中是取 ERR＝0.000001。

子程序 EIGG 首先将广义特征值问题化为标准特征值问题,然后利用雅可比方法求解特征值和特征向量。整个分析过程是以 5.7 节所述作为理论基础的。本子程序是通过调用五个子程序来完成分析的,子程序的流程如图 5.19 所示。

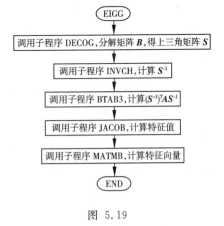

图 5.19

该子程序首先调用子程序 DECOG 求得结构质量矩阵 M,分解后的上三角矩阵 S,存入数组 TM,然后调用子程序 INVCH 求得该上三角矩阵的逆矩阵 S^{-1},存入数组 H。接着通过调用子程序 BTAB3 按式(5.63)求得矩阵 $H＝(S^{-1})^{\mathrm{T}}KS^{-1}$,并存入数组 TK。此时,原广义特征值问题已被转化为式(5.64)所示的标准特征值问题。经过调用子程序 JACOB 在 TK 数组的主对角元素形成各特征值,并在数组 TM 中形成上述标准特征值问题的各特征向量。若将这些特征值开平方即可得到刚架的各自振频率(见子程序 OUTPT)。为了求得对应于原广义特征值问题的特征向量,本子程序最后调用子程序 MATMB,按式(5.65)求得各振型向量并存放于数组 TM 的各列中。

刚架动力分析子程序 EIGG (FORTRAN 95)

```
        SUBROUTINE EIGG(A,B,H,V,ERR,N,NX)
!   COMPUTE THE EIGENVALUES AND EIGENVECTORS OF AN EQUATION
!   OF TYPE A* X=LAMBDA* B* X
!
        DIMENSION V(NX),A(NX,NX),B(NX,NX),H(NX,NX)
!
!   DECOMPOSE MATRIX B USING CHOLESKI'S METHOD
        CALL DECOG(B,N,NX)
!
!   INVERT MATRIX B
        CALL INVCH(B,H,N,NX)
!
!   MULTIPLY TRANSPOSE(H)* A* H
        CALL BTAB3(A,H,V,N,NX)
!
!   COMPUTE THE EIGENVALUES
        CALL JACOB(A,B,ERR,N,NX)
!
!   COMPUTE THE EIGENVECTORS
        CALL MATMB(H,B,V,N,NX)
!
        RETURN
        END
```

刚架动力分析函数 EIGG (C++)

```
void EIGG(double A[][150], double B[][150], double H[][150], double V[],
        double ERR, int N, int NX)
//   COMPUTE THE EIGENVALUES AND EIGENVECTORS OF AN EQUATION
//   OF TYPE A* X=LAMBDA* B* X
{

//   DECOMPOSE MATRIX B USING CHOLESKI'S METHOD
    DECOG(B,N,NX);
//
//   INVERT MATRIX B
```

```
    INVCH(B,H,N,NX);
//
// MULTIPLY TRANSPOSE(H)* A* H
    BTAB3(A,H,V,N,NX);
//
// COMPUTE THE EIGENVALUES
    JACOB(A,B,ERR,N,NX);
//
// COMPUTE THE EIGENVECTORS
    MATMB(H,B,V,N,NX);
//

    return;
}
```

5.10.6 子程序 DECOG(A,N,NX)

在 5.7 这一节中已经提到,一个对称正定矩阵总可以分解为一个下三角矩阵与和它相应的上三角矩阵的乘积。子程序 DECOG 的功能是将一个存放于二维数组 A 的对称正定矩阵 A 进行分解,求得上述的上三角矩阵 S 并仍存入数组 A 中。这里,变量 N 和 NX 分别为数组 A 的实际尺度和尺度界限。

上述矩阵 A 的分解可用公式表示为

$$A = S^{\mathrm{T}} S$$

式中 S^{T} 是一个下三角矩阵,S 是其对应的上三角矩阵。上式也可以写为

$$\begin{bmatrix} a_{11} & a_{12} & a_{13} & \cdots & a_{1n} \\ a_{21} & a_{22} & a_{23} & \cdots & a_{2n} \\ a_{31} & a_{32} & a_{33} & \cdots & a_{3n} \\ \vdots & \vdots & \vdots & & \vdots \\ a_{1n} & a_{2n} & a_{3n} & \cdots & a_{nn} \end{bmatrix} = \begin{bmatrix} S_{11} & 0 & 0 & \cdots & 0 \\ S_{12} & S_{22} & 0 & \cdots & 0 \\ S_{13} & S_{23} & S_{33} & \cdots & 0 \\ \vdots & \vdots & \vdots & & \vdots \\ S_{1n} & S_{2n} & S_{3n} & \cdots & S_{nn} \end{bmatrix} \begin{bmatrix} S_{11} & S_{12} & S_{13} & \cdots & S_{1n} \\ 0 & S_{22} & S_{23} & \cdots & S_{2n} \\ 0 & 0 & S_{33} & \cdots & S_{3n} \\ \vdots & \vdots & \vdots & & \vdots \\ 0 & 0 & 0 & \cdots & S_{nn} \end{bmatrix}$$

根据矩阵的乘法规则可得

$$a_{ij} = S_{1i}S_{1j} + S_{2i}S_{2j} + \cdots + S_{ii}S_{ij} \qquad 当 i < j$$
$$a_{ii} = S_{1i}^2 + S_{2i}^2 + \cdots S_{ii}^2 \qquad\qquad 当 i = j$$

于是,可以计算矩阵 S 的第一行元素为

$$S_{11} = \sqrt{a_{11}} \quad , \qquad S_{1j} = \frac{a_{1j}}{S_{11}} \tag{5.66}$$

矩阵 S 中元素的一般表达式为

$$S_{ii} = \sqrt{a_{ii} - \sum_{l=1}^{i-1} S_{li}^2} \quad , \qquad S_{ij} = \frac{a_{ij} - \sum_{l=1}^{i-1} S_{li}S_{lj}}{S_{ii}} \qquad j > i \tag{5.67}$$

由式(5.66)和式(5.67)可以求得矩阵 S 中的各个非零元素,子程序 DECOG 的主要计算流程如图 5.20 所示。

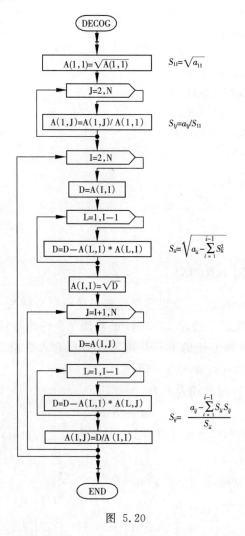

图 5.20

刚架动力分析子程序 DECOG (FORTRAN 95)

```fortran
      SUBROUTINE DECOG(A,N,NX)
!     DECOMPOSE A SYMMETRIC MATRIX INTO AN UPPER TRIANGULAR MATRIX
!
      DIMENSION A(NX,NX)
!
!
      IO=6
      IF(A(1,1).LE.0) THEN
          WRITE(IO,1)
          RETURN
```

```
        ENDIF
        A(1,1)=SQRT(A(1,1))
        DO J=2,N
            A(1,J)=A(1,J)/A(1,1)
        ENDDO
!
        DO I=2,N
            I1=I- 1
            D=A(I,I)
            DO L=1,I1
                D=D- A(L,I)* A(L,I)
            ENDDO
            IF(A(I,I).LE.0) THEN
                WRITE(IO,2)
                RETURN
            ENDIF
            A(I,I)=SQRT(D)
            I2=I+ 1
            DO J=I2,N
                D=A(I,J)
                DO L=1,I1
                    D=D- A(L,I)* A(L,J)
                ENDDO
                A(I,J)=D/A(I,I)
            ENDDO
        ENDDO
!
        DO I=2,N
            I1=I- 1
            DO J=1,I1
                A(I,J)=0
            ENDDO
        ENDDO
!
1       FORMAT('ZERO OR NEGATIVE RADICAND')
2       FORMAT('ZERO OR NEGATIVE RADICAND')
!
        RETURN
        END
```

刚架动力分析函数 DECOG (C++)

```cpp
void DECOG(double A[][150], int N, int NX)
{
    int I, J, I1, L, I2;
    double D;
//
    if (A[0][0]< =0.0)
    {
        WRITE_IO << " ZERO OR NEGATIVE RADICAND " << endl;
        return;
    }
    else
    {
        A[0][0]=pow(A[0][0],0.5);
    }
    for (J=2;J< =N;J+ + )
    {
        A[0][J- 1]=A[0][J- 1]/A[0][0];
    }
    for (I=2;I< =N;I+ + )
    {
        I1=I- 1;
        D=A[I- 1][I- 1];
        for (L=1;L< =I1;L+ + )
        {
            D=D- A[L- 1][I- 1]* A[L- 1][I- 1];
        }
        if (A[I- 1][I- 1]< =0)
        {
            WRITE_IO << " ZERO OR NEGATIVE RADICAND " << endl;
            return;
        }
        else
        {
            A[I- 1][I- 1]=pow(D,0.5);
            I2=I+ 1;
        }
        for (J=I2;J< =N;J+ + )
        {
            D=A[I- 1][J- 1];
            for (L=1;L< =I1;L+ + )
            {
```

```
            D=D- A[L- 1][I- 1]* A[L- 1][J- 1];
        }
        A[I- 1][J- 1]=D/A[I- 1][I- 1];
    }
}
for (I=2;I< =N;I+ + )
{
    I1=I- 1;
    for (J=1;J< =I1;J+ + )
    {
        A[I- 1][J- 1]=0.0;
    }
}
return;
}
!
```

　　本子程序有两部分内容,因比较易读在图 5.20 的框图中均用"—"表示而未细表。一部分内容是在子程序开始时对数组元素 A(1,1)的值进行判断,若 A(1,1)≤0 则以后不能将其开平方或作为分式的分母,为此该子程序将不予继续执行,届时计算机会输出相应的信息"ZERO OR NEGATIVE RADICAND";另一部分内容是在子程序结束前已计算完矩阵上三角部分的元素之后,程序中通过对 I、J 的循环将矩阵的其余元素皆置零,由此得到一个完整的上三角矩阵,仍存放在数组 A 中。

5.10.7　子程序 INVCH(S,A,N,NX)

　　子程序 INVCH 的功能是求一个上三角矩阵 S 的逆矩阵。该上三角矩阵存放于二维数组 S 中,求得的逆矩阵 A 存放在二维数组 A 中,变量 N 和 NX 分别为上述矩阵 S 或 A 的实际尺度和尺度界限。

　　由线性代数可知,一个上三角矩阵的逆矩阵仍然是一个上三角矩阵。这两个矩阵的乘积应是一个单位矩阵。以四阶矩阵为例,有

$$\begin{bmatrix} S_{11} & S_{12} & S_{13} & S_{14} \\ 0 & S_{22} & S_{23} & S_{24} \\ 0 & 0 & S_{33} & S_{34} \\ 0 & 0 & 0 & S_{44} \end{bmatrix} \begin{bmatrix} a_{11} & a_{12} & a_{13} & a_{14} \\ 0 & a_{22} & a_{23} & a_{24} \\ 0 & 0 & a_{33} & a_{34} \\ 0 & 0 & 0 & a_{44} \end{bmatrix} = \begin{bmatrix} 1 & 0 & 0 & 0 \\ 0 & 1 & 0 & 0 \\ 0 & 0 & 1 & 0 \\ 0 & 0 & 0 & 1 \end{bmatrix}$$

由上式可见

$$S_{ii}a_{ii} = 1$$

于是可得矩阵 A 主对角元素的计算公式为

$$a_{ii} = \frac{1}{S_{ii}} \tag{5.68}$$

若将矩阵 S 的第 i 行元素与矩阵 A 的第 j 列元素相乘,并且假设 $j=i+1$,则可得到

$$S_{ii}a_{ij} + S_{ij}a_{jj} = 0$$

解得

$$a_{ij} = -\frac{1}{S_{ii}}S_{ij}a_{jj}$$

这就是计算矩阵 A 中紧随各主对角元的那些元素的计算公式,因为这些元素的行、列号均符合 $j=i+1$ 的条件,例如元素 a_{12},a_{23} 等。

按照上述思路不难推想,矩阵 A 中处在主元之后第 k 位的元素可按以下公式计算:

$$a_{ij} = -\frac{1}{S_{ii}}\sum_{l=i+1}^{i+k}S_{il}S_{lj}, \qquad j=i+k \tag{5.69}$$

根据式(5.68)和式(5.69)即可编制上三角矩阵求逆的计算程序。子程序 INVCH 的流程如图 5.21 所示。

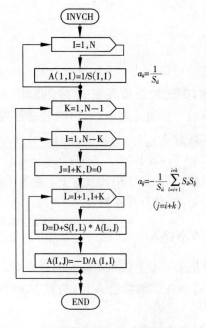

图 5.21

刚架动力分析子程序 INVCH (FORTRAN 95)

```
!
        SUBROUTINE INVCH(S,A,N,NX)
!   COMPUTE THE INVERSE OF AN UPPER TRIANGULAR MATRIX
!   STORED IN S, PLACING THE RESULTS IN A
!
        DIMENSION A(NX,NX),S(NX,NX)
!
!   COMPUTE DIAGONAL TERMS OF A
        DO I=1,N
```

```
        A(I,I)=1/S(I,I)
      ENDDO
!  COMPUTE THE TERMS OFF KTH DIAGONAL OF
      N1=N- 1
      DO K=1,N1
        NK=N- K
        DO I=1,NK
          J=I+ K
          D=0
          I1=I+ 1
          IK=I+ K
          DO L=I1,IK
            D=D+ S(I,L)* A(L,J)
          ENDDO
          A(I,J)=- D/S(I,I)
        ENDDO
      ENDDO
!

      RETURN
      END
```

刚架动力分析函数 INVCH（C++）

```cpp
void INVCH(double S[][150], double A[][150], int N, int NX)
{
    int N1, K, NK, IK, I, J, I1, L;
    double D;
// COMPUTE THE INVERSE OF AN UPPER TRIANGULAR MATRIX
// STORED IN S，PLACING THE RESULTS IN A
//
// COMPUTE DIAGONAL TERMS OF A
    for (I=1;I< =N;I+ + )
    {
        A[I- 1][I- 1]=1.0/S[I- 1][I- 1];
    }
//
// COMPUTE THE TERMS OFF KTH DIAGONAL OF A
    N1=N- 1;
    for (K=1;K< =N1;K+ + )
    {
        NK=N- K;
        for (I=1;I< =NK;I+ + )
```

```
            {
                J=I+ K;
                D=0.0;
                I1=I+ 1;
                IK=I+ K;
                for (L=I1;L< =IK;L+ + )
                {
                    D=D+ S[I- 1][L- 1]* A[L- 1][J- 1];
                }
                A[I- 1][J- 1]=- D/S[I- 1][I- 1];
            }
        }
    //
        return;
    }
```

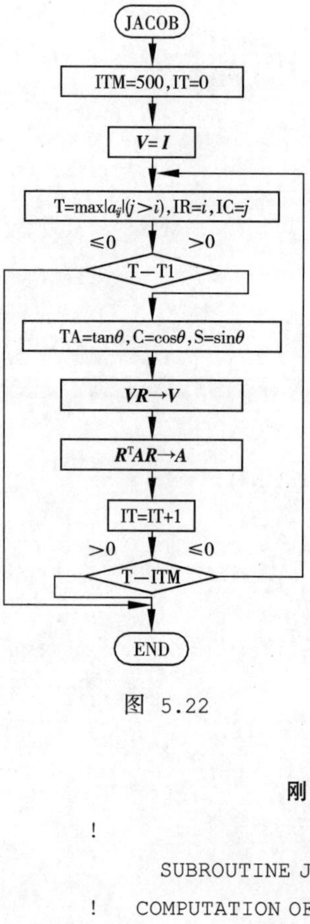

图 5.22

5.10.8　子程序 JACOB(A,V,ERR,N,NX)

　　子程序 JACOB 利用雅可比方法求解形如

$$AX = \lambda X$$

的标准特征值问题。二维数组 A 开始时用于存放上式中的系数矩阵 A,子程序执行完毕后存放的是经正交变换对角化后的矩阵 λ。二维数组 V 与数组 A 的尺度相同,子程序执行完毕后它的各列元素存放的是各特征向量。变量 N 和 NX 分别为上述数组的实际尺度和尺度界限,变量 ERR 是选定的误差限值。ERR 值一般可取 10^{-6} 到 10^{-8} 之间。

　　子程序 JACOB 的运行原理如 5.7 节所述,其主要流程如图 5.22 所示。

刚架动力分析子程序 JACOB (FORTRAN 95)

```
!
    SUBROUTINE JACOB(A,V,ERR,N,NX)
!   COMPUTATION OF EIGENVALUES AND EIGENVECTORS BY THE JACOBI'S METHOD
!
    DIMENSION A(NX,NX),V(NX,NX)
!
    ITM=500
    IT=0
!
!   PUT A UNIT MATRIX IN ARRAY V
    DO I=1,N
```

```
            DO J=1,N
               IF((I- J)==0)THEN
                  V(I,J)=1.
               ELSE
                  V(I,J)=0.
               ENDIF
            ENDDO
         ENDDO
!
!
!   FIND LARGEST OFF DIAGONAL COEFFICIENT
!
!
      DO WHILE((IT- ITM)< =0.)
         T=0
         M=N- 1
         DO I=1,M
            J1=I+ 1
            DO J=J1,N
               IF(ABS(A(I,J))> T)THEN
                  T=ABS(A(I,J))
                  IR=I
                  IC=J
               ENDIF
            ENDDO
         ENDDO
!
!
!   TAKE FIRST LARGEST OFF DIAGONAL COEFFICIENT
!   TIMES ERR AS COMPARISON VALUE FOR ZERO
!
!
      IF(IT==0.) T1=T* ERR
         IF((T- T1)< =0.) RETURN
!
!
!   COMPUTE TAN(TA),SINE(S),AND COSINE(C) OF ROTATION ANGLE
!
      PS=A(IR,IR)- A(IC,IC)
      TA=(- PS+ SQRT(PS* PS+ 4* T* T))/(2* A(IR,IC))
      C=1/SQRT(1+ TA* TA)
```

```
            S=C* TA
!
!
!   MULTIPLY ROTATION MATRIX TIMES V AND STORE IN V
!
        DO I=1,N
           P=V(I,IR)
           V(I,IR)=C* P+ S* V(I,IC)
           V(I,IC)=C* V(I,IC)- S* P
        ENDDO
        I=1
        DO WHILE((I- IR)/=0.)
!
!
!   APPLY ORTHOGONAL TRANSFORMATION TO A AND STORE IN A
!
           P=A(I,IR)
           A(I,IR)=C* P+ S* A(I,IC)
           A(I,IC)=C* A(I,IC)- S* P
           I=I+ 1
        ENDDO
!
    I=IR+ 1
        DO WHILE((I- IC)/=0.)
           P=A(IR,I)
           A(IR,I)=C* P+ S* A(I,IC)
           A(I,IC)=C* A(I,IC)- S* P
           I=I+ 1
        ENDDO
!
        I=IC+ 1
        DO WHILE((I- N)< =0)
           P=A(IR,I)
           A(IR,I)=C* P+ S* A(IC,I)
           A(IC,I)=C* A(IC,I)- S* P
           I=I+ 1
        ENDDO
        P=A(IR,IR)
        A(IR,IR)=C* C* P+ 2.* C* S* A(IR,IC)+ S* S* A(IC,IC)
        A(IC,IC)=C* C* A(IC,IC)+ S* S* P- 2.* C* S* A(IR,IC)
        A(IR,IC)=0.
```

```
        A(IC,IR)=0.
        IT=IT+ 1
    ENDDO
    RETURN
    END
```

刚架动力分析函数 JACOB（C＋＋）

```cpp
void JACOB(double A[][150], double V[][150], double ERR, int N, int NX)
{
// COMPUTATION OF EIGENVALUES AND EIGENVECTORS BY THE JACOBI'S METHOD
    int ITM, IT, M, J1, IR, IC, I, J;
    double T, T1, PS, TA, C, S, P;
    ITM=500;
    IT=0;
// PUT A UNIT MATRIX IN ARRAY V
    for (I=1;I< =N;I+ + )
    {
        for (J=1;J< =N;J+ + )
        {
            if ((I- J)< 0||(I- J)> 0)
            {
                V[I- 1][J- 1]=0.0;
            }
            else
            {
                V[I- 1][J- 1]=1.0;
            }
        }
    }
// FIND LARGEST OFF DIAGONAL COEFFICIENT
    while (IT< =ITM)
    {   T=0.0;
        M=N- 1;
        for (I=1;I< =M;I+ + )
        {   J1=I+ 1;
            for (J=J1;J< =N;J+ + )
            {   if (A[I- 1][J- 1]> T||A[I- 1][J- 1]< - T)
                {   if (A[I- 1][J- 1]> =0)
                    {
                        T=A[I- 1][J- 1];
                    }
```

```
                else
                {
                    T=- A[I- 1][J- 1];
                }
                IR=I;
                IC=J;
            }
        }
    }
//      TAKE FIRST LARGEST OFF DIAGONAL COEFFICIENT
//      TIMES ERR AS COMPARISON VALUE FOR ZERO
        if (IT==0)
        {
            T1=T* ERR;
        }
        if (T< =T1)
        {
            return;
        }
//      COMPUTE TAN(TA), SINE(S), AND COSINE(C) OF ROTATION ANGLE
        PS=A[IR- 1][IR- 1]- A[IC- 1][IC- 1];
        TA=(- PS+ pow((PS* PS+ 4* T* T),0.5))/(2* A[IR- 1][IC- 1]);
        C=1.0/pow((1+ TA* TA),0.5);
        S=C* TA;
//      MULTIPLY ROTATION MATRIX TIMES V AND STORE IN V
        for (I=1;I< =N;I+ + )
        {   P=V[I- 1][IR- 1];
            V[I- 1][IR- 1]=C* P+ S* V[I- 1][IC- 1];
            V[I- 1][IC- 1]=C* V[I- 1][IC- 1]- S* P;
        }
        I=1;
//      APPLY ORTHOGONAL TRANSFORMATION TO A AND STORE IN A
        while (I< IR||I> IR)
        {   P=A[I- 1][IR- 1];
            A[I- 1][IR- 1]=C* P+ S* A[I- 1][IC- 1];
            A[I- 1][IC- 1]=C* A[I- 1][IC- 1]- S* P;
            I=I+ 1;
        }
        I=IR+ 1;
        while (I< IC||I> IC)
        {
```

```
        P=A[IR- 1][I- 1];
        A[IR- 1][I- 1]=C* P+ S* A[I- 1][IC- 1];
        A[I- 1][IC- 1]=C* A[I- 1][IC- 1]- S* P;
        I=I+ 1;
    }
    I=IC+ 1;
    while (I< =N)
    {
        P=A[IR- 1][I- 1];
        A[IR- 1][I- 1]=C* P+ S* A[IC- 1][I- 1];
        A[IC- 1][I- 1]=C* A[IC- 1][I- 1]- S* P;
        I=I+ 1;
    }
    P=A[IR- 1][IR- 1];
    A[IR- 1][IR- 1]=C* C* P+ 2.0* C* S* A[IR- 1][IC- 1]+ S* S* A[IC- 1]
[IC- 1];
    A[IC- 1][IC- 1]=C* C* A[IC- 1][IC- 1]+ S* S* P- 2.0* C* S* A[IR- 1]
[IC- 1];
    A[IR- 1][IC- 1]=0.0;
    IT=IT+ 1;
    }
    return;
}
```

　　本子程序首先给出了迭代运算次数的限值 ITM＝500,并以变量 IT 为计数器,每完成一次正交变换后它的值增加 1。每次迭代运算中首先找出系数矩阵 A 中绝对值最大的非对角线元素,然后通过正交变换将该元素的值化为零。因为矩阵 A 是对称的,所以在每次正交变换之后仍能保持对称,并且绝对值最大的非对角线元素只需在矩阵上三角的副元素中寻找。

　　迭代过程的收敛条件是 T-T1 的值小于或等于零。从该子程序中可以看出,这里 T1 是原始的系数矩阵 A 中非对角线元素绝对值中的最大值,T 是经过若干次正交变换得到的当前矩阵 A 中非对角线元素绝对值中的最大值。若将上述最大值分别记为 $a^{(0)}$ 和 $a^{(i)}$,并将误差限值记为 e,则程序中采用的收敛条件可表达为

$$\frac{a^{(i)}}{a^{(0)}} \leqslant e \tag{5.70}$$

意为当前最大值与原最大值之比需小于或等于预定的误差限值。这一收敛条件一旦被满足则程序将终止迭代运算过程。

　　子程序开始时在二维数组 V 中形成一个 N 阶的单位矩阵。每一次迭代运算中将矩阵 V 与相应的正交变换矩阵 R 的乘积矩阵送入 V 数组。这一过程相当于完成式(5.58)所示的运算,为的是在数组 V 中形成各特征向量。对于矩阵 A 实施正交变换后所得到的

矩阵仍然存放在数组 A 中,迭代过程相当于完成式(5.57)所示的正交变换运算。迭代收敛后矩阵 **A** 的主对角线元素即为该标准特征值问题的各特征值,矩阵 **V** 的各列元素则为上述特征值对应的特征向量。

如果经过 500 次迭代,原系数矩阵的对角化仍未满足预定的收敛条件,则程序会自动停止迭代运算。

5.10.9　子程序 MATMB(A,B,V,N,NX)

子程序 MATMB 的功能是计算两个方形矩阵的乘积,相乘以前这两个矩阵分别存放于二维数组 A 和 B,相乘之后所得到的矩阵存放于数组 B。N 和 NX 分别为上述数组的实际尺度和尺度界限。V 是尺度界限为 NX 的一维工作数组。

值得注意的是,本子程序中结果矩阵是按列求得而不是按行求得的。程序中调用该子程序用以计算原广义特征值问题所对应的各特征向量。

刚架动力分析子程序 MATMB (FORTRAN 95)

```
      SUBROUTINE MATMB(A,B,V,N,NX)
!     PERFORM THE MATRIX OPERATION B=A* B
!
      DIMENSION A(NX,NX),B(NX,NX),V(NX)
!
!
      DO J=1,N
        DO I=1,N
          V(I)=0
          DO K=1,N
            V(I)=V(I)+ A(I,K)* B(K,J)
          ENDDO
        ENDDO
        DO I=1,N
          B(I,J)=V(I)
        ENDDO
      ENDDO
!
      RETURN
      END
```

刚架动力分析函数 MATMB (C++)

```
void MATMB(double A[][150], double B[][150], double V[], int N, int NX)
{
    int I, J, K;
// PERFORM THE MATRIX OPERATION B=A* B
//
```

```
//
    for (J=1;J< =N;J+ + )
    {
        for (I=1;I< =N;I+ + )
        {
            V[I- 1]=0.0;
            for (K=1;K< =N;K+ + )
            {
                V[I- 1]=V[I- 1]+ A[I- 1][K- 1]* B[K- 1][J- 1];
            }
        }
        for (I=1;I< =N;I+ + )
        {
            B[I- 1][J- 1]=V[I- 1];
        }
    }
//
    return;
}
```

5.10.10　子程序 OUTPT(TK,TM)

子程序 OUTPT 是平面刚架动力分析程序所调用的最后一个子程序,其功能是整理并输出计算结果。在主程序调用了子程序 EIGG 之后主要的分析过程已经完成,计算结果存放于 TK 和 TM 数组中。TK 数组的主对角线元素中存放的是原广义特征值问题的各特征值,本子程序中经过对它们进行开方运算求得刚架的各自振频率,并由此计算其相应的自振周期;TM 数组中的各列元素中存放的是各特征向量,即刚架的各阶振型。子程序 OUTPT 的流程如图 5.23 所示。

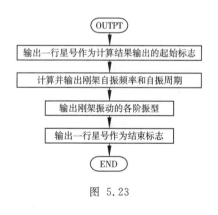

图 5.23

刚架动力分析子程序 OUTPT (FORTRAN 95)

```
    SUBROUTINE OUTPT(TK,TM)
!   OUTPUT PROGRAM
!
    COMMON NRMX,NCMX,NDFEL,NN,NE,NLN,NBN,NDF,NNE,N,MS,IN,IO,E,G
    DIMENSION TK(150,150),TM(150,150)
!
!
```

```
        WRITE(IO,1)
  1   FORMAT(' ',70('* '))
!

        DO I=1,N
          TK(I,I)=SQRT(TK(I,I))
        ENDDO
!

!   WRITE THE NATURAL FREQUENCIES AND PERIODS
        WRITE(IO,2)
  2   FORMAT(//' RESULTS'//' NATURAL FREQUENCIES'//6X,   &
      &       'NUMBER   FREQUENCIES    PERIODS')
        DO I=1,N
          T=6.2831854/TK(I,I)
          WRITE(IO,4) I,TK(I,I),T
  4         FORMAT(I10,2E15.6)
        ENDDO
!

!   WRITE NATURAL MODES
        WRITE(IO,5)
  5   FORMAT(//' NATURAL MODES')
        DO I=1,N
          WRITE(IO,7) I,(TM(J,I),J=1,N)
  7         FORMAT(/' MODE NUMBER :',I4/(5E15.6))
        ENDDO
        WRITE(IO,1)
!

        RETURN
        END
```

刚架动力分析函数 OUTPT (C++)

```cpp
void OUTPT(double TK[][150], double TM[][150])
{
// OUTPUT PROGRAM
//
    int I, J;
    double T;
    WRITE_IO.setf(ios::showpoint);
//
// WRITE NODAL DISPLACEMENTS
    WRITE_IO <<
    "*********************************************************************\n\n";
```

```
//
    for (I=1;I< =N;I+ + )
    {
        TK[I- 1][I- 1]=pow(TK[I- 1][I- 1],0.5);
    }
//
// WRITE THE NATURAL FREQUENCIES AND PERIODS
    WRITE_IO ≪ "\n\n RESULTS\n\n" ≪ " NATURAL FREQUENCIES\n\n"
            ≪ "       NUMBER    FREQUENCIES      PERIODS\n";
//    WRITE_IO ≪ TK[0][0] ≪ endl;
    for (I=1;I< =N;I+ + )
    {
        T=6.2831854/TK[I- 1][I- 1];
        WRITE_IO ≪ setw(10) ≪ I ≪ setw(15) ≪ setprecision(6)
                ≪ TK[I- 1][I- 1] ≪ setw(15) ≪ T ≪ endl;
    }
// WRITE NATURAL MODES
    WRITE_IO ≪ "\n\n NATURAL MODES" ≪ endl;
    for (I=1;I< =N;I+ + )
    {
        WRITE_IO ≪ "\n MODE NUMBER :" ≪ setw(4) ≪ I ≪ endl;
        for (J=1;J< =N;J+ + )
        {
            WRITE_IO ≪ setw(15) ≪ TM[J- 1][I- 1];
        }
    }
    WRITE_IO ≪
▇***********************************************************************\n\n";
    return;
}
```

5.11　平面刚架动力分析程序的应用

　　本章介绍的平面刚架动力分析程序是以有限单元法作为分析手段的,在程序使用方面与静力分析程序的主要差别在于需要合理地确定计算图式。在作桁架或刚架的静力分析时,一般只需要将结构的每一个杆件视为一个单元,于是对于一定的结构来说单元的划分几乎是确定的。但在利用有限单元法进行结构的动力分析时,计算结果的精度将取决于单元划分的精细程度,所以一般需要将一个杆件划分为若干个单元。划分单元的数目将取决于所期望的计算精度、所求自振频率范围以及杆件的尺寸等因素。一般地说,计算精度方面的要求愈高,所求自振频率的阶数愈高或者是杆件愈长时需要划分的单元数也愈多。单元的划分可以根据经验确定;也可以通过采用不同单元数的计算结果比较估计解的精度,从而确定是否有必要进一步细分单元。

单元划分之后就可以按一般矩阵位移法的做法对单元和结点进行编号,并设定结构坐标系,然后根据动力分析的需要准备好原始数据。本刚架动力分析程序共需输入四组原始数据,现说明如下。假定全部数据采用自由格式输入。

1)第一组数据——基本参数,分别存放于变量 NN,NE,NBN,E,G。

依次填写刚架经有限单元划分后的结点总数,单元总数以及支座结点总数,材料的弹性模量和密度。

2)第二组数据——结点坐标,分别存放于数组 X、Y。

以结点为序依次填写结点的编号和结点的 x、y 坐标值。

3)第三组数据——单元两端结点号和横截面性质,分别存放于数组 NCO 和 PROP。

以单元为序依次填写单元的编号,单元两端结点的编号,单元的横截面面积和横截面惯性矩。单元两端结点编号的填写顺序可以任取。

4)第四组数据——支座约束信息,存放于数组 IB。

对于支座结点,以结点为序填写支座结点的编号及其 x、y 和转角方向位移状态的指示信息。若支座结点在某一方向上的位移是自由的则相应的指示信息填 1;若某一方向上的位移已被约束则相应的指示信息填 0。

为了利用本章介绍的平面刚架动力分析程序计算实际结构,首先需要建立源程序文件,经过计算机编译、连接后生成可执行程序。以后在应用时只需运行可执行程序,并将具体问题的数据适时输入计算机,详见附录 I。

例 5.5　试用本章刚架动力分析程序求解图 5.24(a)所示刚架的自振频率和振型。已知材料的弹性模量 $E=2.5\times10^4\,\mathrm{MPa}$,密度 $\rho=2.5\mathrm{t/m^3}$。柱子的横截面面积和惯性矩分别为 $A_1=1.0\times10^{-2}\,\mathrm{m^2}$,$I_1=8.3333\times10^{-6}\,\mathrm{m^4}$;横梁的横截面面积和惯性矩分别为 $A_2=1.5\times10^{-2}\,\mathrm{m^2}$,$I_2=2.8125\times10^{-5}\,\mathrm{m^4}$。

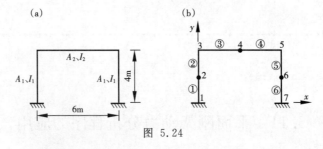

图 5.24

解　若将图 5.24(a)所示刚架的每一个杆件划分为长度相等的两个单元,则结构标识如图 5.24(b)所示。当采用 kN·m 单位制时,数据填写如下。

第一组数据:7,6,2,2.5E7,2.5

第二组数据:1,0.0,0.0

　　　　　　2,0.0,2.0

　　　　　　3,0.0,4.0

　　　　　　4,3.0,4.0

　　　　　　5,6.0,4.0

```
            6,6.0,2.0
            7,6.0,0.0
第三组数据:1,1,2,1.0E-2,8.3333E-6
            2,2,3,1.0E-2,8.3333E-6
            3,3,4,1.5E-2,2.8125E-5
            4,4,5,1.5E-2,2.8125E-5
            5,5,6,1.0E-2,8.3333E-6
            6,6,7,1.0E-2,8.3333E-6
第四组数据:1,0,0,0
            7,0,0,0
```

如果原始数据采用文件输入的方式,则应按以上数据建立数据文件,可取名为 DYN1. DAT。计算结果采用文件输出时可将该文件定名为 DYN1. RES。运行可执行程序,计算结束后所有输出信息自动存放在如下结果文件 DYN1. RES 中。

DYN1. RES

```
**********************************************************************


    INTERNAL DATA

    NUMBER OF NODES          :    7

    NUMBER OF ELEMENTS       :    6

    NUMBER OF SUPPORT NODES :    2

    MODULUS OF ELASTICITY :       25000000.

    DENSITY :                     2.5000


    NODAL COORDINATES
        NODE        X          Y
          1        0.00       0.00
          2        0.00       2.00
          3        0.00       4.00
          4        3.00       4.00
          5        6.00       4.00
          6        6.00       2.00
          7        6.00       0.00


    ELEMENT CONNECTIVITY AND PROPERTIES
    ELEMENT   START NODE   END NODE     AREA        M. OF INERTIA
          1        1          2        0.01000        0.00001
          2        2          3        0.01000        0.00001
          3        3          4        0.01500        0.00003
          4        4          5        0.01500        0.00003
          5        5          6        0.01000        0.00001
          6        6          7        0.01000        0.00001
```

BOUNDARY CONDITION DATA

STATUS

(0:PRESCRIBED, 1:FREE)

NODE	U	V	RZ
1	0	0	0
7	0	0	0

****

RESULTS

NATURAL FREQUENCIES

NUMBER	FREQUENCIES	PERIODS
1	0.383264E+ 04	0.163939E- 02
2	0.374836E+ 04	0.167625E- 02
3	0.317179E+ 04	0.198096E- 02
4	0.159274E+ 04	0.394489E- 02
5	0.118801E+ 04	0.528882E- 02
6	0.115392E+ 04	0.544507E- 02
7	0.757884E+ 03	0.829043E- 02
8	0.552126E+ 03	0.113800E- 01
9	0.452782E+ 03	0.138768E- 01
10	0.370142E+ 03	0.169751E- 01
11	0.197672E+ 03	0.317859E- 01
12	0.123598E+ 03	0.508356E- 01
13	0.117884E+ 03	0.532996E- 01
14	0.464803E+ 02	0.135180E+ 00
15	0.148507E+ 02	0.423091E+ 00

NATURAL MODES

MODE NUMBER :　　1

　-0.348399E+00　　0.326070E+01　　0.154888E+01　　-0.131059E+01　　-0.315827E+01

　0.685985E+01　　0.123235E+01　　-0.577232E-07　　0.174724E+01　　-0.131059E+01

　0.315827E+01　　0.685985E01　　-0.348399E+00　　-0.326070E+01　　0.154888E+01

MODE NUMBER :　　2

　0.398324E+00　　-0.347304E+01　　-0.180856E+01　　0.454241E+00　　0.313239E+01

```
 -0.568004E+01    -0.568081E-06     0.338766E+00    -0.184190E-05    -0.454239E+00
  0.313239E+01     0.568003E+01    -0.398323E+00    -0.347304E+01     0.180855E+01


MODE NUMBER :    3
 -0.391279E+00     0.123441E+01     0.189887E+01     0.265991E+01    -0.504453E+00
 -0.855044E+00    -0.330701E+01     0.423824E-08    -0.120600E+01     0.265991E+01
  0.504453E+00    -0.855044E+00    -0.391279E+00    -0.123441E+01     0.189887E+01


MODE NUMBER :    4
  0.334957E+00    -0.557902E+00    -0.179480E+01    -0.312167E+01    -0.631578E+00
  0.251480E+01    -0.129648E-06    -0.420576E+00     0.355158E-06     0.312167E+01
 -0.631577E+00    -0.251480E+01    -0.334957E+00    -0.557902E+00     0.179480E+01


MODE NUMBER :    5
  0.679427E+00     0.195985E+01    -0.367556E+01     0.114950E+00     0.290842E+01
 -0.774860E+01     0.241569E+00    -0.636516E-06    -0.303654E+01     0.114950E+00
 -0.290843E+01    -0.774862E+01     0.679428E+00    -0.195986E+01    -0.367557E+01
MODE NUMBER :    6
  0.595363E+00     0.193894E+01    -0.328295E+01    -0.372677E+00     0.292938E+01
 -0.581117E+01     0.234542E-06     0.473944E+00    -0.417888E-05     0.372677E+00
  0.292937E+01     0.581115E+01    -0.595361E+00     0.193894E+01     0.328294E+01


MODE NUMBER :    7
 -0.709563E+00     0.459526E+00     0.533309E+01    -0.621240E-01     0.817368E+00
  0.714872E+01    -0.815244E-01    -0.430303E-06     0.833139E+01    -0.621238E-01
 -0.817369E+00     0.714871E+01    -0.709563E+00    -0.459527E+00     0.533310E+01


MODE NUMBER :    8
 -0.569866E+00     0.225051E+00     0.950976E+01    -0.633815E-01     0.423207E+00
  0.496815E+01    -0.248563E-06    -0.162152E+01     0.192314E-05     0.633814E-01
  0.423208E+00    -0.496815E+01     0.569866E+00     0.225052E+00    -0.950976E+01


MODE NUMBER :    9
  0.154253E+00     0.306211E-01     0.102724E+02     0.392087E+00     0.587650E-01
 -0.181346E+01     0.430629E+00    -0.365258E-06    -0.325711E+01     0.392087E+00
 -0.587653E-01    -0.181346E+01     0.154253E+00    -0.306212E-01     0.102724E+02


MODE NUMBER :   10
  0.825819E+00    -0.543658E-01     0.650668E+01    -0.493277E-01    -0.105779E+00
 -0.492477E+01    -0.177727E-06     0.177364E+01    -0.255869E-05     0.493276E-01
 -0.105780E+00     0.492478E+01    -0.825818E+00    -0.543658E-01    -0.650668E+01
```

```
MODE NUMBER :  11
   -0.158685E+01      0.341898E-01    -0.118610E+01      0.141644E+00      0.678469E-01
    0.284101E+01      0.144164E+00    -0.518268E-05    -0.391299E+01      0.141644E+00
   -0.678467E-01      0.284100E+01    -0.158684E+01    -0.341898E-01    -0.118610E+01


MODE NUMBER :  12
    0.348411E+01     -0.536583E-02    -0.166950E+00      0.109621E-01    -0.106988E-01
    0.545128E+00      0.330121E-06    -0.103368E+01    -0.102686E-05    -0.109618E-01
   -0.106987E-01     -0.545125E+00    -0.348410E+01    -0.536573E-02      0.166949E+00


MODE NUMBER :  13
   -0.317964E+01     -0.291350E-02      0.206305E+00      0.626223E+00    -0.581105E-02
   -0.168122E+01      0.630156E+00      0.464067E-05      0.119554E+01      0.626223E+00
    0.581087E-02     -0.168122E+01    -0.317965E+01      0.291360E-02      0.206307E+00


MODE NUMBER :  14
   -0.780622E+00     -0.353528E-02      0.341339E+00      0.303008E-03    -0.706787E-02
   -0.133259E+01      0.253503E-05    -0.295718E+01      0.677893E-05    -0.298008E-03
   -0.706749E-02      0.133258E+01      0.780615E+00    -0.353525E-02    -0.341337E+00


MODE NUMBER :  15
   -0.862823E+00     -0.273471E-03      0.656499E+00    -0.184509E+01    -0.547107E-03
    0.150103E+00     -0.184527E+01    -0.298224E-05    -0.752023E-01    -0.184509E+01
    0.547027E-03      0.150104E+00    -0.862825E+00      0.273526E-03      0.656498E+00
*********************************************************************
```

结果文件中前面部分是该问题的原始数据,后面部分则是计算结果。计算结果包括刚架的自振频率,自振周期和振型。根据以上计算结果可知,该刚架自由振动时的基本频率和第二频率分别为 $\omega_1 = 14.85$ 和 $\omega_2 = 46.48$,并可绘出相应的振型大体如图 5.25(a)、(b)所示。

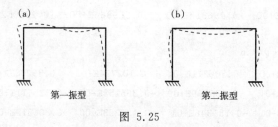

第一振型　　　　　　　　　　　第二振型

图 5.25

例 5.6　试用本章中的动力分析程序计算图 5.26(a)所示刚架发生横向剪切型振动时的自振频率和振型。已知横梁(包括楼面)的质量 $m = 3.6 \times 10^4 \, \text{kg}$,柱子的横截面面积和截面惯性矩分别为 $A = 0.24 \text{m}^2$ 和 $I = 1.28 \times 10^{-2} \, \text{m}^4$;材料的弹性模量 $E = 2.5 \times 10^4 \, \text{MPa}$。设横梁的刚度可视为无限大,并且忽略柱子质量的影响。

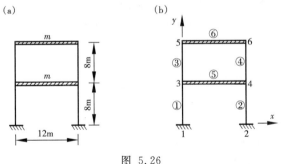

图 5.26

解　本例属于比较典型的工程结构。多层框架结构中由于横梁的截面高度较大以及与楼板的共同作用,横梁刚度相对于柱子而言常可视为无限大。由于横梁的质量中包括了楼面的质量在内,柱子的质量与之相比常可以忽略。此时,刚架的侧向振动通常呈剪切型。

当柱子的质量被忽略时,其变形曲线应符合于精确的三次曲线,于是就不需要将一根柱划分为多个单元。又因为横梁的刚度可视为无限大,在研究刚架的剪切型振动时也不必将其划分为多个单元。据此,原刚架的单元划分和结构标识可取如图 5.26(b)。

在数据填写时应根据本问题的特点和要求确定其中一些数据的填写方法。因柱子的质量相对于横梁的质量 m 可以忽略,所以材料的密度应填写一充分小的数,如填 $\rho = 0.1 \text{t/m}^3$。为了保证横梁的质量与已知条件相符,应取梁横截面积 $A = m/\rho l$,这里 l 为横梁的长度,由已知条件可算得 $A = 30.0 \text{m}^2$。横梁的横截面惯性矩应填写一个远大于柱横截面惯性矩的数值,如填 $I = 5.0 \text{m}^4$。其余数据可按实填写。当采用 kN · m 单位制时全部原始数据填写如下。

第一组数据:6,6,2,2.5E7,0.1

第二组数据:1,0.0, 0.0

　　　　　　2,12.0,0.0

　　　　　　3,0.0, 8.0

　　　　　　4,12.0,8.0

　　　　　　5,0.0, 16.0

　　　　　　6,12.0,16.0

第三组数据:1,1,3,0.24,0.0128

　　　　　　2,2,4,0.24,0.0128

　　　　　　3,3,5,0.24,0.0128

　　　　　　4,4,6,0.24,0.0128

　　　　　　5,3,4,30.0,5.0

　　　　　　6,5,6,30.0,5.0

第四组数据:1,0,0,0

　　　　　　2,0,0,0

按以上数据建立数据文件 DYN2. DAT,计算所得的两个最低频率及其相应的振型即为该刚架作剪切振动时的自振频率和振型。

DYN2. RES

****

INTERNAL DATA

```
NUMBER OF NODES          :    6
NUMBER OF ELEMENTS       :    6
NUMBER OF SUPPORT NODES  :    2
MODULUS OF ELASTICITY :        25000000.
DENSITY :                       0.1000
```

NODAL COORDINATES

NODE	X	Y
1	0.00	0.00
2	12.00	0.00
3	0.00	8.00
4	12.00	8.00
5	0.00	16.00
6	12.00	16.00

ELEMENT CONNECTIVITY AND PROPERTIES

ELEMENT	START NODE	END NODE	AREA	M. OF INERTIA
1	1	3	0.24000	0.01280
2	2	4	0.24000	0.01280
3	3	5	0.24000	0.01280
4	4	6	0.24000	0.01280
5	3	4	30.00000	5.00000
6	5	6	30.00000	5.00000

BOUNDARY CONDITION DATA

STATUS

(0:PRESCRIBED, 1:FREE)

NODE	U	V	RZ
1	0	0	0
2	0	0	0

****

RESULTS

NATURAL FREQUENCIES

NUMBER	FREQUENCIES	PERIODS
1	0.454074E+04	0.138374E-02
2	0.450855E+04	0.139362E-02
3	0.401469E+04	0.156505E-02
4	0.392642E+04	0.160023E-02
5	0.139714E+04	0.449717E-02
6	0.556144E+03	0.112978E-01
7	0.122158E+04	0.514348E-02
8	0.279326E+03	0.224941E-01
9	0.218482E+03	0.287584E-01
10	0.122495E+03	0.512935E-01
11	0.327603E+02	0.191792E+00
12	0.124413E+02	0.505025E+00

NATURAL MODES

MODE NUMBER :   1
```
  0.857332E-01    0.197997E-02  -0.988098E-03  -0.857332E-01    0.197997E-02
  0.988098E-03  -0.274070E+00  -0.259460E-02   0.129553E-02    0.274070E+00
 -0.259462E-02  -0.129554E-02
```

MODE NUMBER :   2
```
  0.272124E+00  -0.653020E-03   0.321830E-03  -0.272124E+00  -0.653019E-03
 -0.321829E-03   0.851426E-01   0.295911E-02  -0.148053E-02  -0.851426E-01
  0.295913E-02   0.148055E-02
```

MODE NUMBER :   3
```
  0.115127E-02    0.457334E-01  -0.498890E-01   0.115126E-02  -0.457333E-01
 -0.498890E-01    0.170449E-02   0.421165E+00  -0.423625E+00   0.170448E-02
 -0.421166E+00  -0.423625E+00
```

MODE NUMBER :   4
```
 -0.119490E-03    0.406027E+00  -0.409337E+00  -0.119490E-03  -0.406027E+ 00
 -0.409337E+00  -0.131405E-02  -0.479287E-01   0.444710E-01  -0.131405E-02
  0.479288E-01    0.444711E-01
```

MODE NUMBER :   5
```
  0.110168E-03    0.316569E+00  -0.150183E+00  -0.110168E-03    0.316569E+00
```

```
   0.150183E+00    0.276745E-03  -0.213659E+00    0.101269E+00  -0.276745E-03
  -0.213659E+00  -0.101269E+00


MODE NUMBER :   6
   0.149346E-03  -0.232188E+00    0.297951E-01    0.149346E-03    0.232188E+00
   0.297951E-01    0.221022E-03    0.145716E+00  -0.187709E-01    0.221022E-03
  -0.145716E+00  -0.187709E-01


MODE NUMBER :   7
  -0.133377E-03    0.201379E+00  -0.100351E+00    0.133377E-03    0.201379E+00
   0.100351E+00  -0.315680E-04    0.307620E+00  -0.153053E+00    0.315682E-04
   0.307620E+00    0.153053E+00


MODE NUMBER :   8
  -0.335707E-05    0.100830E+00    0.197508E-01    0.335250E-05    0.100830E+00
  -0.197508E-01  -0.298755E-05  -0.622545E-01  -0.123976E-01    0.298158E-05
  -0.622546E-01    0.123975E-01


MODE NUMBER :   9
  -0.149214E-02  -0.149145E+00    0.238567E-01  -0.149214E-02    0.149145E+00
   0.238567E-01    0.210193E-02  -0.241547E+00    0.387861E-01    0.210193E-02
   0.241547E+00    0.387862E-01

MODE NUMBER :  10
  -0.918287E-06  -0.828855E-01  -0.224018E-02    0.884139E-06  -0.828856E-01
   0.224017E-02    0.141000E-05  -0.134011E+00  -0.366630E-02  -0.138188E-05
  -0.134011E+00    0.366625E-02


MODE NUMBER :  11
  -0.141673E+00    0.207993E-02  -0.385291E-03  -0.141673E+00  -0.207990E-02
  -0.385292E-03    0.868656E-01    0.360172E-02  -0.707253E-03    0.868656E-01
  -0.360169E-02  -0.707254E-03


MODE NUMBER :  12
   0.865206E-01    0.127696E-02  -0.279094E-03    0.865206E-01  -0.127695E-02
  -0.279095E-03    0.141839E+00    0.163169E-02  -0.297316E-03    0.141839E+00
  -0.163169E-02  -0.297315E-03
***********************************************************************
```

由结果文件 DYN2. RES 所示可知：$\omega_1=12.44$，$\omega_2=32.76$。本例结构自振频率的精确值为：$\omega_1=12.75$；$\omega_2=33.04$。自振频率的计算值 ω_1 和 ω_2 分别比精确值偏低 2.4% 和 0.8%，这主要是因为在由计算机所得的计算结果中是考虑了一点柱子质量的影响。根据计算结果画出相应于上述 ω_1 和 ω_2 的振型如图 5.27 所示。

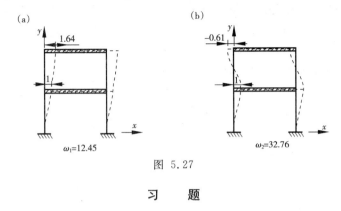

图 5.27

习　题

5.1　试利用虚功原理推导图示变截面桁架单元的刚度矩阵。设单元的轴向位移 $u=(1-\frac{x}{l})u_i+\frac{x}{l}u_j$，单元的横截面面积为 $A(x)=(1-\frac{x}{l})A_i+\frac{x}{l}A_j$，材料的弹性模量为 E。

5.2　试利用虚功原理推导图示分段等截面梁单元的弯曲刚度矩阵。假设单元的横向位移为三次曲线。

5.3　试利用虚功原理计算两端固定刚架单元在图示分布荷载作用下的等效结点力。

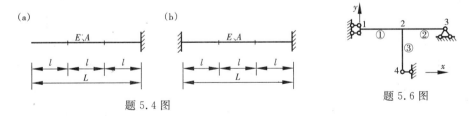

题 5.1 图　　　　　　　题 5.2 图　　　　　　　题 5.3 图

5.4　试用有限单元法计算图示具有均匀分布质量的梁纵向振动时的自振频率。设将梁划分为图示长度相等的三个单元,材料的线密度为 ρ。

5.5　试用有限单元法计算图 5.26(a)所示刚架发生横向剪切振动的自振频率和振型。

5.6　若用本章动力分析程序计算题 5.6 图所示刚架的自振频率,在计算机执行完子程序 INPUT 后,数组 IUNK 中的各个元素和变量 N 的值分别是多少? 为什么?

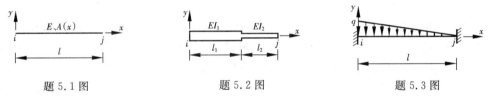

题 5.4 图　　　　　　　　　　　　　　　　题 5.6 图

5.7　计算题 5.6 图所示刚架时,在程序运行过程中子程序 ELASS 被调用几次? 单元③的一致质量矩阵中有多少个元素被送入结构质量矩阵? 在送入单元③贡献的过程中语句 JR=I1+K 共执行多少次? 为什么?

5.8　试写出子程序 JACOB 流程图 5.22 中各方框所对应的该子程序中的语句区间,即找出各方框的起始和终止语句。

5.9　试填写用本章程序对例 5.3 所示梁进行动力分析时的数据,并利用计算机完成这一分析。设采用图 5.7(c)所示的单元划分和结构标识。已知梁的有关参数为 $L=8\text{m}, A=0.12\text{m}^2, I=0.0025\text{m}^4$；材料的弹性模量 $E=3.0\times10^4\text{MPa}$，密度 $\rho=2.5\text{t/m}^3$。

5.10 试用本章程序分两种单元划分情况计算图示刚架的自振频率和振型。

(1)将每一个刚架构件作为一个单元；

(2)将每一个刚架构件划分为长度均为 4m 的单元。

已知材料的弹性模量 $E=3.0\times10^4\text{MPa}$，密度 $\rho=2.5\text{t/m}^3$；各柱子的横截面面积 $A_1=0.32\text{m}^2$，惯性矩 $I_1=0.017\text{m}^4$；各梁的横截面面积 $A_2=0.48\text{m}^2$，惯性矩 $I_2=0.0576\text{m}^4$。

5.11 综合填空。如欲利用本章中的刚架动力分析程序计算图示刚架的自振频率与振型，结构标识如图。试填写：

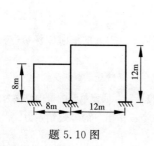
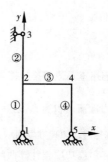

题 5.10 图　　　　　　　　　题 5.11 图

(1)若在第三组数据填写各单元两端结点号时，结点号小的填在先，在执行子程序 ELASS 将单元②的质量矩阵中位于第三行第六列的元素送入 TM 数组时，KR=_____，KC=_____，循环变量 I=_____，J=_____，L=_____，K=_____。

(2)上题中若在第三组数据填写时结点号大的填在先，则 KR=_____，KC=_____，循环变量 I=_____，J=_____，L=_____，K=_____。

(3)在执行子程序 JACOB 实行第一轮迭代消去 A(4,5)时以下语句的执行次数。

语　　　句	执行次数
V(I,J)=0.	
P=A(I,IR)	
A(IR,I)=C*P+S*A(IC,I)	
A(IR,IC)=0.	

(4)运算结束后，结构的特征值存放在数组_____中，相应的特征向量存放在数组_____中。

第6章　结构稳定性分析和程序设计与应用

6.1　概　　述

结构静力分析的主要目的是确保结构在预定的静力荷载作用下具有足够的安全性。实际结构的破坏形式一般可以分为两种：一种称为**强度破坏**，此时结构构件的内力超过其材料的最大抵抗能力，由此就造成了构件乃至整个结构的破坏；另一种称为丧失稳定性破坏，此时虽然结构构件上的内力并未超过它的最大抵抗能力，但结构的平衡状态发生了**分支**，或者是随着变形的开展结构内外力之间的平衡已不可能达到，此时结构在荷载基本不变的情况下可能发生很大的位移并最后导致结构的破坏。造成结构失稳破坏的原因主要是构件中轴向压力的作用。随着各种高强度材料的广泛应用，结构的稳定性分析也就显得愈来愈重要。

结构的**失稳破坏**主要分为两类。如果是荷载达到一定的数值后结构的平衡状态发生分支，则称为**丧失第一类稳定性**。图 6.1(a)、(b)所示的结构在荷载 F_P 增加到一定的数值时就可能发生第一类失稳。失稳时原先直立的平衡状态成为一种随遇平衡，结构随时可以转向图中虚线所示的弯曲平衡状态，上述使结构发生平衡分支的荷载称为**临界荷载**，可记为 F_{Pcr}。图 6.2 所示为结构发生第一类失稳前、后的荷载——侧向位移曲线。由图中可以看出，在丧失第一类稳定性时，结构的平衡状态可发生质变，其失稳临界荷载可以根据分支平衡状态出现的条件确定。

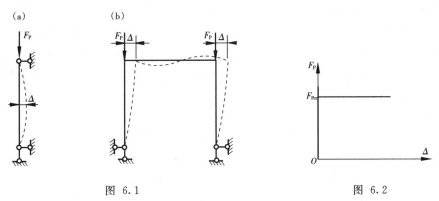

图 6.1　　　　　　　　　　　　　　　　图 6.2

如果是荷载达到一定的数值后，随着变形的发展使得结构内、外力之间的平衡不再可能达到，则称为**丧失第二类稳定性**。图 6.3(a)、(b)所示的结构在荷载 F_P 由零开始增加的过程中侧向位移 Δ 也随之由零开始逐步增加。这就是说，从一开始加载结构已就进入弯曲平衡状态。

在荷载 F_P 到达一定数值之前这种弯曲平衡状态仍然是属于稳定平衡。但当荷载 F_P

达到一定数值后,即使不再增加荷载,结构的侧向位移 Δ 仍不断增加,直至结构达到破坏,这种情况称为结构发生了第二类失稳,其相应的荷载常称为结构丧失第二类稳定性的临界荷载,仍可记为 F_{Pcr}。图 6.4 所示为结构发生第二类失稳前、后的荷载——侧向位移曲线。由图中可以看出,在丧失第二类稳定性时结构的平衡形式并不发生质变,此时的临界荷载可以根据函数极值点条件 $\dfrac{\mathrm{d}F_P}{\mathrm{d}\Delta}=0$ 确定,因而第二类失稳也常称为**极值点失稳**。

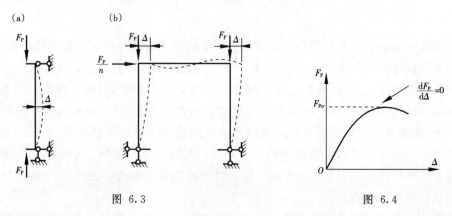

图 6.3　　　　　　　　　　　　　　　　图 6.4

在发生第二类失稳时结构的位移一般已超出小位移范围,结构某些部位的变形也常超出了**弹性变形**的范围。因此,第二类失稳问题通常是几何非线性和材料非线性同时存在的复合非线性问题,需要采用考虑弹塑性大变形的非线性有限单元法求数值解。本章中只限于讨论结构在弹性的小变形范围内丧失第一类稳定性的问题。这一类问题也常被称为**线性稳定性**问题。这里所谓的线性是指:构件的轴向应力可以通过线性分析确定;在结构发生失稳变形时构件中的轴向应力仍保持不变。

在结构力学中已介绍过用静力法、能量法和位移法等进行结构丧失第一类稳定性的分析。但上述的静力法和能量法一般只适用于杆件数不多的简单结构,而位移法的计算十分繁琐,所得到的稳定方程是超越方程且不便求解。为了便于借助计算机进行分析,本章将介绍结构稳定性分析的有限单元法,以及基于这一方法的计算程序以及程序的设计原理。实际上,有限单元法也是求解结构丧失第二类稳定性问题的有效方法。

6.2　结构稳定性分析的有限单元法

在第 2 章静力分析的矩阵位移法中已经介绍了结构的刚度矩阵,它反映了结点力与结点位移之间的关系。当时,结构的刚度矩阵与结构所受的荷载是无关的。

在作结构稳定性分析时,由于结构中部分杆件中的轴向压力往往很大,有时甚至已接近于杆件本身的失稳临界荷载。那么这样的轴向压力是否会影响结点力与结点位移之间的关系呢? 答案是肯定的。以下就来分析图 6.5 所示的刚架,注意 B 结点的转动刚度是如何随荷载 F_P 的变化而变化的。

当荷载 F_P 的值为零时,B 结点的转动刚度应是 BA 杆和 BC 杆在 B 点处转动刚度之和,根据结构力学的转角位移方程可知,这一转动刚度为 $6i$;当 F_P 的值增大至 BA 杆两端简支时的临界荷载 F_{P1} 时,BA 杆在 B 点的转动刚度已降为零,此时刚架 B 结点的转动刚度只剩下 BC 杆的作用,为 $3i$;当 F_P 的值继续增大至该刚架的临界荷载 F_{Pcr} 时,平衡状态产生了分支,此时任意小的干扰都可以使刚架转入虚线所示的弯曲平衡状态,或者说此时 B 结点的转动刚度已降为零。由以上的分析可以看出,随着 F_P 的增大 B 结点的转动刚度实际上是逐步降低的,由此也可以断言,结构结点力与结点位移之间的关系实际上与存在于各杆件中的轴力有关。

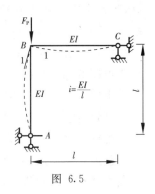

图 6.5

结构的刚度矩阵是由各单元刚度矩阵集合生成的。事实上,2.3 节中在利用转角位移方程推导单元刚度矩阵时并没有考虑刚架单元中的轴力对于杆端弯矩和杆端剪力的影响;在 5.3 节中用虚功原理推导刚架单元的刚度矩阵时也没有考虑由于侧向虚位移所引起的轴向虚应变。这样推导得到的单元刚度矩阵只能反映单元中的轴力远小于杆件的临界荷载时杆端力与杆端位移之间的关系。在作结构的内力分析时通常可以忽略轴力对于杆件侧向刚度的影响,但在作结构的稳定性分析时上述关系必须加以修正。

设在考虑了轴力的影响后单元刚度方程可修改为

$$F^e = (k^e + k^e_\sigma)\Delta^e \tag{6.1}$$

式中,k^e 为不考虑轴力影响时的单元刚度矩阵;k^e_σ 称为**单元初应力矩阵**或**单元几何刚度矩阵**,用以反映杆件轴力的影响。以后可以看到,初应力矩阵 k^e_σ 与单元中的轴力成正比,其具体形式将在 6.3 节中推导。相应地,结构的刚度方程也应修改为

$$(K + K_\sigma)\Delta = F \tag{6.2}$$

式中,K 为不考虑杆件轴力影响时的结构刚度矩阵;K_σ 称为**结构初应力矩阵**或**结构几何刚度矩阵**。由单元初应力矩阵组装结构初应力矩阵时仍可以采用在第 2 章中所介绍的"对号入座"的方法。

如果按照结构的某一轴力水平求得初应力矩阵 K_σ,并采用因子 λ 改变初应力的大小,则初应力矩阵也随之改变为 λK_σ。此时,式(6.2)就可以改写为

$$(K + \lambda K_\sigma)\Delta = F \tag{6.3}$$

结构发生第一类失稳时已进入随遇平衡状态,在外部荷载不变的情况下可以由原先的平衡位置转入邻近的平衡位置。若以 $\Delta + \delta\Delta$ 表示这一邻近的平衡位置,则有

$$(K + \lambda K_\sigma)(\Delta + \delta\Delta) = F$$

将上式减去式(6.3)得

$$(K + \lambda K_\sigma)\delta\Delta = 0 \tag{6.4}$$

可见结构丧失第一类稳定性的分析可以归结为广义特征值问题。$\delta\Delta = 0$ 是式(6.4)的一组解,表示结构未发生失稳变形的情况,这组解并不是我们需要的。为使式(6.4)取得非零解,要求

$$|K + \lambda K_\sigma| = 0 \tag{6.5}$$

式(6.5)就称为确定第一类失稳临界荷载的**稳定方程**。若方程左端中所示的为 n 阶矩

阵,则稳定方程是关于 λ 的 n 次代数方程。求解这一方程可以得到 n 个特征值 λ_1, λ_2, …, λ_n,并可由式(6.4)求得 n 个相应的特征向量,它们分别表示结构的各阶临界荷载及其相应的失稳模态。对于稳定性问题来说,通常有实际意义的只是最低的临界荷载,并将最低临界荷载称为结构的临界荷载。

由以上分析可知,采用矩阵方法进行结构稳定性分析的关键在于建立单元的初应力矩阵。单元初应力矩阵可以利用虚功原理进行推导。由于需考虑轴力的作用,单元的真实变形比较复杂,在推导过程中必须假定近似的位移函数,也就是采用有限单元法。采用假设的位移函数一般会使结构发生刚化,因此按照有限单元法求得的结构临界荷载一般会高于临界荷载的精确值,而临界荷载的计算精度可以通过单元划分的细化而得以改善。

6.3 单元初应力矩阵

本节采用虚功原理推导单元的初应力矩阵。在有轴力存在的情况下,推导时近似地采用式(5.19)所示的位移函数,即轴向位移 u 可用 x 的线性式表示,侧向位移 v 可以用 x 的完全三次式表示。这样,单元的形函数矩阵 $\boldsymbol{N}$ 仍如式(5.26)所示。

为了求得单元的初应力矩阵,必须考虑轴向应力在由于侧向虚位移引起的虚应变上所作的虚功。图 6.6 所示为单元上某一微段,ab 是失稳之前微段的位置。

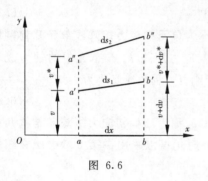

图 6.6

当单元进入临界状态而产生平衡分支,微段可以在失稳之前的位置上平衡,也可以在它的邻近位置 $a'b'$ 处平衡。既然 $a'b'$ 也是平衡位置,就应该适用虚功原理。设微段发生无限小的侧向虚位移至 $a''b''$,现在来计算由此引起的轴向虚应变。由图 6.6 可知,这一轴向虚应变可表示为

$$\varepsilon_a^* = \frac{\mathrm{d}s_2 - \mathrm{d}s_1}{\mathrm{d}s_1} \tag{a}$$

式中,$\mathrm{d}s_1$ 和 $\mathrm{d}s_2$ 是发生侧向虚位移前后微段的长度,虚应变 ε_a^* 是以拉伸应变为正。当转角 $\dfrac{\mathrm{d}v}{\mathrm{d}x}$ 很小时,近似地有

$$\mathrm{d}s_1 = \sqrt{1 + \left(\frac{\mathrm{d}v}{\mathrm{d}x}\right)^2}\,\mathrm{d}x \approx \mathrm{d}x + \frac{1}{2}\left(\frac{\mathrm{d}v}{\mathrm{d}x}\right)^2 \mathrm{d}x \tag{b}$$

$$\mathrm{d}s_2 = \sqrt{1 + \left[\frac{\mathrm{d}}{\mathrm{d}x}(v + v^*)\right]^2}\,\mathrm{d}x \approx \mathrm{d}x + \frac{1}{2}\left(\frac{\mathrm{d}v}{\mathrm{d}x} + \frac{\mathrm{d}v^*}{\mathrm{d}x}\right)^2 \mathrm{d}x \tag{c}$$

将式(b)、(c)代入式(a)并略去高阶微量,得由横向虚位移产生的轴向虚应变为

$$\varepsilon_a^* = \frac{\mathrm{d}v}{\mathrm{d}x}\frac{\mathrm{d}v^*}{\mathrm{d}x} \tag{d}$$

于是轴向应力在此虚应变上所作的功可表示为

$$\delta U = \int_V \varepsilon_a^* \sigma \,\mathrm{d}v = \int_0^l F_P \varepsilon_a^* \,\mathrm{d}x \tag{6.6}$$

式中, F_P 为单元的轴力,也以受拉为正。根据线性稳定分析的理论,结构在到达临界状态而发生失稳时各杆件中的轴力保持不变,因此该微段位于 $a'b'$ 时轴力与位于 ab 时相同。

将式(d)代入式(6.6)得

$$\delta U = \int_0^l F_P \frac{\mathrm{d}v}{\mathrm{d}x} \frac{\mathrm{d}v^*}{\mathrm{d}x} \mathrm{d}x \tag{6.7}$$

由此可见,上述虚功可看成是广义力 $F_P \dfrac{\mathrm{d}v}{\mathrm{d}x}$ 在虚转角 $\dfrac{\mathrm{d}v^*}{\mathrm{d}x}$ 上作的功。

由式(5.25)并考虑式(5.16)和式(5.26)所示的关系后可得

$$\frac{\mathrm{d}v}{\mathrm{d}x} = \frac{\mathrm{d}\boldsymbol{N}_2}{\mathrm{d}x} \boldsymbol{\Delta}^e \tag{e}$$

$$\frac{\mathrm{d}v^*}{\mathrm{d}x} = \frac{\mathrm{d}\boldsymbol{N}_2}{\mathrm{d}x} \boldsymbol{\Delta}^{e*} \tag{f}$$

其中, $\boldsymbol{N}_2$ 如 5.3 节中式(f)所示。将以上两式代入式(6.7)得

$$\delta U = \boldsymbol{\Delta}^{e*\mathrm{T}} \int_0^l F_P \left(\frac{\mathrm{d}\boldsymbol{N}_2}{\mathrm{d}x}\right)^{\mathrm{T}} \frac{\mathrm{d}\boldsymbol{N}_2}{\mathrm{d}x} \mathrm{d}x \boldsymbol{\Delta}^e \tag{6.8}$$

上式即表示轴向应力在侧向虚位移所引起的轴向虚应变上所作的虚功。在内力虚功表达式(5.30)中计入这一影响,则可利用虚功原理得到

$$\boldsymbol{k}_\sigma^e = \int_0^l F_P \left(\frac{\mathrm{d}\boldsymbol{N}_2}{\mathrm{d}x}\right)^{\mathrm{T}} \frac{\mathrm{d}\boldsymbol{N}_2}{\mathrm{d}x} \mathrm{d}x \tag{6.9}$$

由上式积分可以得到刚架单元的初应力矩阵为

$$\boldsymbol{k}_\sigma^e = \frac{F_P}{30l}
\begin{bmatrix}
0 & 0 & 0 & 0 & 0 & 0 \\
0 & 36 & 3l & 0 & -36 & 3l \\
0 & 3l & 4l^2 & 0 & -3l & -l^2 \\
0 & 0 & 0 & 0 & 0 & 0 \\
0 & -36 & -3l & 0 & 36 & -3l \\
0 & 3l & -l^2 & 0 & -3l & 4l^2
\end{bmatrix} \tag{6.10}$$

对于梁式单元则有

$$\boldsymbol{k}_\sigma^e = \frac{F_P}{30l}
\begin{bmatrix}
36 & 3l & -36 & 3l \\
3l & 4l^2 & -3l & -l^2 \\
-36 & -3l & 36 & -3l \\
3l & -l^2 & -3l & 4l^2
\end{bmatrix} \tag{6.11}$$

由此可以看出,单元的初应力矩阵是对称矩阵,且与单元所受的轴力成正比。

以上推导过程中杆件的轴力是以受拉为正的。一般在作杆件结构稳定性分析时习惯于将轴力取为受压为正,此时只需将式(6.1)至式(6.5)中的"+"号换作"-"即可。

6.4　结构稳定性分析有限单元法示例

在求得了各单元的初应力矩阵之后,就可以按照与生成结构刚度矩阵同样的方法生成结构初应力矩阵。由此也可推知结构初应力矩阵也是对称矩阵。未考虑轴力影响时

的结构刚度矩阵的生成方法仍如第 2 章中所述。

以下通过例子来说明利用有限单元法进行结构稳定性分析的方法和步骤。

例 6.1　试利用有限单元法求解如图 6.7(a)所示一端固定,另一端为滑动支座的等截面柱的临界荷载。

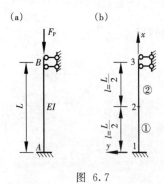

图 6.7

解　(1)单元划分和结构标识

将柱划分为由长度相等的两个单元组成,结构标识如图 6.7(b)所示。单元局部坐标系的原点设在各单元的下端,这样各单元坐标系与结构坐标系的方向相同。

(2)建立结点位移向量

忽略杆件的轴向变形时,结点位移为

$$\mathbf{\Delta}^{\mathrm{T}} = (v_2 \quad \theta_2)^{\mathrm{T}} = (\Delta_1 \quad \Delta_2)^{\mathrm{T}}$$

(3)计算单元刚度矩阵和单元初应力矩阵

各单元无轴力存在时的刚度矩阵可按 2.6 节所述求得为

$$\boldsymbol{k}^{\textcircled{1}} = \frac{EI}{l^3} \begin{bmatrix} 12 & -6l \\ -6l & 4l^2 \end{bmatrix} \begin{matrix} 1 \\ 2 \end{matrix}, \quad \boldsymbol{k}^{\textcircled{2}} = \frac{EI}{l^3} \begin{bmatrix} 12 & 6l \\ 6l & 4l^2 \end{bmatrix} \begin{matrix} 1 \\ 2 \end{matrix}$$

各单元初应力矩阵可按式(6.11)计算,为

$$\boldsymbol{k}_{\sigma}^{\textcircled{1}} = \frac{F_{\mathrm{P}}}{30l} \begin{bmatrix} 36 & -3l \\ -3l & 4l^2 \end{bmatrix} \begin{matrix} 1 \\ 2 \end{matrix}, \quad \boldsymbol{k}_{\sigma}^{\textcircled{2}} = \frac{F_{\mathrm{P}}}{30l} \begin{bmatrix} 36 & 3l \\ 3l & 4l^2 \end{bmatrix} \begin{matrix} 1 \\ 2 \end{matrix}$$

(4)生成结构刚度矩阵、结构初应力矩阵,建立稳定方程

按照"对号入座"的原则可求得结构刚度矩阵和初应力矩阵分别为

$$\boldsymbol{K} = \frac{EI}{l^3} \begin{bmatrix} 24 & 0 \\ 0 & 8l^2 \end{bmatrix} \begin{matrix} 1 \\ 2 \end{matrix}, \quad \boldsymbol{K}_{\sigma} = \frac{F_{\mathrm{P}}}{30l} \begin{bmatrix} 72 & 0 \\ 0 & 8l^2 \end{bmatrix} \begin{matrix} 1 \\ 2 \end{matrix}$$

将以上求得的结构刚度矩阵和结构初应力矩阵代入式(6.5),并考虑到杆件的轴力取受压为正,即可得到结构的稳定方程为

$$\left| \frac{EI}{l^3} \begin{bmatrix} 24 & 0 \\ 0 & 8l^2 \end{bmatrix} - \frac{F_{\mathrm{P}}}{30l} \begin{bmatrix} 72 & 0 \\ 0 & 8l^2 \end{bmatrix} \right| = 0$$

(5)计算临界荷载

将稳定方程左端行列式展开并整理后便可得到一个关于单元轴力 F_{P} 的一元二次方程,求解这一方程并取其中较小的一个根则得临界荷载为

$$F_{\mathrm{Pcr}} = \frac{10EI}{l^2} = \frac{40EI}{L^2}$$

本问题临界荷载的精确值为 $F_{\mathrm{Pcr}} = \dfrac{4\pi^2 EI}{L^2}$,上述有限元解比精确解偏高约 1.32%。计算精度能满足工程设计的要求。

例 6.2　试利用有限单元法求解如图 6.8 所示刚架的临界荷载。

解　(1)单元划分和结构标识

图 6.8(a)所示刚架只有 BC 杆承受轴向荷载,刚架失稳时 AC 杆的变形曲线仍为精确的三次曲线,这样就不必将 AC 杆划分为多个单元。现将 BC 杆划分为长度相等的两个单元,结构标识如图 6.8(b)

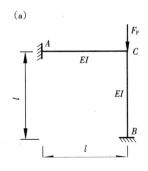 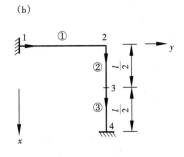

图 6.8

所示。局部坐标系的原点梁单元设在其左端,柱单元均设在其上端。

(2)建立结点位移向量

因忽略杆件的轴向变形,当采用先处理法分析时,仅需列出未知结点位移为

$$\boldsymbol{\Delta} = (\theta_2 \quad v_3 \quad \theta_3)^{\mathrm{T}} = (\Delta_1 \quad \Delta_2 \quad \Delta_3)^{\mathrm{T}}$$

(3)计算单元刚度矩阵和单元初应力矩阵

各单元无轴力存在时的刚度矩阵为

$$\boldsymbol{k}^{①} = \frac{EI}{l^3} \overset{1}{(\ 4l^2\ )}1$$

$$\boldsymbol{k}^{②} = \frac{EI}{l^3}\begin{bmatrix} 8l^2 & -24l & 4l^2 \\ -24l & 96 & -24l \\ 4l^2 & -24l & 8l^2 \end{bmatrix}\begin{matrix} 1 \\ 2 \\ 3 \end{matrix}, \quad \boldsymbol{k}^{③} = \frac{EI}{l^3}\begin{bmatrix} 96 & 24l \\ 24l & 8l^2 \end{bmatrix}\begin{matrix} 2 \\ 3 \end{matrix}$$

单元①中无轴力存在,因此也就不存在初应力矩阵。单元②、③的初应力矩阵如下:

$$\boldsymbol{k}_\sigma^{②} = \frac{F_P}{60l}\begin{bmatrix} 4l^2 & -6l & -l^2 \\ -6l & 144 & -6l \\ -l^2 & -6l & 8l^2 \end{bmatrix}\begin{matrix} 1 \\ 2 \\ 3 \end{matrix}, \quad \boldsymbol{k}_\sigma^{③} = \frac{F_P}{60l}\begin{bmatrix} 144 & 6l \\ 6l & 4l^2 \end{bmatrix}\begin{matrix} 2 \\ 3 \end{matrix}$$

(4)生成结构刚度矩阵、结构初应力矩阵,建立稳定方程

结构刚度矩阵和结构初应力矩阵分别为

$$\boldsymbol{K} = \frac{EI}{l^3}\begin{bmatrix} 12l^2 & -24l & 4l^2 \\ -24l & 192 & 0 \\ 4l^2 & 0 & 16l^2 \end{bmatrix}\begin{matrix} 1 \\ 2 \\ 3 \end{matrix}, \quad \boldsymbol{K}_\sigma = \frac{F_P}{60l}\begin{bmatrix} 4l^2 & -6l & -l^2 \\ -6l & 288 & 0 \\ -l^2 & 0 & 8l^2 \end{bmatrix}\begin{matrix} 1 \\ 2 \\ 3 \end{matrix}$$

结构稳定方程为

$$\left| \frac{EI}{l^3}\begin{bmatrix} 12l^2 & -24l & 4l^2 \\ -24l & 192 & 0 \\ 4l^2 & 0 & 16l^2 \end{bmatrix} - \frac{F_P}{60l}\begin{bmatrix} 4l^2 & -6l & -l^2 \\ -6l & 288 & 0 \\ -l^2 & 0 & 8l^2 \end{bmatrix} \right| = 0$$

(5)计算临界荷载

将稳定方程左端行列式展开并整理后可得一个关于单元轴力 F_P 的一元三次方程,求解这一方程并取其中最小的一个根,则得临界荷载为

$$F_{Pcr} = \frac{28.972EI}{l^2}$$

本问题临界荷载的精确值为 $F_{Pcr} = \dfrac{28.395EI}{l^2}$，上述有限元解比精确解值偏高约 2.03%，能满足工程设计所要求的精度。

由以上两个例题的分析可以看出，一般在对刚架的稳定性进行分析时，可以不考虑刚架杆件在失稳之前的轴向变形，以及由此可能引起的结构附加内力。这样做对于一般刚架的稳定性分析来说不会引起明显的误差。如果要考虑上述因素，严格地说，问题的性质已发生改变，即已成为第二类失稳的问题了。

在实际工程中结构不可能是完全理想化的，总是存在诸如杆件轴线不直、材料不均匀、荷载不完全对中，以及残余应力分布不均匀等因素。这些因素的存在将使刚架的失稳荷载比临界荷载的理论值有所降低。这一问题可以通过选择适当的安全系数来解决。

6.5　平面刚架稳定性分析程序概述

以上介绍了利用有限单元法进行平面刚架稳定性分析的基本原理和分析过程。与结构自振频率的分析一样，结构稳定性的分析最终也归结为求解广义特征值的问题，在采用有限单元法进行分析时，两者的求解过程是十分相似的。因此，刚架稳定性分析程序可以在第 5 章所介绍的动力分析程序基础上稍加修改后得到，程序的基本结构与动力分析程序大体相同。稳定性分析程序中通过调用子程序 EIGG 计算刚架的临界荷载和失稳模态，子程序 EIGG 又需调用五个子程序，这些子程序均与刚架动力分析程序中同名子程序完全相同。刚架稳定性分析程序中用以生成总矩阵的子程序 ASSEM 与动力分析程序中同名子程序的唯一差别是：改调用形成结构质量矩阵的子程序 EMASS 为调用生成结构初应力矩阵的子程序 EGEOM。

本章介绍的平面刚架稳定性分析程序适用于计算结点总数不超过 50，单元总数不超过 100 的平面刚架的临界荷载与失稳模态。同动力分析程序一样，这里所谓的结点总数和单元总数并非指实际结构的结点及杆件数目，而是指采用有限单元法将结构离散化之后，抽象的结点总数和单元总数。如果结点或单元总数超过了上述限值，只需要在主程序开始的组说明中将有关数组的容量作相应扩大即可。

6.6　平面刚架稳定性分析主程序

与动力分析程序相比，本刚架稳定性分析程序的数据结构除了将原存放材料密度的实型变量 G 去除之外仅作了以下变动。

实型数组

ELGE　单元初应力矩阵，二维数组，替代原存放单元质量矩阵的数组 ELMA。

TM　　改为存放结构初应力矩阵，二维数组。

ALP　　新增一维数组，按单元编号顺序存放单元轴力的相对比值。

以上新增了数组 ALP 是因为在作稳定性分析时,刚架各单元中的轴力一般是不相同的,它们对单元的初应力矩阵产生的影响也不同。所谓相对比值是指取定某一单元的轴力作为 1 进行比较,此时结构的失稳荷载也就是使该单元的轴力达到计算所得的临界荷载数值时结构所对应的荷载系。

刚架稳定性分析主程序的流程与第 5 章动力分析主程序流程图 5.12 十分相近,但有两点区别:一是子程序 ASSEM 调用语句中的参数有所变动,以计算单元刚度矩阵和单元初应力矩阵,并且生成结构刚度矩阵和结构初应力矩阵;二是子程序 EIGG 调用语句中数组名 TK 与 TM 的位置被对调,这是因为结构初应力矩阵中处于第一行第一列的元素有可能是零元素,这样就无法利用子程序 DECOG 对矩阵进行分解(参见 5.10 节)。因此转而对结构刚度矩阵进行分解来达到同样的目的。将式(5.59)两边同除以 λ 并记 $\eta = \dfrac{1}{\lambda}$ 可得

$$\frac{1}{\lambda}AX = BX$$

$$BX = \eta AX$$

上式仍然表示标准形式的广义特征值问题,所不同的是求得的特征值为原特征值的倒数。由此可知,子程序 EIGG 调用语句中参数 TM 与 TK 换位后所求得的特征值为原特征值的倒数。这样,子程序 OUTPT 在计算结构的临界荷载时就有个倒数关系。

平面刚架稳定性分析主程序(FORTRAN 95)

```
!
!       STABILITY ANALYSIS FOR PLANE FRAME SYSTEMS
!
!
!       MAIN PROGRAM
!
        COMMON NRMX,NCMX,NDFEL,NN,NE,NLN,NBN,NDF,NNE,N,MS,IN,IO,E
        DIMENSION X(50),Y(50),NCO(200),PROP(200),IUNK(150),V(150),      &
     &  ELST(6,6),ELMA(6,6),ALP(100),TK(150,150),TM(150,150),H(150,150)
!
!
!       INITIALIZATION OF PROGRAM PARAMETERS
        NRMX=150
        NDF=3
        NNE=2
        NDFEL=NDF* NNE
!
!       ASSIGN DATA SET NUMBERS TO IN, FOR INPUT, AND IO, FOR OUTPUT
        IN=5
        IO=6
!
```

```
!    OPEN ALL FILES
      OPEN(UNIT=IN,FILE='DATAI.TXT',FORM='FORMATTED',STATUS='OLD')
      OPEN(UNIT=IO,FILE='DATAO.TXT',FORM='FORMATTED',STATUS='UNKNOWN')
!
!    DATA INPUT

      CALL INPUT(X,Y,NCO,PROP,IUNK,ALP)
!
!    ASSEMBLE TOTAL STIFFNESS MATRIX IN ARRAY TK,
!    AND TOTAL INITIAL STRESS MATRIX IN ARRAY TM
      CALL ASSEM(X,Y,NCO,PROP,TK,TM,ELST,ELGE,IUNK,ALP)
!
!    COMPUTE BUCKLING MODES AND CRITICAL LOADS
      CALL EIGG(TM,TK,H,V,0.000000001,N,NRMX)
!
!    OUTPUT
      CALL OUTPT(TK,TM)
!
      STOP
      END
```

平面刚架稳定性分析主函数(C++)

```cpp
//
//       STABILITY ANALYSIS FOR PLANE FRAME SYSTEMS
//
# include < iostream.h>
# include < fstream.h>
# include < stdlib.h>
# include < math.h>
# include < iomanip.h>
//   INITIALIZATION OF PROGRAM PARAMETERS
int NN,NE,NLN,NBN,N,MS;
double E;
int NRMX=150;
int NDF=3;
int NNE=2;
int NDFEL=NDF* NNE;
ifstream READ_IN;
ofstream WRITE_IO;
void INPUT(double X[], double Y[], int NCO[], double PROP[],
          int IUNK[],double ALP[]);
void ASSEM(double X[], double Y[], int NCO[], double PROP[],
          double TK[][150], double TM[][150], double ELST[][150],
```

```
                double ELGE[][150], int IUNK[], double V[], double ALP[]);
void STIFF(int NEL, double X[], double Y[], double PROP[],
           int NCO[], double ELST[][150], double AL[], double V[]);
void ELASS(int NEL, int NCO[], int IUNK[], double ELST[][150],
           double ELMA[][150], double TK[][150], double TM[][150], double ALP[]);
void EGEOM(int NEL,double X[], double Y[], double ALP[], int NCO[],
           double ELGE[][150], double V[]);
void EIGG(double A[][150], double B[][150], double H[][150], double V[],
          double ERR, int N, int NX);
void DECOG(double A[][150], int N, int NX);
void INVCH(double S[][150], double A[][150], int N, int NX);
void JACOB(double A[][150], double V[][150], double ERR, int N, int NX);
void MATMB(double A[][150], double B[][150], double V[], int N, int NX);
void OUTPT(double TK[][150], double TM[][150]);
void BTAB3(double A[][150], double B[][150], double V[], int N, int NX);
//
//      MAIN PROGRAM
//
int main()
{
    double X[50],Y[50],PROP[200],V[150],ELST[6][150],ELGE[6][150],
           TK[150][150],TM[150][150],H[150][150],ALP[100];
    int NCO[200],IUNK[150],I,J;
//  OPEN ALL FILES
    READ_IN.open("DATAI.TXT");
    WRITE_IO.open("DATAO.TXT");
//
//  DATA INPUT
    INPUT(X,Y,NCO,PROP,IUNK,ALP);
//
//  ASSEMBLE TOTAL STIFFNESS MATRIX IN ARRAY TK,
//  AND TOTAL MASS MATRIX IN ARRAY TM
    ASSEM(X,Y,NCO,PROP,TK,TM,ELST,ELGE,IUNK,V,ALP);
//
//  COMPUTE NATURAL MODES AND FREQUENCIES
    EIGG(TM,TK,H,V,0.000000001,N,NRMX);
//
//  OUTPUT
    OUTPT(TK,TM);
    return 0;
}
```

6.7 平面刚架稳定性分析子程序及其功能

本平面刚架稳定性分析程序中共包括十二个子程序,主程序对其调用情况以及这些子程序之间的调用关系如图 6.9 所示。本节中只介绍经过修改的几个子程序,其余子程序及其功能可见于 5.10 节。

6.7.1 子程序 INPUT(X,Y,NCO,PROP,IUNK,ALP)

子程序 INPUT 功能是输入刚架稳定性分析所需要的全部原始数据,其流程如图 6.10所示。其中存放单元轴力相对比值的数组 ALP 将在第三个输入语句中输入。

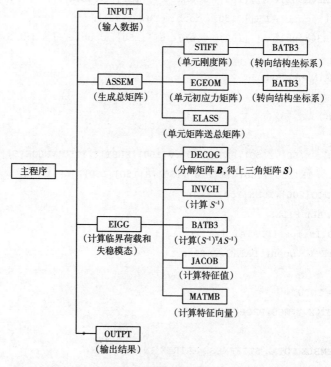

图 6.9

刚架稳定性分析子程序 INPUT (FORTRAN 95)

```
!
    SUBROUTINE INPUT(X,Y,NCO,PROP,IUNK,ALP)
!   INPUT PROGRAM
!
    COMMON NRMX,NCMX,NDFEL,NN,NE,NLN,NBN,NDF,NNE,N,MS,IN,IO,E
    DIMENSION X(1),Y(1),NCO(1),PROP(1),IUNK(1),IC(3),W(3),ALP(1)
!
```

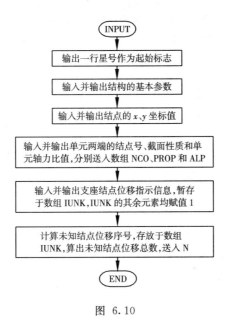

图 6.10

```
!
      WRITE(IO,20)
  20  FORMAT(' ',70(' * '))
!
!    READ BASIC PARAMETERS
      READ(IN,* ) NN,NE,NBN,E
      WRITE(IO,21) NN,NE,NBN,E
  21  FORMAT(// ' INTERNAL DATA '// ' NUMBER OF NODES      :',I5/         &
  &    ' NUMBER OF ELEMENTS   :',I5/'NUMBER OF SUPPORT NODES :',I4/  &
  &    ' ELASTIC MODULUS :',F15.0//                                  &
  &          ' NODAL COORDINATES'/7X,'NODE',6X,'X',9X,'Y')
!
!    READ NODAL COORDINATES IN ARRAY X AND Y
      READ(IN,* ) (I,X(I),Y(I),J=1,NN)
      WRITE(IO,2) (I,X(I),Y(I),I=1,NN)
  2   FORMAT(I10,2F10.2)
!
!    READ ELEMENT CONNECTIVITY IN ARRAY NCO, ELEMENT PROPERTIES
!    IN ARRAY PROP AND LOAD COEFFICIENTS IN ARRAY ALP
      WRITE(IO,22)
  22  FORMAT(/'ELEMENT CONNECTIVITY AND PROPERTIES'/'ELEMENT',        &
  &      2X,'START NODE  END NODE',5X,'AREA', 6X,'M. OF INERTIA',  &
  &        2X,'LOAD COEF.')
      DO J=1,NE
```

```
            READ(IN,* ) I,IC(1),IC(2),W(1),W(2),W(3)
            WRITE(IO,34) I,IC(1),IC(2),W(1),W(2),W(3)
   34       FORMAT(I5,2I10,F16.4,F17.6,F10.3)
            N1=NNE* (I- 1)
            PROP(N1+1)=W(1)
            PROP(N1+2)=W(2)
            ALP(I)=W(3)
            NCO(N1+1)=IC(1)
             NCO(N1+2)=IC(2)
        ENDDO
!
!   READ BOUNDARY CONDITIONS AND INITIALIZE IUNK TO CONTAIN 1 FOR
!   UNKNOWN DISPLACEMENTS AND 0 FOR PRESCRIBED DISPLACEMENTS
        N=NN* NDF
        DO I=1,N
           IUNK(I)=1
        ENDDO
        WRITE(IO,24)
   24 FORMAT(/'BOUNDARY CONDITION DATA'/27X,'STATUS'               &
      &   /19X,'(0:PRESCRIBED, 1:FREE)'/7X,'NODE',8X,'U',9X,'V',8X,'RZ')
        DO I=1,NBN
           READ(IN,* ) J,(IC(K),K=1,NDF)
           WRITE(IO,5) J,(IC(K),K=1,NDF)
   5       FORMAT(4I10)
           K1=NDF* (J-1)
           DO K=1,NDF
              K2=K1+K
              IUNK(K2)=IC(K)
           ENDDO
        ENDDO
!
!   MODIFY IUNK PLACING ACTUAL ORDINAL NUMBER, INSTEAD OF 1, FOR UNKNOWN
!   DISPLACEMENTS, COMPUTE TOTAL NUMBER OF UNKNOWN DISPLACEMENTS
        K=0
        DO I=1,N
           IF(IUNK(I).NE.0)THEN
              K=K+1
              IUNK(I)=K
           ENDIF
        ENDDO
        N=K
```

```
    !

        RETURN

        END
```

刚架稳定性分析函数 INPUT（C++）

```
//

void INPUT(double X[], double Y[], int NCO[], double PROP[],
           int IUNK[], double ALP[])

{
//    INPUT PROGRAM
//

      int I, NUM, N1, IC[3], K, K1, K2;

      double W[3];

      WRITE_IO.setf(ios::fixed);

      WRITE_IO.setf(ios::showpoint);

      WRITE_IO ≪ " "≪

" ********************************************************************** "

             ≪ endl;

//

//    READ BASIC PARAMETERS

      READ_IN ≫ NN ≫ NE ≫ NBN ≫ E;

      WRITE_IO ≪ "\n\n INTERNAL DATA \n\n"≪ "NUMBER OF NODES          :"

          ≪ setw(5) ≪ NN ≪ "\n"≪ "NUMBER OF ELEMENTS      :" ≪ setw(5)

              ≪ NE ≪ "\n" ≪ "NUMBER OF SUPPORT NODES :" ≪ setw(5) ≪ NBN ≪ "\n"

              ≪ " ELASTIC MODULUS :" ≪ setw(15) ≪ setprecision(0) ≪ E

              ≪"\n\n NODAL COORDINATES\n" ≪ setw(11) ≪ "NODE" ≪ setw(7)

              ≪ "X" ≪ setw(10) ≪ "Y\n";

//

//    READ NODAL COORDINATES IN ARRAY X AND Y

      for (I=1; I< =NN; I++ )

      {

          READ_IN ≫ NUM ≫ X[NUM- 1] ≫ Y[NUM- 1];

      }

      for (I=1; I< =NN; I++ )

          WRITE_IO.precision(2);

          WRITE_IO ≪ setw(10) ≪ I≪ setw(10) ≪ X[I- 1] ≪ setw(10) ≪ Y[I- 1]

              ≪ "\n";

      }

//    READ ELEMENT CONNECTIVITY IN ARRAY NCO, ELEMENT PROPERTIES

//    IN ARRAY PROP AND LOAD COEFFICIENTS IN ARRAY ALP

      WRITE_IO ≪ "\n ELEMENT CONNECTIVITY AND PROPERTIES\n" ≪ setw(11)
```

```
                ≪ "ELEMENT" ≪ setw(23) ≪ "START NODE  END NODE"≪ setw(9)
                ≪ "AREA" ≪ setw(18) ≪ "M. OF INERTIA"≪ setw(12) ≪ "LOAD COEF."
                ≪ endl;
        for (I=1; I< =NE; I++ )
        {
            N1=NNE* (I- 1);
            READ_IN ≫ NUM ≫ IC[0] ≫ IC[1] ≫ W[0] ≫ W[1] ≫ W[2];
            WRITE_IO.precision(5);
            WRITE_IO ≪ setw(10) ≪ NUM ≪ setw(10) ≪ IC[0] ≪ setw(10) ≪ IC[1]
                    ≪ setw(15) ≪ W[0] ≪ setw(15) ≪ W[1] ≪ setw(15) ≪ W[2]
                    ≪ "\n";
            PROP[N1]=W[0];
            PROP[N1+1]=W[1];
            ALP[I-1]=W[2];
            NCO[N1]=IC[0];
            NCO[N1+1]=IC[1];
        }
    //
    // READ BOUNDARY CONDITIONS AND INITIALIZE IUNK TO CONTAIN 1 FOR
    // UNKNOWN DISPLACEMENTS AND 0 FOR PRESCRIBED DISPLACEMENTS
        N=NN* NDF;
        for (I=1; I< =N; I++ )
        {
            IUNK[I- 1]=1;
        }
        WRITE_IO ≪ "\nBOUNDARY CONDITION DATA\n" ≪ setw(31) ≪ "STATUS\n"
                ≪ setw(39) ≪ "(0:PRESCRIBED, 1:FREE)\n" ≪ setw(11) ≪ "NODE"
                ≪ setw(9) ≪ "U" ≪ setw(10) ≪ ''V" ≪ setw(10) ≪ "RZ\n";
        for (I=1; I< =NBN; I++ )
        {
            READ_IN ≫ NUM ≫ IC[0] ≫ IC[1] ≫ IC[2];
            WRITE_IO.precision(4);
            WRITE_IO ≪ setw(10) ≪ NUM ≪ setw(10) ≪ IC[0] ≪ setw(10) ≪ IC[1]
                    ≪ setw(10) ≪ IC[2] ≪ "\n";
            K1=NDF* (NUM-1);
            for (K=1; K< =NDF; K++ )
            {
                K2=K1+K;
                IUNK[K2-1]=IC[K-1];
            }
        }
```

```
//
//    MODIFY IUNK PLACING ACTUAL ORDINAL NUMBER, INSTEAD OF 1, FOR UNKNOWN
//    DISPLACEMENTS, COMPUTE TOTAL NUMBER OF UNKNOWN DISPLACEMENTS
      K=0;
      for (I=1; I< =N; I++ )
      {
          if (IUNK[I-1]< 0||IUNK[I-1]> 0)
          {
              K=K+1;
              IUNK[I-1]=K;
          }
      }
      N=K;
//
      return;
}
```

6.7.2　子程序 ASSEM(K,Y,NCO,PROP,TK,TM,ELST,ELGE,IUNK,ALP)

子程序 ASSEM 用于生成结构刚度矩阵和结构初应力矩阵,分别存放于二维数组 TK 和 TM 中。本子程序中对每一个单元首先调用子程序 STIFF 和 EGEOM 计算单元刚度矩阵和单元初应力矩阵,然后调用子程序 ELASS 将单元矩阵的贡献送入总矩阵。

刚架稳定性分析子程序 ASSEM (FORTRAN 95)

```
!
      SUBROUTINE ASSEM(X,Y,NCO,PROP,TK,TM,ELST,ELGE,IUNK,ALP)
!    ASSEMBLING OF THE TOTAL STIFFNESS AND INITIAL STRESS MATRICES
!
      COMMON NRMX,NCMX,NDFEL,NN,NE,NLN,NBN,NDF,NNE,N,MS,IN,IO,E
      DIMENSION X(1),Y(1),NCO(1),PROP(1),IUNK(1),ELST(6,6),        &
     &          ELGE(6,6),ALP(1),TK(150,150),TM(150,150)
!
!
!    CLEAR THE TOTAL STIFFNESS AND INITIAL STRESS MATRICES
      DO I=1,N
        DO J=1,N
          TM(I,J)=0.0
          TK(I,J)=0.0
        ENDDO
      ENDDO
!
```

```
         DO NEL=1,NE
!
!    COMPUTE THE ELEMENT STIFFNESS MATRIX
         CALL STIFF(NEL,X,Y,PROP,NCO,ELST)
!
!    COMPUTE THE ELEMENT INITIAL STRESS MATRIX
         CALL EGEOM(NEL,X,Y,ALP,NCO,ELGE)
!
!    ADD THE ELEMENT STIFFNESS AND INITIAL STRESS MATRICES TO TOTAL MATRICES
         CALL ELASS(NEL,NCO,IUNK,ELST,ELGE,TK,TM,ALP)
      ENDDO
!
      RETURN
      END
```

刚架稳定性分析函数 ASSEM (C++)

```cpp
//
void ASSEM(double X[], double Y[], int NCO[], double PROP[],
           double TK[][150], double TM[][150], double ELST[][150],
           double ELGE[][150], int IUNK[], double V[], double ALP[])
{
// ASSEMBLING OF THE TOTAL MATRIX FOR THE PROBLEM
//
    int NEL;
// CLEAR THE TOTAL STIFFNESS AND INITIAL STRESS MATRICES
    for (I=1;I<= N;I++ )
    {
        for (J=1;J<= N;J++ )
        {
            TM[I-1][J-1]=0.0;
            TK[I-1][J-1]=0.0;
        }
    }
//
    for (NEL=1; NEL< =NE; NEL++ )
    {
//      COMPUTE THE STIFFNESS MATRIX FOR ELEMENT NEL
        STIFF(NEL,X,Y,PROP,NCO,ELST,AL,V);
//      COMPUTE THE ELEMENT MASS MATRIX
        EGEOM(NEL,X,Y,ALP,NCO,ELGE,V);
```

```
//        ADD THE ELEMENT STIFFNESS AND MASS MATRICES TO THE TOTAL MATRICES
          ELASS(NEL,NCO,IUNK,ELST,ELGE,TK,TM,ALP);
    }
//
    return;
}
```

6.7.3 子程序 EGEOM(NEL,X,Y,ALP,NCO,ELGE)

子程序 EGEOM 的功能为按照 6.3 节中式(6.10)计算局部坐标系中的单元初应力矩阵。

程序中先由 ALP 数组中取出当前单元的轴力比值,存入一个简单变量 PP 中,并且判断其值是否为零。若是 PP＝0 则表示该单元无轴力存在,不必计算初应力矩阵,直接返回子程序 ASSEM;若 PP≠0 则按图 6.11 所示流程进行各项计算,最后得到结构坐标系中的单元初应力矩阵。

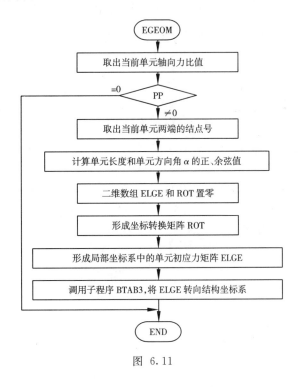

图 6.11

刚架稳定性分析子程序 EGEOM (FORTRAN 95)

```
!
       SUBROUTINE EGEOM(NEL,X,Y,ALP,NCO,ELGE)
!    COMPUTATION OF ELEMENT MASS MATRIX FOR THE CURRENT ELEMENT
!
       COMMON NRMX,NCMX,NDFEL,NN,NE,NLN,NBN,NDF,NNE,N,MS,IN,IO,E
```

```
      DIMENSION X(1),Y(1),NCO(1),ELGE(6,6),ROT(6,6),V(6),ALP(1)
!
!

      PP=ALP(NEL)
      IF(PP==0) RETURN
      L=NNE* (NEL-1)
      N1=NCO(L+1)
      N2=NCO(L+2)
!
!     COMPUTE LENGTH OF ELEMENT, AND SINE AND COSINE OF ITS LOCAL X AXIS
      DX=X(N2)-X(N1)
      DY=Y(N2)-Y(N1)
      D=SQRT(DX* * 2+DY* * 2)
      CO=DX/D
      SI=DY/D
!
!     CLEAR ELEMENT MASS AND ROTATION MATRICES
      DO I=1,6
         DO J=1,6
            ELGE(I,J)=0.0
            ROT(I,J)=0.0
         ENDDO
      ENDDO
!
!     FORM ELEMENT ROTATION MATRIX
      ROT(1,1)=CO
      ROT(1,2)=SI
      ROT(2,1)=-SI
      ROT(2,2)=CO
      ROT(3,3)=1.0
      DO I=1,3
         DO J=1,3
            ROT(I+3,J+3)=ROT(I,J)
         ENDDO
      ENDDO
!
!     COMPUTE ELEMENT LOCAL INITIAL STRESS MATRIX
      ELGE(2,2)=PP* 6/(5.* D)
      ELGE(2,3)=PP/10.
      ELGE(2,5)=-ELGE(2,2)
      ELGE(2,6)=PP/10.
```

```
      ELGE(3,3)=PP* 2* D/15.
      ELGE(3,5)=-PP/10.
      ELGE(3,6)=-PP* D/30.
      ELGE(5,5)=ELGE(2,2)
      ELGE(5,6)=-PP/10.
      ELGE(6,6)=ELGE(3,3)
!
      DO J=1,5
        DO I=J+1,6
          ELGE(I,J)=ELGE(J,I)
        ENDDO
      ENDDO
!
!   ROTATE THE ELEMENT INITIAL STRESS MATRIX TO GLOBAL COORDINATES
      CALL BTAB3(ELGE,ROT,V,NDFEL,NDFEL)
!
      RETURN
      END
```

刚架稳定性分析函数 EGEOM (C++)

```cpp
//
void EGEOM(int NEL,double X[], double Y[], double ALP[], int NCO[],
          double ELGE[][150], double V[])
{
//
    int L, N1, N2, I, J;
    double D, CO, SI, ROT[6][150], PP;
//
    PP=ALP[NEL-1];
    if (PP==0.0)
    {
        return;
    }
    L=NNE* (NEL-1);
    N1=NCO[L];
    N2=NCO[L+1];
//
// COMPUTE LENGTH OF ELEMENT, AND SINE AND COSINE OF ITS LOCAL X AXIS
    D=sqrt(pow((X[N2-1]- X[N1-1]),2)+pow((Y[N2-1]- Y[N1-1]),2));
    CO=(X[N2-1]-X[N1-1])/D;
    SI=(Y[N2-1]-Y[N1-1])/D;
```

```
//
// CLEAR ELEMENT MASS AND ROTATION MATRICES
    for (I=1;I< =6;I++ )
    {
        for (J=1;J< =6;J++ )
        {
            ELGE[I-1][J-1]=0.0;
            ROT[I-1][J-1]=0.0;
        }
    }
//
// FORM ELEMENT ROTATION MATRIX
    ROT[0][0]=CO;
    ROT[0][1]=SI;
    ROT[1][0]=- SI;
    ROT[1][1]=CO;
    ROT[2][2]=1.0;
    for (I=1;I< =3;I++ )
    {
        for (J=1;J< =3;J++ )
        {
            ROT[I+2][J+2]=ROT[I-1][J-1];
        }
    }
//
// COMPUTE THE ELEMENT LOCAL INITIAL STRESS MATRIX
    ELGE[1][1]=PP* 6.0/(5.0* D);
    ELGE[1][2]=PP/10.0;
    ELGE[1][4]=-ELGE[1][1];
    ELGE[1][5]=PP/10.0;
    ELGE[2][2]=PP* 2.0* D/15.0;
    ELGE[2][4]=-PP/10.0;
    ELGE[2][5]=-PP* D/30.0;
    ELGE[4][4]=ELGE[1][1];
    ELGE[4][5]=-PP/10.0;
    ELGE[5][5]=ELGE[2][2];
//
    for (J=1;J< =5;J++ )
    {
        for (I=J+1;I< =6;I++ )
        {
```

```
                ELGE[I-1][J-1]=ELGE[J-1][I-1];
            }
        }
// ROTATE THE ELEMENT INITIAL MATRIX TO GLOBAL COORDINATES
        BTAB3(ELGE,ROT,V,NDFEL,NDFEL);
//
        return;
    }
```

6.7.4　子程序 ELASS(NEL,NCO,IUNK,ELST,ELGE,TK,TM,ALP)

子程序 ELASS 的功能是将当前单元的刚度矩阵 ELST 和初应力矩阵 ELGE 对结构刚度矩阵 TK 和结构初应力矩阵 TM 的贡献按"对号入座"的方法送入二维数组 TK 和 TM 的相应位置。子程序的流程与动力分析程序中的 ELASS 子程序类似,但增加了一个简单变量 PP,用以存放当前单元的轴力比值,并在执行将 ELGE 送入 TM 的语句之前增加判断语句对 PP 的值进行判断。若 PP 值等于零,则上述语句不予以执行,因为此时子程序 ASSEM 中并未也无需形成该单元的初应力矩阵。子程序 ELASS 的流程图可参考图 5.18。

刚架稳定性分析子程序 ELASS (FORTRAN 95)

```
!
      SUBROUTINE ELASS(NEL,NCO,IUNK,ELST,ELGE,TK,TM,ALP)
!   ADDITION OF THE ELEMENT MATRICES INTO THE TOTAL MATRICES
!
      COMMON NRMX,NCMX,NDFEL,NN,NE,NLN,NBN,NDF,NNE,N,MS,IN,IO,E
      DIMENSION NCO(1),IUNK(1),ELST(6,6),ELGE(6,6),   &
     &          TK(150,150),TM(150,150),ALP(1)
!
!
      PP=ALP(NEL)
      DO I=1,NNE
         L=NNE*（NEL-1）+I
         N1=NCO(L)
         I1=NDF*（I-1）
         J1=NDF*（N1-1）
         DO J=1,NNE
            L=NNE*（NEL-1）+J
            N2=NCO(L)
            I2=NDF*（J-1）
            J2=NDF*（N2-1）
            DO K=1,NDF
```

```
!    KR=ROW NUMBER IN TK AND TM FOR THE KTH UNKNOWN OF NODE N1
                  KR=IUNK(J1+K)
                  IF(KR/=0) THEN
!    UNKNOWN IS RELEVANT. PROCEED.
                     JR=I1+K
                     DO L=1,NDF
!    KC=COLUMN NUMBER IN TK AND TM FOR THE LTH UNKNOWN OF NODE N2
                       KC=IUNK(J2+L)
                       IF(KC/=0) THEN
!    UNKNOWN IS RELEVANT. PROCEED.
                          JC=I2+L
!    ADD ELEMENT COEFFICIENTS TO TOTAL MATRICES
                          TK(KR,KC)=TK(KR,KC)+ELST(JR,JC)
                          IF(PP/=0) THEN
                            TM(KR,KC)=TM(KR,KC)+ELGE(JR,JC)
                          ENDIF
                       ENDIF
                     ENDDO
                  ENDIF
               ENDDO
            ENDDO
         RETURN
         END
```

刚架稳定性分析函数 ELASS (C++)

```cpp
//
void ELASS(int NEL, int NCO[], int IUNK[], double ELST[][150],
     double ELGE[][150], double TK[][150], double TM[][150], double ALP[])
{
   int I, N1, I1, J1, J, N2, I2, J2, K, KR, L, KC, JR, JC;
   double PP;
//
   PP=ALP[NEL-1];
//
   for(I=1;I< =NNE;I++ )
   {
      L=NNE* (NEL-1)+I;
      N1=NCO[L-1];
      I1=NDF* (I-1);
      J1=NDF* (N1-1);
```

```
            for（J=1;J< =NNE;J++ ）
            {
                L=NNE*（NEL-1）+J;
//
                N2=NCO[L-1];
                I2=NDF*（J-1）;
                J2=NDF*（N2-1）;
                for（K=1;K< =NDF;K++ ）
                {
//                  KR=ROW NUMBER IN TX AND TM FOR THE KTH UNKNOWN OF NODE N1
                    KR=IUNK[J1+K-1];
                    if（KR< 0||KR> 0）
                    {
//
//                      UNKNOWN IS RELEVANT. PROCEED.
                        JR=I1+K;
                        for（L=1;L< =NDF;L++ ）
                        {
//
//                      KC=COLUMN NUMBER IN TK AND TM FOR THE LTH UNKNOWN OF NODE N2
                            KC=IUNK[J2+L-1];
                            if（KC< 0||KC> 0）
                            {
//
//                          UNKNOWN IS RELEVANT. PROCEED.
                            JC=I2+L;
//                          ADD ELEMENT COEFFICIENTS TO TOTAL MATRICES
                            TK[KR-1][KC-1]=TK[KR-1][KC-1]+ELST[JR-1][JC-1];
                            TM[KR-1][KC-1]=TM[KR-1][KC-1]+ELGE[JR-1][JC-1];
                            }
                        }
                    }
                }
            }
        }
//
    return;
}
```

6.7.5　子程序 OUTPT(TK,TM)

子程序 OUTPT 用以整理和输出计算结果。主程序在调用子程序 EIGG 之后分析过程已基本完成,计算结果存放在 TK 和 TM 数组中。与动力分析程序的区别是,此时 TM 数组主对角元素存放的是原广义特征值问题中各特征值的倒数,需经过本子程序运算后得到各特征值,并由此求得结构的各阶临界荷载。TK 数组的各列元素存放的是与上述各特征值相应的各个特征向量,即各失稳模态。因为结构在最小临界荷载下即已失稳,高阶的特征值与特征向量一般在工程上并无意义,所以本子程序只输出最低特征值及其相应的特征向量。程序中首先通过对于变量 I 的循环找出 TM 数组中最大的主对角元素,存放于变量 P,并用 J 记录下该主对角元素所处的位置。将 P 求倒数即得到原稳定性分析问题的最小特征值。

刚架稳定性分析子程序 OUTPT (FORTRAN 95)

```
!
      SUBROUTINE OUTPT(TK,TM)
!   OUTPUT PROGRAM
!

      COMMON NRMX,NCMX,NDFEL,NN,NE,NLN,NBN,NDF,NNE,N,MS,IN,IO,E
      DIMENSION TK(150,150),TM(150,150)
!
!

      WRITE(IO,1)
   1  FORMAT(' ',70('  *  '))
!

      P=0.
      DO I=1,N
         Q=TM(I,I)
         IF((Q> 0).AND.(P< Q)) THEN
            P=Q
            J=I
         ENDIF
      ENDDO
      PCR=1./P
!   WRITE THE LOWEST EIGENVALUE
      WRITE(IO,2) PCR
   2  FORMAT(// ' RESULTS'// 'LOWEST EIGENVALUE :',E20.8)
!
!   WRITE BUCKLING MODE
      WRITE(IO,5)
   5  FORMAT(// 'BUCKLING  MODE :')
      WRITE(IO,7)(TK(I,J),I=1,N)
   7  FORMAT(16X,E15.6)
!

      WRITE(IO,1)
!

      RETURN
      END
```

刚架稳定性分析函数 OUTPT (C++)

```cpp
//
void OUTPT(double TK[][150], double TM[][150])
{
// OUTPUT PROGRAM
//
    int I, J;
    double P, Q, PCR;
    WRITE_IO.setf(ios::showpoint);
//
// WRITE NODAL DISPLACEMENTS
    WRITE_IO <<
 "******************************************************************** \n\n";
//
    P=0.0;
    for (I=1;I< =N;I++ )
    {
        Q=TM[I-1][I-1];
        if (Q> 0)
        {
            if (P< Q)
            {
                P=Q;
                J=I;
            }
        }
    }
    PCR=1.0/P;
//
// WRITE THE LOWEST EIGENVALUE
    WRITE_IO << "\n\n RESULTS"<< "\n\nLOWEST EIGENVALUE :"
        << setw(20) << setprecision(8) << PCR << endl;
//
// WRITE BUCKLING MODE
    WRITE_IO << "\n\nBUCKLING  MODE :" << endl;
    for (I=1;I< =N;I++ )
    {
        WRITE_IO << setw(39) << TK[I-1][J-1] << endl;
    }
    WRITE_IO <<
 "******************************************************************* \n\n";
    return;
}
```

6.8　平面刚架稳定性分析程序的应用

与动力分析程序相类似,利用有限单元法进行结构稳定性分析时,所得结果的精度一般取决于单元划分的精细程度。计算精度要求愈高,结构需划分的单元数也就愈多。计算精度可按照实际需要来确定。例 6.1 所示的等截面柱,由材料力学可知临界荷载的精确值 $F_{\mathrm{Pcr}}=\dfrac{4\pi^2 EI}{L^2}$。当分别采用如图 6.12(a)、(b)所示按二单元和四单元划分时,按图(a)计算求得的临界荷载比精确解偏高 1.32%,而按图(b)时仅比精确解偏高 0.75%。

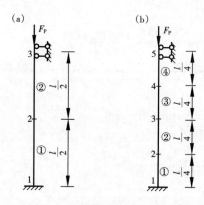

图 6.12

计算中单元划分愈细则计算机所用的计算时间愈长,为使单元划分较少而又能满足精度要求,在划分单元时应考虑到结构的受力状况和失稳时的变形特点。对于一般的刚架结构来说,杆件所受到的轴力大小是各不相同的。此时,对轴力大的杆件单元通常可划分得细一些,因为这些杆件在刚架失稳时的变形曲线与三次曲线的差距一般较大;对于刚架中无轴力作用的杆件就不需要划分为多个单元,因为这些杆件在刚架失稳时的变形曲线仍是精确的三次曲线,与有限单元分析中采用的位移函数精确符合。此外,刚架失稳图形中压杆变形曲率较大的部分一般宜将单元划分得相对细一些,以提高计算精度。

在选定了坐标系和单元划分之后,就可以按一般矩阵位移法对结点和单元进行编号,并准备原始数据。程序中全部数据采用自由格式输入。本刚架稳定性分析程序共需输入以下四组原始数据。

1)第一组数据——基本参数,分别存放于变量 NN,NE,NBN,E。

依次填写刚架经有限元划分后的结点总数、单元总数、支座结点总数和材料的弹性模量。

2)第二组数据——结点坐标,分别存放于数组 X,Y。

以结点为序依次填写结点编号和结点的 x,y 坐标值。

3)第三组数据——单元两端结点号,横截面性质以及轴力比值,分别存放于数组 NCO、PROP 和 ALP。

按单元编号顺序依次填写单元编号、单元两端的结点编号、单元横截面面积、横截面惯性矩和轴力比值。其中单元两端结点号填写的先后顺序可以任取。单元轴力比值的填写首先应根据计算简图判断刚架各单元中轴力的分布情况,并取定某一单元的轴力为1。所谓轴力比值即为各单元的轴力与上述取定单元轴力的比值。对于不受轴力作用的单元此项数值应填写 0.0。

4)第四组数组——支座约束信息,存放于数组 IB。

对于支座结点,以结点为序依次填写支座结点的编号以及该支座结点在 x,y 和转角方向位移状态的指示信息。若支座在某一方向上的位移未受到约束,则相应的指示信息填 1,反之则填 0。

例 6.3　试用本章刚架稳定性分析程序计算如图 6.13(a)所示结构的临界荷载。已知材料的弹性模量 $E=2.5\times10^4\text{MPa},I=0.0001\text{m}^4,A=0.03\text{m}^2,l=2\text{m}$。

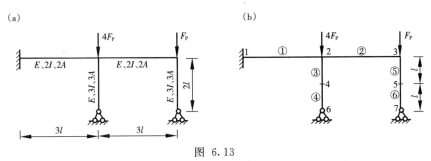

图 6.13

解　将受轴向荷载作用的每个杆件划分为长度相等的两个单元,其余杆件分别作为一个单元,结构标识如图 6.13(b)所示。采用 kN·m 单位制时,数据填写如下。

第一组数据:7,6,3,2.5E7

第二组数据:1,0.0, 0.0
　　　　　　2,0.0, 6.0
　　　　　　3,0.0,12.0
　　　　　　4,2.0, 6.0
　　　　　　5,2.0,12.0
　　　　　　6,4.0, 6.0
　　　　　　7,4.0,12.0

第三组数据:1,1,2,0.06,0.0002,0.0
　　　　　　2,2,3,0.06,0.0002,0.0
　　　　　　3,2,4,0.09,0.0003,4.0
　　　　　　4,4,6,0.09,0.0003,4.0
　　　　　　5,3,5,0.09,0.0003,1.0
　　　　　　6,5,7,0.09,0.0003,1.0

第四组数据:1,0,0,0
　　　　　　6,0,0,1
　　　　　　7,0,0,1

计算机运算完毕后可得如下输出结果。

STB1. RES

****

INTERNAL DATA

NUMBER OF NODES　　　　　:　　7

NUMBER OF ELEMENTS　　　:　　6

NUMBER OF SUPPORT NODES :　　3

ELASTIC MODULUS :　　　25000000.

NODAL COORDINATES

NODE	X	Y
1	0.00	0.00
2	0.00	6.00
3	0.00	12.00
4	2.00	6.00
5	2.00	12.00
6	4.00	6.00
7	4.00	12.00

ELEMENT CONNECTIVITY AND PROPERTIES

ELEMENT	START NODE	END NODE	AREA	M. OF INERTIA	LOAD COEF.
1	1	2	0.0600	0.000200	0.000
2	2	3	0.0600	0.000200	0.000
3	2	4	0.0900	0.000300	4.000
4	4	6	0.0900	0.000300	4.000
5	3	5	0.0900	0.000300	1.000
6	5	7	0.0900	0.000300	1.000

BOUNDARY CONDITION DATA

STATUS

(0:PRESCRIBED, 1:FREE)

NODE	U	V	RZ
1	0	0	0
6	0	0	1
7	0	0	1

****

RESULTS

LOWEST EIGENVALUE :　　　0.16787281E+04

```
BUCKLING  MODE :
             0.183392E-05
            -0.400634E-04
            -0.550951E-02
             0.632741E-05
            -0.451947E-04
             0.123701E-02
             0.916959E-06
            -0.111186E-01
            -0.122735E-02
             0.316371E-05
             0.104484E-02
            -0.113779E-03
             0.964264E-02
            -0.736168E-03
```

****

由以上计算结果可知,刚架的临界荷载 $F_{Pcr} = 1678.73\text{kN}$。此结构用位移法解可求得临界载荷 $F_{Pcr} = 2.659\dfrac{EI}{l^2} = 1661.88\text{kN}$。有限元法计算结果的误差为 1.02%,可见这样划分单元已能满足工程上的精度要求。

例 6.4 试用本章刚架稳定性分析程序计算如图 6.14(a)所示具有局部为无限刚性段压杆的临界荷载。已知:材料的弹性模量 $E = 2.5 \times 10^4\,\text{MPa}$,$I = 0.0001\text{m}^4$,$A = 0.04\text{m}^2$,$l = 3\text{m}$。

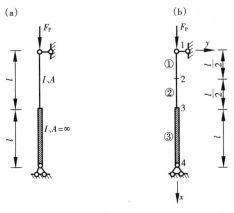

图 6.14

解 此压杆是由 EI 不相等的两个区段组成。无限刚性的区段在结构发生任何形式的变形时保持为直线,因此只需取作一个单元。将刚度不为无限刚性的杆段划分为两个单元,结构标识如图 6.14(b)所示。对于单元③(无限刚性段),在填写数据时横截面面积和横截面惯性矩可取单元①、②的 10 倍(或更大)。例如取单元③的 $A_1 = 0.4\text{m}^2$,$I_1 = 0.01\text{m}^4$。这样,当采用 kN·m 单位制时,数据填写如下。

第一组数据:4,3,2,2.5E7

第二组数据:1,0.0,0.0

　　　　　　　　2,1.5,0.0

　　　　　　　　3,3.0,0.0

　　　　　　　　4,6.0,0.0

　　第三组数据:1,1,2,0.04,0.0001,1.0

　　　　　　　　2,2,3,0.04,0.0001,1.0

　　　　　　　　3,3,4,0.4, 0.01,1.0

　　第四组数据:1,1,0,1

　　　　　　　　4,0,0,1

　　计算机运行完毕后可得计算结果输出如 STB2. RES 所示。根据输出的特征向量可绘出图 6.15 的失稳模态。

STB2. RES

****

INTERNAL DATA

NUMBER OF NODES　　　　　:　4

NUMBER OF ELEMENTS　　　:　3

NUMBER OF SUPPORT NODES :　2

ELASTIC MODULUS :　　25000000.

NODAL COORDINATES

NODE	X	Y
1	0.00	0.00
2	1.50	0.00
3	3.00	0.00
4	6.00	0.00

ELEMENT CONNECTIVITY AND PROPERTIES

ELEMENT	START NODE	END NODE	AREA	M. OF INERTIA	LOAD COEF.
1	1	2	0.0400	0.000100	1.000
2	2	3	0.0400	0.000100	1.000
3	3	4	0.4000	0.010000	1.000

BOUNDARY CONDITION DATA

　　　　　　　　　　STATUS

　　　　　　(0:PRESCRIBED, 1:FREE)

NODE	U	V	RZ
1	1	0	1
4	0	0	1

****

RESULTS

LOWEST EIGENVALUE :　　　　0.11397921E+04

BUCKLING　MODE :
　　　　　　　　　　0.000000E+00
　　　　　　　　　　0.221076E-01
　　　　　　　　　　0.000000E+00
　　　　　　　　　　0.277861E-01
　　　　　　　　　　0.117185E-01
　　　　　　　　　　0.000000E+00
　　　　　　　　　　0.294570E-01
　　　　　　　　　-0.968432E-02
　　　　　　　　　-0.988646E-02

****

本例临界荷载的精确解 $F_{Pcr} = 4.1EI/l^2 = 1138.89\text{kN}$。用上述有限元法解得结果的误差仅为 0.07%。注意到上述输出结果中 $\theta_3 \approx \theta_4$，这也符合压杆失稳变形的实际情况。

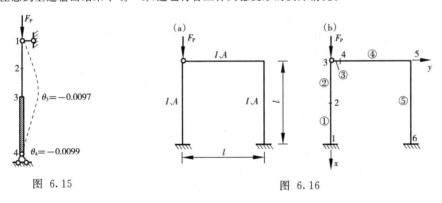

图 6.15　　　　　　　　　　　　　　　　　　　图 6.16

例 6.5　试用本章刚架稳定分析程序计算如图 6.16(a)所示结构的临界荷载。已知材料的弹性模量 $E = 2.5 \times 10^4 \text{MPa}$，$I = 0.00002\text{m}^4$，$A = 0.015\text{m}^2$，$l = 4\text{m}$。

解　该刚架杆件之间有铰接点存在。对受轴向荷载作用的杆件仍划分为两个单元，其余杆件不必细分。对于左上角的铰另设一个特殊单元，该单元长度取得充分短，横截面惯性矩取得充分小，用这种方法来模拟原结构该处为铰接的力学特点。结构标识如图 6.16(b)所示。当采用 kN·m 单位制时数据填写如下。

第一组数据:6,5,2,2.5E7

第二组数据:1,4.0,0.0

　　　　　　2,2.0,0.0

　　　　　　3,0.0,0.0

　　　　　　4,0.0,0.01

　　　　　　5,0.0,4.0

　　　　　　6,4.0,4.0

　　第三组数据：1,1,2,0.015,0.00002,1.0

　　　　　　　2,2,3,0.015,0.00002,1.0

　　　　　　　3,3,4,0.015,5.0E−9,0.0

　　　　　　　4,4,5,0.015,0.00002,0.0

　　　　　　　5,5,6,0.015,0.00002,0.0

　　第四组数据：1,0,0,0

　　　　　　　6,0,0,0

计算机的输出结果如 STB3. RES 所示。

STB3. RES

****

INTERNAL DATA

NUMBER OF NODES　　　　　:　　6

NUMBER OF ELEMENTS　　　:　　5

NUMBER OF SUPPORT NODES :　　2

ELASTIC MODULUS :　　　　25000000.

NODAL COORDINATES

NODE	X	Y
1	4.00	0.00
2	2.00	0.00
3	0.00	0.00
4	0.00	0.01
5	0.00	4.00
6	4.00	4.00

ELEMENT CONNECTIVITY AND PROPERTIES

ELEMENT	START NODE	END NODE	AREA	M. OF INERTIA	LOAD COEF.
1	1	2	0.0150	0.000020	1.000
2	2	3	0.0150	0.000020	1.000
3	3	4	0.0150	0.000000	0.000
4	4	5	0.0150	0.000020	0.000
5	5	6	0.0150	0.000020	0.000

BOUNDARY CONDITION DATA

　　　　　　　　　　　STATUS

　　　　　　(0:PRESCRIBED, 1:FREE)

NODE	U	V	RZ
1	0	0	0

```
           6        0        0        0
**********************************************************************

  RESULTS

  LOWEST EIGENVALUE :        0.26571243E+03


  BUCKLING   MODE :
                    0.124617E- 04
                   -0.235921E- 01
                    0.276794E- 01
                    0.249234E- 04
                   -0.104705E+00
                    0.469575E- 01
                   -0.160025E- 03
                   -0.104705E+00
                   -0.965628E- 02
                   -0.249233E- 04
                   -0.104645E+00
                    0.219880E- 01
**********************************************************************
```

从数据填写中可以看出,本例题中将铰看作为一个长 0.01m 弯曲刚度为原杆件四千分之一的单元。由计算机求得结构的临界荷载 $F_{\mathrm{Pcr}} = 265.712$kN。此题的位移法解为 $F_{\mathrm{Pcr}} = 7.78EI/l^2 = 243.125$kN。采用有限元计算的误差为 9.29%。当然也可以将单元③的弯曲刚度取更小的数字,但须注意刚度倍数不宜过大,否则将大大增加 JACOB 子程序的迭代次数,不仅增加计算时间,而且可能发生在设定的迭代次数内不能收敛的问题。

习　　题

6.1　试利用有限单元法计算图示两端铰支柱的临界荷载,并与精确解进行比较。设将柱视为长度相等的两个单元组成。

6.2　试利用有限单元法计算图示刚架的临界荷载。设将刚架的每一个杆件视作一个单元。

题 6.1 图

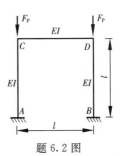

题 6.2 图

6.3 用本章程序分析例 6.3 所示刚架的稳定性时,子程序 EGEOM 中语句 CO＝DX/D 执行了几次? 为什么?

6.4 用本章程序分析图示刚架的稳定性时,子程序 ELASS 中语句 L＝NNE＊(NEL−1)＋J 和 KR＝IUNK(J1＋K)各执行了几次? 为什么?

6.5 试填写利用本章程序计算图示结构临界荷载的原始数据,并上机计算临界荷载。设将柱的上、下两部分各分为长度相等的两个单元,已知 $E=2.5\times10^4\,\text{MPa}$,$A=0.02\text{m}^2$,$I=0.0001\text{m}^4$,$l=3\text{m}$。

6.6 试填写利用本章程序计算图示刚架临界荷载所需的原始数据,并上机求解。已知 $E=2.5\times10^4$ MPa,$A=0.02\text{m}^2$,$I=0.0001\text{m}^4$,$l=4\text{m}$。

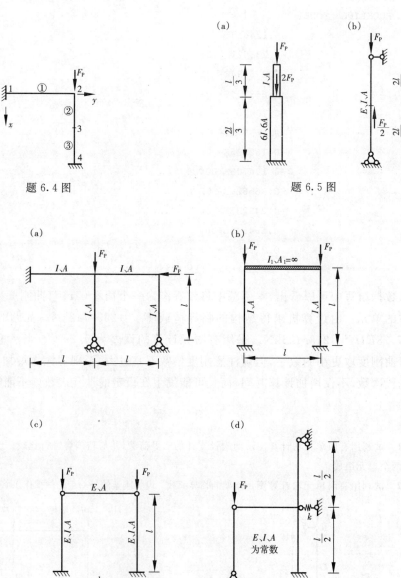

题 6.4 图　　　　　　　　　　题 6.5 图

题 6.6 图

第7章 结构非线性分析和程序设计

7.1 概　述

在结构力学课程中主要介绍了线性变形体系的受力分析方法。所谓线性变形体系是指连续体系的变形和位移与荷载之间呈线性关系，而且当荷载全部撤除后，体系将完全恢复原始状态。这种体系也常称为**线性弹性体系**，它应满足以下条件：

1) 材料的应力与应变关系满足虎克定律；

2) 位移是微小的；

3) 所有的约束均为**理想约束**。

在分析线性弹性体系时，一般可以依照体系变形前的几何位置和形状（或称位形）运用平衡条件，并且可以应用**叠加原理**。

实际结构的变形和位移与荷载之间可以不呈线性关系，这样的体系就称为非线性变形体系。若体系的非线性是由于材料应力与应变关系的非线性引起的，则称为材料非线性。材料非线性可以是属于**非线性弹性**，如铝材和许多高分子材料的应力与应变关系在一定范围内属于非线性弹性的；材料非线性也可以发生在某些材料如钢材的**塑性**工作阶段。如果是体系的变位会使其受力状况发生显著的变化，以至于不能采用对线性问题的分析方法时就称为几何非线性。几何非线性问题分析的基本特点是：必须依照体系**变形后位形**运用平衡条件。严格地说，对于任何体系都应该依照变形后的位形运用平衡条件，但如果体系的受力状况不会因为其变形而发生明显改变的话，为了简便起见，在分析时仍可以依照体系变形前的位形运用平衡条件，这就是结构线性分析的一般做法。然而，对于几何非线性问题来说就不能这样处理。例如图 7.1(a) 所示的体系，A、B、C 三点原位于一直线上，当在 C 点处作用一荷载 F_P 时，平衡方程必须依照结构变形后的位形，即按图 7.1(b) 来建立。即使 A、B、C 三点原先不在一直线上，当 C 点的变位较大时仍然需要将平衡方程建立在结构变形后的位形上，这样才能正确地求得杆件的内力。又如图 7.2(a) 所示的偏心受压杆，如果依照杆件变形前的位形考虑，杆件各截面上的弯矩均为 $F_P \cdot e$。但实际上杆件在弯矩作用下要发生弯曲。设在平衡状态即如图 7.2(b) 所示时，杆件中点发生侧向变位为 δ，则杆件中点截面的弯矩实际上应为 $F_P(e+\delta)$。若 δ 相对于 e 来说不是微小量，该问题就必须按照几何非线性问题来进行分析。

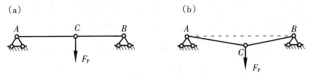

图　7.1

　　由于结构的变形后位形是未知的,结构的非线性分析实际上只能建立在一连串线性
分析的基础上加以实现,由此可见其计算工作量是很大的。过去因计算工具落后,非线
性分析只是对于最简单的结构才能得以实现,而对于比较复杂的结构就难以进行。今
天,电子计算技术的飞速发展为结构非线性分析提供了强有力的工具。由此,结构非线
性分析的理论与实践也得到了蓬勃发展。

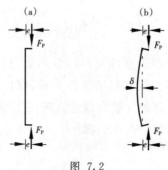

图 7.2

7.2　结构几何非线性分析的有限单元法

　　几何非线性问题的共同特点是结构的变形会造成其受力状态的显著变化。几何非
线性主要可分为以下几种类型:

　　1)大位移小应变问题,一般工程结构所遇到的非线性问题大多属于这一类型,例如,
高层建筑或高耸构筑物,以及大跨度网壳等结构的分析常需考虑到结构大位移的影响。

　　2)大位移大应变问题,例如金属的压力加工中所遇到的力学问题就属于这一类型。

　　3)结构的变形引起外荷载大小、方向或边界支承条件的变化等。

　　本章仅对工程结构分析中经常遇到的结构大位移小应变问题的分析方法进行讨论。

　　结构的平衡实际上是在结构发生变形之后实现的,对于几何非线性问题来说,平衡
方程必须建立在结构变形之后的状态上。为了描述结构的变形需要设立一定的参考系
统。在用有限单元法分析时,一种做法是使单元的局部坐标系跟随结构的变形一起发生
变位,称为**带有流动坐标的迭代法**;另一种做法是让单元的局部坐标系始终固定在结构
发生变形之前的位置,以结构变形前的原始位形作为基本的参考位形,这种分析方法称
为**总体的拉格朗日(Lagrange)方法**。当然对于一个物理问题来说,其内在的规律性并不
因为选择不同的参考系统而发生变化。

7.2.1　带有流动坐标的迭代法

　　所谓带有流动坐标的迭代法是指结构在发生大位移的过程中,使各单元的局部坐标
系跟随结构一同发生变位,由此来描述结构的非线性行为,这一方法对于杆件体系的大
位移分析特别显示出其优越性(相对用于板、壳大位移分析而言)。尤其是在杆件发生比
较大的转动时,采用这一方法比采用以下要介绍的总体的拉格朗日方法更为适宜。这是
因为通过局部坐标系的流动可以方便地描述单元的刚体转动,从而较容易地描述变位后

的单元在结构中所发挥的作用。

　　无论是小位移问题还是大位移问题或其他类型的非线性问题,结构在承受荷载发生变形之后,必须满足平衡方程。

　　结构坐标系中的单元杆端力是由结构坐标系中的单元刚度矩阵与该单元杆端位移向量相乘得到的。结构坐标系中的单元刚度矩阵不仅取决于单元本身的属性,而且还与该单元所处的方位有关。在线性小位移分析中,由于结点位移引起的单元方位的变化十分微小而可以忽略,于是在计算结构的位移和结点合力时可以仍然利用处于变位以前方位的单元刚度矩阵。如果结构的位移比较大,或者说在几何非线性问题的分析中,单元方位的这种变化就不能忽略,则在计算结点合力时就应该利用处于变形后方位的单元刚度矩阵。

　　在进行结构的大位移分析时,可以将按线性分析所得到的结点位移作为结构位移的第一次近似值。根据这一位移可以对单元刚度矩阵进行一次修正,以反映单元在变位后位置上所发挥的作用。在带有流动坐标的迭代法中所采用的做法是,根据已求得的结点位移值修改单元的坐标转换矩阵 T,从而达到修正在结构坐标系中的单元刚度矩阵的目的。根据一次修正后的各单元刚度矩阵和单元刚度方程可以计算出各结点合力。然而,按照上述结构位移的第一次近似值算出的结点合力与结点所受到的外荷载并不相等,也就是说此时结点的平衡条件未被满足。这是因为按线性分析所得到的结点位移并不代表结构真实的平衡位置,在这样的位置上结构实际上无法维持平衡,以下将原结构的等效结点荷载与上述结点合力之差称为结点的**不平衡力**。为了找到结构真实的平衡位置,可以将上述不平衡力作为一组新的荷载施加于已发生变位的结构之上,从而求得结点位移的增量。将这一增量位移与已求得的结点位移相加便可以得到结点位移的修正值,然后依照结点位移的修正值可以再次修改各单元的坐标转换矩阵,并计算出新的结点合力和结点不平衡力,继而可以再将此结点不平衡力施加于结构。重复上述过程一般可以使结点的不平衡力减小到可以被忽略的水平,此时的结点位移所对应的便是结构在发生大位移之后真实的平衡位置。按照上述平衡位置就可以计算结构在大位移情况下的杆件内力。以上就是带有流动坐标的迭代法分析大位移问题的基本思路。

　　接下来讨论在流动坐标系中的杆端位移和杆端力的计算方法。图 7.3(a)中给出了在结构坐标系 Oxy 中的一个未变形的刚架单元及其几何参数和杆端位移,单元在发生变位之后的形态如图 7.3(b)所示,$ix'y'$ 是该单元的流动坐标,其坐标原点位于变位后的杆端,而 x' 轴则沿变位后杆端结点的连线方向。

　　(a)　　　　　　　　　　　(b)

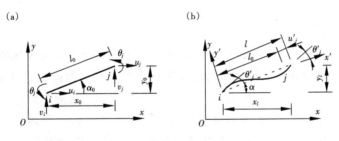

图　7.3

对比图 7.3(a)、(b)可知,单元发生变位之后有

$$
\left.
\begin{array}{l}
x_l = x_0 + u_j - u_i, \quad y_l = y_0 + v_j - v_i \\[2mm]
\alpha = \arctan\left(\dfrac{y_l}{x_l}\right)
\end{array}
\right\}
\tag{7.1}
$$

于是,该刚架单元在流动坐标系中的结点位移可表示为

$$
\left.
\begin{array}{l}
u'_i = v'_i = v'_j = 0, \quad u'_j = l - l_0 = (x_l^2 + y_l^2)^{1/2} - l_0 \\[2mm]
\theta'_i = \theta_i - (\alpha - \alpha_0), \quad \theta'_j = \theta_j - (\alpha - \alpha_0)
\end{array}
\right\}
\tag{7.2}
$$

此时,单元在 $ix'y'$ 坐标系中的结点位移向量为

$$
\boldsymbol{\Delta}^e = (0 \quad 0 \quad \theta'_i \quad u'_j \quad 0 \quad \theta'_j)^{\mathrm{T}}
\tag{7.3}
$$

相应的杆端力可表示为

$$
\boldsymbol{F}^e = \boldsymbol{k}^e \boldsymbol{\Delta}^e
\tag{7.4}
$$

式中,$\boldsymbol{k}^e$ 为局部坐标系 $ix'y'$ 中的单元刚度矩阵,仍可按 2.3 节式(2.21)计算。

由于采用了流动的局部坐标系,单元的方向角 α 就成为杆端位移的函数,可由式(7.1)计算。这样,单元的坐标转换矩阵 $\boldsymbol{T}$ 和通过 $\boldsymbol{T}$ 作用于 $\boldsymbol{k}^e$ 得到的结构坐标系中的单元刚度矩阵 $\boldsymbol{k}^e$ 也都成为杆端位移的函数。

综上所述,在采用带有流动坐标的迭代法时一个典型的迭代过程应包括以下的步骤。首先应为外荷载作用下的结构先假定一组结点位移 $\boldsymbol{\Delta}$,此后的步骤为:

1)根据结构坐标中的结点位移向量确定单元两端的位置,建立单元的局部坐标系。

2)计算上述局部坐标系中的杆端位移向量 $\boldsymbol{\Delta}^e$。

3)形成局部坐标系中的单元刚度矩阵 $\boldsymbol{k}^e$ 和杆端力向量 $\boldsymbol{F}^e$。

4)将 $\boldsymbol{k}^e$ 和 $\boldsymbol{F}^e$ 转向结构坐标系得到 $\boldsymbol{k}^e$ 和 $\boldsymbol{F}^e$。

5)对所有单元重复 1)至 4)的步骤。生成结构刚度矩阵 $\boldsymbol{k} = \sum \boldsymbol{k}^e$ 和结点合力 $\boldsymbol{F} = \sum \boldsymbol{F}^e$,$\boldsymbol{k}$ 即为结构在**当前位形**时的刚度矩阵。

6)计算不平衡力 $\Delta \boldsymbol{R} = \boldsymbol{F}_{\mathrm{P}} - \sum \boldsymbol{F}^e$。

7)求解结构方程 $\boldsymbol{k} \Delta\boldsymbol{\Delta} = \Delta\boldsymbol{R}$ 得结点位移增量 $\Delta\boldsymbol{\Delta}$。

8)将 $\Delta\boldsymbol{\Delta}$ 叠加到结点位移向量 $\boldsymbol{\Delta}$ 中。

9)**收敛条件**判断,如果不满足则返回到步骤(1)。

以上的过程可概括为如下的迭代公式

$$
\left.
\begin{array}{l}
\boldsymbol{k}^i \Delta\boldsymbol{\Delta}^{i+1} = \boldsymbol{F}_{\mathrm{P}} - \sum \boldsymbol{k}^{e^i} \boldsymbol{\Delta}^{e^i} \\[2mm]
\boldsymbol{\Delta}^{i+1} = \boldsymbol{\Delta}^i + \Delta\boldsymbol{\Delta}^{i+1}
\end{array}
\right\}
\tag{7.5}
$$

式中 i 为迭代次数。

一般在作第一次迭代运算时结点位移 $\boldsymbol{\Delta}$ 可取结构按线性分析得到的结点位移值,这通常有利于加快收敛速度。但当结构的非线性程度很高时如何假定 $\boldsymbol{\Delta}$ 却是一个值得研究的问题。例如,对于图 7.1 所示结构,按线性分析方法无法确定结构的位移,或者说结构的位移将成为无穷大,此时就需要为荷载作用点 C 先假设一个适当大小的竖向位移,然后才能进行迭代过程。实际计算时通常需将外荷载分成数级逐步施加到原结构上。有关这方面内容将在 7.3 节中进一步介绍。

迭代过程的收敛与否可以根据上述不平衡力进行判断,当不平衡力和外荷载的比率减小到一个给定的限度时则可以认为迭代过程达到了收敛,这样的收敛条件称为力收敛条件。在结构的大位移分析中一般采用位移收敛条件效果更好一些,其应用也更为普遍。位移收敛条件可由不同的形式提出,若记

$$N=\sqrt{\mathbf{\Delta}^\mathrm{T}\mathbf{\Delta}} \tag{7.6}$$

式中,$\mathbf{\Delta}$ 是经过若干次迭代运算得到的结点位移总向量,则位移收敛条件的一种形式是

$$\frac{N^i-N^{i-1}}{N^i}\leqslant e \tag{7.7}$$

式中,e 表示精度要求,可以根据工程的要求和问题的性质而定,一般可取 10^{-6} 至 10^{-2},而上标 i 则表示迭代次数。作为一种更加严格的收敛判断,位移收敛条件也可以要求每一个结点自由度上的位移均满足条件

$$|\Delta\Delta^i/\Delta^i|\leqslant e \tag{7.8}$$

有时,位移收敛条件和力收敛条件也可以同时应用。结构的非线性分析需要经过反复迭代运算,其运算所需时间一般要比进行线性分析时多得多。此时,收敛条件的恰当运用就十分重要,要使在获得满意的计算精度的同时节约计算时间,为此需要一定的实践经验作为基础。

上述带有流动坐标的迭代法对于板和壳体的大位移分析也可以适用,只是单元刚度矩阵的形式有所不同,此时杆端力应称为属于单元的结点力,杆端位移应称为单元结点位移。采用流动坐标这一分析方法时,所有本质性的非线性特性均是通过坐标转换计及的。只要单元划分得足够地小,带有流动坐标的迭代法就可以为结构大位移分析问题提供满意的解答。最后说明一点,在采用带有流动坐标的迭代法时,也有将单元的初应力矩阵也考虑在内的做法,特别是在杆件的轴向力或者是板、壳单元的中面应力相当大的时候。此种做法常被称为更新的拉格朗日(Lagrange)列式法。

7.2.2 总体的拉格朗日(Lagrange)列式法

如果始终以结构变形前的原始位形作为基本的参考位形进行有限元列式则称为总体的拉格朗日列式法。采用这种列式方法时,单元局部坐标系始终固定在结构变形之前的位置。此时,单元局部坐标系与结构坐标系之间的转换关系始终保持不变。但按照线性理论推导的单元刚度矩阵已不再适用,而需要推导在大位移情况下按原单元局部坐标系所定义的杆端力与杆端位移之间的关系,即大位移情况下的单元刚度矩阵。不难想象,此时的单元及结构刚度矩阵本身应是结点位移的函数。

一般地说在求解非线性问题时,可以将原属非线性的荷载-位移关系看作是一连串线性响应的组合。于是,就需要求得杆端力增量与杆端位移增量之间的关系,这种关系可以通过**单元切线刚度矩阵**表达。由单元的切线刚度矩阵可以组装生成整个结构的切线刚度矩阵。单元和结构的切线刚度矩阵仍然是结点位移的函数。

以下就来介绍总体的拉格朗日列式法的基本理论与有关公式。

无论是对于何种非线性问题,虚功原理都是成立的。按照虚功原理,若结构处于平

衡状态时发生某种虚位移,则外力因虚位移所作的功等于结构内力在虚应变上所作的功。如果单元仅受结点力的作用,单元的虚功方程可以写为

$$\int_V \boldsymbol{\varepsilon}^{*T} \boldsymbol{\sigma} \, dV - \boldsymbol{\Delta}^{e*T} \boldsymbol{F}^e = 0 \tag{7.9}$$

式中,$\boldsymbol{F}^e$ 为单元杆端力向量;$\boldsymbol{\varepsilon}^*$ 为单元的虚应变;$\boldsymbol{\Delta}^{e*}$ 为单元结点的虚位移向量。增量形式的应变—位移关系可表示为

$$d\boldsymbol{\varepsilon} = \overline{\boldsymbol{B}} \, d\boldsymbol{\Delta}^e \tag{7.10}$$

式中,$d\boldsymbol{\Delta}^e$ 表示单元结点位移 $\boldsymbol{\Delta}^e$ 的微分。根据变分与微分运算在形式上的相似性,有

$$\boldsymbol{\varepsilon}^* = \overline{\boldsymbol{B}} \boldsymbol{\Delta}^{e*} \tag{7.11}$$

以上两式中,$\overline{\boldsymbol{B}}$ 称为大位移情况下的**增量应变矩阵**,反映了单元应变增量与结点位移增量之间的关系。在大位移情况下 $\overline{\boldsymbol{B}}$ 应是单元结点位移的函数。

若将上述增量应变矩阵分解为与单元结点位移无关的 $\boldsymbol{B}_0$ 和与单元结点位移有关的 $\boldsymbol{B}_L$ 两部分组成,即

$$\overline{\boldsymbol{B}} = \boldsymbol{B}_0 + \boldsymbol{B}_L \tag{7.12}$$

式中,$\boldsymbol{B}_0$ 也就是一般线性分析时的应变矩阵,对于刚架单元来说 $\boldsymbol{B}_0$ 可见于 5.3 节中的式 (5.28);$\boldsymbol{B}_L$ 是单元结点位移的函数,反映了大位移对应变矩阵的影响。

将式(7.11)代入式(7.9),并考虑到单元结点虚位移 $\boldsymbol{\Delta}^{e*}$ 的任意性,可以得到单元的平衡方程为

$$\int_V \overline{\boldsymbol{B}}^T \boldsymbol{\sigma} dV - \boldsymbol{F}^e = 0 \tag{7.13}$$

按照式(7.13)可以对整个结构建立有限元列式,这种列式方法可称为全量列式方法。在几何非线性分析中,按照这种列式方法得到的单元和结构刚度矩阵一般是非对称的,对于求解不利。因此,在分析非线性问题时大多采用增量列式方法,以下就着重介绍这一方法。

式(7.13)所示的平衡方程可以写成微分的形式为

$$\int_V d(\overline{\boldsymbol{B}}^T \boldsymbol{\sigma}) dV - d\boldsymbol{F}^e = 0 \tag{a}$$

由于增量应变矩阵 $\overline{\boldsymbol{B}}$ 和应力 $\boldsymbol{\sigma}$ 向量都是单元结点位移的函数,于是有

$$d(\overline{\boldsymbol{B}}^T \boldsymbol{\sigma}) = d\overline{\boldsymbol{B}}^T \boldsymbol{\sigma} + \overline{\boldsymbol{B}}^T d\boldsymbol{\sigma} \tag{b}$$

将式(b)引入式(a),则有

$$\int_V d\overline{\boldsymbol{B}}^T \boldsymbol{\sigma} dV + \int_V \overline{\boldsymbol{B}}^T d\boldsymbol{\sigma} dV = d\boldsymbol{F}^e \tag{7.14}$$

单元内部的应力增量与应变增量存在确定的关系,这种关系可表示为

$$d\boldsymbol{\sigma} = \boldsymbol{D} d\boldsymbol{\varepsilon} \tag{7.15}$$

式中,$\boldsymbol{D}$ 称为应力—应变关系矩阵,或称为材料的本构关系矩阵。如果材料属于线性弹性的,$\boldsymbol{D}$ 将是一个常数矩阵,对于杆件结构若不考虑剪切变形 $\boldsymbol{D}$ 就成为单一常数 E,即材料的弹性模量。对于线性弹性材料来说有

$$\boldsymbol{\sigma} = \boldsymbol{D}(\boldsymbol{\varepsilon} - \boldsymbol{\varepsilon}^0) + \boldsymbol{\sigma}^0 \tag{7.16}$$

式中，$\pmb{\varepsilon}^0$ 和 $\pmb{\sigma}^0$ 分别为单元材料中可能存在的初应变和初应力。

将式(7.10)代入式(7.15)就可以得到应力增量与单元结点位移增量之间的关系为

$$\mathrm{d}\pmb{\sigma} = \pmb{D}\overline{\pmb{B}}\mathrm{d}\pmb{\Delta}^e \tag{c}$$

式中，$\mathrm{d}\pmb{\Delta}^e$ 代表对单元结点位移向量 $\pmb{\Delta}^e$ 的微分，下同。将式(7.12)代入式(c)后得

$$\mathrm{d}\pmb{\sigma} = \pmb{D}(\pmb{B}_0 + \pmb{B}_\mathrm{L})\mathrm{d}\pmb{\Delta}^e \tag{7.17}$$

于是，式(7.14)左端中的第二项便可表示为

$$\int_V \overline{\pmb{B}}^\mathrm{T}\mathrm{d}\pmb{\sigma}\mathrm{d}V = \left(\int_V \pmb{B}_0^\mathrm{T}\pmb{D}\pmb{B}_0 + \left(\int_V \pmb{B}_0^\mathrm{T}\pmb{D}\pmb{B}_\mathrm{L}\mathrm{d}V + \int_V \pmb{B}_\mathrm{L}^\mathrm{T}\pmb{D}\pmb{B}_0\mathrm{d}V + \int_V \pmb{B}_\mathrm{L}^\mathrm{T}\pmb{D}\pmb{B}_\mathrm{L}\mathrm{d}V\right)\right)\mathrm{d}\pmb{\Delta}^e \tag{d}$$

若记

$$\pmb{k}_0 = \int_V \pmb{B}_0^\mathrm{T}\pmb{D}\pmb{B}_0\mathrm{d}V \tag{7.18}$$

式中，$\pmb{k}_0$ 是与单元结点位移无关的，即为一般线性分析时的单元刚度矩阵。对于刚架单元来说，即如 5.3 节式(5.34)所示。式(d)右端第二层括号内的项可记为

$$\pmb{k}_\mathrm{L} = \int_V (\pmb{B}_0^\mathrm{T}\pmb{D}\pmb{B}_\mathrm{L} + \pmb{B}_\mathrm{L}^\mathrm{T}\pmb{D}\pmb{B}_0 + \pmb{B}_\mathrm{L}^\mathrm{T}\pmb{D}\pmb{B}_\mathrm{L})\mathrm{d}V \tag{7.19}$$

式中，$\pmb{k}_\mathrm{L}$ 称为**单元的初位移矩阵**或大位移矩阵，表示单元的变位对于单元刚度矩阵的影响。

现在再看式(7.14)左端的第一项。考虑到式(7.12)的关系并注意到常数项 $\pmb{B}_0$ 的微分等于零，对于确定的有限元模式，式(7.14)左端的第一项可一般地表示为

$$\int_V \mathrm{d}\overline{\pmb{B}}^\mathrm{T}\pmb{\sigma}\mathrm{d}V = \int_V \mathrm{d}\pmb{B}_\mathrm{L}^\mathrm{T}\pmb{\sigma}\mathrm{d}V = \pmb{k}_\sigma\mathrm{d}\pmb{\Delta}^e \tag{7.20}$$

式中，$\pmb{k}_\sigma$ 称为单元的初应力矩阵或几何刚度矩阵，它表示单元中存在的应力对单元刚度矩阵的影响。有关刚架单元初应力矩阵的推导已在 6.3 节中述及。

将式(7.20)和式(d)代入式(7.14)，并考虑到式(7.18)和式(7.19)的关系，有

$$(\pmb{k}_0 + \pmb{k}_\sigma + \pmb{k}_\mathrm{L})\mathrm{d}\pmb{\Delta}^e = \mathrm{d}\pmb{F}^e \tag{e}$$

若记

$$\pmb{k}_\mathrm{T} = \pmb{k}_0 + \pmb{k}_\sigma + \pmb{k}_\mathrm{L} \tag{7.21}$$

式中，$\pmb{k}_\mathrm{T}$ 就称为单元的切线刚度矩阵。据此，有增量形式的单元刚度方程为

$$\pmb{k}_\mathrm{T}\mathrm{d}\pmb{\Delta}^e = \mathrm{d}\pmb{F}^e \tag{7.22}$$

由此可以看出，单元切线刚度矩阵 $\pmb{k}_\mathrm{T}$ 代表了单元处于某种位形时的瞬时刚度，或者说代表了单元结点力与结点位移之间的瞬时关系。

有了单元切线刚度矩阵就可以按照通常的方法组装生成结构的切线刚度矩阵，即有

$$\pmb{K}_\mathrm{T} = \sum \pmb{k}_\mathrm{T} \tag{7.23}$$

并进而得到结构的**增量刚度方程**

$$\pmb{K}_\mathrm{T}\mathrm{d}\pmb{\Delta} = \mathrm{d}\pmb{F}_\mathrm{P} \tag{7.24}$$

对于实际应用来说，荷载增量不可能取成微分的形式，而总是一个有限值。于是，按式(7.24)求得的位移增量使结构多少偏离了真实的平衡位置。为了解决这一问题，可以根据当时的结构位形按式(7.13)求出各单元的杆端力，并继而求得各结点合力。然后将

外荷载与上述结点合力之差,即结点的不平衡力作为一种荷载施加于结构,由此得到结点位移的修正值。这一过程可以反复多次以消除结点的不平衡力。

综上所述,总体的拉格朗日增量列式方法的一次完整的迭代步骤一般可归结如下:

1)通常可按线性分析得到结构结点位移的初值 $\boldsymbol{\Delta}$。

2)形成局部坐标系中的单元切线刚度矩阵 $\boldsymbol{k}_\mathrm{T}$,并按式(7.13)计算单元的结点力 $\boldsymbol{F}^e$(对于杆件结构,单元结点力即为杆端力)。

3)将 $\boldsymbol{k}_\mathrm{T}$ 和 $\boldsymbol{F}^e$ 转向结构坐标系。

4)对所有单元重复 2)至 3)的步骤。生成结构的切线刚度矩阵 $\boldsymbol{K}_\mathrm{T}$ 和结点合力 $\boldsymbol{F} = \sum \boldsymbol{F}^e$。

5)计算不平衡力 $\Delta\boldsymbol{R} = \boldsymbol{F}_\mathrm{P} - \sum \boldsymbol{F}^e$。

6)求解结构刚度方程 $\boldsymbol{K}_\mathrm{T}\Delta\boldsymbol{\Delta} = \Delta\boldsymbol{R}$ 得结点位移增量 $\Delta\boldsymbol{\Delta}$。

7)将 $\Delta\boldsymbol{\Delta}$ 叠加到结点位移向量 $\boldsymbol{\Delta}$ 中。

8)收敛条件判断,如果不满足则返回到步骤 2)。

以上介绍的按增量列式的总体拉格朗日方法,在结构的非线性分析中应用十分广泛,有关计算公式及上述求解步骤对于板、壳或杆件体系的非线性分析都同样适用。由以上的分析也可以看出,采用总体的拉格朗日列式方法求解几何非线性问题的关键是形成单元的切线刚度矩阵。

7.3 单元的切线刚度矩阵

单元的切线刚度矩阵分为三个组成部分,即用于一般线性分析的刚度矩阵 $\boldsymbol{k}_0$、初应力矩阵 $\boldsymbol{k}_\sigma$ 和初位移矩阵 $\boldsymbol{k}_\mathrm{L}$。利用虚功原理可以推导单元的切线刚度矩阵。实际上,只需要在推导过程中将应变—位移关系中的有关非线性项充分地考虑在内,就可以由虚功原理推导出单元的切线刚度矩阵。

7.3.1 桁架单元的切线刚度矩阵

考虑一个材料弹性模量力 E,横截面面积为 A,长度为 l 的桁架单元 ij,它在发生变位前、后的位置如图 7.4 所示。

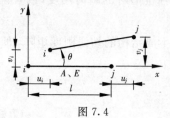

图 7.4

在小位移的情况下,该桁架单元中某一点的轴向应变 ε_x 与轴向位移的关系为

$$\varepsilon_x = \frac{\mathrm{d}u}{\mathrm{d}x}$$

如果结点的位移比较大,则由于横向位移 v 会引起单元发生附加伸长。这种附加伸长与单元在变位过程中所转过的角度 θ 有关。此时,单元的轴向应变可近似地表示为

$$\varepsilon_x = \frac{\mathrm{d}u}{\mathrm{d}x} + \frac{1}{2}\left(\frac{\mathrm{d}v}{\mathrm{d}x}\right)^2 \tag{7.25}$$

方程右端的第二项即为考虑大位移时附加的非线性项。

在大位移分析中,桁架单元的轴向和横向位移的位移函数可精确地取作 x 的一次函数,即取

$$\left.\begin{array}{l} u = a_0 + a_1 x \\ v = b_0 + b_1 x \end{array}\right\} \tag{a}$$

于是,按照 5.3 节中的步骤,可以将单元上任意点的位移用单元的杆端位移表达,即有

$$w = \begin{bmatrix} u \\ v \end{bmatrix} = N \Delta^e \tag{7.26}$$

式中

$$N = \begin{bmatrix} 1 - \dfrac{x}{l} & 0 & \dfrac{x}{l} & 0 \\ 0 & 1 - \dfrac{x}{l} & 0 & \dfrac{x}{l} \end{bmatrix} \tag{7.27}$$

为桁架单元的形函数矩阵。将式(7.26)代入式(7.25)并考虑到式(7.27)的关系,有

$$\varepsilon_x = \left(-\frac{1}{l} \quad 0 \quad \frac{1}{l} \quad 0 \right) \Delta^e + \frac{1}{2} \left(\left(0 \quad -\frac{1}{l} \quad 0 \quad \frac{1}{l} \right) \Delta^e \right)^2 \tag{b}$$

于是

$$\mathrm{d}\varepsilon_x = \left(-\frac{1}{l} \quad 0 \quad \frac{1}{l} \quad 0 \right) \mathrm{d}\Delta^e + \left(0 \quad -\frac{1}{l} \quad 0 \quad \frac{1}{l} \right) \Delta^e \left(0 \quad -\frac{1}{l} \quad 0 \quad \frac{1}{l} \right) \mathrm{d}\Delta^e \tag{c}$$

将上式与式(7.10)进行比较并考虑到式(7.12)的关系,有

$$\boldsymbol{B}_0 = \left(-\frac{1}{l} \quad 0 \quad \frac{1}{l} \quad 0 \right) \tag{7.28}$$

$$\boldsymbol{B}_L = \left(0 \quad -\frac{1}{l} \quad 0 \quad \frac{1}{l} \right) \Delta^e \left(0 \quad -\frac{1}{l} \quad 0 \quad \frac{1}{l} \right) \tag{d}$$

因为

$$\left(0 \quad -\frac{1}{l} \quad 0 \quad \frac{1}{l} \right) \Delta^e = \frac{1}{l} (v_j - v_i) = \theta \tag{e}$$

θ 即为单元在变位过程中发生的转角,如图 7.4 中所示,式(d)可以写为

$$\boldsymbol{B}_L = \theta \left(0 \quad -\frac{1}{l} \quad 0 \quad \frac{1}{l} \right) \tag{7.29}$$

将式(7.28)代入式(7.18),经过计算可以得到线性分析时桁架单元的刚度矩阵为

$$\boldsymbol{k}_0 = \frac{EA}{l} \begin{bmatrix} 1 & 0 & -1 & 0 \\ 0 & 0 & 0 & 0 \\ -1 & 0 & 1 & 0 \\ 0 & 0 & 0 & 0 \end{bmatrix} \tag{7.30}$$

将式(7.28)和式(7.29)代入式(7.19),即可计算得到桁架单元的初位移矩阵为

$$\boldsymbol{k}_L = \frac{EA}{l} \begin{bmatrix} 0 & \theta & 0 & -\theta \\ \theta & \theta^2 & -\theta & -\theta^2 \\ 0 & -\theta & 0 & \theta \\ -\theta & -\theta^2 & \theta & \theta^2 \end{bmatrix} \tag{7.31}$$

由式(7.31)可看出,当单元处于变位以前的位置时,初位移矩阵 $\boldsymbol{k}_L=\boldsymbol{0}$。

以下来推导桁架单元的初应力矩阵。由式(7.29)并考虑式(e)的关系,有

$$\boldsymbol{B}_L^T=\begin{bmatrix}0\\-\dfrac{1}{l}\\0\\\dfrac{1}{l}\end{bmatrix}\cdot\dfrac{1}{l}(v_j-v_i)=\dfrac{1}{l^2}\begin{bmatrix}0&0&0&0\\0&1&0&-1\\0&0&0&0\\0&-1&0&1\end{bmatrix}\begin{bmatrix}u_i\\v_i\\u_j\\v_j\end{bmatrix}\tag{f}$$

上式(f)是与一点的坐标值无关的量,而 $\boldsymbol{\sigma}=\sigma$ 在桁架单元中是一个常数,在积分时均可提到积分号之外。若记 $F_N=\sigma A$ 为桁架单元的轴向力,于是有

$$\int_V d\boldsymbol{B}_L^T\boldsymbol{\sigma}dV=\dfrac{F_N}{l}\begin{bmatrix}0&0&0&0\\0&1&0&-1\\0&0&0&0\\0&-1&0&1\end{bmatrix}d\boldsymbol{\Delta}^e\tag{g}$$

将上式与式(7.20)的比较可知

$$\boldsymbol{k}_\sigma=\dfrac{F_N}{l}\begin{bmatrix}0&0&0&0\\0&1&0&-1\\0&0&0&0\\0&-1&0&1\end{bmatrix}\tag{7.32}$$

式中,$\boldsymbol{k}_\sigma$ 称为桁架单元的初应力矩阵,它计及了桁架单元轴力对于杆端侧向位移的影响。

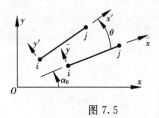

图 7.5

现以桁架单元为例对单元初位移矩阵 $\boldsymbol{k}_L$ 的实质进行探讨。图 7.5 所示为一桁架单元发生变位前、后的位置。$i\,\overline{x}\,\overline{y}$ 为变位之前的单元局部坐标系;$ix'y'$ 为设于变位之后单元上的局部坐标系;Oxy 为结构坐标系。单元在变位后相应于 $ix'y'$ 坐标系的刚度矩阵 $\boldsymbol{k}'$ 即为一般线性分析中采用的单元刚度矩阵,为

$$\boldsymbol{k}'=\dfrac{EA}{l}\begin{bmatrix}1&0&-1&0\\0&0&0&0\\-1&0&1&0\\0&0&0&0\end{bmatrix}\tag{h}$$

可以利用坐标转换将上述刚度矩阵转向 $i\,\overline{x}\,\overline{y}$ 坐标系。当结构发生了大位移时,若单元的旋转角 θ 角不大,则仍可采用 $\sin\theta\approx\theta,\cos\theta\approx1$ 的近似。于是,变位前、后单元局部坐标系之间的转换矩阵为

$$\boldsymbol{T}=\begin{bmatrix}\cos\theta&\sin\theta&0&0\\-\sin\theta&\cos\theta&0&0\\0&0&\cos\theta&\sin\theta\\0&0&-\sin\theta&\cos\theta\end{bmatrix}=\begin{bmatrix}1&\theta&0&0\\-\theta&1&0&0\\0&0&1&\theta\\0&0&-\theta&1\end{bmatrix}\tag{i}$$

利用坐标转换可以得到变位后单元在局部坐标系中的刚度矩阵为

$$\bar{\boldsymbol{k}}=\boldsymbol{T}^{\mathrm{T}}\boldsymbol{k}'\boldsymbol{T}=\frac{EA}{l}\begin{bmatrix}1&\theta&-1&-\theta\\\theta&\theta^2&-\theta&-\theta^2\\-1&-\theta&1&\theta\\-\theta&-\theta^2&\theta&\theta^2\end{bmatrix}$$

$$=\frac{EA}{l}\begin{bmatrix}1&0&-1&0\\0&0&0&0\\-1&0&1&0\\0&0&0&0\end{bmatrix}+\frac{EA}{l}\begin{bmatrix}0&\theta&0&-\theta\\\theta&\theta^2&-\theta&-\theta^2\\0&-\theta&0&\theta\\-\theta&-\theta^2&\theta&\theta^2\end{bmatrix}$$

$$=\boldsymbol{k}_0+\boldsymbol{k}_{\mathrm{L}} \tag{j}$$

由此可见,当单元旋转角较小时,以 $ix'y'$ 坐标系作为参照系建立变位后单元的刚度矩阵与以 $i\overline{xy}$ 坐标系作为参照系建立考虑初位移影响的刚度矩阵在实质上是相同的。单元初位移矩阵的实质就是让单元在变形后的位置上发挥其作用,由此来实现几何非线性问题平衡方程必须在结构变形后位形上建立这一重要的前提。

由以上的分析也可以看出,总体的拉格朗日方法与前述带有流动坐标的迭代法只是为了达到同一目的的两条不同的途径。无论采用哪一种分析方法,在有限元列式的过程中通常都需要引入一些近似的假设条件,由此就决定了一种有限元列式的适用范围和求解过程中的注意事项。对于一般工程杆系结构的大位移分析来说,采用以上两种方法通常都可以给出满意的结果,但对一些高度非线性的问题特别是连续体的非线性分析,必须考虑有限元列式的适用范围问题。

7.3.2 刚架单元的切线刚度矩阵

在刚架发生大位移时,仍可以假定刚架单元有与小位移情况下相同的位移函数,即单元的轴向位移 u 是局部坐标 x 的线性函数,侧向位移 v 是 x 的三次函数,如 5.3 节中式(a)所示。此时,刚架单元的形函数矩阵 $\boldsymbol{N}$ 与小位移情况时相同,如式(5.26)所示,其中 $\boldsymbol{N}_1$、$\boldsymbol{N}_2$ 分别如 5.3 节式(e)、(f)。

由桁架单元切线刚度矩阵的推导过程可以看出,在大位移情况下单元的应变—位移关系需要修改,即需要增加有关的非线性项。如果曲率仍能用侧向位移的二阶导数近似地表达,则代表弯曲所引起的轴向应变的项仍与线性分析时相同。由于线位移所引起的单元轴向应变应按式(7.25)计算,此时有

$$\boldsymbol{\varepsilon}=\begin{bmatrix}\varepsilon_a\\\varepsilon_b\end{bmatrix}=\begin{bmatrix}\dfrac{\mathrm{d}u}{\mathrm{d}x}+\dfrac{1}{2}\left(\dfrac{\mathrm{d}v}{\mathrm{d}x}\right)^2\\-y\dfrac{\mathrm{d}^2v}{\mathrm{d}x^2}\end{bmatrix}=\begin{bmatrix}\dfrac{\mathrm{d}u}{\mathrm{d}x}\\-y\dfrac{\mathrm{d}^2v}{\mathrm{d}x^2}\end{bmatrix}+\begin{bmatrix}\dfrac{1}{2}\left(\dfrac{\mathrm{d}v}{\mathrm{d}x}\right)^2\\0\end{bmatrix}=\boldsymbol{\varepsilon}_0+\boldsymbol{\varepsilon}_{\mathrm{L}} \tag{7.33}$$

式中,ε_a 代表由线位移所引起的轴向应变,ε_b 代表由弯曲所引起的轴向应变,$\boldsymbol{\varepsilon}_0$ 即为作线性分析时采用的应变项,$\boldsymbol{\varepsilon}_{\mathrm{L}}$ 是二阶近似的非线性项。

接下来讨论增量应变 $\mathrm{d}\boldsymbol{\varepsilon}$,并由此来确定刚架单元的应变矩阵 $\boldsymbol{B}_0$ 和 $\boldsymbol{B}_{\mathrm{L}}$。$\boldsymbol{\varepsilon}_0$ 可以通过单元的结点位移表达为

$$\boldsymbol{\varepsilon}_0=\boldsymbol{B}_0\boldsymbol{\Delta}^e \tag{k}$$

此时 $\boldsymbol{B}_0$ 即为线性分析时的应变矩阵，由式(5.27)可知

$$\boldsymbol{B}_0 = \begin{bmatrix} -\dfrac{1}{l} & 0 & 0 & \dfrac{1}{l} & 0 & 0 \\[2mm] 0 & \dfrac{6}{l^2}\left(1-\dfrac{2x}{l}\right)y & \dfrac{2}{l}\left(2-\dfrac{3x}{l}\right)y & 0 & -\dfrac{6}{l^2}\left(1-\dfrac{2x}{l}\right)y & \dfrac{2}{l}\left(2-\dfrac{3x}{l}\right)y \end{bmatrix} \tag{7.34}$$

因为 $\boldsymbol{B}_0$ 中只含坐标的函数，与单元的结点位移向量 $\boldsymbol{\Delta}^e$ 无关，所以有

$$\mathrm{d}\boldsymbol{\varepsilon}_0 = \boldsymbol{B}_0 \mathrm{d}\boldsymbol{\Delta}^e \tag{l}$$

现在来考虑 $\mathrm{d}\boldsymbol{\varepsilon}_{\mathrm{L}}$，按照微分运算规律，有

$$\mathrm{d}\left(\frac{1}{2}\left(\frac{\mathrm{d}v}{\mathrm{d}x}\right)^2\right) = \frac{\mathrm{d}v}{\mathrm{d}x}\mathrm{d}\left(\frac{\mathrm{d}v}{\mathrm{d}x}\right) = \frac{\mathrm{d}\boldsymbol{N}_2}{\mathrm{d}x}\boldsymbol{\Delta}^e \frac{\mathrm{d}\boldsymbol{N}_2}{\mathrm{d}x}\mathrm{d}\boldsymbol{\Delta}^e \tag{m}$$

上式中的 $\boldsymbol{N}_2$ 如 5.3 节式(f)所示。记

$$\boldsymbol{s} = \frac{\mathrm{d}\boldsymbol{N}_2}{\mathrm{d}x} = \left(0 \quad -\frac{6x}{l^2}+\frac{6x^2}{l^3} \quad 1-\frac{4x}{l}+\frac{3x^2}{l^2} \quad 0 \quad \frac{6x}{l^2}-\frac{6x^2}{l^3} \quad \frac{3x^2}{l^2}-\frac{2x}{l}\right) \tag{7.35}$$

将式(7.35)代入式(m)并引入式(7.33)的微分，有

$$\mathrm{d}\boldsymbol{\varepsilon}_{\mathrm{L}} = \boldsymbol{B}_{\mathrm{L}} \mathrm{d}\boldsymbol{\Delta}^e \tag{n}$$

式中

$$\boldsymbol{B}_{\mathrm{L}} = \begin{bmatrix} \boldsymbol{s}\boldsymbol{\Delta}^e\boldsymbol{s} \\ \boldsymbol{0} \end{bmatrix} \tag{7.36}$$

可见与 $\boldsymbol{B}_0$ 一样，$\boldsymbol{B}_{\mathrm{L}}$ 也是一个 2×6 的矩阵，但 $\boldsymbol{B}_{\mathrm{L}}$ 与单元的结点位移有关。

将式(7.34)代入式(7.18)，就可得到通常的线性刚度矩阵 $\boldsymbol{k}_0$，如式(5.34)所示。将式(7.34)和(7.36)代入式(7.19)，可求得单元的初位移矩阵为

$$\boldsymbol{k}_{\mathrm{L}} = \frac{EA}{l}\left\{\int_0^l \begin{bmatrix} 0 & \overline{A} & -\overline{B} & 0 & -\overline{A} & \overline{C} \\ \overline{A} & 0 & 0 & -\overline{A} & 0 & 0 \\ -\overline{B} & 0 & 0 & \overline{B} & 0 & 0 \\ 0 & -\overline{A} & \overline{B} & 0 & \overline{A} & -\overline{C} \\ -\overline{A} & 0 & 0 & \overline{A} & 0 & 0 \\ \overline{C} & 0 & 0 & -\overline{C} & 0 & 0 \end{bmatrix} \mathrm{d}x \right.$$

$$\left. + l\int_0^l \begin{bmatrix} 0 & 0 & 0 & 0 & 0 & 0 \\ 0 & \overline{A}^2 & -\overline{A}\,\overline{B} & 0 & -\overline{A}^2 & \overline{A}\,\overline{C} \\ 0 & -\overline{A}\,\overline{B} & \overline{B}^2 & 0 & \overline{A}\,\overline{B} & -\overline{B}\,\overline{C} \\ 0 & 0 & 0 & 0 & 0 & 0 \\ 0 & -\overline{A}^2 & \overline{A}\,\overline{B} & 0 & \overline{A}^2 & -\overline{A}\,\overline{C} \\ 0 & \overline{A}\,\overline{C} & -\overline{B}\,\overline{C} & 0 & -\overline{A}\,\overline{C} & \overline{C}^2 \end{bmatrix} \mathrm{d}x \right\} \tag{7.37}$$

式中

$$\left.\begin{aligned} \overline{A} &= A_1^2(v_j-v_i)+A_1B_1\theta_i-A_1C_1\theta_j \\ \overline{B} &= A_1B_1(v_j-v_i)+B_1^2\theta_i-B_1C_1\theta_j \\ \overline{C} &= A_1C_1(v_j-v_i)+B_1C_1\theta_i-C_1^2\theta_j \end{aligned}\right\} \tag{o}$$

其中

$$
\left.\begin{aligned}
A_1 &= \frac{6x}{l^2} - \frac{6x^2}{l^3} \\
B_1 &= 1 - \frac{4x}{l} + \frac{3x^2}{l^2} \\
C_1 &= \frac{2x}{l} - \frac{3x^2}{l^2}
\end{aligned}\right\}
\tag{p}
$$

在计算式(7.37)中的积分时,可以应用下列积分公式

$$
\left.\begin{aligned}
&\int_0^l A_1^2\,\mathrm{d}x = \frac{6}{5l} \qquad \int_0^l B_1^2\,\mathrm{d}x = \frac{2}{15}l \qquad \int_0^l C_1^2\,\mathrm{d}x = \frac{2}{15}l \\
&\int_0^l A_1 B_1\,\mathrm{d}x = -\frac{1}{10} \quad \int_0^l B_1 C_1\,\mathrm{d}x = \frac{l}{30} \; \text{,} \int_0^l A_1 C_1\,\mathrm{d}x = \frac{1}{10}
\end{aligned}\right\}
\tag{q}
$$

以及

$$
\left.\begin{aligned}
&\int_0^l A_1^4\,\mathrm{d}x = \frac{72}{35l^3} \qquad\quad \int_0^l B_1^4\,\mathrm{d}x = \frac{2}{35}l \qquad\quad \int_0^l C_1^4\,\mathrm{d}x = \frac{2}{35}l \\
&\int_0^l A_1^3 B_1\,\mathrm{d}x = -\frac{9}{35l^2} \quad \int_0^l A_1^3 C_1\,\mathrm{d}x = \frac{9}{35l^2} \quad \int_0^l A_1 B_1^3\,\mathrm{d}x = \frac{1}{140} \\
&\int_0^l B_1^3 C_1\,\mathrm{d}x = \frac{l}{140} \qquad \int_0^l B_1 C_1^3\,\mathrm{d}x = \frac{l}{140} \qquad \int_0^l A_1 C_1^3\,\mathrm{d}x = -\frac{1}{140} \\
&\int_0^l A_1^2 B_1^2\,\mathrm{d}x = \frac{3}{35l} \qquad \int_0^l B_1^2 C_1^2\,\mathrm{d}x = \frac{l}{210} \qquad \int_0^l A_1^2 C_1^2\,\mathrm{d}x = \frac{3}{35l} \\
&\int_0^l A_1^2 B_1 C_1\,\mathrm{d}x = 0 \quad \int_0^l A_1 B_1^2 C_1\,\mathrm{d}x = \frac{1}{140} \quad \int_0^l A_1 B_1 C_1^2\,\mathrm{d}x = -\frac{1}{140}
\end{aligned}\right\}
\tag{r}
$$

接下来推导单元的初应力矩阵 $\boldsymbol{k}_\sigma$。对于刚架单元来说,轴向应力有两部分组成,可表示为

$$
\boldsymbol{\sigma} = \begin{bmatrix} \sigma_a \\ \sigma_b \end{bmatrix}
\tag{s}
$$

式中, σ_a 为单元由于拉伸或压缩而引起的轴向应力,在单元上任意点都相同,可以将这一常数应力记为 σ; σ_b 代表单元由于弯曲而引起的轴向应力。由式(7.36)可知 $\boldsymbol{B}_L$ 中第二行元素全部为零,这样在式(7.20)中 σ_b 将不发生作用。这一事实表明,单元的初应力矩阵与其弯曲正应力无关。若将 $\boldsymbol{B}_L$ 中的第一行记为

$$
\boldsymbol{B}_{L1} = \boldsymbol{s}\boldsymbol{\Delta}^e\boldsymbol{s}
\tag{t}
$$

因矩阵 $\boldsymbol{s}$ 中的项只是 x 的函数,由式(7.20)可得

$$
\int_V \mathrm{d}\boldsymbol{B}_L^{\mathrm{T}}\boldsymbol{\sigma}\,\mathrm{d}V = \sigma A\int_0^l \mathrm{d}\boldsymbol{B}_{L1}^{\mathrm{T}}\,\mathrm{d}x = \sigma A\int_0^l \boldsymbol{s}^{\mathrm{T}}\mathrm{d}\boldsymbol{\Delta}^{e\mathrm{T}}\boldsymbol{s}^{\mathrm{T}}\,\mathrm{d}x
\tag{u}
$$

将式(7.35)代入上式,引入式(p)的关系并注意到 $\sigma A = F_N$ 为单元的轴力,则有

$$\int_V \mathrm{d}\boldsymbol{B}_{\mathrm{L}}^{\mathrm{T}}\boldsymbol{\sigma}\,\mathrm{d}V = F_N\int_0^l \begin{bmatrix} 0 \\ -A_1 \\ B_1 \\ 0 \\ A_1 \\ C_1 \end{bmatrix} \mathrm{d}\boldsymbol{\Delta}^{e\mathrm{T}} \begin{bmatrix} 0 \\ -A_1 \\ B_1 \\ 0 \\ A_1 \\ C_1 \end{bmatrix} \mathrm{d}x$$

$$= F_N\int_0^l \begin{bmatrix} 0 & 0 & 0 & 0 & 0 & 0 \\ 0 & -A_1^2 & -A_1B_1 & 0 & -A_1^2 & -A_1C_1 \\ 0 & -A_1B_1 & B_1^2 & 0 & A_1B_1 & B_1C_1 \\ 0 & 0 & 0 & 0 & 0 & 0 \\ 0 & -A_1^2 & A_1B_1 & 0 & A_1^2 & A_1C_1 \\ 0 & -A_1C_1 & B_1C_1 & 0 & A_1C_1 & C_1^2 \end{bmatrix} \mathrm{d}x\mathrm{d}\boldsymbol{\Delta}^e$$

$$= \boldsymbol{k}_\sigma \mathrm{d}\boldsymbol{\Delta}^e \qquad\qquad\qquad (\mathrm{v})$$

将式(q)中的积分公式引入上式便可以得到单元的初应力矩为

$$\boldsymbol{k}_\sigma = \frac{F_N}{30l} \begin{bmatrix} 0 & 0 & 0 & 0 & 0 & 0 \\ 0 & 36 & 3l & 0 & -36 & 3l \\ 0 & 3l & 4l^2 & 0 & -3l & -l^2 \\ 0 & 0 & 0 & 0 & 0 & 0 \\ 0 & -36 & -3l & 0 & 36 & -3l \\ 0 & 3l & -l^2 & 0 & -3l & 4l^2 \end{bmatrix} \qquad (7.38)$$

上式与 6.3 节中推导得到的刚架单元初应力矩阵完全相同。

在形成单元的切线刚度矩阵时,如果被积函数十分复杂则可以采用数值积分的方法。特别是对二维或三维问题的有限元分析来说,在作线性分析时一般也需要采用数值积分法来形成单元刚度矩阵,在作非线性分析时,其初位移矩阵和初应力矩阵常复杂到很难用显式表达的程度,此时就只有借助于数值积分方法。这里,常用的数值积分方法有高斯积分法和辛普森积分法。关于这两种积分方法可参看有关书籍的介绍。

7.4 非线性方程的求解

当采用有限单元法对结构作非线性分析时,结构的控制方程实际上是一组非线性的代数方程。非线性代数方程组的求解方法很多,其选择往往与物理问题的性质、特点、非线性的程度、对计算结果的要求,以及计算机的容量、计算速度等诸多因素有关,这就要求实施者对非线性问题的求解过程以及程序设计有较全面的了解。以下介绍几种常用的求解方法。

7.4.1 直接求解法

直接求解法是基于全量列式的求解过程,其中应用最多的是**直接迭代法**,由(7.13)

式可建立全量形式的有限元方程为

$$k\Delta = F_P \tag{7.39}$$

当设定 Δ 的初值 Δ^0 后,改进的近似解为

$$\Delta^1 = k^{0^{-1}} F_P$$

整个迭代过程可表示为

$$\Delta^n = k^{n-1^{-1}} F_P \tag{7.40}$$

式中,上标表示迭代次数,当迭代计算结果满足预定的收敛准则时即得到所求的结点位移值,由此可计算结构构件的应变值和应力值等。图 7.6 为取 $\Delta^0 = 0$ 时单自由度问题的迭代过程取得收敛的示意图。

　　直接迭代法应用简单,运算速度一般也较快,可成功地应用于具有轻度非线性的问题。这一求解过程的成功与否很大程度上取决于对初值位移 Δ^0 的正确估计。图 7.7 表示的是直接迭代法的迭代过程产生发散时的情况。为了改善收敛性和收敛速度,可以采用将总荷载分为若干级的做法,也可采用松弛技术等措施。

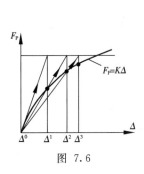

图 7.6

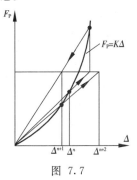

图 7.7

7.4.2　简单增量法

　　上一节中增量形式的有限元列式方法共同的特点是,将整个荷载—变形过程划分为一连串增量段,而在每一增量段中结构的荷载响应被近似地线性化。**简单增量法**的基本做法是在每一级增量荷载后,按照所求得的状态变量值对结构的切线刚度矩阵进行一次修正。然后将这一状态视作平衡状态,进而作用下一级荷载,通过求解线性代数方程组求得位移增量。图 7.8 上方的虚线描述了简单增量法的求解过程。

　　几何非线性问题的有限元分析最初多采用简单增量法进行。虽然这种求解方法对每一级增量荷载作用时的计算

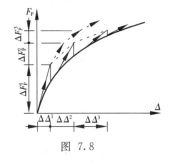

图 7.8

速度较快,但由于每一级增量荷载作用前结构并未精确地到达平衡位置,所求得的解答会随着增量过程的继续而越来越偏离真实的荷载—变形过程。为了保证计算精度,需要将增量区间划分得相当小。此外,为了评价解的精度,一般要求对同一问题在进一步细化增量区间后再次求解,通过两次解的比较判定是否收敛。这样就需要消耗大量的计算时间。

7.4.3　自校正增量法

简单增量法的主要缺点是忽略了每级增量荷载前结构内外力实际存在的不平衡。作为对这一方法的改进,可以将上述不平衡力作为一种修正荷载并入下一级荷载增量。这样的求解过程称为带有**一阶自校正增量法**。一阶自校正增量法求解过程的示意图如图 7.8 下方虚线所示。

一阶自校正增量法既有较高的求解速度,同时也比简单增量法的计算精度高。这一方法在求解非线性问题中,特别是求解塑性问题中得到广泛的应用。

7.4.4　牛顿-拉夫森(Newton-Paphson)法

如果希望得到精确的荷载-变形过程,则可以对每一级增量过程采用多次校正,消除不平衡力,从而使计算精度充分满足既定的要求,这就是**牛顿-拉夫森方法**。图 7.9 是这一方法的示意图,它的迭代过程已在 7.2 节中介绍。

牛顿-拉夫森法可用于几何非线性程度较高的情况。这一方法所得的计算结果的可信度较高,但计算时间的消耗相对也随之增多。于是便出现了所谓**修正的牛顿-拉夫森方法**,图 7.10 给出了这一方法的示意。修正的牛顿-拉夫森法在同一级增量荷载的迭代过程中始终采用本级荷载增量初的刚度矩阵,其余做法与一般的牛顿-拉夫森法相同。由于这样可避免在迭代过程中一再地重新生成结构刚度矩阵,计算时间一般可以缩短。对于求解非线性问题来说,结构刚度矩阵的生成一般耗时最多。在采用牛顿-拉夫森法求解时,可以结合运用松弛技术以加快收敛速度。图 7.11 表示了在采用牛顿-拉夫森法求解时可能出现的迭代过程发散的情况。

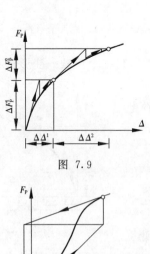

图 7.9

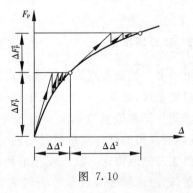

图 7.10

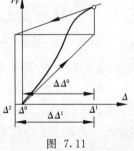

图 7.11

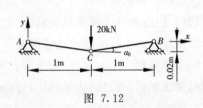

图 7.12

例 7.1　试采用不同的求解方法对图 7.12 所示的结构进行大位移分析。设在图示荷载作用下杆件材料仍将处在线性弹性工作阶段，弹性模量 $E=2.0\times10^5\,\mathrm{MPa}$，杆的横截面面积 $A=4.0\times10^{-4}\,\mathrm{m^2}$。

解　该结构因为 C 点处的铰很靠近 AB 连线，结构在图示荷载作用下将表现出明显的几何非线性特性。根据对称性，该结构仅有一个线位移自由度，即 C 点的竖向位移，可记为 Δ。将 CB 杆视作一个单元，其长度为 $l_0=\sqrt{(100\mathrm{cm})^2+(2\mathrm{cm})^2}\approx100.02\mathrm{cm}$，将该单元局部坐标系的原点设在 C 点，单元的方向角为 $\alpha_0=\arcsin\left(\dfrac{2}{100.02}\right)$。

1. 带有流动坐标的迭代法

按照矩阵位移法，结构 C 点的竖向刚度 K 应等于 CB 单元 C 点竖向刚度的两倍，即为

$$K=\frac{2EA}{l_0}\sin^2\alpha$$

式中，α 为流动的局部坐标系的方向角。采用带有流动坐标的迭代法分析大位移问题时，α 将跟随结构的变位而发生变化，即有

$$\sin\alpha=\frac{2\mathrm{cm}-\Delta}{\sqrt{(100\mathrm{cm})^2+(2\mathrm{cm}-\Delta)^2}}$$

由式(7.2)可知此时单元的伸长量为

$$u'_j=l-l_0=\sqrt{(100\mathrm{cm})^2+(2\mathrm{cm}-\Delta)^2}-100.02\mathrm{cm}$$

而局部坐标系中的杆端力 $F^{e'}$ 和结构的结点合力 F 分别为

$$F^{e'}=-\frac{EA}{l_0}u'_j,\quad F=2F^{e'}\sin\alpha$$

设采用位移收敛条件

$$\left|\frac{\Delta\Delta}{\Delta}\right|\leqslant10^{-3}$$

带有流动坐标迭代法的计算过程如表 7.1，表中 $F_\mathrm{P}=-20\mathrm{kN}$ 为荷载总值。

表 7.1　带有流动坐标迭代法计算结果

迭代次数	u'_j /cm	$F^{e'}$ /kN	F /kN	$F_\mathrm{P}-F$ /kN	$\Delta\Delta=(F_\mathrm{P}-F)l_0/$ $(2EA\sin^2\alpha)$ /cm	Δ /cm
	0	0	0	-20	-31.269	-31.269
1	5.369	-4294.284	-2711.470	2691.470	16.882	-14.387
2	1.314	-1050.809	-339.859	319.859	7.646	-6.741
3	0.361	-288.981	-50.328	30.328	2.500	-4.241
4	0.175	-139.621	-17.182	-2.818	-0.420	-4.661
5	0.202	-161.247	-21.434	1.434	0.203	-4.458
6	0.188	-150.619	-19.414	-0.586	-0.088	-4.546
7	0.194	-155.186	-20.274	0.274	0.040	-4.506
8	0.191	-153.103	-19.880	-0.120	-0.0178	-4.524
9	0.193	-154.039	-20.056	0.056	0.008	-4.516
10	0.192	-153.620	-19.977	-0.023	-0.003	-4.5194
11	0.1923	-153.799	-20.011	0.011	0.0016	-4.5178

迭代次数	u'_j /cm	$F^{e'}$ /kN	F /kN	F_P-F /kN	$\Delta\Delta=(F_P-F)l_0/(2EA\sin^2\alpha)$ /cm	Δ /cm
12	0.1922	−153.716	−19.995	−0.005	−0.0007	−4.5185
13	0.1922	−153.753	−20.002	0.002	0.0003	−4.5182
14	0.1922	−153.737	−19.999	−0.001	−0.0001	−4.5183

由表 7.1 所示的计算结果可以得出以下结论：

1)经过 10 次迭代运算,结点位移增量已满足预定的收敛条件,本问题中迭代的收敛速度较快。

2)随着迭代次数的继续增加,桁架问题的计算结果将愈来愈趋近于精确解。若以第 13 次迭代运算后的结果,即 $\Delta=-4.5182$cm, $F_N=-F^{e'}=153.737$kN 近似地作为精确解看待,在原定的收敛条件下结点位移和杆件轴力的计算误差仅分别为 0.03% 和 0.04%。

3)对于本问题,按非线性分析得到的结点位移和杆件轴力的值仅分别为按线性分析时的 14.45% 和 3.58%。由此可见本例结构的非线性程度是很高的,若仍按线性分析则所得结果的误差很大,已不能作为设计的依据。

2. 简单增量法

采用简单增量法求解时需要形成结构的切线刚度矩阵,它等于线性分析时的刚度矩阵与结构初应力矩阵和结构初位移矩阵之和。利用式(7.30)、式(7.32)和式(7.31)可得

$$K_0=\frac{2EA}{l_0}\sin^2\alpha_0,\quad K_\sigma=\frac{2F_N}{l_0},\quad K_L=\frac{2EA}{l_0}\theta^2$$

式中,θ 为桁架单元在结构变位过程中发生的转动角度,有

$$\theta=\frac{-\Delta\cos\alpha_0}{l_0}\approx-0.01\Delta$$

将总的外荷载分为 10 级逐级施加于结构,每一级的荷载增量取值如表 7.2 中 ΔF_P 一栏所示,采用简单增量法时的计算结果见表 7.2。

表 7.2　简单增量法计算结果

加载级数	ΔF_P /kN	F_P /kN	F_N /kN	K_0 /(kN/cm)	K_σ /(kN/cm)	K_L /(kN/cm)	K_T /(kN/cm)	$\Delta\Delta$ /cm	Δ /cm
1	−0.1	−0.1	0	0.6396	0	0	0.6396	−0.1563	−0.1563
2	−0.3	−0.4	2.5995	0.6396	0.0520	0.0040	0.6955	−0.4313	−0.5876
3	−0.6	−1	10.7761	0.6396	0.2155	0.0552	0.9103	−0.6591	−1.2467
4	−1	−2	26.1479	0.6396	0.5229	0.2484	1.4109	−0.7088	−1.9555
5	−1.5	−3.5	46.5501	0.6396	0.9308	0.6112	2.1816	−0.6876	−2.6431
6	−2	−5.5	70.1730	0.6396	1.4032	1.1166	3.1594	−0.6330	−3.2761
7	−2.5	−8	95.2525	0.6396	1.9047	1.7155	4.2598	−0.5869	−3.8630
8	−3	−11	121.3568	0.6396	2.4267	2.3853	5.4516	−0.5503	−4.4133
9	−3.5	−14.5	148.3232	0.6396	2.9659	3.1132	6.7187	−0.5209	−4.9342
10	−5.5	−20	176.0667	0.6396	3.5206	3.8915	8.0517	−0.6831	−5.6173
			215.7142						

分析表 7.2 中所示的计算结果,不难得出以下结论:

1)为了取得较好的计算精度,在采用简单增量法分析大位移问题时每一级荷载增量的数值可取不同,一般地说在结构的荷载-变位响应非线性程度较高的区段内荷载增量的数值应取得相对小一些;而在荷载-变位响应比较接近于线性响应的区段内荷载增量的数值可相对取大一些。本例结构的荷载-变位曲线大致如图 7.13 所示,在加载开始阶段结构的非线性程度很高,此时荷载增量取值较小。

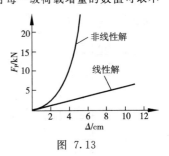

图　7.13

2)按表 7.2 采用分 10 级加载,计算所得的结点位移和杆件轴力分别比精确值偏大 24.32% 和 40.31%,由此可见对于像本例这样非线性程度较高的情况,采用简单增量法的计算误差较大。改进计算精度的一种方法是将每一级荷载增量步子进一步减小,这就需要将荷载分成更多级以后逐级施加于结构。

3)在加载初期因 C 结点的总位移较小,结构的切线刚度 K_T 中起主要作用的项是 K_0,即线性分析时的刚度。随着结点位移的增大,结构刚度的初应力项 K_σ 和初位移项 K_L 的作用逐步增大,并在 K_T 中起主要作用。其中 K_L 的作用一开始时小于 K_σ,但其增长速度高于 K_σ,当结构的变位偏离原始位形较大时 K_L 将成为最主要的刚度因素。

3. 带有一阶自校正的增量法

带有一阶自校正的增量法与简单增量法的主要区别在于每一级增量荷载之后对结构进行一次平衡修正,具体方法是将由于偏离平衡位置而引起的结点不平衡力并入下一级荷载增量中。有关 K_T 和 θ 的计算公式仍与简单增量法时相同,现来分析如何计算单元杆端力和 C 点的结点合力。由式(7.28)和式(7.29)可得

$$\overline{B} = B_0 + B_L = \frac{1}{l}(-1 \quad -\theta \quad 1 \quad \theta)$$

将上式代入式(7.13),并注意到杆件轴力 $F_N = \sigma A$,i 结点(即 C 结点)在局部坐标系中的杆端力为

$$\begin{bmatrix} \overline{F}_{xi} \\ \overline{F}_{yi} \end{bmatrix} = F_N \begin{bmatrix} -1 \\ -\theta \end{bmatrix}$$

由此可以计算 C 结点的竖向结点合力为

$$F = -2 \times (\overline{F}_{xi} \sin\alpha_0 + \overline{F}_{yi} \cos\alpha_0)$$
$$= -2 F_N (\sin\alpha_0 + \theta\cos\alpha_0)$$
$$\approx -2 F_N (0.02 + \theta)$$

为了与先前已得到的简单增量法计算结果进行比较,这里仍然采用同样的荷载增量步子。此时,按一阶自校正法求解的计算结果见表 7.3。

表 7.3　一阶自校正法计算结果

加载级数	ΔF_P /kN	F_P /kN	F_N /kN	F /kN	$\Delta F_P^i + (F_P - F)^{i-1}$ /kN	F_σ /(kN/cm)	K_L /(kN/cm)	K_T /(kN/cm)	$\Delta\Delta$ /cm	Δ /cm
1	−0.1	−0.1	0	0	−0.1	0	0	0.6396	−0.1563	−0.1563
2	−0.3	−0.4	2.5958	−0.1119	−0.5881	0.0519	0.0039	0.6954	−0.4143	−0.5706
3	−0.6	−1	10.4255	−0.5360	−1.0640	0.2085	0.0520	0.9001	−0.5155	−1.0861
4	−1	−2	22.0826	−1.3630	−1.6370	0.4416	0.1885	1.2697	−0.5017	−1.5878

加载级数	ΔF_P /kN	F_P /kN	F_N /kN	F /kN	$\Delta F_P^i+(F_P-F)^{i-1}$ /kN	F_σ /(kN/cm)	K_L /(kN/cm)	K_T /(kN/cm)	$\Delta\Delta$ /cm	Δ /cm
5	−1.5	−3.5	35.4656	−2.5449	−2.4451	0.7092	0.4030	1.7518	−0.5452	−2.1330
6	−2	−5.5	52.2871	−4.3221	−3.1779	1.0455	0.7272	2.4123	−0.4883	−2.6213
7	−2.5	−8	69.0342	−6.3806	−4.1194	1.3804	1.0983	3.1183	−0.5193	−3.1406
8	−3	−11	89.6154	−9.2135	−4.7865	1.7919	1.5766	4.0081	−0.4457	−3.5863
9	−3.5	−14.5	108.7080	−12.1455	−5.8545	2.1737	2.0558	4.8691	−0.4836	−4.0699
10	−5.5	−20	131.2130	−15.9290	−9.5710	2.6237	2.6476	5.9109	−0.6887	−4.7586
			166.4732							

由表 7.3 所示的计算结果可以得出以下结论：

1)采用带有一阶自校正增量法所求得的结点位移和杆件轴力分别比精确值偏大 5.32% 和 8.28%，可见采用这一方法时计算精度比采用简单增量法有很大的改善。

2)利用一阶自校正增量法可以得到比简单增量法精确得多的荷载-变位曲线，而且计算工作量不大，这一方法很适宜于求解弹塑性问题等与路径相关的非线性问题。

3)与采用简单增量法时一样，带有一阶自校正的增量法也要求在荷载-变位响应非线性程度较大的区段采用较小的增量步调。

4. 牛顿-拉夫森方法

采用牛顿-拉夫森方法求解时，结构切线刚度矩阵和不平衡力的计算仍与采用一阶自校正增量法计算时相同，但在牛顿-拉夫森方法中要求对每一级增量荷载通过迭代使结构基本上达到平衡位置。

本例中未要求画出荷载-变位曲线，因此可试将全部荷载一次作用于原结构。若取位移收敛条件与带有流动坐标的迭代法分析时相同，则牛顿-拉夫森方法的求解过程见表 7.4。

表 7.4　牛顿-拉夫森法计算结果

迭代次数	F_N /kN	F /(kN)	F_P-F /kN	K_0 /(kN/cm)	K_σ /(kN/cm)	K_L /(kN/cm)	K_T /(kN/cm)	$\Delta\Delta$ /cm	Δ /cm
0	0	0	−20	0.6396		0	0.6396	−31.2690	−31.2690
1	4294.2840	−2857.3307	2837.3307	0.6396	85.8690	156.2840	242.7920	11.6863	−19.5827
2	1825.6800	−788.0621	768.0621	0.6396	36.5063	61.2958	98.4417	8.0054	−11.5773
3	717.8615	−194.9324	174.9324	0.6396	14.3544	21.4240	36.4180	4.4035	−6.7738
4	219.2697	−51.1108	31.1103	0.6396	5.8242	7.3342	13.7980	2.2547	−4.5191
5	153.7837	−20.0506	0.0506	0.6396	3.0751	3.2643	6.9790	0.0073	−4.5119
6	153.4092	−19.9797	−0.0203	0.6396	3.0676	3.2539	6.9611	−0.0029	−4.5148
	153.5600								

由表 7.4 所示的计算结果可以得出以下结论：

1)采用牛顿-拉夫森方法经 6 次迭代运算已满足预定的位移收敛条件，此时结点位移和杆件轴力的误差仅分别为 0.08% 和 0.12%。

2)迭代收敛时结构切线刚度中的初位移项 K_L 和初应力项 K_σ 的值均已远大于线性刚度项 K_0 的值,其中以 K_L 项的值为最大。

3)若需要得到精确的荷载-位移曲线,可以将荷载分级施加,对于每一级荷载增量均通过迭代使结构达到平衡位置。

5.修正的牛顿-拉夫森方法

本例采用修正的牛顿-拉夫森方法计算时若仍将全部荷载一次施加于结构,则迭代过程将不收敛而出现发散的情况,其结果见表 7.5。

表 7.5　修正的牛顿-拉夫森法计算结果

迭代次数	F_N /kN	F /kN	$F_P - F$ /kN	K_0 /(kN/cm)	$\Delta\Delta$ /cm	Δ /cm
	0	0	−20	0.6396	−31.269	−31.269
1	4294.284	−2857.331	2837.331	0.6396	4467.371	4436.102
2						(发散)

由此可见,对于具有高度非线性的问题,采用修正的牛顿-拉夫森方法求解比采用牛顿-拉夫森方法更容易出现迭代不收敛的情况。此时,通过将荷载适当分级并逐级进行迭代运算一般可以达到收敛,求解的详细过程从略。

7.5　结构的塑性分析

从有限元分析的基本原理和列式方法上讲,结构的**塑性分析**与弹性分析相比并无本质的不同。在作塑性分析时只需要在塑性区范围内用塑性阶段材料的**本构关系矩阵** D_p 代替原来的弹性系数矩阵 D 即可,而 D_p 可以根据有关材料的塑性理论导得。对于材料非线性问题,仍可采用 7.4 节中所述的求解方法。

杆系结构的塑性分析相对连续体的塑性分析来说简单得多。例如对于超静定桁架来说,若材料是属于**理想弹塑性**的,则可以认为杆件截面应力达到屈服后该杆件在继续加载时将退出工作,于是就应在修改结构的刚度矩阵后继续加载。本节中将主要讨论平面刚架的塑性分析问题。

对于由建筑钢材或钢筋混凝土这样允许塑性变形充分开展的延性材料建造的结构,按照弹性分析的结果进行设计往往不够经济,特别是对于超静定结构的设计更是这样,这是因为弹性设计没有考虑材料超过屈服极限后结构潜在的进一步承载的能力。因此,在一定的条件下,可以采用塑性设计方法,并将由塑性分析求得的结构**极限荷载**作为确定设计承载力的依据。

在结构力学中已经介绍了确定连续梁和刚架极限荷载的方法,但这些方法是建立在手算基础上的,仅适用于刚架的杆件数量较少时的情况。当杆件的数量较多时,可以按照本节介绍的塑性分析的矩阵位移法,利用计算机分析求得刚架的极限荷载。这一分析过程是通过运用弹性分析不断探索新的**塑性铰**形成时对应的荷载增量,据此不断地修改结构的刚度矩阵,直至破坏机构的形成而最终求得刚架的极限荷载。

首先介绍由于塑性铰的产生而引起的刚架杆件刚度的修正。设有一平面刚架单元,其两端的结点号分别为 i、j,单元局部坐标系的原点设在 i 端。第 2 章的矩阵位移法中已给出了一般刚架单元的杆端力与杆端位移之间的关系为

$$
\begin{bmatrix} \overline{F}_{xi} \\ \overline{F}_{yi} \\ \overline{M}_i \\ \overline{F}_{xj} \\ \overline{F}_{yj} \\ \overline{M}_j \end{bmatrix}^e = \begin{bmatrix} \dfrac{EA}{l} & 0 & 0 & -\dfrac{EA}{l} & 0 & 0 \\ 0 & \dfrac{12EI}{l^3} & \dfrac{6EI}{l^2} & 0 & -\dfrac{12EI}{l^3} & \dfrac{6EI}{l^2} \\ 0 & \dfrac{6EI}{l^2} & \dfrac{4EI}{l} & 0 & -\dfrac{6EI}{l^2} & \dfrac{2EI}{l} \\ -\dfrac{EA}{l} & 0 & 0 & \dfrac{EA}{l} & 0 & 0 \\ 0 & -\dfrac{12EI}{l^3} & -\dfrac{6EI}{l^2} & 0 & \dfrac{12EI}{l^3} & -\dfrac{6EI}{l^2} \\ 0 & \dfrac{6EI}{l^2} & \dfrac{2EI}{l} & 0 & -\dfrac{6EI}{l^2} & \dfrac{4EI}{l} \end{bmatrix}^e \begin{bmatrix} \overline{u}_i \\ \overline{v}_i \\ \overline{\theta}_i \\ \overline{u}_j \\ \overline{v}_j \\ \overline{\theta}_j \end{bmatrix}^e \qquad (a)
$$

其中

$$
\overline{\boldsymbol{k}}^e = \begin{bmatrix} \dfrac{EA}{l} & 0 & 0 & -\dfrac{EA}{l} & 0 & 0 \\ 0 & \dfrac{12EI}{l^3} & \dfrac{6EI}{l^2} & 0 & -\dfrac{12EI}{l^3} & \dfrac{6EI}{l^2} \\ 0 & \dfrac{6EI}{l^2} & \dfrac{4EI}{l} & 0 & -\dfrac{6EI}{l^2} & \dfrac{2EI}{l} \\ -\dfrac{EA}{l} & 0 & 0 & \dfrac{EA}{l} & 0 & 0 \\ 0 & -\dfrac{12EI}{l^3} & -\dfrac{6EI}{l^2} & 0 & \dfrac{12EI}{l^3} & -\dfrac{6EI}{l^2} \\ 0 & \dfrac{6EI}{l^2} & \dfrac{2EI}{l} & 0 & -\dfrac{6EI}{l^2} & \dfrac{4EI}{l} \end{bmatrix} \qquad (b)
$$

称为局部坐标系中刚架单元刚度矩阵。

若单元的一端或两端产生塑性铰,则单元刚度矩阵需进行修正,以反映塑性铰处在此后的荷载增量中弯矩增量应为零这一事实。然后将修正后的单元刚度矩阵按通常方法用于结构刚度矩阵的组装。

刚架单元端部出现塑性铰有以下三种不同的情况:

(1)铰位于 i 端

由以上式(a)的第三行,令 $\overline{M}_i = 0$ 得

$$
\overline{\theta}_i = -\frac{3}{2l}\overline{v}_i + \frac{3}{2l}\overline{v}_j - \frac{1}{2}\overline{\theta}_j
$$

代入式(a)中,即可得到修正后的刚度矩阵为

$$\bar{\boldsymbol{k}}^e = \begin{bmatrix} \dfrac{EA}{l} & 0 & 0 & -\dfrac{EA}{l} & 0 & 0 \\[2ex] 0 & \dfrac{3EI}{l^3} & 0 & 0 & -\dfrac{3EI}{l^3} & \dfrac{3EI}{l^2} \\[2ex] 0 & 0 & 0 & 0 & 0 & 0 \\[2ex] -\dfrac{EA}{l} & 0 & 0 & \dfrac{EA}{l} & 0 & 0 \\[2ex] 0 & -\dfrac{3EI}{l^3} & 0 & 0 & \dfrac{3EI}{l^3} & -\dfrac{3EI}{l^2} \\[2ex] 0 & \dfrac{3EI}{l^2} & 0 & 0 & -\dfrac{3EI}{l^2} & \dfrac{3EI}{l} \end{bmatrix}^e \qquad (7.41)$$

（2）铰位于 j 端

按上述同样的方法可得此时修正后的刚度矩阵为

$$\bar{\boldsymbol{k}}^e = \begin{bmatrix} \dfrac{EA}{l} & 0 & 0 & -\dfrac{EA}{l} & 0 & 0 \\[2ex] 0 & \dfrac{3EI}{l^3} & \dfrac{3EI}{l^2} & 0 & -\dfrac{3EI}{l^3} & 0 \\[2ex] 0 & \dfrac{3EI}{l^2} & \dfrac{3EI}{l} & 0 & -\dfrac{3EI}{l^2} & 0 \\[2ex] -\dfrac{EA}{l} & 0 & 0 & \dfrac{EA}{l} & 0 & 0 \\[2ex] 0 & -\dfrac{3EI}{l^3} & -\dfrac{3EI}{l^2} & 0 & \dfrac{3EI}{l^3} & 0 \\[2ex] 0 & 0 & 0 & 0 & 0 & 0 \end{bmatrix}^e \qquad (7.42)$$

（3）铰位于两端

当单元的两端均出现塑性铰后，单元的刚度矩阵便退化成桁架单元的刚度矩阵，为

$$\bar{\boldsymbol{k}}^e = \begin{bmatrix} \dfrac{EA}{l} & 0 & 0 & -\dfrac{EA}{l} & 0 & 0 \\[2ex] 0 & 0 & 0 & 0 & 0 & 0 \\[2ex] 0 & 0 & 0 & 0 & 0 & 0 \\[2ex] -\dfrac{EA}{l} & 0 & 0 & \dfrac{EA}{l} & 0 & 0 \\[2ex] 0 & 0 & 0 & 0 & 0 & 0 \\[2ex] 0 & 0 & 0 & 0 & 0 & 0 \end{bmatrix}^e \qquad (7.43)$$

钢筋混凝土杆件截面的**极限弯矩** M_u 应根据试验确定，或者采用相关的近似公式计算。对于材料是理想弹塑性的杆件，截面的极限弯矩可按以下所述利用平衡条件求得。若杆件的截面如图 7.14(a)所示，其极限状态的应力分布如图 7.14(b)所示。设 A_1 和 A_2 分别代表中性轴以上和以下部分的截面面积；A 为截面总面积；G_1

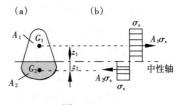

图 7.14

和 G_2 分别为 A_1 和 A_2 的形心；z_1 和 z_2 分别为两个形心到中性轴的距离。由平衡条件可知，截面法向内力之和应等于零。于是有

$$A_1\sigma_s = A_2\sigma_s \quad \text{或} \quad A_1 = A_2 = \frac{1}{2}A$$

其中，σ_s 为材料的屈服强度。这表明在极限状态时**中性轴**将截面面积分为两个相等的部分，此时的极限弯矩为

$$M_u = A_1\sigma_s z_1 + A_2\sigma_s z_2 = \sigma_s\left(\frac{A}{2}z_1 + \frac{A}{2}z_2\right) \quad \text{或} \quad M_u = \sigma_s(S_1 + S_2)$$

若记

$$W_s = S_1 + S_2 \tag{7.44}$$

则得

$$M_u = W_s\sigma_s \tag{7.45}$$

以上，$S_1 = \frac{A}{2}z_1$ 和 $S_2 = \frac{A}{2}z_2$ 分别代表 A_1 和 A_2 对中性轴的静矩；W_s 称为**塑性截面模量**。

对于矩形截面，设以 b 和 h 分别代表截面的宽和高，则有

$$W_s = 2 \times \frac{bh}{2} \times \frac{h}{4} = \frac{1}{4}bh^2$$

据此，矩形截面的极限弯矩为

$$M_u = \frac{1}{4}bh^2\sigma_s \tag{7.46}$$

由材料力学可知，矩形截面的**弹性截面模量**为

$$W = \frac{1}{6}bh^2$$

截面上、下边缘开始屈服时对应的弯矩为

$$M_s = \frac{1}{6}bh^2\sigma_s$$

由此可知极限弯矩与**屈服弯矩**之比为

$$\alpha = \frac{M_u}{M_s} = 1.5$$

上式中，α 称为**截面形状系数**，其值与截面形状有关。对于矩形截面，由以上推导可知，$\alpha = 1.5$；对于圆形截面 $\alpha = \frac{16}{3\pi} = 1.7$；对于工字形截面 $\alpha \approx 1.15$。这里忽略了杆件轴力对极限弯矩 M_u 的影响。

在进行极限荷载分析时，假设结构的位移仍然是微小的，并假设作用在结构上的所有荷载均为集中荷载，且是按同一比例增加，即所谓**比例加载**的情况。此时，刚架极限荷载分析可按照如下的步骤进行：

1）按 $F_P = 1$ 进行弹性分析。

2）根据以上弹性分析的结果判定新增塑性铰的位置，并计算此时所对应的外荷载以及结点位移和各单元杆端力的增量和总量。

3）根据新增塑性铰修正单元和结构刚度矩阵，并返回到步骤1）。

以上过程一直进行到出现下列情况之一：结构刚度矩阵出现奇异或它的行列式的值非常小；刚度矩阵的主对角元素中出现零元素；得到非常大的结点位移值。出现以上情况均表明破坏机构已形成，刚架已发生整体或局部的破坏。

例 7.2　试用增量变刚度法计算图 7.15 所示刚架的极限荷载。已知各杆件横截面的面积、惯性矩和极限弯矩 M_u 如表 7.6。

表 7.6　各杆件横截面的面积、惯性矩和极限弯矩 M_u

单元	A/cm^2	I/cm^4	$M_u/(\text{kN}\cdot\text{m})$
①、②	192.52	127 821	86.45
③、④	307.65	218 670	144.09
⑤、⑥	249.95	171 598	114.70
⑦	161.64	101 161	69.61

解　结构标识如图 7.15 所示，各单元局部坐标系的 $\bar{x}$ 轴已用由其原点引出的箭头表示。

第一阶段：按 $F_P=1$kN 进行弹性分析，其相应的杆端弯矩 $M_1^{(1)}$ 列于表 7.7 中。由表中可知，单元⑦杆端 7 处的截面极限弯矩 M_u 与相应 $M_1^{(1)}$ 之比的绝对值最小，为 153.26。这一比值可称为荷载倍数。将单位荷载乘上这一倍数可得到第一个塑性铰出现时相应的荷载增量；将 $M_1^{(1)}$ 乘上荷载倍数即得到第一阶段末尾时的各杆端弯矩 $M^{(1)}$。

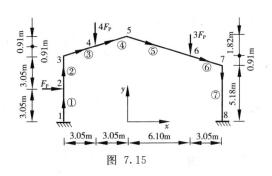

图 7.15

表 7.7　第一阶段计算结果

单元	杆端	M_u /(kN·m)	$M_1^{(1)}$ /(kN·m)	荷载倍数	铰形成时对应阶段	$M^{(1)}$ /(kN·m)
①	1	86.45	−0.1920			−29.43
	2	86.45	−0.1427			−2.19
②	2	86.45	0.1427			2.19
	3	86.45	−0.4747			−72.75
③	3	144.09	0.4747			72.75
	4	144.09	0.3289			50.41
④	4	144.09	−0.3289			−50.41
	5	144.09	0.1166			17.87
⑤	5	114.70	−0.1166			−17.87
	6	114.70	0.2441			37.41
⑥	6	114.70	−0.2441			−37.41
	7	114.70	−0.4542			−69.61
⑦	7	69.61	0.4542	153.26	1	69.61
	8	69.61	0.3287			50.38

第二阶段:此时,单元⑦的上端有一塑性铰存在。于是单元⑥、⑦的刚度矩阵应分别改按式(7.42)和式(7.41)计算,并需对结构刚度矩阵进行修正。利用修正后的结构刚度矩阵可计算 $F_P=1$kN 时的各杆端弯矩 $\boldsymbol{M}_1^{(2)}$ 如表 7.7 所示,并可根据第一阶段结束时各截面的剩余抵抗弯矩判定第二个塑性铰会出现在单元②的上端,此时荷载倍数为 26.16。于是,在第二阶段终了时,各杆端弯矩为

$$\boldsymbol{M}^{(2)}=\boldsymbol{M}^{(1)}+26.16\boldsymbol{M}_1^{(2)}$$

其值列于表 7.8 中。

表 7.8 第二阶段计算结果

单元	杆端	$M_u-M^{(1)}$ /(kN·m)	$M_1^{(2)}$ /(kN·m)	荷载倍数	铰形成时对应阶段	$26.16M_1^{(2)}$ /(kN·m)	$M^{(2)}$ /(kN·m)
①	1	57.02	0.0361			0.94	−28.49
	2	84.26	−0.1529			−4.00	−6.19
②	2	84.26	0.1529			4.00	6.19
	3	13.70	−0.5237	26.16	2	−13.70	−86.45
③	3	71.34	0.5237			13.70	86.45
	4	93.68	0.4125			10.79	61.20
④	4	93.68	−0.4125			−10.79	−61.20
	5	126.22	0.3330			8.71	26.58
⑤	5	96.83	−0.3330			−8.71	−26.58
	6	77.29	0.6190			16.19	53.60
⑥	6	77.29	−0.6190			−16.19	−53.60
	7	45.09	0.0000			0	−69.61
⑦	7	0	0.0000		1	0	69.61
	8	19.23	0.6307			16.50	66.88

第三阶段:此时,单元②的上端已形成新的塑性铰,在对结构的刚度矩阵进行修正之后仍然以 $F_P=1$kN 作用于已出现 2 个塑性铰的结构。所得计算结果见表 7.9,此时

$$\boldsymbol{M}^{(3)}=\boldsymbol{M}^{(2)}+6.69\boldsymbol{M}_1^{(3)}$$

表 7.9 第三阶段计算结果

单元	杆端	$M_u-M^{(2)}$ /(kN·m)	$M_1^{(3)}$ /(kN·m)	荷载倍数	铰形成时对应阶段	$6.69M_1^{(3)}$ /(kN·m)	$M^{(3)}$ /(kN·m)
①	1	57.96	−0.2263			−1.51	−30.00
	2	80.26	0.2400			1.61	−4.58
②	2	80.26	−0.2400			−1.61	4.58
	3	0	0		2	0	−86.45
③	3	57.64	0.0000			0.00	86.45
	4	82.89	0.8788			5.88	67.08
④	4	82.89	−0.8788			−5.88	−67.08
	5	117.51	0.7414			4.96	31.54

单元	杆端	$M_u - M^{(2)}$ /(kN·m)	$M_1^{(3)}$ /(kN·m)	荷载倍数	铰形成时对应阶段	$6.69M_1^{(3)}$ /(kN·m)	$M^{(3)}$ /(kN·m)
⑤	5	88.12	−0.7414			−4.96	−31.54
	6	61.10	0.7551			5.05	58.65
⑥	6	61.10	−0.7551			−5.05	−58.65
	7	45.09	0.0000			0.00	−69.61
⑦	7	0	0	6.69	1	0	69.61
	8	2.73	0.4082		3	2.73	69.61

第四阶段:此时,单元⑦的两端均已形成塑性铰,单元刚度矩阵应采用退化为桁架单元后的公式,即式(7.43)计算。以 $F_P = 1$kN 作用于已出现 3 个塑性铰的结构,计算结果列于表 7.10 中。第四阶段终了时各杆端弯矩为

$$M^{(4)} = M^{(3)} + 68.96M_1^{(4)}$$

表 7.10　第四阶段计算结果

单元	杆端	$M_u - M^{(3)}$ /(kN·m)	$M_1^{(4)}$ /(kN·m)	荷载倍数	铰形成时对应阶段	$68.96M_1^{(4)}$ /(kN·m)	$M^{(4)}$ /(kN·m)
①	1	56.45	0.2540			17.52	−12.46
	2	81.87	0.0000			0.00	−4.58
②	2	81.87	0.0000			0.00	4.58
	3	0	0		2	0	−86.45
③	3	57.64	0.0000			0.00	86.45
	4	77.01	0.9652			66.56	133.64
④	4	77.01	−0.9652			−66.56	−133.64
	5	112.55	0.9144			63.06	94.60
⑤	5	83.16	−0.9144			−63.06	−94.60
	6	56.05	0.8128			56.05	114.70
⑥	6	56.05	−0.8128	68.96	4	−56.05	−114.70
	7	45.09	0.0000			0.00	−69.61
⑦	7	0	0		1	0	69.61
	8	0	0		3	0	69.61

第 4 个塑性铰形成之后,经判断刚架已转化为一个机构,所以不能再承受新的荷载增量,即已达到极限状态。刚架的极限荷载应等于以上各阶段中荷载增量的总和,即

$$F_{Pu} = 153.26 + 26.16 + 6.69 + 68.96 = 255.07\text{kN}$$

若将刚架在出现第一个塑性铰时所能承受的荷载记为 F_{P0},则有

$$\frac{F_{P0}}{F_{Pu}} = \frac{153.26\text{kN}}{255.07\text{kN}} = 0.6009$$

由此可知,该刚架在出现第 1 个塑性铰前所发挥的承载能力仅为刚架极限承载能力的 60% 左右。

最后值得一提的是,塑性铰与普通铰的基本区别为:塑性铰属于单向铰,如果在加载过程中塑性铰处的弯矩发生卸载,则塑性铰将自动消失。因此,在利用以上所述的增量变刚度法计算刚架的极限荷载时应保证已形成的塑性铰处弯矩不发生卸载现象。一般地说,在比例加载的条件下这一前提条件是能满足的。

7.6　结构非线性分析程序设计

结构分析的程序设计是利用计算机完成结构分析的一个重要环节,或者说是分析原理与实际应用之间的一座桥梁。由前面各章中不难看出,由于结构的矩阵分析方法为解决结构计算提供了一条相对统一、规范的途径,结构分析程序也就具有许多共同的特点。很好地剖析一、两个程序就能初步掌握这些特点。前面各章的学习已为读者在程序设计方面打下了一定的基础,本节中不打算再直接给出计算程序并作详细的介绍,而旨在为读者自己编制结构非线性分析的程序提供一定的帮助。

结构分析程序的设计首要的当然是保证运算的正确性,亦即使程序能正确地反映分析原理和分析过程,反映计算模型的要求,这就要求程序设计中需注意层次分明,逻辑清晰、可读性好。另外重要的一条就是使程序具有高效率,这样就可以减少计算费用。此外需要注意的是,应使程序便于调试、维护和功能上的扩展。

程序设计中一般需要先将计算流程用框图的形式表达。可以先拟定比较粗略的框图,然后再对每一个局部拟定比较详细的框图。在程序编制时还应注意到计算机的类型、容量,计算问题的特点、范围,以及计算精度等方面的要求。结构分析的程序设计是一项实践性很强的工作,必须经过一定的实践锻炼才能做到得心应手;同时这也是一项十分细致的工作,必须有相当的耐心,来不得半点马虎。

结构的非线性分析是在一连串线性分析的基础上完成的。因此,只需要将线性分析程序略加改造便可以适应非线性分析的目的。有关计算半带宽、生成总刚度矩阵、处理边界条件和求解代数方程组的方法均与线性分析时相同,可以直接套用相应的子程序。

有限单元法非线性分析程序与线性分析程序相比,主要有以下不同点:

1)需要另设存放结点位移增量的数组。对于材料非线性问题的分析来说还需增设存放单元内力或应力及其增量的数组。

2)一般需要根据某些判断选择计算路径。例如,对于迭代过程收敛性的判断,对于荷载—位移响应非线性程度的判断从而自动调整荷载增量步调,以及对于塑性铰或塑性区的判断等。

3)对于每一级荷载增量一般需要计算不平衡力,可以将不平衡力作为一种荷载看待,或通过迭代消除,或计入下一级荷载增量。

4)非杆件单元的切线刚度矩阵一般很难用显式的形式表达,通常需要采用数值积分方法来形成单元的切线刚度矩阵。

总的说来,结构的非线性分析需要占用更多的计算机存储空间,并且需要比线性分析多得多的计算时间。此时,计算程序的合理性和高效率就显得尤为重要。除了以上计算程序上的具体差别之外,求解结构非线性问题对程序设计者分析问题的理论水平和实践经验提出了更高的要求。其中包括正确地选择列式方法和求解过程,适当地选取单元模式并划分单元,合理地拟定荷载增量步调和收敛准则,以及对于一般连续体有限元分析恰当地取舍应变—位移关系中的非线性项次和确定材料的本构关系等。以上这些不仅会影响计算机的工作效率,而且也将直接影响到一个非线性问题求解的可能性和解的准确性。

习　题

7.1　试分别采用带有流动坐标的迭代法和牛顿-拉夫森方法计算图示体系 C 结点的竖向位移以及杆件的轴力。假设杆件始终处于弹性工作阶段,材料的弹性模量 $E=2.0\times10^{5}\,\mathrm{MPa}$;杆件横截面面积 $A=4.0\times10^{-4}\,\mathrm{m}^{2}$。

7.2　试分别采用简单增量法,一阶自校正增量法和牛顿-拉夫森方法计算图示偏心受压杆中点的水平位移。已知杆件为绝对刚性,弹簧铰的转动刚度为 $k=20\mathrm{kN\cdot m/rad}$。

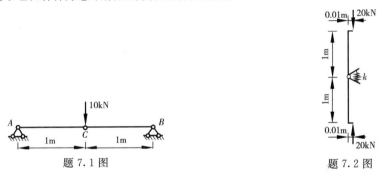

题 7.1 图　　　　　　　　　　题 7.2 图

7.3　试利用本章中介绍的数值分析方法计算题 7.2 所示结构的极限荷载。

7.4　试用矩阵位移法计算图示梁的极限荷载,已知梁横截面的极限弯矩 $M_{\mathrm{u}}=5\mathrm{kN\cdot m}$。

7.5　试用矩阵位移法计算图示刚架的极限荷载,已知 $M_{\mathrm{u}}=30\mathrm{kN\cdot m}$。忽略杆件的轴向变形。

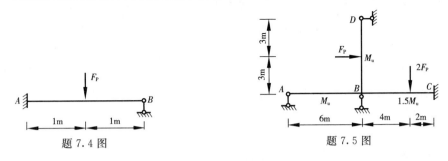

题 7.4 图　　　　　　　　　　题 7.5 图

7.6　试编写用牛顿-拉夫森方法进行平面桁架大位移分析的计算程序,并利用计算机完成例 7.1 桁架的大位移分析。

7.7　试编写平面刚架塑性分析的计算程序,并利用计算机求出例 7.2 刚架的极限荷载。

附录 I   上机实习资料

本书中分别采用 FORTRAN95 和 C++两种计算机语言,给出了平面桁架静力分析程序、平面刚架静力分析程序、平面刚架动力分析程序和平面刚架稳定性分析程序。为了使学生加深对以上计算程序的理解,掌握程序的应用,学会运用力学的基本概念建立合理的计算模型,并在可能时拓展程序的应用范围,初步培养学生修改和编写结构计算程序的能力,特安排以下的上机实习内容,供教学选用。

实习 1   平面桁架静力分析程序的应用

1.1   实习目的与要求

掌握平面桁架静力分析程序的应用,学会运用力学的基本概念建立合理的计算模型。要求完成习题 3.9、习题 3.10 和习题 3.11 的上机计算,并依照计算结果图示桁架各杆的内力图。

1.2   操作提示

(1)上机准备

上机操作前,应详细阅读 3.4 节的内容,并按要求填写习题 3.9、习题 3.10 和习题 3.11 的原始数据。

(2)建立路径

在 Windows 环境下,新建一文件夹作为本次实习的工作路径,并将平面桁架静力分析可执行程序 TRU.EXE 拷入。启动 Windows 菜单中"记事本"软件,在该窗口下建立数据文件 *.DAT,输入原始数据,并将该文件保存在同一文件夹内。

(3)执行计算

双击 TRU.EXE 文件运行程序,在弹出的 DOS 窗口上,先后键入结果文件名 *.RES 和数据文件名 *.DAT,按回车键即进入运算状态。运算结束后计算机会自动返回 Windows 界面。

(4)计算检查

双击"记事本"打开结果文件 *.RES,检查结果文件中显示的原始数据是否正确。若有错误,则需修改数据文件 *.DAT,并重新计算。

(5)计算报告

打印结果文件 *.RES,依照计算结果图示桁架各杆的内力。

1.3   计算模型与数据填写

(1)习题 3.9

题中仅已知桁架各杆件的 EA 相同,而没有给出其具体的数值,在原始数据填写时需选定材料的弹性模量和杆件的横截面面积的具体数值。根据结构力学的原理,在荷载作用下结构的内力仅取决于杆件的相对刚度。因本题只需要计算杆件的内力,所以在数据填写时材料的弹性模量 E 和杆件的横截面面积 A 可以分别任选适当的数值。

(2)习题 3.10

题中已知在水平荷载 F_P 作用下,AC 杆发生某一角位移,但 F_P 没有给出具体数值,上机计算时可按照等效原则进行原始数据的填写。可以在 C 点沿水平方向增设一假想的链杆支座,如图 I.1 所示,设其向右发生与本题已知条件相符的预定支座位移 Δ,相应地在原始数据中应补充该假想链杆支座的有关数据。计算结果中 C 点处假想链杆支座的反力即为原水平荷载 F_P。

本题也可选取如下处理方法计算:先假设水平荷载 $F_P=1\text{kN}$ 进行计算。依据计算结果可求得 AC 杆的转角,并由该转角与杆件已知角的倍数关系反推水平荷载 F_P 的实际数值。然后再按实际的 F_P 作用进行计算,求得桁架各杆的内力。

(3)习题 3.11

本题为混合结构,包含了一根受弯杆件。应用平面桁架静力分析程序计算时,可作如下等效处理,如图 I.2 所示,将受弯杆件改为桁架杆件,取该杆件的横截面面积与原受弯杆件相同以使杆件的轴向刚度不变,同时在垂直于该杆件方向假设一桁架杆件,取其轴向刚度与原受弯杆件的侧移刚度相等即可。计算结果中,这一假设桁架杆件的轴力即为原受弯杆件的剪力。

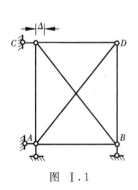

图 I.1

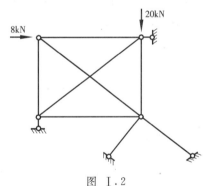

图 I.2

实习 2　用乘大数法处理位移边界条件程序设计

2.1　实习目的与要求

掌握采用乘大数处理位移边界条件的方法,学会按该方法修改原平面桁架静力分析程序。要求将本书中的平面桁架静力分析程序修改为用乘大数法来完成位移边界条件的处理,并完成上机调试。

2.2　操作提示

（1）上机准备

本次上机操作前，应详细阅读 2.5 节的内容，按实习要求编写平面桁架静力分析程序的修改内容，并准备好相应的程序考题（可选用实习 1 中的习题）。

（2）安装编译软件

在计算机中安装 Microsoft Visual C++ 6.0 或 Compact Visual Fortran 编译软件。

（3）建立路径

在 Windows 环境下，新建一文件夹作为本次上机实习的工作路径，并将书中的平面桁架静力分析源程序 TRU. f95 或 TRU. cpp 拷入。

（4）编辑源程序

启动 Visual C++或 Visual Fortran 软件，点击 file 菜单下的 open 项目，打开源程序 TRU. f95 或 TRU. cpp，编辑源程序的修改部分。

（5）形成可执行程序

单击 Build 菜单下的 Compile TRU. f95 或 TRU. cpp 项目，对修改后的平面桁架静力分析源程序进行编译。若出现语法错误，窗口下侧会显现出错类别提示。此时双击提示，光标会直接跳至出错位置。参照出错提示对程序进行修改，然后重新编译。当无语法错误时计算机会完成编译并形成修改后的平面桁架静力分析可执行程序 TRU. EXE。

（6）程序考核

单击 Build 菜单下的 Execute TRU. EXE 项目，运行修改后的平面桁架静力分析可执行程序 TRU. EXE，并对选定的程序考题进行计算。若计算结果正确，则表明所作平面桁架静力分析程序的修改正确；若计算结果不正确，则应找出出错原因，需要时可返回步骤（4）重新修改源程序。

2.3　源程序修改提示

根据 2.5 节中处理位移边界条件的乘大数法，对书中平面桁架静力分析源程序中 BOUND 子程序加以修改。将原有的边界位移行和列处理内容删除，改为将刚度矩阵主对角元素和刚度方程右端向量中相应元素均乘一大数的方法，达到引入结构位移边界条件的目的。

实习 3　平面刚架静力分析程序的应用

3.1　实习目的与要求

掌握平面刚架静力分析程序的应用，学会运用力学的基本概念建立合理的计算模型。要求完成习题 4.6、习题 4.7 和习题 4.9 的上机计算，并依照计算结果绘出刚架的弯矩图。

3.2 操作提示

(1)上机准备

上机操作前,应详细阅读 2.7 节和 4.4 节的内容,并按要求填写习题 4.6、习题 4.7 和习题 4.9 的原始数据。

(2)建立路径

在 Windows 环境下,新建一文件夹作为本次实习的工作路径,并将平面刚架静力分析可执行程序 FRA.EXE 拷入。启动 Windows 菜单中"记事本"软件,在该窗口下建立数据文件 *.DAT,输入原始数据,并将该文件保存在同一文件夹内。

(3)执行计算

双击 FRA.EXE 文件运行程序,在弹出的 DOS 窗口上,先后键入结果文件名 *.RES 和数据文件名 *.DAT,按回车键即进入运算状态。运算结束后计算机会自动返回 Windows 界面。

(4)计算检查

双击"记事本"打开结果文件 *.RES,检查结果文件中显示的原始数据是否正确。若有错误,则需修改数据文件 *.DAT,并重新计算。

(5)计算报告

打印结果文件 *.RES,依照计算结果绘出刚架的弯矩图。

3.3 计算模型与数据填写

(1)习题 4.6

题中均布荷载的处理可按 2.7 节中所述等效结点荷载计算原理,并参照例 4.2 进行,注意支座位移量纲的统一。

(2)习题 4.7

题中的结间集中荷载可以进行等效处理,也可以通过增加结点和单元的方法,将结间集中荷载变成结点集中荷载。

(3)习题 4.8

题中的弹簧支座需等效为一刚架杆件,该刚架杆件的轴向刚度应与弹簧刚度相同,而取其弯曲刚度充分小。

(4)习题 4.9

题中铰结点和忽略杆件轴向变形时的处理可参照例 4.3 进行。

实习 4 有结间荷载作用时刚架分析程序的设计

4.1 实习目的与要求

掌握等效结点荷载的处理方法,学会修改和编写适用于有结间荷载作用时平面刚架静力分析程序。要求将本书中的平面刚架静力分析程序修改为适用于有结间荷载作用的情况,并完成上机调试。

4.2　操作提示

（1）上机准备

本次上机操作前,应详细阅读 2.7 节有关等效结点荷载计算方面的内容,按实习要求编写平面刚架静力分析程序的修改内容,并准备好相应的程序考题(可选用实习 3 中的习题)。

（2）安装编译软件

在计算机中安装 Microsoft Visual C++6.0 或 Compact Visual Fortran 系统软件。

（3）建立路径

在 Windows 环境下,新建一文件夹作为本次上机实习的工作路径,并将书中的平面刚架静力分析源程序 FRA.f95 或 FRA.cpp 拷入。

（4）编辑源程序

启动 Visual C++或 Visual Fortran 系统,点击 file 菜单下的 open 项目,打开源程序 FRA.f95 或 FRA.cpp,编辑源程序的修改部分。

（5）形成可执行程序

单击 Build,对修改后的平面刚架静力分析源程序进行编译。若出现语法错误,窗口下侧会显现出错类别提示。此时双击提示,光标会直接跳至出错位置。参照出错提示对程序进行修改,然后重新编译。当无语法错误时计算机会完成编译,并形成修改后平面刚架静力分析可执行程序 FRA.EXE。

（6）程序考核

单击 Build 菜单下的 Execute FRA.EXE 项目,运行修改后的平面刚架静力分析可执行程序 FRA.EXE,并对选定的程序考题进行计算。若计算结果正确,则表明所作平面刚架静力分析程序的修改正确。若计算结果不正确,应找出出错原因,需要时应返回步骤(4)重新修改源程序。

4.3　源程序修改提示

本书中给出的平面刚架静力分析程序仅适用结点荷载作用的情况。为了能自动实现结间荷载作用时平面刚架的静力分析,需增设计算等效结点荷载的子程序 LOAD,并对源程序 FRA 中 INPUT 子程序和 FORCE 子程序作相应的修改。

习题 4.10 中要求三种结间荷载作用,如图 Ⅰ.3 所示。为区分结间荷载可用数字 1、2、3 分别表示不同的结间荷载类型：1——横向均布荷载；2——横向集中荷载；3——集中力矩。这三种结间荷载的等效荷载计算公式详见 2.7 节中的表 2.4。

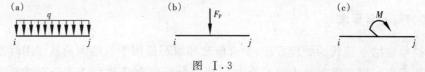

图　Ⅰ.3

(1)子程序 INPUT

数据结构

为了引入结间荷载的信息,可在子程序 INPUT 中增设以下数据变量。

整型变量

NLE——结间荷载总数。

整型数组

ICE——有结间荷载作用单元的编号,一维数组,按结间荷载输入顺序存放;

ICT——结间荷载的类型号,一维数组,按结间荷载输入顺序存放,其含义为:1——横
向均布荷载,2——横向集中荷载,3——集中力矩。

实型数组

FPV——结间荷载值,一维数组,按结间荷载输入顺序存放,荷载类型号为 1 时存放
横向均布荷载值,荷载类型号为 2 时存放横向集中荷载值,荷载类型号为 3
时存放集中力矩值。

FPD——结间荷载作用点距单元首结点的距离,一维数组,按结间荷载输入顺序存
放,类型号为 1 时可填 0,类型号为 2 和 3 时则按实际情况填写。

上述数组容量可根据结间荷载总数选定。结间荷载总数是指作用在结构上的所有
结间荷载个数。

在子程序 INPUT 中应增加基本参数结间荷载总数 NLE 的输入和输出,同时增加一
组结间荷载的输入和输出信息,调用子程序 LOAD 计算等效结点荷载存放于数组 AL,
并将刚架杆件在结间荷载作用下的固端力存放于数组 FORC。修改后的子程序 INPUT
流程如图 I.4 所示。

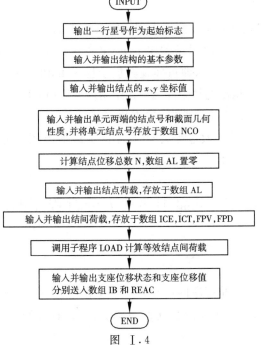

图 I.4

（2）子程序 LOAD

本子程序的功能是将作用于刚架的结间荷载等效结点荷载存放于数组 AL,并将刚架杆件在结间荷载作用下的固端力存放于数组 FORC。子程序 LOAD 流程如图I.5 所示。

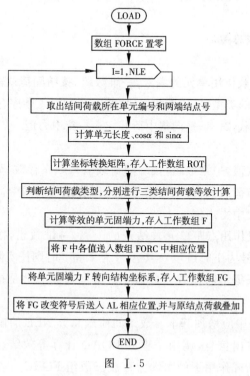

图 I.5

（3）子程序 FORCE

原子程序 FORCE 仅计算结点荷载作用下刚架杆件的杆端力,为了能计入刚架杆件在结间荷载作用下的固端力,可将原子程序 FORCE 中的赋值语句 FORC(　)＝F(　)改为 FORC(　)＝FORC(　)＋F(　),即可实现叠加子程序 INPUT 中形成的刚架杆件的固端力。于是,数组 FORC 中输出的结果即为计入结间荷载作用时刚架杆件的最后内力。

以上的源程序修改提示仅供参考,编者也可不增设子程序 LOAD,而直接在子程序 INPUT 中增加结间荷载的等效过程。同时,结间荷载的类型也可以适当地扩充,如横向三角形均布荷载、温度变化和支座位移等。

实习 5　平面刚架动力分析程序的应用

5.1　实习目的与要求

掌握平面刚架动力分析程序的应用,学会运用力学的基本概念建立恰当的计算模型。要求完成习题 5.9、习题 5.10 的上机计算,并依照计算结果绘出刚架的第一和第二振型图。

5.2 操作提示

（1）上机准备

上机操作前,应详细阅读5.11节的内容,并按要求填写习题5.9、习题5.10的原始数据。

（2）建立路径

在 Windows 环境下,新建一文件夹作为本次实习的工作路径,并将平面刚架动力分析可执行程序 DYN.EXE 拷入。启动 Windows 菜单中"记事本"软件,在该窗口下建立数据文件 *.DAT,输入原始数据,并将该文件保存在同一文件夹内。

（3）执行计算

双击 DYN.EXE 文件运行程序,在弹出的 DOS 窗口上,先后键入结果文件名 *.RES 和数据文件名 *.DAT,按回车键即进入运算状态。运算结束后计算机会自动返回 Windows 界面。

（4）计算检查

双击"记事本"打开结果文件 *.RES,检查结果文件中显示的原始数据是否正确。若有错误,则需修改数据文件 *.DAT,并重新计算。

（5）计算报告

打印结果文件 *.RES,依照计算结果绘出刚架第一和第二振型图。

5.3 计算模型与数据填写

（1）习题5.9

本题参照例5.3的计算模型,数据填写时应注意量纲的统一,可采用 kN·m·t 或 N·m·kg 单位制。

（2）习题5.10

题中要求采用两种单元划分情况进行动力分析,以体现有限单元法的计算精度随着单元的细化而增高的特点。可试着再将单元划分的更细,如取长度2m作为一个单元,比较其计算结果的差距。若前后两次的计算结果十分接近,则说明后一次的计算结果已经接近精确解。

实习6 平面刚架稳定性分析程序的应用

6.1 实习目的与要求

掌握平面刚架稳定性分析程序的应用,学会运用力学的基本概念建立恰当的计算模型。要求完成习题6.5、习题6.6的上机计算,并依照计算结果绘出刚架的失稳模式图。

6.2 操作提示

（1）上机准备

上机操作前,应详细阅读6.8节的内容,并按要求填写习题6.5、习题6.6的原始数据。

（2）建立路径

在 Windows 环境下，新建一文件夹作为本次实习的工作路径，并将平面刚架稳定性分析可执行程序 STB. EXE 拷入。启动 Windows 菜单中"记事本"软件，在该窗口下建立数据文件 *. DAT，输入原始数据，并将该文件保存在同一文件夹内。

（3）执行计算

双击 STB. EXE 文件运行程序，在弹出的 DOS 窗口上，先后键入结果文件名 *. RES 和数据文件名 *. DAT，按回车键即进入运算状态。运算结束后计算机会自动返回 Windows 界面。

（4）计算检查

双击"记事本"打开结果文件 *. RES，检查结果文件中显示的原始数据是否正确。若有错误，则需修改数据文件 *. DAT，并重新计算。

（5）计算报告

打印结果文件 *. RES，依照计算结果绘出刚架失稳模式图。

6.3 计算模型与数据填写

（1）习题 6.5

本题图（a）为变截面柱，图（b）为等截面柱，轴向荷载分别作用于柱顶和柱身。图（a）以变截面位置划分上、下柱，图（b）则以柱身轴向荷载作用点分割上、下柱，并可对上、下柱各分长度相等的两个单元进行计算。

（2）习题 6.6

题中刚架杆件的单元划分应加以区分，对于有轴向荷载作用的杆件应单元细化，比如可分为长度相等的两个或三个单元，对于没有轴向荷载作用的杆件只需作为一个单元即可。图（b）中的无穷大杆件处理可参照例 6.4；图（c）中横梁为桁架杆件，弯曲刚度应取充分小；图（d）的铰结点情况可参照例 6.5，弹簧支座的处理可同实习 3 中习题 4.8。判断计算结果的收敛性，可通过单元的逐步细化进行。若前后两次的计算结果十分接近，则说明后一次的计算结果已经接近精确解。

附录 II 结构计算程序

程序 1 平面桁架静力分析程序 (FORTRAN 95,C++)

A 平面桁架静力分析程序 (FORTRAN 95)

```
!                     STATIC ANALYSIS OF PLANE TRUSSES
!
!                          MAIN PROGRAM
!
      COMMON NRMX,NCMX,NDFEL,NN,NE,NLN,NBN,NDF,NNE,N,MS,IN,IO,E,G
      DIMENSION X(100),Y(100),NCO(200),PROP(100),IB(60),TK(200,20), &
     &          AL(200),FORC(100),REAC(200),ELST(4,4),V(20)
      CHARACTER(len=20)FILE1,FILE2
!
!     INITIALIZATION OF PROGRAM PARAMETERS
      NRMX=200
      NCMX=20
      NDF=2
      NNE=2
      NDFEL=NDF*NNE
!     ASSIGN DATA SET NUMBERS TO IN,FOR INPUT,AND IO FOR OUTPUT
      IN=5
      IO=6
!     OPEN ALL FILES
      READ(*,*)FILE1,FILE2
      OPEN(UNIT=IO,FILE=FILE1,FORM='FORMATTED',STATUS='UNKNOWN')
      OPEN(UNIT=IN,FILE=FILE2,FORM='FORMATTED',STATUS='OLD')
!
!     DATA INPUT
      CALL INPUT(X,Y,NCO,PROP,AL,IB,REAC)
!
!     ASSEMBLING OF TOTAL STIFFNESS MATRIX
      CALL ASSEM(X,Y,NCO,PROP,TK,ELST,AL)
!
!     INTRODUCTION OF BOUNDARY CONDITIONS
      CALL BOUND(TK,AL,REAC,IB)
```

```
!
!     SOLUTION OF THE SYSTEM OF EQUATIONS
         CALL SLBSI(TK,AL,V,N,MS,NRMX,NCMX)
!
!     COMPUTATION OF MEMBER FORCES
         CALL FORCE(NCO,PROP,FORC,REAC,X,Y,AL)
!
!     OUTPUT
         CALL OUTPT(AL,FORC,REAC)
!
         STOP
         END
!
!
         SUBROUTINE INPUT(X,Y,NCO,PROP,AL,IB,REAC)
!     INPUT PROGRAM
!
         COMMON NRMX,NCMX,NDFEL,NN,NE,NLN,NBN,NDF,NNE,N,MS,IN,IO,E,G
         DIMENSION X(1),Y(1),NCO(1),PROP(1),AL(1),IB(1),REAC(1),       &
       &          W(3),IC(2)
!
!
         WRITE(IO,20)
   20 FORMAT(' ',70('*'))
!
!     READ BASIC PARAMETERS
         READ(IN,*) NN,NE,NLN,NBN,E
         WRITE(IO,21) NN,NE,NLN,NBN,E
   21 FORMAT(//' INTERNAL DATA'//' NUMBER OF NODES          :',I5/          &
       &      ' NUMBER OF ELEMENTS          :',I5/' NUMBER OF LOADED NODES   :',    &
       &      I5/' NUMBER OF SUPPORT NODES :',I5/' MODULUS OF ELASTICITY :',    &
       &      F15.0//' NODAL COORDINATES'/7X,'NODE',6X,'X',9X,'Y')
!
!     READ NODAL COORDINATES IN ARRAY X AND Y
         READ(IN,*) (I,X(I),Y(I),J=1,NN)
         WRITE(IO,2) (I,X(I),Y(I),I=1,NN)
    2 FORMAT(I10,2F10.2)
!
!     READ ELEMENT CONNECTIVITY IN ARRAY NCO AND
!     ELEMENT PROPERTIES IN ARRAY PROP
         WRITE(IO,22)
```

```
  22    FORMAT(/' ELEMENT CONNECTIVITY AND PROPERTIES'/4X,'ELEMENT',3X,   &
      &         'START NODE  END NODE',5X,'AREA')
       DO I=1,NE
           READ(IN,*) NUM,IC(1),IC(2),PROP(NUM)
           WRITE(IO,34) NUM,IC(1),IC(2),PROP(NUM)
           N1=NNE*(NUM-1)
           NCO(N1+1)=IC(1)
           NCO(N1+2)=IC(2)
       ENDDO
  34    FORMAT(3I10,F15.5)
!
!    COMPUTE ACTUAL NUMBER OF UNKNOWNS AND CLEAR THE LOAD VECTOR
       N=NN*NDF
       DO I=1,N
           REAC(I)=0.
           AL(I)=0.
       ENDDO
!
!    READ THE NODAL LOADS AND STORE THEM IN ARRAY AL
       WRITE(IO,23)
  23    FORMAT(/' NODAL LOADS'/7X,'NODE',5X,'PX',8X,'PY')
       DO I=1,NLN
           READ (IN,*) NUM,(W(K),K=1,NDF)
           WRITE(IO,2) NUM,(W(K),K=1,NDF)
           DO K=1,NDF
              L=NDF*(NUM-1)+K
              AL(L)=W(K)
           ENDDO
       ENDDO
!
!    READ BOUNDARY NODES DATA. STORE UNKNOWN STATUS INDICATORS
!    IN ARRAY IB, AND PRESCRIBED UNKNOWN VALUES IN ARRAY REAC
       WRITE(IO,24)
  24    FORMAT(/' BOUNDARY CONDITION DATA'/23X,'STATUS',14X,'PRESCRIBED    &
      &         VALUES'/15X,'(0:PRESCRIBED, 1:FREE)'/7X,'NODE',8X,'U',9X,'V', &
      &         16X,'U',9X,'V')
       DO I=1,NBN
           READ(IN,*) NUM,(IC(K),K=1,NDF),(W(K),K=1,NDF)
           WRITE(IO,9) NUM,(IC(K),K=1,NDF),(W(K),K=1,NDF)
           L1=(NDF+1)*(I-1)+1
           L2=NDF*(NUM-1)
```

```
            IB(L1)=NUM
            DO K=1,NDF
               N1=L1+K
               N2=L2+K
               IB(N1)=IC(K)
               REAC(N2)=W(K)
            ENDDO
         ENDDO
    9    FORMAT(3I10,10X,2F10.4)
!

         RETURN
      END
!
!

      SUBROUTINE ASSEM(X,Y,NCO,PROP,TK,ELST,AL)
!     ASSEMBLING OF THE TOTAL MATRIX FOR THE PROBLEM
!

      COMMON NRMX,NCMX,NDFEL,NN,NE,NLN,NBN,NDF,NNE,N,MS,IN,IO,E,G
      DIMENSION X(1),Y(1),NCO(1),TK(200,20),ELST(NDFEL,NDFEL),      &
     &          PROP(1),AL(1)
!
!
!     COMPUTE HALF BAND WIDTH AND STORE IN MS
      N1=NNE-1
      MS=0
      DO I=1,NE
         L1=NNE*(I-1)
         DO J=1,N1
            L2=L1+J
            J1=J+1
            DO K=J1,NNE
               L3=L1+K
               L=ABS(NCO(L2)-NCO(L3))
               IF((MS-L).LT.0) THEN
                  MS=L
               ENDIF
            ENDDO
         ENDDO
      ENDDO
      MS=NDF*(MS+1)
!
```

```
!   CLEAR THE TOTAL STIFFNESS MATRIX
    DO I=1,N
      DO J=1,MS
        TK(I,J)=0.
      ENDDO
    ENDDO
!
    DO NEL=1,NE
!     COMPUTE THE STIFFNESS MATRIX FOR ELEMENT NEL
      CALL STIFF(NEL,X,Y,NCO,PROP,ELST,AL)
!     PLACE THE MATRIX IN THE TOTAL STIFFNESS MATRIX
      CALL ELASS(NEL,NCO,TK,ELST)
    ENDDO
!
    RETURN
    END
!
!
    SUBROUTINE STIFF(NEL,X,Y,NCO,PROP,ELST,AL)
!   COMPUTATION OF ELEMENT STIFFNESS MATRIX FOR CURRENT ELEMENT
!
    COMMON NRMX,NCMX,NDFEL,NN,NE,NLN,NBN,NDF,NNE,N,MS,IN,IO,E,G
    DIMENSION X(1),Y(1),NCO(1),PROP(1),ELST(4,4),AL(1)
!
!
    L=NNE*(NEL-1)
    N1=NCO(L+1)
    N2=NCO(L+2)
!
!   COMPUTE LENGTH OF ELEMENT, AND SINE AND COSINE OF ITS LOCAL X AXIS
    D=SQRT((X(N2)-X(N1))**2+(Y(N2)-Y(N1))**2)
    CO=(X(N2)-X(N1))/D
    SI=(Y(N2)-Y(N1))/D
!
!   COMPUTE ELEMENT STIFFNESS MATRIX
    COEF=E*PROP(NEL)/D
    ELST(1,1)=COEF*CO*CO
    ELST(1,2)=COEF*CO*SI
    ELST(2,2)=COEF*SI*SI
    DO I=1,2
      DO J=1,2
```

```
            K1=I+NDF
            K2=J+NDF
            ELST(K1,K2)=ELST(I,J)
            ELST(I,K2)=- ELST(I,J)
        ENDDO
    ENDDO
    ELST(2,3)=- ELST(1,2)


!


    RETURN
    END
!
!

    SUBROUTINE ELASS(NEL,NCO,TM,ELMAT)
!   STORE THE ELEMENT MATRIX FOR ELEMENT NEL IN THE TOTAL MATRIX
!

    COMMON NRMX,NCMX,NDFEL,NN,NE,NLN,NBN,NDF,NNE,N,MS,IN,IO,E,G
    DIMENSION NCO(1),TM(200,20),ELMAT(NDFEL,NDFEL)

!
!

    L1=NNE*(NEL-1)
    DO I=1,NNE
        L2=L1+I
        N1=NCO(L2)
        I1=NDF*(I-1)
        J1=NDF*(N1-1)
        DO J=1,NNE
            L2=L1+J
            N2=NCO(L2)
            I2=NDF*(J-1)
            J2=NDF*(N2-1)
            DO K=1,NDF
                KI=1
                IF((N1-N2).EQ.0) THEN
!
!              STORE A DIAGONAL SUBMATRIX
                    KI=K
                ENDIF
                IF((N1- N2).LE.0) THEN
!
!              STORE AN OFF DIAGONAL SUBMATRIX
```

```
                  KR=J1+K
                  IC=J2-KR+1
                  K1=I1+K
              ELSE
!
!                 STORE THE TRANSPOSE OF AN OFF DIAGONAL MATRIX
                  KR=J2+K
                  IC=J1- KR+1
                  K2=I2+K
              ENDIF
              DO L=KI,NDF
                 KC=IC+L
                 IF((N1- N2).LE.0) THEN
                     K2=I2+L
                 ELSE
                     K1=I1+L
                 ENDIF
                 TM(KR,KC)=TM(KR,KC)+ELMAT(K1,K2)
              ENDDO
           ENDDO
         ENDDO
      ENDDO
!
      RETURN
      END
!
!
      SUBROUTINE BOUND(TK,AL,REAC,IB)
!    INTRODUCTION OF THE BOUNDARY CONDITIONS
!
      COMMON NRMX,NCMX,NDFEL,NN,NE,NLN,NBN,NDF,NNE,N,MS,IN,IO,E,G
      DIMENSION AL(1),IB(1),REAC(1),TK(200,20)
!
!
      DO L=1,NBN
!
         L1=(NDF+1)*(L- 1)+1
         NO=IB(L1)
         K1=NDF*(NO- 1)
         DO I=1,NDF
            L2=L1+I
```

```
              IF(IB(L2).EQ.0) THEN
!
!                 PRESCRIBED UNKNOWN TO BE CONSIDERED
                  KR=K1+I
                  DO J=2,MS
                     KV=KR+J- 1
                     IF((N- KV).GE.0) THEN
!
!                        MODIFY ROW OF TK AND CORRESPONDINF ELEMENTS IN AL
                         AL(KV)=AL(KV)-TK(KR,J)*REAC(KR)
                         TK(KR,J)=0.
                     ENDIF
                     KV=KR-J+1
                     IF(KV.GT.0) THEN
!
!                        MODIFY COLUMN IN TK AND CORRESPONDING ELEMENTS IN AL
                         AL(KV)=AL(KV)-TK(KV,J)*REAC(KR)
                         TK(KV,J)=0.
                     ENDIF
                  ENDDO
!
!                 SET DIAGONAL COEFFICIENT OF TK EQUAL TO 1 PLACE PRESCRIBED UNKNOWN
!                 VALUE IN AL
                  TK(KR,1)=1.
                  AL(KR)=REAC(KR)
              ENDIF
          ENDDO
      ENDDO
!
      RETURN
      END
!
!

      SUBROUTINE SLBSI(A,B,D,N,MS,NX,MX)
!  SOLUTION OF SIMUTANEOUS SYSTEMS OF EQUATIONS BY THE GAUSS
!  ELIMINATION METHOD,FOR SYMMETRIC BANDED MATRICES
!
      DIMENSION A(NX,MX),B(NX),D(MX)
!
!
      N1=N-1
```

```
      DO K=1,N1
         C=A(K,1)
         K1=K+1
         IF((ABS(C)-0.000001).LE.0) THEN
            WRITE(6,2) K
  2         FORMAT(' ****SINGULARITY IN ROW',I5)
            STOP
         ELSE
!
!           DIVIDE ROW BY DIAGONAL COEFFICIENT
            NI=K1+MS-2
            L=MIN0(NI,N)
            DO J=2,MS
               D(J)=A(K,J)
            ENDDO
            DO J=K1,L
               K2=J-K+1
               A(K,K2)=A(K,K2)/C
            ENDDO
            B(K)=B(K)/C
!
!           ELIMINATE UNKNOWN X(K) FROM ROW I
            DO I=K1,L
               K2=I-K1+2
               C=D(K2)
               DO J=I,L
                  K2=J-I+1
                  K3=J-K+1
                  A(I,K2)=A(I,K2)-C*A(K,K3)
               ENDDO
               B(I)=B(I)-C*B(K)
            ENDDO
         ENDIF
      ENDDO
!
!   COMPUTE LAST UNKNOWN
      IF((ABS(A(N,1))-0.000001).LE.0) THEN
         WRITE(6,7) K
  7      FORMAT(' ****SINGULARITY IN ROW',I5)
         STOP
      ELSE
```

```
                B(N)=B(N)/A(N,1)
!

!   APPLY BACKSUBSTITUTE PROCESS TO COMPUTE REMAINING UNKNOWNS
            DO I=1,N1
                K=N-I
                K1=K+1
                NI=K1+MS-2
                L=MIN0(NI,N)
                DO J=K1,L
                    K2=J-K+1
                    B(K)=B(K)-A(K,K2)*B(J)
                ENDDO
            ENDDO
        ENDIF
        RETURN
        END
!

!


        SUBROUTINE FORCE(NCO,PROP,FORC,REAC,X,Y,AL)
!   COMPUTATION OF ELEMENT FORCES
!

        COMMON NRMX,NCMX,NDFEL,NN,NE,NLN,NBN,NDF,NNE,N,MS,IN,IO,E,G
        DIMENSION NCO(1),PROP(1),FORC(1),REAC(1),X(1),Y(1),AL(1)
!

!

!   CLEAR THE REACTIONS ARRAY
        DO I=1,N
            REAC(I)=0.
        ENDDO
!

        DO NEL=1,NE
            L=NNE*(NEL-1)
            N1=NCO(L+1)
            N2=NCO(L+2)
            K1=NDF*(N1-1)
            K2=NDF*(N2-1)
!

!       COMPUTE LENGTH OF ELEMENT, AND SINE/COSINE OF ITS LOCAL X AXIS
            D=SQRT((X(N2)-X(N1))**2+(Y(N2)-Y(N1))**2)
            CO=(X(N2)-X(N1))/D
            SI=(Y(N2)-Y(N1))/D
```

```
          COEF=E*PROP(NEL)/D
!
!         COMPUTE MEMBER AXIAL FORCE AND STORE IN ARRAY FORC
          FORC(NEL)=COEF*((AL(K2+1)-AL(K1+1))*CO+(AL(K2+2)-AL(K1+2))*SI)
!
!         COMPUTE NODAL RESULTANTS
          REAC(K1+1)=REAC(K1+1)-FORC(NEL)*CO
          REAC(K1+2)=REAC(K1+2)-FORC(NEL)*SI
          REAC(K2+1)=REAC(K2+1)+FORC(NEL)*CO
          REAC(K2+2)=REAC(K2+2)+FORC(NEL)*SI
      ENDDO
      RETURN
      END
!
      SUBROUTINE OUTPT(AL,FORC,REAC)
!   OUTPUT PROGRAM
      COMMON NRMX,NCMX,NDFEL,NN,NE,NLN,NBN,NDF,NNE,N,MS,IN,IO,E,G
      DIMENSION AL(1),REAC(1),FORC(1)
!
!   WRITE NODAL DISPLACEMENTS
      WRITE(IO,1)
  1   FORMAT(//1X,70('*')//'RESULTS'//'NODAL DISPLACEMENTS'/7X,'NODE'  &
     &      ,11X,'U',14X,'V')
      DO I=1,NN
          K1=NDF*(I-1)+1
          K2=K1+NDF-1
          WRITE(IO,2) I,(AL(J),J=K1,K2)
      ENDDO
  2   FORMAT(I10,6F15.4)
!
!   WRITE NODAL REACTIONS
      WRITE(IO,3)
  3   FORMAT(/'NODAL REACTIONS'/7X,'NODE',10X,'PX'13X,'PY')
      DO I=1,NN
          K1=NDF*(I-1)+1
          K2=K1+NDF-1
          WRITE(IO,2) I,(REAC(J),J=K1,K2)
      ENDDO
!
!   WRITE MEMBER AXIAL FORCES
      WRITE(IO,4)
```

```
   4   FORMAT(/'MEMBER FORCES'/6X,'MEMBER     AXIAL FORCE')
       DO I=1,NE
          WRITE(IO,2) I,FORC(I)
       ENDDO
       WRITE(IO,5)
   5   FORMAT(//1X,70('*'))
 !

       RETURN
       END
```

B 平面桁架静力分析程序（C++）

```cpp
//      STATIC ANALYSIS OF PLANE TRUSSES
//
#include <iostream.h>
#include <fstream.h>
#include <stdlib.h>
#include <math.h>
#include <iomanip.h>
// FunctiOons declaration ( for C++Only )
void INPUT(double X[], double Y[], int NCO[], double PROP[],
          double AL[], int IB[], double REAC[]);
void ASSEM(double X[], double Y[], int NCO[], double PROP[],
          double TK[][20], double ELST[][5], double AL[]);
void STIFF(int NEL, double X[], double Y[], int NCO[],
          double PROP[], double ELST[][5], double AL[]);
void ELASS(int NEL, int NCO[], double TM[][20], double ELMAT[][5]);
void BOUND(double TK[][20], double AL[], double REAC[], int IB[]);
void SLBSI(double A[][20], double B[], double D[], int N, int MS,
          int NRMX, int NCMX);
void FORCE(int NCO[], double PROP[], double FORC[], double REAC[],
          double X[], double Y[], double AL[]);
void OUTPT(double AL[], double FORC[], double REAC[]);
//   INITIALIZATION OF GLOBAL VARIABLES
int NN,NE,NLN,NBN,N,MS;
double E,G;
// ASSIGN DATA SET NUMBERS TO IN,FOR INPUT,AND IO FOR OUTPUT
ifstream READ_IN;
ofstream WRITE_IO;
//
// INITIALIZATION OF PROGRAM PARAMETERS
int NRMX=200;
```

```cpp
int NCMX=20;
int NDF=2;
int NNE=2;
int NDFEL=NDF*NNE;
//
//                    MAIN PROGRAM
//
int main()
{
    double X[100],Y[100],PROP[100],TK[200][20],
           AL[200],FORC[100],REAC[200],ELST[5][5],V[20];
    int NCO[200], IB[60];
    char file1[20],file2[20]
//
// OPEN ALL FILES
cin>>file1>>file2
    WRITE_IO.open(file1);
READ_IN.open(file2);
//
// DATA INPUT
    INPUT(X,Y,NCO,PROP,AL,IB,REAC);
//
// ASSEMBLING OF TOTAL STIFFNESS MATRIX
    ASSEM(X,Y,NCO,PROP,TK,ELST,AL);
//
// INTRODUCTION OF BOUNDARY CONDITIONS
    BOUND(TK,AL,REAC,IB);
//
// SOLUTION OF THE SYSTEM OF EQUATIONS
    SLBSI(TK,AL,V,N,MS,NRMX,NCMX);
//
// COMPUTATION OF MEMBER FORCES
    FORCE(NCO,PROP,FORC,REAC,X,Y,AL);
//
// OUTPUT
    OUTPT(AL,FORC,REAC);
//
// CLOSE ALL FILES
    READ_IN.close();
    WRITE_IO.close();
    return 0;
```

```
    }
//
//
void INPUT(double X[], double Y[], int NCO[], double PROP[],
           double AL[], int IB[], double REAC[])
{
// INPUT PROGRAM
//
     int I, NUM, N1, IC[2], K, L, L1, L2, N2;
     double W[3];
     WRITE_IO.setf(ios::fixed);
     WRITE_IO.setf(ios::showpoint);
     WRITE_IO << " "<<
     "**********************************************************************"
            << endl;
//
// READ BASIC PARAMETERS
     READ_IN >> NN >> NE >> NLN >> NBN >> E;
     WRITE_IO << "\n\n INTERNAL DATA \n\n" << " NUMBER OF NODES           :"
            << setw(5) << NN << "\n" << " NUMBER OF ELEMENTS        :" << setw(5)
            << NE << "\n" << " NUMBER OF LOADED NODES    :" << setw(5) << NLN
            << "\n" << " NUMBER OF SUPPORT NODES :" << setw(5) << NBN << "\n"
            << " MODULUS OF ELASTICITY :" << setw(15) << setprecision(0) << E
            << "\n\n" << " NODAL COORDINATES \n" << setw(11) << "NODE" << setw(7)
            << "X" << setw(10) << "Y\n";
//
// READ NODAL COORDINATES IN ARRAY X AND Y
     for (I=1; I<=NN; I++)
     {
         READ_IN >> NUM >> X[NUM] >> Y[NUM];
     }
     for (I=1; I<=NN; I++)
     {
         WRITE_IO.precision(2);
         WRITE_IO << setw(10) << NUM << setw(10) << X[I] << setw(10) << Y[I]
                << "\n";
     }
// READ ELEMENT CONNECTIVITY IN ARRAY NCO AND
// ELEMENT PROPERTIES IN ARRAY PROP
     WRITE_IO << "\n ELEMENT CONNECTIVITY AND PROPERTIES\n" << setw(11)
            << "ELEMENT" << setw(23) << "START NODE   END NODE" << setw(9)
```

```
                  ≪ "AREA" ≪ endl;
      for (I=1; I<=NE; I++)
      {
          READ_IN ≫ NUM ≫ IC[0] ≫ IC[1] ≫ PROP[NUM];
          WRITE_IO.precision(5);
          WRITE_IO ≪ setw(10) ≪ NUM ≪ setw(10) ≪ IC[0] ≪ setw(10) ≪ IC[1]
                    ≪ setw(15) ≪ PROP[NUM] ≪ "\n";
          N1=NNE*(NUM-1);
          NCO[N1+1]=IC[0];
          NCO[N1+2]=IC[1];
      }
//
// COMPUTE ACTUAL NUMBER OF UNKNOWNS AND CLEAR THE LOAD VECTOR
      N=NN*NDF;
      for (I=1; I<=N; I++)
      {
          REAC[I]=0.0;
          AL[I]=0.0;
      }
//
// READ THE NODAL LOADS AND STORE THEM IN ARRAY AL
      WRITE_IO ≪ "\n NODAL LOADS\n" ≪ setw(11) ≪ "NODE" ≪ setw(7) ≪ "PX"
                ≪ setw(10) ≪ "PY" ≪ endl;
      for (I=1; I<=NLN; I++)
      {
          READ_IN ≫ NUM ≫ W[0] ≫ W[1];
          WRITE_IO.precision(2);
          WRITE_IO ≪ setw(10) ≪ NUM ≪ setw(10) ≪ W[0] ≪ setw(10) ≪ W[1]
                    ≪ "\n";
          for (K=1; K<=NDF; K++)
          {
              L=NDF*(NUM-1)+K;
              AL[L]=W[K-1];
          }
      }
// READ BOUNDARY NODES DATA. STORE UNKNOWN STATUS INDICATORS
// IN ARRAY IB, AND PRESCRIBED UNKNOWN VALUES IN ARRAY REAC
      WRITE_IO ≪ "\n BOUNDARY CONDITION DATA\n" ≪ setw(29) ≪ "STATUS"
                  ≪ setw(31) ≪ "PRESCRIBED VALUES\n" ≪ setw(37)
                  ≪ "(0:PRESCRIBED, 1:FREE)\n" ≪ setw(11) ≪ "NODE" ≪ setw(9)
                  ≪ "U" ≪ setw(10) ≪ "V" ≪ setw(17) ≪ "U" ≪ setw(10) ≪ "V"
```

```
                    ≪ endl;
        for (I=1; I<=NBN; I++)
        {
            READ_IN ≫ NUM ≫ IC[0] ≫ IC[1] ≫ W[0] ≫ W[1];
            WRITE_IO.precision(4);
            WRITE_IO ≪ setw(10) ≪ NUM ≪ setw(10) ≪ IC[0] ≪ setw(10) ≪ IC[1]
                     ≪ setw(20) ≪ W[0] ≪ setw(10) ≪ W[1] ≪ "\n";
            L1=(NDF+1)*(I-1)+1;
            L2=NDF*(NUM-1);
            IB[L1]=NUM;
            for (K=1; K<=NDF; K++)
            {
                N1=L1+K;
                N2=L2+K;
                IB[N1]=IC[K-1];
                REAC[N2]=W[K-1];
            }
        }
//
        return;
}
//
//
void ASSEM(double X[], double Y[], int NCO[], double PROP[],
           double TK[][20], double ELST[][5], double AL[])
{
// ASSEMBLING OF THE TOTAL MATRIX FOR THE PROBLEM
//
    int N1, I, L1, J, L2, J1, K, L3, L, NEL;

//
// COMPUTE HALF BAND WIDTH AND STORE IN MS
    N1=NNE-1;
    MS=0;
    for (I=1; I<=NE; I++)
    {
        L1=NNE*(I-1);
        for (J=1; J<=N1; J++)
        {
            L2=L1+J;
            J1=J+1;
```

```
        for (K=J1; K<=NNE; K++)
        {
            L3=L1+K;
            L=abs(NCO[L2]-NCO[L3]);
            if ((MS- L)<=0)
            {
                MS=L;
            }
        }
    }
}
    MS=NDF*(MS+1);
//
//
// CLEAR THE TOTAL STIFFNESS MATRIX

    for (I=1; I<=N; I++)
    {
        for (J=1; J<=MS; J++)
        {
            TK[I][J]=0.0;
        }
    }

//

    for (NEL=1; NEL<=NE; NEL++)
    {
//      COMPUTE THE STIFFNESS MATRIX FOR ELEMENT NEL
        STIFF(NEL,X,Y,NCO,PROP,ELST,AL);
//      PLACE THE MATRIX IN THE TOTAL STIFFNESS MATRIX
        ELASS(NEL,NCO,TK,ELST);
    }
//
    return;
}
//
//
void STIFF(int NEL, double X[], double Y[], int NCO[],
        double PROP[], double ELST[][5], double AL[])
{
```

```
// COMPUTATION OF ELEMENT STIFFNESS MATRIX FOR CURRENT ELEMENT
//
    int L, N1, N2, I, J, K1, K2;
    double D, CO, SI, COEF;
//
//
    L=NNE*(NEL-1);
    N1=NCO[L+1];
    N2=NCO[L+2];
//
// COMPUTE LENGTH OF ELEMENT, AND SINE AND COSINE OF ITS LOCAL X AXIS
    D=sqrt(pow((X[N2]-X[N1]),2)+pow((Y[N2]-Y[N1]),2));
    CO=(X[N2]-X[N1])/D;
    SI=(Y[N2]-Y[N1])/D;
//
// COMPUTE ELEMENT STIFFNESS MATRIX
    COEF=E*PROP[NEL]/D;
    ELST[1][1]=COEF*CO*CO;
    ELST[1][2]=COEF*CO*SI;
    ELST[2][2]=COEF*SI*SI;
    for (I=1; I<=2; I++)
    {
        for (J=1; J<=2; J++)
        {
            K1=I+NDF;
            K2=J+NDF;
            ELST[K1][K2]=ELST[I][J];
            ELST[I][K2]=-ELST[I][J];
        }
    }
    ELST[2][3]=-ELST[1][2];
//
    return;
}
//
//
void ELASS(int NEL, int NCO[], double TM[][20], double ELMAT[][5])
{
// STORE THE ELEMENT MATRIX FOR ELEMENT NEL IN THE TOTAL MATRIX
//
    int L1, I, L2, N1, I1, J1, J, N2, I2, J2, K, KI, KR, IC, K1, K2, L, KC;
```

```
//
//
    L1=NNE*(NEL-1);
    for (I=1; I<=NNE; I++)
    {
        L2=L1+I;
        N1=NCO[L2];
        I1=NDF*(I-1);
        J1=NDF*(N1-1);
        for (J=1; J<=NNE; J++)
        {
            L2=L1+J;
            N2=NCO[L2];
            I2=NDF*(J-1);
            J2=NDF*(N2-1);
            for (K=1; K<=NDF; K++)
            {
                KI=1;
                if ((N1-N2)==0)
                    {
//
//                      STORE A DIAGONAL SUBMATRIX
                        KI=K;
                    }
                if ((N1-N2)<=0)
                    {
//
//                      STORE AN OFF DIAGONAL SUBMATRIX
                        KR=J1+K;
                        IC=J2-KR+1;
                        K1=I1+K;
                    }
                else
                    {
//
//                      STORE THE TRANSPOSE OF AN OFF DIAGONAL MATRIX
                        KR=J2+K;
                        IC=J1-KR+1;
                        K2=I2+K;
                    }
                for (L=KI; L<=NDF; L++)
```

```
                {
                    KC=IC+L;
                    if ((N1-N2)<=0)
                        {
                        K2=I2+L;
                        }
                    else
                        {
                        K1=I1+L;
                        }
                    TM[KR][KC]=TM[KR][KC]+ELMAT[K1][K2];
                }
            }
        }
    }
//
    return;
}
void BOUND(double TK[][20], double AL[], double REAC[], int IB[])
{
// INTRODUCTION OF THE BOUNDARY CONDITIONS
//
    int L, L1, NO, K1, I, L2, KR, J, KV;
//
//
    for (L=1; L<=NBN; L++)
    {
        L1=(NDF+1)*(L-1)+1;
        NO=IB[L1];
        K1=NDF*(NO-1);
        for (I=1; I<=NDF; I++)
        {
            L2=L1+I;
            if (IB[L2]==0)
                {
//              PRESCRIBED UNKNOWN TO BE CONSIDERED
                KR=K1+I;
                for (J=2; J<=MS; J++)
                    {
                    KV=KR+J-1;
                    if ((N-KV)>=0)
```

```
                          {
//
//                            MODIFY ROW OF TK AND CORRESPONDINF ELEMENTS IN AL
                              AL[KV]=AL[KV]-TK[KR][J]*REAC[KR];
                              TK[KR][J]=0.0;
                          }
                  KV=KR-J+1;
                  if (KV>0)
                          {
//
//                            MODIFY COLUMN IN TK AND CORRESPONDING ELEMENTS IN AL
                              AL[KV]=AL[KV]-TK[KV][J]*REAC[KR];
                              TK[KV][J]=0.0;
                          }
                  }
//
//                SET DIAGONAL COEFFICIENT OF TK EQUAL TO 1 PLACE PRESCRIBED UN-
KNOWN
//                VALUE IN AL
                  TK[KR][1]=1.0;
                  AL[KR]=REAC[KR];
          }
       }
     }
//
    return;
}
void SLBSI(double A[][20], double B[], double D[], int N, int MS,
          int NRMX, int NCMX)
{
// SOLUTION OF SIMUTANEOUS SYSTEMS OF EQUATIONS BY THE GAUSS
// ELIMINATION METHOD,FOR SYMMETRIC BANDED MATRICES

    int N1, K, K1, NI, L, J, K2, I, K3;
    double C;
//
//
    N1=N-1;
    for (K=1; K<=N1; K++)
    {
        C=A[K][1];
```

```
        K1=K+1;
        if(C<=0.000001 && C>=-0.000001)
        {
            WRITE_IO ≪ "  ****SINGULARITY IN ROW" ≪ setw(5) ≪ K;
            return;
        }
        else
        {
//
//          DIVIDE ROW BY DIAGONAL COEFFICIENT
            NI=K1+MS-2;
            if(NI<=N) {L=NI;} else {L=N;}
            for(J=2; J<=MS; J++)
              {
                D[J]=A[K][J];
              }
            for(J=K1; J<=L; J++)
              {
                K2=J-K+1;
                A[K][K2]=A[K][K2]/C;
              }
            B[K]=B[K]/C;
//
//          ELIMINATE UNKNOWN X(K) FROM ROW I
            for(I=K1; I<=L; I++)
              {
                K2=I-K1+2;
                C=D[K2];
                for(J=I; J<=L; J++)
                  {
                    K2=J-I+1;
                    K3=J-K+1;
                    A[I][K2]=A[I][K2]-C*A[K][K3];
                  }
                B[I]=B[I]-C*B[K];
              }
        }
    }
//
// COMPUTE LAST UNKNOWN
    if(A[N][1]<=0.000001 && A[N][1]>=0.000001)
```

```
        {
            WRITE_IO ≪ " ****SINGULARITY IN ROW" ≪ setw(5) ≪ K;
            return;
        }
        else
        {
            B[N]=B[N]/A[N][1];
//
//        APPLY BACKSUBSTITUTE PROCESS TO COMPUTE REMAINING UNKNOWNS
            for (I=1; I<=N1; I++)
              {
                K=N-I;
                K1=K+1;
                NI=K1+MS-2;
                if (NI<=N) {L=NI;} else {L=N;}
                for (J=K1; J<=L; J++)
                  {
                    K2=J-K+1;
                    B[K]=B[K]-A[K][K2]*B[J];
                  }
              }
        }
//
    return;
}
void FORCE(int NCO[], double PROP[], double FORC[], double REAC[],
            double X[], double Y[], double AL[])
{
// COMPUTATION OF ELEMENT FORCES
    int I, NEL, L, N1, N2, K1, K2;
    double D, CO, SI, COEF;
//
// CLEAR THE REACTIONS ARRAY
    for (I=1; I<=N; I++)
    {
        REAC[I]=0.0;
    }
    for (NEL=1; NEL<=NE; NEL++)
    {
        L=NNE*(NEL-1);
        N1=NCO[L+1];
```

```
            N2=NCO[L+2];
            K1=NDF*(N1-1);
            K2=NDF*(N2-1);
//
//      COMPUTE LENGTH OF ELEMENT, AND SINE/COSINE OF ITS LOCAL X AXIS
            D=sqrt(pow((X[N2]-X[N1]),2)+pow((Y[N2]-Y[N1]),2));
            CO=(X[N2]-X[N1])/D;
            SI=(Y[N2]-Y[N1])/D;
            COEF=E*PROP[NEL]/D;
//
//      COMPUTE MEMBER AXIAL FORCE AND STORE IN ARRAY FORC
            FORC[NEL]=COEF*((AL[K2+1]-AL[K1+1])*CO+(AL[K2+2]-AL[K1+2])*SI);
//
//      COMPUTE NODAL RESULTANTS
            REAC[K1+1]=REAC[K1+1]- FORC[NEL]*CO;
            REAC[K1+2]=REAC[K1+2]-FORC[NEL]*SI;
            REAC[K2+1]=REAC[K2+1]+FORC[NEL]*CO;
            REAC[K2+2]=REAC[K2+2]+FORC[NEL]*SI;
        }
    return;
}
//
//
void OUTPT(double AL[], double FORC[], double REAC[])
{
// OUTPUT PROGRAM
    int I, K1, K2, J;
//
// WRITE NODAL DISPLACEMENTS
    WRITE_IO <<
    "\n\n *************************************************************************\n\n"
            << "RESULTS\n\n" << "NODAL DISPLACEMENTS\n" << setw(11) << "NODE"
            << setw(12) << "U" << setw(15) << "V" << endl;
    for (I=1; I<=NN; I++)
    {
        K1=NDF*(I-1)+1;
        K2=K1+NDF-1;
        WRITE_IO << setw(10) << I;
        for (J=K1; J<=K2; J++)
        {
            WRITE_IO << setw(15) << AL[J];
```

```
        }
        WRITE_IO << endl;
    }
//
// WRITE NODAL REACTIONS
    WRITE_IO << "\nNODAL REACTIONS\n" << setw(11) << "NODE" << setw(12) << "PX"
             << setw(15) << "PY\n";
    for (I=1; I<=NN; I++)
    {
        K1=NDF*(I-1)+1;
        K2=K1+NDF-1;
        WRITE_IO << setw(10) << I;
        for (J=K1; J<=K2; J++)
        {
            WRITE_IO << setw(15) << REAC[J];
        }
        WRITE_IO << endl;
    }
//
// WRITE MEMBER AXIAL FORCES
    WRITE_IO << "\nMEMBER FORCES" << setw(27) << "MEMBER    AXIAL FORCE\n";
    for (I=1; I<=NE; I++)
    {
        WRITE_IO << setw(10) << I << setw(15) << FORC[I] << endl;
    }
    WRITE_IO <<
    "\n\n ************************************************************************\n";
    return;
}
```

程序 2　平面刚架静力分析程序(FORTRAN 95,C++)

A　平面刚架静力分析程序(FORTRAN 95)

```
!     STATIC ANALYSIS FOR PLANE FRAME SYSTEMS
!
!                             MAIN PROGRAM
!
      COMMON NRMX,NCMX,NDFEL,NN,NE,NLN,NBN,NDF,NNE,N,MS,IN,IO,E,G
      DIMENSION X(100),Y(100),NCO(200),PROP(200),IB(80),TK(300,30), &
```

```
      &            AL(300),REAC(300),FORC(600),ELST(6,6),V(30)
         CHARACTER(len=20)FILE1,FILE2
!
!     INITIALIZATION OF PROGRM PARAMETERS
         NRMX=300
         NCMX=30
         NDF=3
         NNE=2
         NDFEL=NDF*NNE
!
!     ASSIGN DATA SET NUMBERS TO IN, FOR INPUT, AND IO, FOR OUTPUT
         IN=5
         IO-6
!     OPEN ALL FILES
         READ(*,*)FILE1,FILE2
         OPEN(UNIT=IO,FILE= FILE1,FORM='FORMATTED',STATUS='UNKNOWN')
         OPEN(UNIT=IN,FILE= FILE2,FORM='FORMATTED',STATUS='OLD')
!
!     DATA INPUT
         CALL INPUT(X,Y,NCO,PROP,AL,IB,REAC)
!
!     ASSEMBLING OF TOTAL STIFFNESS MATRIX
         CALL ASSEM(X,Y,NCO,PROP,TK,ELST,AL)
!
!     INTRODUCTION OF BOUNDARY CONDITIONS
         CALL BOUND(TK,AL,REAC,IB)
!
!     SOLUTION OF THE SYSTEM OF EQUATIONS
         CALL SLBSI(TK,AL,V,N,MS,NRMX,NCMX)
!
!     COMPUTATION OF MEMBER FORCES
         CALL FORCE(NCO,PROP,FORC,REAC,X,Y,AL)
!
!     OUTPUT
         CALL OUTPT(NCO,AL,FORC,REAC)
!
         STOP
         END
!
!
         SUBROUTINE INPUT(X,Y,NCO,PROP,AL,IB,REAC)
```

```
!   INPUT PROGRAM
!
      COMMON NRMX,NCMX,NDFEL,NN,NE,NLN,NBN,NDF,NNE,N,MS,IN,IO,E,G
      DIMENSION X(1),Y(1),NCO(1),PROP(1),AL(1),IB(1),REAC(1),W(3), &
      &        IC(3)
!
!
      WRITE(IO,20)
  20  FORMAT(' ',70('*'))
!
!   READ BASIC PARAMETERS
      READ(IN,* ) NN,NE,NLN,NBN,E
      WRITE(IO,21) NN,NE,NLN,NBN,E
  21  FORMAT(//' INTERNAL DATA'//' NUMBER OF NODES          :', &
      &       I5/' NUMBER OF ELEMENTS       :',I5/' NUMBER OF LOADED NODES :', &
      &       I5/' NUMBER OF SUPPORT NODES :',I4/' MODULUS OF ELASTICITY :', &
      &       F15.0//' NODAL COORDINATES'/7X,'NODE',6X,'X',9X,'Y')
!
!   READ NODAL COORDINATES IN ARRAY X AND Y
      READ(IN,*) (I,X(I),Y(I),J=1,NN)
      WRITE(IO,2) (I,X(I),Y(I),I=1,NN)
   2  FORMAT(I10,2F10.2)
!
!   READ ELEMENT CONNECTIVITY IN ARRAY NCO AND
!   ELEMENT PROPERTIES IN ARRAY PROP
      WRITE(IO,22)
  22  FORMAT(/' ELEMENT CONNECTIVITY AND PROPERTIES'/4X,'ELEMENT', &
      &       3X,'START NODE  END NODE',5X,'AREA', 5X,'M. OF INERTIA')
      DO J=1,NE
      READ(IN,*) I,IC(1),IC(2),W(1),W(2)
      WRITE(IO,34) I,IC(1),IC(2),W(1),W(2)
  34  FORMAT(3I10,2F15.5)
      N1=NNE*(I-1)
      PROP(N1+1)=W(1)
      PROP(N1+2)=W(2)
      NCO(N1+1)=IC(1)
      NCO(N1+2)=IC(2)
      ENDDO
!
!   COMPUTE ACTUAL NUMBER OF UNKNOWNS AND CLEAR THE LOAD VECTOR
      WRITE(IO,23)
```

```
 23   FORMAT(/' NODAL LOADS'/7X,'NODE',5X,'PX',8X,'PY',8X,'MZ')
      N=NN*NDF
      DO I=1,N
         AL(I)=0.
         REAC(I)=0.
      ENDDO
!
!    READ THE NODAL LOADS AND STORE THEM IN ARRAY AL
      DO I=1,NLN
         READ(IN,*) J,(W(K),K=1,NDF)
         WRITE(IO,8) J,(W(K),K=1,NDF)
  8      FORMAT(I10,3F10.2)
         DO K=1,NDF
            L=NDF*(J-1)+K
            AL(L)=W(K)
         ENDDO
      ENDDO
!
!    READ BOUNDARY NODES DATA. STORE UNKNOWN STATUS INDICATORS
!    IN ARRAY IB, AND PRESCRIBED UNKNOWN VALUES IN ARRAY REAC
      WRITE(IO,24)
 24   FORMAT(/' BOUNDARY CONDITION DATA'/27X,'STATUS',18X,'PRESCRIBED &
     &        VALUES'/19X,'(0:PRESCRIBED, 1:FREE)'/7X,'NODE',8X,'U',9X,'V',
     &        8X,'RZ',10X,'U',9X,'V',8X,'RZ')
      DO I=1,NBN
         READ(IN,*) J,(IC(K),K=1,NDF),(W(K),K=1,NDF)
         WRITE(IO,10) J,(IC(K),K=1,NDF),(W(K),K=1,NDF)
         L1=(NDF+1)*(I-1)+1
         L2=NDF*(J-1)
         IB(L1)=J
         DO K=1,NDF
            N1=L1+K
            N2=L2+K
            IB(N1)=IC(K)
            REAC(N2)=W(K)
         ENDDO
      ENDDO
 10   FORMAT(4I10,4X,3F10.4)
!
      RETURN
      END
```

```
!
!
      SUBROUTINE ASSEM(X,Y,NCO,PROP,TK,ELST,AL)
!   ASSEMBLING OF THE TOTAL MATRIX FOR THE PROBLEM
!
      COMMON NRMX,NCMX,NDFEL,NN,NE,NLN,NBN,NDF,NNE,N,MS,IN,IO,E,G
      DIMENSION X(1),Y(1),NCO(1),TK(300,30),ELST(NDFEL,NDFEL), &
      &           PROP(1),AL(1)
!
!
!   COMPUTE HALF BAND WIDTH AND STORE IN MS
      N1=NNE-1
      MS=0
      DO I=1,NE
         L1=NNE*(I-1)
         DO J=1,N1
            L2=L1+J
            J1=J+1
            DO K=J1,NNE
               L3=L1+K
               L=ABS(NCO(L2)-NCO(L3))
               IF (MS.LT.L) THEN
                  MS=L
               ENDIF
            ENDDO
         ENDDO
      ENDDO
      MS=NDF*(MS+1)
!
!   CLEAR THE TOTAL STIFFNESS MATRIX
      DO I=1,N
         DO J=1,MS
            TK(I,J)=0.
         ENDDO
      ENDDO
!
      DO NEL=1,NE
!
!        COMPUTE THE STIFFNESS MATRIX FOR ELEMENT NEL
         CALL STIFF(NEL,X,Y,PROP,NCO,ELST,AL)
```

```
!
!         PLACE THE MATRIX IN THE TOTAL STIFFNESS MATRIX
          CALL ELASS(NEL,NCO,TK,ELST)
!
      ENDDO
      RETURN
      END
!
!


      SUBROUTINE STIFF(NEL,X,Y,PROP,NCO,ELST,AL)
!    COMPUTATION OF ELEMENT STIFFNESS MATRIX FOR CURRENT ELEMENT
!
      COMMON NRMX,NCMX,NDFEL,NN,NE,NLN,NBN,NDF,NNE,N,MS,IN,IO,E,G
      DIMENSION X(1),Y(1),NCO(1),PROP(1),ELST(6,6),AL(1), &
     &          ROT(6,6),V(6)
!
!


      L=NNE*(NEL-1)
      N1=NCO(L+1)
      N2=NCO(L+2)
      AX=PROP(L+1)
      YZ=PROP(L+2)
!
!    COMPUTE LENGTH OF ELEMENT, AND SINE AND COSINE OF ITS LOCAL X AXIS
      DX=X(N2)-X(N1)
      DY=Y(N2)-Y(N1)
      D=SQRT(DX**2+DY**2)
      CO=DX/D
      SI=DY/D
!    CLEAR THE ELEMENT STIFFNESS AND ROTATION MATRICES
      DO I=1, 6
        DO J=1, 6
           ELST(I,J)=0.
           ROT(I,J)=0.
        ENDDO
      ENDDO
!
!    FORM ELEMENT ROTATION MATRIX
      ROT(1,1)=CO
      ROT(1,2)=SI
      ROT(2,1)=-SI
```

```
        ROT(2,2)=CO
        ROT(3,3)=1.
        DO I=1,3
           DO J=1,3
              ROT(I+3,J+3)=ROT(I,J)
           ENDDO
        ENDDO
!
!   COMPUTE ELEMENT LOCAL STIFFNESS MATRIX
        ELST(1,1)=E*AX/D
        ELST(1,4)=-ELST(1,1)
        ELST(2,2)=12*E*YZ/(D**3)
        ELST(2,3)=6*E*YZ/(D*D)
        ELST(2,5)=-ELST(2,2)
        ELST(2,6)=ELST(2,3)
        ELST(3,2)=ELST(2,3)
        ELST(3,3)=4*E*YZ/D
        ELST(3,5)=-ELST(2,3)
        ELST(3,6)=2*E*YZ/D
        ELST(4,1)=ELST(1,4)
        ELST(4,4)=ELST(1,1)
        ELST(5,2)=ELST(2,5)
        ELST(5,3)=ELST(3,5)
        ELST(5,5)=ELST(2,2)
        ELST(5,6)=ELST(3,5)
        ELST(6,2)=ELST(2,6)
        ELST(6,3)=ELST(3,6)
        ELST(6,5)=ELST(5,6)
        ELST(6,6)=ELST(3,3)
!
!   ROTATE ELEMENT STIFFNESS MATRIX TO GLOBAL COORDINATES
        CALL BTAB3(ELST,ROT,V,6,6)
!
        RETURN
        END
!
!
        SUBROUTINE ELASS(NEL,NCO,TM,ELMAT)
!   STORE THE ELEMENT MATRIX FOR ELEMENT NEL IN THE TOTAL MATRIX
!
        COMMON NRMX,NCMX,NDFEL,NN,NE,NLN,NBN,NDF,NNE,N,MS,IN,IO,E,G
```

```
          DIMENSION NCO(1),TM(300,30),ELMAT(NDFEL,NDFEL)
!
!

          L1=NNE*(NEL-1)
          DO I=1,NNE
             L2=L1+I
             N1=NCO(L2)
             I1=NDF*(I-1)
             J1=NDF*(N1-1)
             DO J=I,NNE
                L2=L1+J
                N2=NCO(L2)
                I2=NDF*(J-1)
                J2=NDF*(N2-1)
                DO K=1,NDF
                   KI=1
                   IF(N1.LE.N2) THEN
!
!                      STORE A DIAGONAL SUBMATRIX
                       IF(N1.EQ.N2) THEN
                          KI=K
                       ENDIF
!
!                      STORE AN OFF DIAGONAL SUBMATRIX
                       KR=J1+K
                       IC=J2-KR+1
                       K1=I1+K
!
!                      STORE THE TRANSPOSE OF AN OFF DIAGONAL MATRIX
                   ELSE
                       KR=J2+K
                       IC=J1-KR+1
                       K2=I2+K
                   ENDIF
                   DO L=KI,NDF
                      KC=IC+L
                      IF((N1-N2).LE.0) THEN
                         K2=I2+L
                      ELSE
                         K1=I1+L
```

```
                    END IF
                    TM(KR,KC)=TM(KR,KC)+ELMAT(K1,K2)
                ENDDO
            ENDDO
        ENDDO
    ENDDO
!

    RETURN
    END
!
!


    SUBROUTINE BOUND(TK,AL,REAC,IB)
!   INTRODUCTION OF THE BOYNDARY CONDITIONS
    COMMON NRMX,NCMX,NDFEL,NN,NE,NLN,NBN,NDF,NNE,N,MS,IN,IO,E,G
    DIMENSION AL(1),IB(1),REAC(1),TK(300,30)
!
!

    DO L=1,NBN
!

        L1=(NDF+1)*(L-1)+1
        NO=IB(L1)
        K1=NDF*(NO-1)
        DO I=1,NDF
            L2=L1+I
            IF (IB(L2).EQ.0) THEN
!
!               PRESCRIBED UNKNOWN TO BE CONSIDERED
                KR=K1+I
                DO J=2,MS
                    KV=KR+J-1
                    IF (N-KV.GE.0) THEN
!
!                       MODIFY ROW OF TK AND CORRESPONDING ELEMENTS IN AL
                        AL(KV)=AL(KV)-TK(KR,J)*REAC(KR)
                        TK(KR,J)=0.
                    ENDIF
                    KV=KR-J+1
                    IF (KV.GT.0) THEN
!
!                       MODIFY COLUMN IN TX AND CORRESPONDING ELEMENTS IN AL
                        AL(KV)=AL(KV)-TK(KR,J)*REAC(KR)
```

```
                        TK(KV,J)=0.
                  ENDIF
            ENDDO

!           SET DIAGONAL COEFFICIENT OF TK EQUAL TO 1 PLACE PRESCRIBED UNKNOWN
!           VALUE IN AL
            TK(KR,1)=1.
            AL(KR)=REAC(KR)
         ENDIF
      ENDDO
   ENDDO
!
   RETURN
   END
!
!
   SUBROUTINE SLBSI(A,B,D,N,MS,NX,MX)
!  SOLUTION OF SIMUTANEOUS SYSTEMS OF EQUAIONS BY THE GAUSS
!  ELIMINATION METHOD, FOR SYMMETRIC BANDED MATRICES
!
   DIMENSION A(NX,MX),B(NX),D(MX)
!
!
   N1=N-1
   DO K=1,N1
      C=A(K,1)
      K1=K+1
      IF (ABS(C).LE.0.000001) THEN
         WRITE(6,2) K
2        FORMAT(' ****SINGULARITY IN ROW',I5)
         RETURN
      ENDIF
!
!  DIVIDE ROW BY DIAGONAL COEFFICIENT
      NI=K1+MS-2
      L=MIN0(NI,N)
      DO J=2,MS
         D(J)=A(K,J)
      ENDDO
      DO J=K1,L
         K2=J-K+1
```

```
          A(K,K2)=A(K,K2)/C
      ENDDO
      B(K)=B(K)/C
!
!     ELIMINATE UNKNOWN X(K) FROM ROW I
      DO I=K1,L
         K2=I-K1+2
         C=D(K2)
         DO J=I,L
            K2=J-I+1
            K3=J-K+1
            A(I,K2)=A(I,K2)-C*A(K,K3)
         ENDDO
         B(I)=B(I)-C*B(K)
      ENDDO
   ENDDO
!
!  COMPUTE LAST UNKNOWN
   IF (ABS(A(N,1)).LE.0.000001) THEN
      WRITE(6,7) K
7     FORMAT(' ****SINGULARITY IN ROW',I5)
      RETURN
   ENDIF
   B(N)=B(N)/A(N,1)
!
!  APPLY BACKSUBSTITUTION PROCESS TO COMPUTE REMAINING UNKNOWNS
   DO I=1,N1
      K=N-I
      K1=K+1
      NI=K1+MS-2
      L=MIN0(NI,N)
      DO J=K1,L
         K2=J-K+1
         B(K)=B(K)-A(K,K2)*B(J)
      ENDDO
   ENDDO
!
   RETURN
   END
!
```

```
!
      SUBROUTINE FORCE(NCO,PROP,FORC,REAC,X,Y,AL)
!    COMPUTATION OF ELEMENT FORCES
      COMMON NRMX,NCMX,NDFEL,NN,NE,NLN,NBN,NDF,NNE,N,MS,IN,IO,E,G
      DIMENSION NCO(1),PROP(1),FORC(1),REAC(1),X(1),Y(1),AL(1),  &
     &          ROT(3,3),U(6),F(6),UL(6),FG(6)
!
!

      DO I=1,N
         REAC(I)=0.
      ENDDO
      DO NEL=1,NE
         L=NNE^(NEL-1)
         N1=NCO(L+1)
         N2=NCO(L+2)
         AX=PROP(L+1)
         YZ=PROP(L+2)
!
!        COMPUTE LENGTH OF ELEMENT, AND SINE AND COSINE OF ITS GLOBAL X AXIS
         DX=X(N2)-X(N1)
         DY=Y(N2)-Y(N1)
         D=SQRT(DX**2+DY**2)
         CO=DX/D
         SI=DY/D

!
!        FORM ELEMENT ROTATION MATRIX
         ROT(1,1)=CO
         ROT(1,2)=SI
         ROT(1,3)=0.
         ROT(2,1)=-SI
         ROT(2,2)=CO
         ROT(2,3)=0.
         ROT(3,1)=0.
         ROT(3,2)=0.
         ROT(3,3)=1.
!
!        ROTATE ELEMENT NODAL DISPLACEMENTS TO ELEMENT
!        LOCAL REFERENCE FRAME, AND STORE IN ARRAY UL
         K1=NDF*(N1-1)
         K2=NDF*(N2-1)
```

```
       DO I=1,3
          J1=K1+I
          J2=K2+I
          U(I)=AL(J1)
          U(I+3)=AL(J2)
       ENDDO
       DO I=1,3
          UL(I)=0.
          UL(I+3)=0.
          DO J=1,3
             UL(I)=UL(I)+ROT(I,J)*U(J)
               UL(I+3)=UL(I+3)+ROT(I,J)*U(J+3)
          ENDDO
       ENDDO
!
!      COMPUTE MEMBER END FORCES IN LOCAL COORDINATES
       F(1)=E*AX/D*(UL(1)-UL(4))
       F(2)=12*E*YZ/(D**3)*(UL(2)-UL(5))+6*E*YZ/(D*D)*(UL(3)+UL(6))
       F(3)=6*E*YZ/(D*D)*(UL(2)-UL(5))+2*E*YZ/D*(2*UL(3)+UL(6))
       F(6)=6*E*YZ/(D*D)*(UL(2)-UL(5))+2*E*YZ/D*(UL(3)+2*UL(6))
       F(4)=-F(1)
       F(5)=-F(2)
       I1=6*(NEL-1)
!
!      STORE MEMBER END FORCES IN ARRAY FORC
       DO I=1,6
          I2=I1+I
          FORC(I2)=F(I)
       ENDDO
!
!      ROTATE MEMBER END FORCES TO THE GLOBAL REFERENCE FRAME
!      AND STORE IN ARRAY FG
       DO I=1,3
          FG(I)=0.
          FG(I+3)=0.
          DO J=1,3
             FG(I)=FG(I)+ROT(J,I)*F(J)
             FG(I+3)=FG(I+3)+ROT(J,I)*F(J+3)
          ENDDO
       ENDDO
!
```

```
!      ADD ELEMENT CONTRIBUTION TO NODAL RESULTANTS IN ARRAY REAC
         DO I=1,3
            J1=K1+I
            J2=K2+I
            REAC(J1)=REAC(J1)+FG(I)
            REAC(J2)=REAC(J2)+FG(I+3)
         ENDDO
      ENDDO
      RETURN
      END
!
!

         SUBROUTINE OUTPT(NCO,AL,FORC,REAC)
!   OUTPUT PROGRAM
!
      COMMON NRMX,NCMX,NDFEL,NN,NE,NLN,NBN,NDF,NNE,N,MS,IN,IO,E,G
      DIMENSION NCO(1),AL(1),FORC(1),REAC(1)
!
!   WRITE NODAL DISPLACEMENTS
      WRITE(IO,1)
    1 FORMAT(//1X,70('*')//' RESULTS'//' NODAL DISPLACEMENTS'/7X, &
      &     'NODE',11X,'U',14X,'V',13X,'RZ')
      DO I=1,NN
         K1=NDF*(I-1)+1
         K2=K1+NDF-1
         WRITE(IO,2) I,(AL(J),J=K1,K2)
    2    FORMAT(I10,6F15.4)
      ENDDO
!
!   WRITE NODAL REACTIONS
      WRITE(IO,3)
    3 FORMAT(/' NODAL REACTIONS'/7X,'NODE' 10X,'PX',13X,'PY',13X,'MZ')
      DO I=1,NN
         K1=NDF*(I-1)+1
         K2=K1+NDF-1
         WRITE(IO,2) I,(REAC(J),J=K1,K2)
      ENDDO
!
!   WRITE MEMBER END FORCES
      WRITE(IO,4)
    4 FORMAT(/' MEMBER FORCES'/6X,'MEMBER',5X,'NODE',9X,'FX',13X, &
```

```
   &      'FY',13X,'MZ')
     DO I=1,NE
        K1=6*(I-1)+1
        K2=K1+2
        N1=NNE*(I-1)
        WRITE(IO,6) I,NCO(N1+1),(FORC(J),J=K1,K2)
        K1=K2+1
        K2=K1+2
        WRITE(IO,7) NCO(N1+2),(FORC(J),J=K1,K2)
     ENDDO
 6   FORMAT(2I10,3F15.4)
 7   FORMAT(I20,3F15.4)
     WRITE(IO,5)
 5   FORMAT(//1X,70('*'))
!

     RETURN
     END
!
!

     SUBROUTINE BTAB3(A,B,V,N,NX)
!    COMPUTE THE MATRIX OPERATION A=TRANSPOSE(B)*A*B
!

     DIMENSION A(NX,NX),B(NX,NX),V(NX)
!
!

!    COMPUTE A*B AND STORE IN A
     DO I=1,N
        DO J=1,N
          V(J)=0.
          DO K=1,N
             V(J)=V(J)+A(I,K)*B(K,J)
          ENDDO
        ENDDO
        DO J=1,N
           A(I,J)=V(J)
        ENDDO
     ENDDO
!
!    COMPUTE TRANSPOSE(B)*A AND STORE IN A
     DO J=1,N
        DO I=1,N
```

```
                V(I)=0.
                DO K=1,N
                   V(I)=V(I)+B(K,I)*A(K,J)
                ENDDO
             ENDDO
             DO I=1,N
                A(I,J)=V(I)
             ENDDO
          ENDDO
   !

          RETURN
          END
```

B　平面刚架静力分析程序(C++)

```cpp
//
//
//       STATIC ANALYSIS OF PLANE FRAMES
//
#include <iostream.h>
#include <fstream.h>
#include <stdlib.h>
#include <math.h>
#include <iomanip.h>
// Functions declaration ( for C++Only )
void INPUT(double X[], double Y[], int NCO[], double PROP[],
        double AL[], int IB[], double REAC[]);
void ASSEM(double X[], double Y[], int NCO[], double PROP[],
        double TK[][30], double ELST[][6], double AL[]);
void STIFF(int NEL, double X[], double Y[], double PROP[],
        int NCO[], double ELST[][6], double AL[]);
void ELASS(int NEL, int NCO[], double TM[][30], double ELMAT[][6]);
void BOUND(double TK[][30], double AL[], double REAC[], int IB[]);
void SLBSI(double A[][30], double B[], double D[], int N, int MS,
        int NRMX, int NCMX);
void FORCE(int NCO[], double PROP[], double FORC[], double REAC[],
        double X[], double Y[], double AL[]);
void OUTPT(int NCO[], double AL[], double FORC[], double REAC[]);
void BTAB3(double A[][6], double B[][6], double V[], int N, int NX);
//   INITIALIZATION OF GLOBAL VARIABLES
int NN,NE,NLN,NBN,N,MS;
```

```
double E,G;
// ASSIGN DATA SET NUMBERS TO IN,FOR INPUT,AND IO FOR OUTPUT
ifstream READ_IN;
ofstream WRITE_IO;
//
// INITIALIZATION OF PROGRAM PARAMETERS
int NRMX=300;
int NCMX=30;
int NDF=3;
int NNE=2;
int NDFEL=NDF*NNE;
//
//      MAIN PROGRAM
//
int main()
{
     double X[100],Y[100],PROP[200],TK[300][30],
            AL[300],FORC[600],REAC[300],ELST[6][6],V[30];
     int NCO[200], IB[80];
     char file1[20],file2[20]
//
// OPEN ALL FILES
     cin≫file1≫file2
     WRITE_IO.open(file1);
     READ_IN.open(file2);
//
// DATA INPUT
     INPUT(X,Y,NCO,PROP,AL,IB,REAC);
//
// ASSEMBLING OF TOTAL STIFFNESS MATRIX
     ASSEM(X,Y,NCO,PROP,TK,ELST,AL);
//
// INTRODUCTION OF BOUNDARY CONDITIONS
     BOUND(TK,AL,REAC,IB);
//
// SOLUTION OF THE SYSTEM OF EQUATIONS
     SLBSI(TK,AL,V,N,MS,NRMX,NCMX);
//
// COMPUTATION OF MEMBER FORCES
     FORCE(NCO,PROP,FORC,REAC,X,Y,AL);
//
```

```
// OUTPUT
    OUTPT(NCO,AL,FORC,REAC);
//
// CLOSE ALL FILES
    READ_IN.close();
    WRITE_IO.close();
    return 0;
}
//
void INPUT(double X[], double Y[], int NCO[], double PROP[],
          double AL[], int IB[], double REAC[])
{
// INPUT PROGRAM
//
    int I, NUM, N1, IC[3], K, L, L1, L2, N2;
    double W[3];
    WRITE_IO.setf(ios::fixed);
    WRITE_IO.setf(ios::showpoint);
    WRITE_IO ≪ " " ≪
    "*********************************************************************"
          ≪ endl;
//
// READ BASIC PARAMETERS
    READ_IN ≫ NN ≫ NE ≫NLN ≫ NBN ≫ E;
    WRITE_IO ≪ "\n\n INTERNAL DATA \n\n" ≪ " NUMBER OF NODES          :"
          ≪ setw(5) ≪ NN ≪ "\n" ≪ " NUMBER OF ELEMENTS       :" ≪ setw(5)
          ≪ NE ≪ "\n" ≪ " NUMBER OF LOADED NODES   :" ≪ setw(5) ≪ NLN
          ≪ "\n" ≪ " NUMBER OF SUPPORT NODES :" ≪ setw(5) ≪ NBN ≪ "\n"
          ≪ " MODULUS OF ELASTICITY :" ≪ setw(15) ≪ setprecision(0) ≪ E
          ≪ "\n\n" ≪ " NODAL COORDINATES\n" ≪ setw(11) ≪ "NODE" ≪ setw
(7)
          ≪ "X" ≪ setw(10) ≪ "Y\n";
//
// READ NODAL COORDINATES IN ARRAY X AND Y
    for (I=1; I<=NN; I++)
    {
        READ_IN ≫ NUM ≫ X[NUM-1] ≫ Y[NUM-1];
    }
    for (I=1; I<=NN; I++)
    {
        WRITE_IO.precision(2);
```

```
            WRITE_IO ≪ setw(10) ≪ I ≪ setw(10) ≪ X[I-1] ≪ setw(10) ≪ Y[I-1]
                    ≪ "\n";
        }
// READ ELEMENT CONNECTIVITY IN ARRAY NCO AND
// ELEMENT PROPERTIES IN ARRAY PROP
        WRITE_IO ≪ "\n ELEMENT CONNECTIVITY AND PROPERTIES\n" ≪ setw(11)
                ≪ "ELEMENT" ≪ setw(23) ≪ "START NODE  END NODE" ≪ setw(9)
                ≪ "AREA" ≪ setw(20) ≪ "M. OF INERTIA" ≪ endl;
        for (I=1; I<=NE; I++)
        {
            READ_IN ≫ NUM ≫ IC[0] ≫ IC[1] ≫ W[0] ≫ W[1];
            WRITE_IO.precision(5);
            WRITE_IO ≪ setw(10) ≪ NUM ≪ setw(10) ≪ IC[0] ≪ setw(10) ≪ IC[1]
                    ≪ setw(15) ≪ W[0] ≪ setw(15) ≪ W[1] ≪ "\n";
            N1=NNE*(NUM-1);
            PROP[N1]=W[0];
            PROP[N1+1]=W[1];
            NCO[N1]=IC[0];
            NCO[N1+1]=IC[1];
        }
//
// COMPUTE ACTUAL NUMBER OF UNKNOWNS AND CLEAR THE LOAD VECTOR
        N=NN*NDF;
        for (I=1; I<=N; I++)
        {
            AL[I-1]=0.0;
            REAC[I-1]=0.0;
        }
//
// READ THE NODAL LOADS AND STORE THEM IN ARRAY AL
        WRITE_IO ≪ "\n NODAL LOADS\n" ≪ setw(11) ≪ "NODE" ≪ setw(7) ≪ "PX"
                ≪ setw(10) ≪ "PY" ≪ setw(10) ≪ "MZ" ≪ endl;
        for (I=1; I<=NLN; I++)
        {
            READ_IN ≫ NUM ≫ W[0] ≫ W[1] ≫ W[2];
            WRITE_IO.precision(2);
            WRITE_IO ≪ setw(10) ≪ NUM ≪ setw(10) ≪ W[0] ≪ setw(10) ≪ W[1]
                    ≪ setw(10) ≪ W[2] ≪ "\n";
            for (K=1; K<=NDF; K++)
            {
                L=NDF*(NUM-1)+K;
```

```
                    AL[L-1]=W[K-1];
                }
            }
// READ BOUNDARY NODES DATA. STORE UNKNOWN STATUS INDICATORS
// IN ARRAY IB, AND PRESCRIBED UNKNOWN VALUES IN ARRAY REAC
        WRITE_IO << "\n BOUNDARY CONDITION DATA\n" << setw(29) << "STATUS"
                << setw(47) << "PRESCRIBED VALUES\n" << setw(37)
                << "(0:PRESCRIBED, 1:FREE)\n" << setw(11) << "NODE" << setw(9)
                << "U" << setw(10) << "V" << setw(10) << "RZ" << setw(17) << "U"
                << setw(10) << "V" << setw(10) << "RZ" << endl;
        for (I=1; I<=NBN; I++)
        {
            READ_IN >> NUM >> IC[0] >> IC[1] >> IC[2] >> W[0] >> W[1] >> W[2];
            WRITE_IO.precision(4);
            WRITE_IO << setw(10) << NUM << setw(10) << IC[0] << setw(10) << IC[1]
                << setw(10) << IC[2] << setw(20) << W[0] << setw(10) << W[1]
                << setw(10) << W[2] << "\n";
            L1=(NDF+1)*(I-1)+1;
            L2=NDF*(NUM-1);
            IB[L1-1]=NUM;
            for (K=1; K<=NDF; K++)
            {
                N1=L1+K;
                N2=L2+K;
                IB[N1-1]=IC[K-1];
                REAC[N2-1]=W[K-1];
            }
        }
//
    return;
}
//
//
void ASSEM(double X[], double Y[], int NCO[], double PROP[],
        double TK[][30], double ELST[][6], double AL[])
{
// ASSEMBLING OF THE TOTAL MATRIX FOR THE PROBLEM
//
    int N1, I, L1, J, L2, J1, K, L3, L, NEL;

//
```

```
// COMPUTE HALF BAND WIDTH AND STORE IN MS
    N1=NNE-1;
    MS=0;
    for (I=1; I<=NE; I++)
    {
        L1=NNE*(I-1);
        for (J=1; J<=N1; J++)
        {
            L2=L1+J;
            J1=J+1;
            for (K=J1; K<=NNE; K++)
            {
                L3=L1+K;
                L=abs(NCO[L2-1]-NCO[L3-1]);
                if ((MS-L)<=0)
                {
                    MS=L;
                }
            }
        }
    }
    MS=NDF*(MS+1);
//
//
// CLEAR THE TOTAL STIFFNESS MATRIX
    for (I=1; I<=N; I++)
    {
        for (J=1; J<=MS; J++)
        {
            TK[I-1][J-1]=0.0;
        }
    }
//
    for (NEL=1; NEL<=NE; NEL++)
    {
//      COMPUTE THE STIFFNESS MATRIX FOR ELEMENT NEL
        STIFF(NEL,X,Y,PROP,NCO,ELST,AL);
//      PLACE THE MATRIX IN THE TOTAL STIFFNESS MATRIX
        ELASS(NEL,NCO,TK,ELST);
    }
//
```

```
        return;
}
//
//
void STIFF(int NEL, double X[], double Y[], double PROP[],
           int NCO[], double ELST[][6], double AL[])
{
// COMPUTATION OF ELEMENT STIFFNESS MATRIX FOR CURRENT ELEMENT
//
    int L, N1, N2, I, J;
    double DX, DY, D, CO, SI, AX, YZ, ROT[6][6], V[30];
//
//
    L=NNE*(NEL-1);
    N1=NCO[L];
    N2=NCO[L+1];
    AX=PROP[L];
    YZ=PROP[L+1];
//
// COMPUTE LENGTH OF ELEMENT, AND SINE AND COSINE OF ITS LOCAL X AXIS
    DX=X[N2-1]-X[N1-1];
    DY=Y[N2-1]-Y[N1-1];
    D=sqrt(DX*DX+DY*DY);
    CO=DX/D;
    SI=DY/D;
//
// CLEAR THE ELEMENT STIFFNESS AND ROTATION MATRICES
    for (I=1;I<=6;I++)
    {
        for (J=1;J<=6;J++)
        {
            ELST[I-1][J-1]=0.0;
            ROT[I-1][J-1]=0.0;
        }
    }
//
// FORM ELEMENT ROTATION MATRIX
    ROT[0][0]=CO;
    ROT[0][1]=SI;
    ROT[1][0]=-SI;
    ROT[1][1]=CO;
```

```
    ROT[2][2]=1.0;
    for (I=1;I<=3;I++)
    {
        for (J=1;J<=3;J++)
        {
            ROT[I+2][J+2]=ROT[I-1][J-1];
        }
    }
//
// COMPUTE ELEMENT LOCAL STIFFNESS MATRIX
    ELST[0][0]=E*AX/D;
    ELST[0][3]=-ELST[0][0];
    ELST[1][1]=12*E*YZ/(pow(D,3));
    ELST[1][2]=6*E*YZ/(D*D);
    ELST[1][4]=-ELST[1][1];
    ELST[1][5]=ELST[1][2];
    ELST[2][1]=ELST[1][2];
    ELST[2][2]=4*E*YZ/D;
    ELST[2][4]=-ELST[1][2];
    ELST[2][5]=2*E*YZ/D;
    ELST[3][0]=ELST[0][3];
    ELST[3][3]=ELST[0][0];
    ELST[4][1]=ELST[1][4];
    ELST[4][2]=ELST[2][4];
    ELST[4][4]=ELST[1][1];
    ELST[4][5]=ELST[2][4];
    ELST[5][1]=ELST[1][5];
    ELST[5][2]=ELST[2][5];
    ELST[5][4]=ELST[4][5];
    ELST[5][5]=ELST[2][2];
//
// ROTATE ELEMENT STIFFNESS MATRIX TO GLOBAL COORDINATES
    BTAB3(ELST,ROT,V,6,6);
//
    return;
}
//
//
void ELASS(int NEL, int NCO[], double TM[][30], double ELMAT[][6])
{
// STORE THE ELEMENT MATRIX FOR ELEMENT NEL IN THE TOTAL MATRIX
```

```
//
    int L1, I, L2, N1, I1, J1, J, N2, I2, J2, K, KI, KR, IC, K1, K2, L, KC;
//
//
    L1=NNE*(NEL-1);
    for (I=1; I<=NNE; I++)
    {
        L2=L1+I;
        N1=NCO[L2-1];
        I1=NDF*(I-1);
        J1=NDF*(N1-1);
        for (J=I; J<=NNE; J++)
        {
            L2=L1+J;
            N2=NCO[L2-1];
            I2=NDF*(J-1);
            J2=NDF*(N2-1);
            for (K=1; K<=NDF; K++)
            {
                KI=1;

                if ((N1-N2)<=0)
                  {
                      if ((N1-N2)==0)
                      {
//
// STORE A DIAGONAL SUBMATRIX
                        KI=K;
                          }
//
// STORE AN OFF DIAGONAL SUBMATRIX
                        KR=J1+K;
                        IC=J2-KR+1;
                        K1=I1+K;
                  }
                  else
                  {
//
// STORE THE TRANSPOSE OF AN OFF DIAGONAL MATRIX
                        KR=J2+K;
                        IC=J1-KR+1;
```

```
                         K2=I2+K;
                         }
                for (L=KI; L<=NDF; L++)
                    {
                    KC=IC+L;
                    if ((N1-N2)<=0)
                        {
                        K2=I2+L;
                        }
                    else
                        {
                        K1=I1+L;
                        }
                    TM[KR-1][KC-1]=TM[KR-1][KC-1]+ELMAT[K1-1][K2-1];
                    }
                }
            }
        }
//
    return;
}
//
//
void BOUND(double TK[][30], double AL[], double REAC[], int IB[])
{
// INTRODUCTION OF THE BOUNDARY CONDITIONS
//
    int L, L1, NO, K1, I, L2, KR, J, KV;
//
//
    for (L=1; L<=NBN; L++)
    {
        L1=(NDF+1)*(L-1)+1;
        NO=IB[L1-1];
        K1=NDF*(NO-1);
        for (I=1; I<=NDF; I++)
        {
            L2=L1+I;
            if (IB[L2-1]==0)
                {
// PRESCRIBED UNKNOWN TO BE CONSIDERED
```

```
                        KR=K1+I;
                        for (J=2; J<=MS; J++)
                            {
                            KV=KR+J-1;
                            if ((N-KV)> =0)
                                {
//
// MODIFY ROW OF TK AND CORRESPONDINF ELEMENTS IN AL
                            AL[KV-1]=AL[KV-1]-TK[KR-1][J-1]*REAC[KR-1];
                            TK[KR-1][J-1]=0.0;
                                }
                            KV=KR-J+1;
                            if (KV>0)
                                {
//
// MODIFY COLUMN IN TK AND CORRESPONDING ELEMENTS IN AL
                            AL[KV-1]=AL[KV-1]-TK[KV-1][J-1]*REAC[KR-1];
                            TK[KV-1][J-1]=0.0;
                                }
                            }
//
// SET DIAGONAL COEFFICIENT OF TK EQUAL TO 1 PLACE PRESCRIBED UNKNOWN
//              VALUE IN AL
                    TK[KR-1][0]=1.0;
                    AL[KR-1]=REAC[KR-1];
                        }
                }
        }
//
    return;
}
//
//
void SLBSI(double A[][30], double B[], double D[], int N, int MS,
        int NRMX, int NCMX)
{
// SOLUTION OF SIMUTANEOUS SYSTEMS OF EQUATIONS BY THE GAUSS
// ELIMINATION METHOD,FOR SYMMETRIC BANDED MATRICES

    int N1, K, K1, NI, L, J, K2, I, K3;
    double C;
```

```
//
//
    N1=N-1;
    for (K=1; K<=N1; K++)
    {
        C=A[K-1][0];
        K1=K+1;
        if (C<=0.000001 & & C>=-0.000001)
        {
            WRITE_IO << "   ****SINGULARITY IN ROW" << setw(5) << K;
            return;
        }
//
// DIVIDE ROW BY DIAGONAL COEFFICIENT
        NI=K1+MS-2;
        if (NI<=N) {L=NI;} else {L=N;}
        for (J=2; J<=MS; J++)
        {
            D[J-1]=A[K-1][J-1];
        }
        for (J=K1; J<=L; J++)
        {
            K2=J-K+1;
            A[K-1][K2-1]=A[K-1][K2-1]/C;
        }
        B[K-1]=B[K-1]/C;
//
// ELIMINATE UNKNOWN X(K) FROM ROW I
        for (I=K1; I<=L; I++)
        {
            K2=I-K1+2;
            C=D[K2-1];
            for (J=I; J<=L; J++)
            {
                K2=J-I+1;
                K3=J-K+1;
                A[I-1][K2-1]=A[I-1][K2-1]-C*A[K-1][K3-1];
            }
            B[I-1]=B[I-1]-C*B[K-1];
        }
    }
```

```
//
// COMPUTE LAST UNKNOWN
    if (A[N-1][0]<=0.000001 && A[N-1][0]>=-0.000001)
    {
        WRITE_IO ≪ " ****SINGULARITY IN ROW" ≪ setw(5) ≪ K;
        return;
    }
    B[N-1]=B[N-1]/A[N-1][0];
//
// APPLY BACKSUBSTITUTE PROCESS TO COMPUTE REMAINING UNKNOWNS
    for (I=1; I<=N1; I++)
    {
        K=N-⊥;
        K1=K+1;
        NI=K1+MS-2;
        if (NI<=N) {L=NI;} else {L=N;}
        for (J=K1; J<=L; J++)
        {
            K2=J-K+1;
            B[K-1]=B[K-1]-A[K-1][K2-1]*B[J-1];
        }
    }
//
    return;
}
//
//
void FORCE(int NCO[], double PROP[], double FORC[], double REAC[],
        double X[], double Y[], double AL[])
{
// COMPUTATION OF ELEMENT FORCES
    int I, NEL, L, N1, N2, K1, K2, J1, J2, J, I1, I2;
    double DX, DY, D, CO, SI, ROT[6][6], U[6], UL[6], F[6], AX, YZ, FG[6];
//
// CLEAR THE REACTIONS ARRAY
    for (I=1; I<=N; I++)
    {
        REAC[I-1]=0.0;
    }
    for (NEL=1; NEL<=NE; NEL++)
    {
```

```
        L=NNE*(NEL-1);
        N1=NCO[L];
        N2=NCO[L+1];
        AX=PROP[L];
        YZ=PROP[L+1];
//
// COMPUTE LENGTH OF ELEMENT, AND SINE/COSINE OF ITS LOCAL X AXIS
        DX=X[N2-1]-X[N1-1];
        DY=Y[N2-1]-Y[N1-1];
        D=sqrt(DX*DX+DY*DY);
        CO=DX/D;
        SI=DY/D;
//
// FORM ELEMENT ROTATION MATRIX
        ROT[0][0]=CO;
        ROT[0][1]=SI;
        ROT[0][2]=0.0;
        ROT[1][0]=-SI;
        ROT[1][1]=CO;
        ROT[1][2]=0.0;
        ROT[2][0]=0.0;
        ROT[2][1]=0.0;
        ROT[2][2]=1.0;
//
// ROTATE ELEMENT NODAL DISPLACEMENTS TO ELEMENT
// LOCAL REFERENCE FRAME, AND STORE IN ARRAY UL
        K1=NDF*(N1-1);
        K2=NDF*(N2-1);
        for (I=1;I<=3;I++)
        {
           J1=K1+I;
           J2=K2+I;
           U[I-1]=AL[J1-1];
           U[I+2]=AL[J2-1];
         }
        for (I=1; I<=3; I++)
          {
           UL[I-1]=0.0;
           UL[I+2]=0.0;
           for (J=1;J<=3;J++)
             {
```

```
                UL[I-1]+=ROT[I-1][J-1]*U[J-1];

                UL[I+2]+=ROT[I-1][J-1]*U[J+2];

             }

          }
//
// COMPUTE MEMBER END FORCES IN LOCAL COORDINATES
        F[0]=E*AX/D*(UL[0]-UL[3]);

        F[1]=12*E*YZ/(pow(D,3))*(UL[1]-UL[4])+6*E*YZ/(D*D)*(UL[2]+UL[5]);

        F[2]=6*E*YZ/(D*D)*(UL[1]-UL[4])+2*E*YZ/D*(2*UL[2]+UL[5]);

        F[5]=6*E*YZ/(D*D)*(UL[1]-UL[4])+2*E*YZ/D*(UL[2]+2*UL[5]);

        F[3]=-F[0];

        F[4]=-F[1];

        I1=6*(NEL-1);
//
// STORE MEMBER END FORCES IN ARRAY FORC
        for(I=1;I<=6;I++)

          {

           I2=I1+I;

           FORC[I2-1]=F[I-1];

          }
//
// ROTATE MEMBER END FORCES TO THE GLOBAL REFERENCE FRAME
// AND STORE IN ARRAY FG
        for(I=1;I<=3;I++)

          {

          FG[I-1]=0.0;

          FG[I+2]=0.0;

          for(J=1;J<=3;J++)

            {

            FG[I-1]=FG[I-1]+ROT[J-1][I-1]*F[J-1];

            FG[I+2]=FG[I+2]+ROT[J-1][I-1]*F[J+2];

            WRITE_IO ≪ setw(3) ≪ NEL ≪ setw(3) ≪ I ≪ setw(3) ≪ J ≪ setw
(15) ≪ FG[I-1] ≪ setw(15) ≪ F[J-1] ≪ setw(20) ≪ setprecision(8) ≪ E*AX/D*
(UL[0]-UL[3]) ≪ setw(20) ≪ AX ≪ setw(20) ≪ UL[0]-UL[3] ≪ endl;

            }


          }
//
// ADD ELEMENT CONTRIBUTION TO NODAL RESULTANTS IN ARRAY REAC
        for(I=1;I<=3;I++)

          {
```

```
            J1=K1+I;
            J2=K2+I;
            REAC[J1-1]=REAC[J1-1]+FG[I-1];
            REAC[J2-1]=REAC[J2-1]+FG[I+2];


        }
    }
    return;
}
//
//
void OUTPT(int NCO[], double AL[], double FORC[], double REAC[])
{
// OUTPUT PROGRAM
    int I, K1, K2, J, N1;
//
// WRITE NODAL DISPLACEMENTS
    WRITE_IO <<
    "\n\n ********************************************************************\n\n"
            << "RESULTS\n\n" << "NODAL DISPLACEMENTS\n" << setw(11) << "NODE"
            << setw(12) << "U" << setw(15) << "V" << endl;
    for (I=1; I<=NN; I++)
    {
        K1=NDF*(I-1)+1;
        K2=K1+NDF-1;
        WRITE_IO << setw(10) << I;
        for (J=K1; J<=K2; J++)
        {
            WRITE_IO << setw(15) << AL[J-1];
        }
        WRITE_IO << endl;
    }
//
// WRITE NODAL REACTIONS
    WRITE_IO << "\nNODAL REACTIONS\n" << setw(11) << "NODE" << setw(12) << "PX"
            << setw(15) << "PY" << setw(15) << "MZ\n";
    for (I=1; I<=NN; I++)
    {
        K1=NDF*(I-1)+1;
        K2=K1+NDF-1;
        WRITE_IO << setw(10) << I;
```

```
        for (J=K1; J<=K2; J++)
        {
            WRITE_IO << setw(15) << REAC[J-1];
        }
        WRITE_IO << endl;
    }
//
// WRITE MEMBER END FORCES
    WRITE_IO << "\n MEMBER FORCES\n" << setw(11) << "MEMBER" << setw(10) << "NODE"
            << setw(11) << "FX" << setw(15) << "FY" << setw(16) << "MZ\n";
    for (I=1;I<=NE;I++)
    {
        K1-6*(I-1)+1,
        K2=K1+2;
        N1=NNE*(I-1);
        WRITE_IO << setw(10) << I << setw(10) << NCO[N1];
        for (J=K1;J<=K2;J++)
        {
            WRITE_IO << setw(15) << FORC[J-1];
        }
        WRITE_IO << endl;
        K1=K2+1;
        K2=K1+2;
        WRITE_IO << setw(20) << NCO[N1+1];
        for (J=K1;J<=K2;J++)
        {
            WRITE_IO << setw(15) << FORC[J-1];
        }
        WRITE_IO << endl;
    }
    WRITE_IO <<
    "\n\n ********************************************************************\n";
    return;
}
//
//
void BTAB3(double A[][6], double B[][6], double V[], int N, int NX)
{
// COMPUTE THE MATRIX OPERATION A=TRANSPOSE(B)*A*B
//
    int I, J, K;
```

```
// COMPUTE A*B AND STORE IN A
   for (I=1;I<=N;I++)
   {
      for (J=1;J<=N;J++)
      {
         V[J-1]=0.0;
         for (K=1;K<=N;K++)
         {
            V[J-1]=V[J-1]+A[I-1][K-1]*B[K-1][J-1];
         }
      }
      for (J=1;J<=N;J++)
      {
         A[I-1][J-1]=V[J-1];
      }
   }
//
// COMPUTE TRANSPOSE(B)*A AND STORE IN A
   for (J=1;J<=N;J++)
   {
      for (I=1;I<=N;I++)
      {
         V[I-1]=0.0;
         for (K=1;K<=N;K++)
         {
            V[I-1]=V[I-1]+B[K-1][I-1]*A[K-1][J-1];
         }
      }
      for (I=1;I<=N;I++)
      {
         A[I-1][J-1]=V[I-1];
      }
   }
//
   return;
}
```

程序 3 平面刚架动力分析程序(FORTRAN 95,C++)

A 平面刚架动力分析程序(FORTRAN 95)

```fortran
!
!     DYNAMIC ANALYSIS FOR PLANE FRAME SYSTEMS
!
!
!     MAIN PROGRAM
!
      COMMON NRMX,NCMX,NDFEL,NN,NE,NLN,NBN,NDF,NNE,N,MS,IN,IO,E,G
      DIMENSION X(50),Y(50),NCO(200),PROP(200),IUNK(150),V(150),        &
     &          ELST(6,6),ELMA(6,6),TK(150,150),TM(150,150),H(150,150)
      CHARACTER(len=20)FILE1,FILE2
!
!
!     INITIALIZATION OF PROGRAM PARAMETERS
      NRMX=150
      NDF=3
      NNE=2
      NDFEL=NDF*NNE
!
!     ASSIGN DATA SET NUMBERS TO IN, FOR INPUT, AND IO, FOR OUTPUT
      IN=5
      IO=6
!
!     OPEN ALL FILES
      READ(*,*)FILE1,FILE2
      OPEN(UNIT=IO,FILE=FILE1,FORM='FORMATTED',STATUS='UNKNOWN')
      OPEN(UNIT=IN,FILE= FILE2,FORM='FORMATTED',STATUS='OLD')
!
!     DATA INPUT
      CALL INPUT(X,Y,NCO,PROP,IUNK)
!
!     ASSEMBLE TOTAL STIFFNESS MATRIX IN ARRAY TK,
!     AND TOTAL MASS MATRIX IN ARRAY TM
      CALL ASSEM(X,Y,NCO,PROP,TK,TM,ELST,ELMA,IUNK)
!
!     COMPUTE NATURAL MODES AND FREQUENCIES
```

```fortran
      CALL EIGG(TK,TM,H,V,0.000000001,N,NRMX)
!
!   OUTPUT
      CALL OUTPT(TK,TM)
!
      STOP
      END
!
!
      SUBROUTINE INPUT(X,Y,NCO,PROP,IUNK)
!   INPUT PROGRAM
!
      COMMON NRMX,NCMX,NDFEL,NN,NE,NLN,NBN,NDF,NNE,N,MS,IN,IO,E,G
      DIMENSION X(1),Y(1),NCO(1),PROP(1),IUNK(1),IC(3),W(3)
!
!
      WRITE(IO,20)
   20 FORMAT(' ',70('*'))
!
!   READ BASIC PARAMETERS
      READ(IN,*) NN,NE,NBN,E,G
      WRITE(IO,21) NN,NE,NBN,E,G
   21 FORMAT(//' INTERNAL DATA'//' NUMBER OF NODES           :',I5/     &
     &    ' NUMBER OF ELEMENTS        :',I5/' NUMBER OF SUPPORT NODES :',I5/  &
     &    ' MODULUS OF ELASTICITY :',F15.0/' DENSITY :',14X,F15.4//   &
     &    'NODAL COORDINATES'/7X,'NODE',6X,'X',9X,'Y')
    1 FORMAT(3I10,2F10.2)
!
!   READ NODAL COORDINATES IN ARRAY X AND Y
      READ(IN,*) (I,X(I),Y(I),J=1,NN)
      WRITE(IO,2) (I,X(I),Y(I),I=1,NN)
    2 FORMAT(I10,2F10.2)
!
!   READ ELEMENT CONNECTIVITY IN ARRAY NCO AND
!   ELEMENT PROPERTIES IN ARRAY PROP
      WRITE(IO,22)
   22 FORMAT(/' ELEMENT CONNECTIVITY AND PROPERTIES'/4X,'ELEMENT',   &
     &    3X,'START NODE  END NODE',5X,'AREA', 5X,'M. OF INERTIA')
      DO J=1,NE
         READ(IN,*) I,IC(1),IC(2),W(1),W(2)
         WRITE(IO,34) I,IC(1),IC(2),W(1),W(2)
```

```
 34      FORMAT(3I10,2F15.5)
         N1=NNE*(I-1)
         PROP(N1+1)=W(1)
         PROP(N1+2)=W(2)
         NCO(N1+1)=IC(1)
          NCO(N1+2)=IC(2)
      ENDDO
!
!    READ BOUNDARY CONDITIONS AND INITIALIZE IUNK TO CONTAIN 1 FOR
!    UNKNOWN DISPLACEMENTS AND 0 FOR PRESCRIBED DISPLACEMENTS
         N=NN*NDF
         DO I=1,N
            IUNK(I)-1
         ENDDO
         WRITE(IO,24)
 24   FORMAT(/'BOUNDARY CONDITION DATA'/27X,'STATUS'                    &
      &     /19X,'(0:PRESCRIBED, 1:FREE)'/7X,'NODE',8X,'U',9X,'V',8X,'RZ')
         DO I=1,NBN
           READ(IN,*) J,(IC(K),K=1,NDF)
           WRITE(IO,5) J,(IC(K),K=1,NDF)
 5       FORMAT(4I10)
         K1=NDF*(J-1)
         DO K=1,NDF
            K2=K1+K
            IUNK(K2)=IC(K)
         ENDDO
      ENDDO
!
!    MODIFY IUNK PLACING ACTUAL ORDINAL NUMBER, INSTEAD OF 1, FOR UNKNOWN
!    DISPLACEMENTS, COMPUTE TOTAL NUMBER OF UNKNOWN DISPLACEMENTS
         K=0
         DO I=1,N
            IF(IUNK(I)/=0)THEN
               K=K+1
               IUNK(I)=K
            ENDIF
         ENDDO
         N=K
!
         RETURN
         END
```

```
!
!
      SUBROUTINE ASSEM(X,Y,NCO,PROP,TK,TM,ELST,ELMA,IUNK)
!   ASSEMBLING OF THE TOTAL STIFFNESS AND MASS MATRICES
!
      COMMON NRMX,NCMX,NDFEL,NN,NE,NLN,NBN,NDF,NNE,N,MS,IN,IO,E,G
      DIMENSION X(1),Y(1),NCO(1),ELST(6,6),PROP(1),AL(1),   &
     &          ELMA(6,6),IUNK(1),TK(150,150),TM(150,150)
!
!
!   CLEAR THE TOTAL STIFFNESS AND MASS MATRICES
      DO I=1,N
        DO J=1,N
           TM(I,J)=0.0
           TK(I,J)=0.0
        ENDDO
      ENDDO
!
      DO NEL=1,NE
!
!       COMPUTE THE ELEMENT STIFFNESS MATRIX
        CALL STIFF(NEL,X,Y,PROP,NCO,ELST,AL)
!
!       COMPUTE THE ELEMENT MASS MATRIX
        CALL EMASS(NEL,X,Y,PROP,NCO,ELMA)
!
!       ADD THE ELEMENT STIFFNESS AND MASS MATRICES TO THE TOTAL MATRICES
        CALL ELASS(NEL,NCO,IUNK,ELST,ELMA,TK,TM)
      ENDDO
!
      RETURN
      END
!
!
      SUBROUTINE STIFF(NEL,X,Y,PROP,NCO,ELST,AL)
!   COMPUTATION OF ELEMENT STIFFNESS MATRIX FOR CURRENT ELEMENT
!
      COMMON NRMX,NCMX,NDFEL,NN,NE,NLN,NBN,NDF,NNE,N,MS,IN,IO,E,G
      DIMENSION X(1),Y(1),NCO(1),PROP(1),ELST(6,6),AL(1),   &
     &          ROT(6,6),V(6)
!
```

```
!
      L=NNE*(NEL-1)
      N1=NCO(L+1)
      N2=NCO(L+2)
      AX=PROP(L+1)
      YZ=PROP(L+2)
!
!   COMPUTE LENGTH OF ELEMENT, AND SINE AND COSINE OF ITS LOCAL X AXIS
      DX=X(N2)-X(N1)
      DY=Y(N2)-Y(N1)
      D=SQRT(DX**2+DY**2)
      CO=DX/D
      SI=DY/D
!   CLEAR THE ELEMENT STIFFNESS AND ROTATION MATRICES
      DO I=1, 6
         DO J=1, 6
            ELST(I,J)=0.
            ROT(I,J)=0.
         ENDDO
      ENDDO
!
!   FORM ELEMENT ROTATION MATRIX
      ROT(1,1)=CO
      ROT(1,2)=SI
      ROT(2,1)=-SI
      ROT(2,2)=CO
      ROT(3,3)=1.
      DO I=1,3
         DO J=1,3
            ROT(I+3,J+3)=ROT(I,J)
         ENDDO
      ENDDO
!
!   COMPUTE ELEMENT LOCAL STIFFNESS MATRIX
      ELST(1,1)=E*AX/D
      ELST(1,4)=-ELST(1,1)
      ELST(2,2)=12*E*YZ/(D**3)
      ELST(2,3)=6*E*YZ/(D*D)
      ELST(2,5)=-ELST(2,2)
      ELST(2,6)=ELST(2,3)
      ELST(3,2)=ELST(2,3)
```

```
      ELST(3,3)=4*E*YZ/D
      ELST(3,5)=-ELST(2,3)
      ELST(3,6)=2*E*YZ/D
      ELST(4,1)=ELST(1,4)
      ELST(4,4)=ELST(1,1)
      ELST(5,2)=ELST(2,5)
      ELST(5,3)=ELST(3,5)
      ELST(5,5)=ELST(2,2)
      ELST(5,6)=ELST(3,5)
      ELST(6,2)=ELST(2,6)
      ELST(6,3)=ELST(3,6)
      ELST(6,5)=ELST(5,6)
      ELST(6,6)=ELST(3,3)
!
!     ROTATE ELEMENT STIFFNESS MATRIX TO GLOBAL COORDINATES
      CALL BTAB3(ELST,ROT,V,6,6)
!
      RETURN
      END
!
!
      SUBROUTINE EMASS(NEL,X,Y,PROP,NCO,ELMA)
!     COMPUTATION OF ELEMENT MASS MATRIX FOR THE CURRENT ELEMENT
!
      COMMON NRMX,NCMX,NDFEL,NN,NE,NLN,NBN,NDF,NNE,N,MS,IN,IO,E,G
      DIMENSION X(1),Y(1),NCO(1),PROP(1),ELMA(6,6),   &
     &          ROT(6,6),V(6)
!
      L=NNE*(NEL-1)
      N1=NCO(L+1)
      N2=NCO(L+2)
      AX=PROP(L+1)
!
!     COMPUTE LENGTH OF ELEMENT, AND SINE AND COSINE OF ITS LOCAL X AXIS
      DX=X(N2)-X(N1)
      DY=Y(N2)-Y(N1)
      D=SQRT(DX**2+DY**2)
      CO=DX/D
      SI=DY/D
!
!     CLEAR ELEMENT MASS AND ROTATION MATRICES
```

```fortran
      DO I=1,6
        DO J=1,6
          ELMA(I,J)=0.0
          ROT(I,J)=0.0
        ENDDO
      ENDDO
!
!    FORM ELEMENT ROTATION MATRIX
      ROT(1,1)=CO
      ROT(1,2)=SI
      ROT(2,1)=-SI
      ROT(2,2)=CO
      ROT(3,3)=1.0
      DO I=1,3
        DO J=1,3
          ROT(I+3,J+3)=ROT(I,J)
        ENDDO
      ENDDO
!
!    COMPUTE THE ELEMENT LOCAL MASS MATRIX
      COEF=G*AX*D/420.0
      ELMA(1,1)=COEF*140.0
      ELMA(1,4)=COEF*70.0
      ELMA(2,2)=COEF*156.0
      ELMA(2,3)=COEF*22.0*D
      ELMA(2,5)=COEF*54.0
      ELMA(2,6)=-13.0*D*COEF
      ELMA(3,2)=ELMA(2,3)
      ELMA(3,3)=COEF*4.0*D*D
      ELMA(3,5)=COEF*13.0*D
      ELMA(3,6)=-COEF*3.0*D*D
      ELMA(4,1)=ELMA(1,4)
      ELMA(4,4)=ELMA(1,1)
      ELMA(5,2)=ELMA(2,5)
      ELMA(5,3)=ELMA(3,5)
      ELMA(5,5)=ELMA(2,2)
      ELMA(5,6)=-COEF*22.0*D
      ELMA(6,2)=ELMA(2,6)
      ELMA(6,3)=ELMA(3,6)
      ELMA(6,5)=ELMA(5,6)
      ELMA(6,6)=ELMA(3,3)
```

```
!
!       ROTATE THE ELEMENT MASS MATRIX TO GLOBAL COORDINATES
        CALL BTAB3(ELMA,ROT,V,NDFEL,NDFEL)
!
        RETURN
        END
!
!
        SUBROUTINE ELASS(NEL,NCO,IUNK,ELST,ELMA,TK,TM)
!       ADDITION OF THE ELEMENT MATRICES INTO THE TOTAL MATRICES
!
        COMMON NRMX,NCMX,NDFEL,NN,NE,NLN,NBN,NDF,NNE,N,MS,IN,IO,E,G
        DIMENSION NCO(1),IUNK(1),ELST(6,6),ELMA(6,6),   &
      &         TK(150,150),TM(150,150)
!
!
      DO I=1,NNE
         L=NNE*(NEL-1)+I
         N1=NCO(L)
         I1=NDF*(I-1)
         J1=NDF*(N1-1)
         DO J=1,NNE
            L=NNE*(NEL-1)+J
            N2=NCO(L)
            I2=NDF*(J-1)
            J2=NDF*(N2-1)
            DO K=1,NDF
!       KR=ROW NUMBER IN TK AND TM FOR THE KTH UNKNOWN OF NODE N1
               KR=IUNK(J1+K)
               IF(KR/=0)THEN
!       UNKNOWN ID RELEVANT. PROCEED.
                  JR=I1+K
                  DO L=1,NDF
!       KC=COLUMN NUMBER IN TK AND TM FOR THE LTH UNKNOWN OF NODE N2
                     KC=IUNK(J2+L)
                     IF(KC/=0)THEN
!       UNKNOWN IS RELEVANT. PROCEED.
                        JC=I2+L
!       ADD ELEMENT COEFFICIENTS TO TOTAL MATRICES
                        TK(KR,KC)=TK(KR,KC)+ELST(JR,JC)
                        TM(KR,KC)=TM(KR,KC)+ELMA(JR,JC)
```

```
                    ENDIF
                  ENDDO
                ENDIF
              ENDDO
           ENDDO
         ENDDO
         RETURN
         END
!
!

      SUBROUTINE EIGG(A,B,H,V,ERR,N,NX)
!     COMPUTE THE EIGENVALUES AND EIGENVECTORS OF AN EQUATION
!     OF TYPE A*X=LAMBDA*B*X
!
      DIMENSION V(NX),A(NX,NX),B(NX,NX),H(NX,NX)
!
!     DECOMPOSE MATRIX B USING CHOLESKI'S METHOD
      CALL DECOG(B,N,NX)
!
!     INVERT MATRIX B
      CALL INVCH(B,H,N,NX)
!
!     MULTIPLY TRANSPOSE(H)*A*H
      CALL BTAB3(A,H,V,N,NX)
!
!     COMPUTE THE EIGENVALUES
      CALL JACOB(A,B,ERR,N,NX)
!
!     COMPUTE THE EIGENVECTORS
      CALL MATMB(H,B,V,N,NX)
!
      RETURN
      END
!
!

      SUBROUTINE DECOG(A,N,NX)
!     DECOMPOSE A SYMMETRIC MATRIX INTO AN UPPER TRIANGULAR MATRIX
!
      DIMENSION A(NX,NX)
!
      IO=6
```

```fortran
      IF(A(1,1).LE.0) THEN
         WRITE(IO,1)
         RETURN
      ENDIF
      A(1,1)=SQRT(A(1,1))
      DO J=2,N
         A(1,J)=A(1,J)/A(1,1)
      ENDDO
!
      DO I=2,N
         I1=I-1
         D=A(I,I)
         DO L=1,I1
            D=D-A(L,I)*A(L,I)
         ENDDO
         IF(A(I,I).LE.0) THEN
            WRITE(IO,2)
            RETURN
         ENDIF
         A(I,I)=SQRT(D)
         I2=I+1
         DO J=I2,N
            D=A(I,J)
            DO L=1,I1
               D=D-A(L,I)*A(L,J)
            ENDDO
            A(I,J)=D/A(I,I)
         ENDDO
      ENDDO
!
      DO I=2,N
         I1=I-1
         DO J=1,I1
            A(I,J)=0
         ENDDO
      ENDDO
!
1     FORMAT('ZERO OR NEGATIVE RADICAND')
2     FORMAT('ZERO OR NEGATIVE RADICAND')

      RETURN
```

```
      END
!
!
      SUBROUTINE INVCH(S,A,N,NX)
!   COMPUTE THE INVERSE OF AN UPPER TRIANGULAR MATRIX
!   STORED IN S, PLACING THE RESULTS IN A
!
      DIMENSION A(NX,NX),S(NX,NX)
!
!   COMPUTE DIAGONAL TERMS OF A
      DO I=1,N
         A(I,I)=1/S(I,I)
      ENDDO
!   COMPUTE THE TERMS OFF KTH DIAGONAL OF
      N1=N-1
      DO K=1,N1
         NK=N-K
         DO I=1,NK
            J=I+K
            D=0
            I1=I+1
            IK=I+K
            DO L=I1,IK
               D=D+S(I,L)*A(L,J)
            ENDDO
            A(I,J)=-D/S(I,I)
         ENDDO
      ENDDO
!
      RETURN
      END
!
!
      SUBROUTINE JACOB(A,V,ERR,N,NX)
!   COMPUTATION OF EIGENVALUES AND EIGENVECTORS BY THE JACOBI'S METHOD
!
      DIMENSION A(NX,NX),V(NX,NX)
!
!
      ITM=500
      IT=0
```

```
!
!   PUT A UNIT MATRIX IN ARRAY V
    DO I=1,N
      DO J=1,N
        IF((I-J)==0)THEN
          V(I,J)=1.
        ELSE
          V(I,J)=0.
        ENDIF
      ENDDO
    ENDDO
!   FIND LARGEST OFF DIAGONAL COEFFICIENT
    DO WHILE((IT-ITM)<=0.)
      T=0
      M=N-1
      DO I=1,M
        J1=I+1
        DO J=J1,N
          IF(ABS(A(I,J))>T)THEN
            T=ABS(A(I,J))
            IR=I
            IC=J
          ENDIF
        ENDDO
      ENDDO
!   TAKE FIRST LARGEST OFF DIAGONAL COEFFICIENT
!   TIMES ERR AS COMPARISON VALUE FOR ZERO
      IF(IT==0.) T1=T*ERR
      IF((T-T1)<=0.) RETURN
!   COMPUTE TAN(TA),SINE(S),AND COSINE(C) OF ROTATION ANGLE
      PS=A(IR,IR)-A(IC,IC)
      TA=(-PS+SQRT(PS*PS+4*T*T))/(2*A(IR,IC))
      C=1/SQRT(1+TA*TA)
      S=C*TA
!   MULTIPLY ROTATION MATRIX TIMES V AND STORE IN V
      DO I=1,N
        P=V(I,IR)
        V(I,IR)=C*P+S*V(I,IC)
        V(I,IC)=C*V(I,IC)-S*P
      ENDDO
      I=1
```

```
          DO WHILE((I-IR)/=0.)
!     APPLY ORTHOGONAL TRANSFORMATION TO A AND STORE IN A
              P=A(I,IR)
              A(I,IR)=C*P+S*A(I,IC)
              A(I,IC)=C*A(I,IC)-S*P
              I=I+1
          ENDDO
          I=IR+1
          DO WHILE((I-IC)/=0.)
              P=A(IR,I)
              A(IR,I)=C*P+S*A(I,IC)
              A(I,IC)=C*A(I,IC)-S*P
              I=I+1
          ENDDO
          I=IC+1
          DO WHILE((I-N)<=0)
              P=A(IR,I)
              A(IR,I)=C*P+S*A(IC,I)
              A(IC,I)=C*A(IC,I)-S*P
              I=I+1
          ENDDO
          P=A(IR,IR)
          A(IR,IR)=C*C*P+2.*C*S*A(IR,IC)+S*S*A(IC,IC)
          A(IC,IC)=C*C*A(IC,IC)+S*S*P-2.*C*S*A(IR,IC)
          A(IR,IC)=0.
          A(IC,IR)=0.
          IT=IT+1
      ENDDO
      RETURN
      END
!
!
      SUBROUTINE MATMB(A,B,V,N,NX)
!     PERFORM THE MATRIX OPERATION B=A*B
!
      DIMENSION A(NX,NX),B(NX,NX),V(NX)
!
!
      DO J=1,N
          DO I=1,N
              V(I)=0
```

```fortran
          DO K=1,N
              V(I)=V(I)+A(I,K)*B(K,J)
          ENDDO
      ENDDO
      DO I=1,N
          B(I,J)=V(I)
      ENDDO
      ENDDO
!
      RETURN
      END
!
!

      SUBROUTINE OUTPT(TK,TM)
!   OUTPUT PROGRAM
!
      COMMON NRMX,NCMX,NDFEL,NN,NE,NLN,NBN,NDF,NNE,N,MS,IN,IO,E,G
      DIMENSION TK(150,150),TM(150,150)
!
!

      WRITE(IO,1)
  1   FORMAT(' ',70('*'))
!
      DO I=1,N
          TK(I,I)=SQRT(TK(I,I))
      ENDDO
!
!   WRITE THE NATURAL FREQUENCIES AND PERIODS
      WRITE(IO,2)
  2   FORMAT(//' RESULTS'//' NATURAL FREQUENCIES'//6X,   &
      &       'NUMBER     FREQUENCIES       PERIODS')
      DO I=1,N
          T=6.2831854/TK(I,I)
          WRITE(IO,4) I,TK(I,I),T
  4       FORMAT(I10,2E15.6)
      ENDDO
!
!   WRITE NATURAL MODES
      WRITE(IO,5)
  5   FORMAT(//' NATURAL MODES')
      DO I=1,N
          WRITE(IO,7) I,(TM(J,I),J=1,N)
```

```
7       FORMAT(/' MODE NUMBER :',I4/(5E15.6))
      ENDDO
      WRITE(IO,1)
!
      RETURN
      END
!
!
      SUBROUTINE BTAB3(A,B,V,N,NX)
!   COMPUTE THE MATRIX OPERATION A=TRANSPOSE(B)*A*B
!
      DIMENSION A(NX,NX),B(NX,NX),V(NX)
!
!
!   COMPUTE A*B AND STORE IN A
      DO I=1,N
        DO J=1,N
          V(J)=0.0
          DO K=1,N
            V(J)=V(J)+A(I,K)*B(K,J)
          ENDDO
        ENDDO
        DO J=1,N
          A(I,J)=V(J)
        ENDDO
      ENDDO
!
!   COMPUTE TRANSPOSE(B)*A AND STORE IN A
      DO J=1,N
        DO I=1,N
          V(I)=0.0
          DO K=1,N
            V(I)=V(I)+B(K,I)*A(K,J)
          ENDDO
        ENDDO
        DO I=1,N
          A(I,J)=V(I)
        ENDDO
      ENDDO
!
      RETURN
      END
```

B 结构动力分析程序(C++)

```
//
//      DYNAMIC ANALYSIS FOR PLANE FRAME SYSTEMS
//
#include <iostream.h>
#include <fstream.h>
#include <stdlib.h>
#include <math.h>
#include <iomanip.h>
//   INITIALIZATION OF PROGRAM PARAMETERS
int NN,NE,NLN,NBN,N,MS;
double E,G;
int NRMX=150;
int NDF=3;
int NNE=2;
int NDFEL=NDF*NNE;
ifstream READ_IN;
ofstream WRITE_IO;
void INPUT(double X[], double Y[], int NCO[], double PROP[],
        int IUNK[]);
void ASSEM(double X[], double Y[], int NCO[], double PROP[],
        double TK[][150], double TM[][150], double ELST[][6],
        double ELMA[][6], int IUNK[], double V[]);
void STIFF(int NEL, double X[], double Y[], double PROP[],
        int NCO[], double ELST[][6], double AL[], double V[]);
void ELASS(int NEL, int NCO[], int IUNK[], double ELST[][6],
        double ELMA[][6], double TK[][150], double TM[][150]);
void EMASS(int NEL,double X[], double Y[], double PROP[], int NCO[],
        double ELMA[][6], double V[]);
void EIGG(double A[][150], double B[][150], double H[][150], double V[],
        double ERR, int N, int NX);
void DECOG(double A[][150], int N, int NX);
void INVCH(double S[][150], double A[][150], int N, int NX);
void JACOB(double A[][150], double V[][150], double ERR, int N, int NX);
void MATMB(double A[][150], double B[][150], double V[], int N, int NX);
void OUTPT(double TK[][150], double TM[][150]);
void BTAB3(double A[][150], double B[][150], double V[], int N, int NX);
//
//      MAIN PROGRAM
//
```

```
int main()
{
    double X[50],Y[50],PROP[200],V[150],
           ELST[6][6],ELMA[6][6],TK[150][150],TM[150][150],H[150][150];
    int NCO[200],IUNK[150];
    char file1[20],file2[20]
//
//  OPEN ALL FILES
    cin≫file1≫file2
    WRITE_IO.open(file1);
    READ_IN.open(file2);
//
//  DATA INPUT
    INPUT(X,Y,NCO,PROP,IUNK);
//
//  ASSEMBLE TOTAL STIFFNESS MATRIX IN ARRAY TK,
//  AND TOTAL MASS MATRIX IN ARRAY TM
    ASSEM(X,Y,NCO,PROP,TK,TM,ELST,ELMA,IUNK,V);
//
//  COMPUTE NATURAL MODES AND FREQUENCIES
    EIGG(TK,TM,H,V,0.000000001,N,NRMX);
//
//  OUTPUT
    OUTPT(TK,TM);
    return 0;
}
//
//
void INPUT(double X[], double Y[], int NCO[], double PROP[],
        int IUNK[])
{
//  INPUT PROGRAM
//
    int I, NUM, N1, IC[3], K, K1, K2;
    double W[3];
    WRITE_IO.setf(ios::fixed);
    WRITE_IO.setf(ios::showpoint);
    WRITE_IO ≪ " " ≪
    "*******************************************************************"
        ≪ endl;
//
```

```
//   READ BASIC PARAMETERS
     READ_IN ≫ NN ≫ NE ≫ NBN ≫ E ≫ G;
     WRITE_IO ≪ "\n\n INTERNAL DATA \n\n" ≪ " NUMBER OF NODES         :"
            ≪ setw(5) ≪ NN ≪ "\n" ≪ " NUMBER OF ELEMENTS      :" ≪ setw(5)
            ≪ NE ≪ "\n" ≪ " NUMBER OF SUPPORT NODES :" ≪ setw(5) ≪ NBN ≪ "\n"
            ≪ " MODULUS OF ELASTICITY :" ≪ setw(15) ≪ setprecision(0) ≪ E
            ≪ "\n DENSITY :" ≪ setw(15) ≪ setprecision(4) ≪ G ≪"\n\n NODAL
COORDINATES\n"
            ≪ setw(11) ≪ "NODE" ≪ setw(7) ≪ "X" ≪ setw(10) ≪ "Y\n";
//
//   READ NODAL COORDINATES IN ARRAY X AND Y
     for (I=1; I<=NN; I++)
     {
         READ_IN ≫ NUM ≫ X[NUM -1] ≫ Y[NUM -1];
     }
     for (I=1; I<=NN; I++)
     {
         WRITE_IO.precision(2);
         WRITE_IO ≪ setw(10) ≪ I ≪ setw(10) ≪ X[I-1] ≪ setw(10) ≪ Y[I-1]
               ≪ "\n";
     }
//   READ ELEMENT CONNECTIVITY IN ARRAY NCO AND
//   ELEMENT PROPERTIES IN ARRAY PROP
     WRITE_IO ≪ "\n ELEMENT CONNECTIVITY AND PROPERTIES\n" ≪ setw(11)
            ≪ "ELEMENT" ≪ setw(23) ≪ "START NODE   END NODE" ≪ setw(9)
            ≪ "AREA" ≪ setw(18) ≪ "M. OF INERTIA" ≪ endl;
     for (I=1; I<=NE; I++)
     {
         READ_IN ≫ NUM ≫ IC[0] ≫ IC[1] ≫ W[0] ≫ W[1];
         WRITE_IO.precision(5);
         WRITE_IO ≪ setw(10) ≪ NUM ≪ setw(10) ≪ IC[0] ≪ setw(10) ≪ IC[1]
               ≪ setw(15) ≪ W[0] ≪ setw(15) ≪ W[1] ≪ "\n";
         N1=NNE*(NUM -1);
         PROP[N1]=W[0];
         PROP[N1+1]=W[1];
         NCO[N1]=IC[0];
         NCO[N1+1]=IC[1];
     }
//
//   READ BOUNDARY CONDITIONS AND INITIALIZE IUNK TO CONTAIN 1 FOR
//   UNKNOWN DISPLACEMENTS AND 0 FOR PRESCRIBED DISPLACEMENTS
```

```
        N=NN*NDF;
        for (I=1; I<=N; I++)
        {
            IUNK[I-1]=1;
        }
        WRITE_IO ≪ "\nBOUNDARY CONDITION DATA\n" ≪ setw(31) ≪ "STATUS\n"
                ≪ setw(39) ≪ "(0:PRESCRIBED, 1:FREE)\n" ≪ setw(11) ≪ "NODE"
                ≪ setw(9) ≪ "U" ≪ setw(10) ≪ "V" ≪ setw(10) ≪ "RZ\n";
        for (I=1; I<=NBN; I++)
        {
            READ_IN ≫ NUM ≫ IC[0] ≫ IC[1] ≫ IC[2];
            WRITE_IO.precision(4);
            WRITE_IO ≪ setw(10) ≪ NUM ≪ setw(10) ≪ IC[0] ≪ setw(10) ≪ IC[1]
                    ≪ setw(10) ≪ IC[2] ≪ "\n";
            K1=NDF*(NUM-1);
            for (K=1; K<=NDF; K++)
            {
                K2=K1+K;
                IUNK[K2-1]=IC[K-1];
            }
        }
//
//  MODIFY IUNK PLACING ACTUAL ORDINAL NUMBER, INSTEAD OF 1, FOR UNKNOWN
//  DISPLACEMENTS, COMPUTE TOTAL NUMBER OF UNKNOWN DISPLACEMENTS
        K=0;
        for (I=1; I<=N; I++)
        {
            if (IUNK[I-1]<0||IUNK[I-1]>0)
            {
                K=K+1;
                IUNK[I-1]=K;
            }
        }
        N=K;
//
        return;
}
//
//
void ASSEM(double X[], double Y[], int NCO[], double PROP[],
            double TK[][150], double TM[][150], double ELST[][6],
```

```
                double ELMA[][6]，int IUNK[]，double V[])

{
// ASSEMBLING OF THE TOTAL MATRIX FOR THE PROBLEM
//
    int I，J，NEL；
    double AL[10]；
//
//
// CLEAR THE TOTAL STIFFNESS AND MASS MATRICES
    for (I=1; I<=150; I++)
    {
        for (J=1; J<=150; J++)
        {
            TM[I-1][J-1]=0.0；
            TK[I-1][J-1]=0.0；
        }
    }
    for (I=1; I<=6; I++)
    {
        for (J=1; J<=150; J++)
        {
            ELST[I-1][J-1]=0.0；
            ELMA[I-1][J-1]=0.0；
        }
    }
    for (NEL=1; NEL<=NE; NEL++)
    {
//      COMPUTE THE STIFFNESS MATRIX FOR ELEMENT NEL
        STIFF(NEL,X,Y,PROP,NCO,ELST,AL,V)；
//      COMPUTE THE ELEMENT MASS MATRIX
        EMASS(NEL,X,Y,PROP,NCO,ELMA,V)；
//      ADD THE ELEMENT STIFFNESS AND MASS MATRICES TO THE TOTAL MATRICES
        ELASS(NEL,NCO,IUNK,ELST,ELMA,TK,TM)；
    }
//
    return；
}
//
void STIFF(int NEL, double X[], double Y[], double PROP[],
           int NCO[], double ELST[][6], double AL[], double V[])
{
```

```
// COMPUTATION OF ELEMENT STIFFNESS MATRIX FOR CURRENT ELEMENT
//
    int L, N1, N2, I, J;
    double D, CO, SI, AX, YZ, ROT[6][150];
//
//
    L=NNE*(NEL-1);
    N1=NCO[L];
    N2=NCO[L+1];
    AX=PROP[L];
    YZ=PROP[L+1];
//
// COMPUTE LENGTH OF ELEMENT, AND SINE AND COSINE OF ITS LOCAL X AXIS
    D=sqrt(pow((X[N2-1]-X[N1-1]),2)+pow((Y[N2-1]-Y[N1-1]),2));
    CO=(X[N2-1]-X[N1-1])/D;
    SI=(Y[N2-1]-Y[N1-1])/D;
//
// CLEAR THE ELEMENT STIFFNESS AND ROTATION MATRICES
    for (I=1;I<=6;I++)
    {
        for (J=1;J<=6;J++)
        {
            ELST[I-1][J-1]=0.0;
            ROT[I-1][J-1]=0.0;
        }
    }
//
// FORM ELEMENT ROTATION MATRIX
    ROT[0][0]=CO;
    ROT[0][1]=SI;
    ROT[1][0]=-SI;
    ROT[1][1]=CO;
    ROT[2][2]=1.0;
    for (I=1;I<=3;I++)
    {
        for (J=1;J<=3;J++)
        {
            ROT[I+2][J+2]=ROT[I-1][J-1];
        }
    }
//
```

```
// COMPUTE ELEMENT LOCAL STIFFNESS MATRIX
    ELST[0][0]=E*AX/D;
    ELST[0][3]=-ELST[0][0];
    ELST[1][1]=12*E*YZ/(pow(D,3));
    ELST[1][2]=6*E*YZ/(D*D);
    ELST[1][4]=-ELST[1][1];
    ELST[1][5]=ELST[1][2];
    ELST[2][1]=ELST[1][2];
    ELST[2][2]=4*E*YZ/D;
    ELST[2][4]=-ELST[1][2];
    ELST[2][5]=2*E*YZ/D;
    ELST[3][0]=ELST[0][3];
    ELST[3][3]=ELST[0][0];
    ELST[4][1]=ELST[1][4];
    ELST[4][2]=ELST[2][4];
    ELST[4][4]=ELST[1][1];
    ELST[4][5]=ELST[2][4];
    ELST[5][1]=ELST[1][5];
    ELST[5][2]=ELST[2][5];
    ELST[5][4]=ELST[4][5];
    ELST[5][5]=ELST[2][2];
//
// ROTATE ELEMENT STIFFNESS MATRIX TO GLOBAL COORDINATES
    BTAB3(ELST,ROT,V,6,6);
//
    return;
}
//
void EMASS(int NEL,double X[], double Y[], double PROP[], int NCO[],
           double ELMA[][6], double V[])
{
//
    int L, N1, N2, I, J;
    double D, CO, SI, AX, ROT[6][6], COEF;
//
    L=NNE*(NEL-1);
    N1=NCO[L];
    N2=NCO[L+1];
    AX=PROP[L];
//
// COMPUTE LENGTH OF ELEMENT, AND SINE AND COSINE OF ITS LOCAL X AXIS
```

```
        D=sqrt(pow((X[N2-1]-X[N1-1]),2)+pow((Y[N2-1]-Y[N1-1]),2));
        CO=(X[N2-1]-X[N1-1])/D;
        SI=(Y[N2-1]-Y[N1-1])/D;
//
// CLEAR ELEMENT MASS AND ROTATION MATRICES
        for (I=1;I<=6;I++)
        {
            for (J=1;J<=6;J++)
            {
                ELMA[I-1][J-1]=0.0;
                ROT[I-1][J-1]=0.0;
            }
        }
//
// FORM ELEMENT ROTATION MATRIX
        ROT[0][0]=CO;
        ROT[0][1]=SI;
        ROT[1][0]=-SI;
        ROT[1][1]=CO;
        ROT[2][2]=1.0;
        for (I=1;I<=3;I++)
        {
            for (J=1;J<=3;J++)
            {
                ROT[I+2][J+2]=ROT[I-1][J-1];
            }
        }
//
// COMPUTE THE ELEMENT LOCAL MASS MATRIX
        COEF=G*AX*D/420.0;
        ELMA[0][0]=COEF*140.0;
        ELMA[0][3]=COEF*70.0;
        ELMA[1][1]=COEF*156.0;
        ELMA[1][2]=COEF*22.0*D;
        ELMA[1][4]=COEF*54.0;
        ELMA[1][5]=-13.0*D*COEF;
        ELMA[2][1]=ELMA[1][2];
        ELMA[2][2]=COEF*4.0*D*D;
        ELMA[2][4]=COEF*13.0*D;
        ELMA[2][5]=-COEF*3.0*D*D;
        ELMA[3][0]=ELMA[0][3];
```

```
        ELMA[3][3]=ELMA[0][0];
        ELMA[4][1]=ELMA[1][4];
        ELMA[4][2]=ELMA[2][4];
        ELMA[4][4]=ELMA[1][1];
        ELMA[4][5]=-COEF*22.0*D;
        ELMA[5][1]=ELMA[1][5];
        ELMA[5][2]=ELMA[2][5];
        ELMA[5][4]=ELMA[4][5];
        ELMA[5][5]=ELMA[2][2];
//
// ROTATE THE ELEMENT MASS MATRIX TO GLOBAL COORDINATES
        BTAB3(ELMA,ROT,V,NDFEL,NDFEL);
//
        return;
}
void ELASS(int NEL, int NCO[], int IUNK[], double ELST[][6],
            double ELMA[][6], double TK[][150], double TM[][150])
{
        int I, N1, I1, J1, J, N2, I2, J2, K, KR, L, KC, JR, JC;
//
        for (I=1;I<=NNE;I++)
        {
            L=NNE*(NEL-1)+I;
            N1=NCO[L-1];
            I1=NDF*(I-1);
            J1=NDF*(N1-1);
            for (J=1;J<=NNE;J++)
             {
                L=NNE*(NEL-1)+J;
//
                N2=NCO[L-1];
                I2=NDF*(J-1);
                J2=NDF*(N2-1);
                for (K=1;K<=NDF;K++)
                  {
// KR=ROW NUMBER IN TX AND TM FOR THE KTH UNKNOWN OF NODE N1
                    KR=IUNK[J1+K-1];
                    if (KR<0||KR>0)
                        {
//
// UNKNOWN IS RELEVANT. PROCEED.
```

```
                         JR=I1+K;
                         for (L=1;L<=NDF;L++)
                             {
//
// KC=COLUMN NUMBER IN TK AND TM FOR THE LTH UNKNOWN OF NODE N2
                         KC=IUNK[J2+L-1];
                         if (KC<0||KC>0)
                             {
//
// UNKNOWN IS RELEVANT. PROCEED.   ·
                                 JC=I2+L;
//                               ADD ELEMENT COEFFICIENTS TO TOTAL MATRICES
                                 TK[KR-1][KC-1]-TK[KR-1][KC-1]+ELST[JR-1][JC-1];
                                 TM[KR-1][KC-1]=TM[KR-1][KC-1]+ELMA[JR- 1][JC-1];
                                 }
                             }
                         }
                     }
                 }
//
    return;
}
//
void EIGG(double A[][150], double B[][150], double H[][150], double V[],
        double ERR, int N, int NX)
{
    int I, J;
    for (I=1; I<=N; I++)
    {
        for (J=1; J<=N; J++)
        {
            H[I-1][J-1]=0.0;
        }
    }
//
// DECOMPOSE MATRIX B USING CHOLESKI'S METHOD
    DECOG(B,N,NX);
//
// INVERT MATRIX B
    INVCH(B,H,N,NX);
```

```
//
// MULTIPLY TRANSPOSE(H)*A*H
    BTAB3(A,H,V,N,NX);
//
// COMPUTE THE EIGENVALUES
    JACOB(A,B,ERR,N,NX);
//
// COMPUTE THE EIGENVECTORS
    MATMB(H,B,V,N,NX);
//


    return;
}
//
void DECOG(double A[][150], int N, int NX)
{
    int I, J, I1, L, I2;
    double D;
//
    if (A[0][0]<=0.0)
    {
        WRITE_IO ≪ " ZERO OR NEGATIVE RADICAND " ≪ endl;
        return;
    }
    else
    {
        A[0][0]=pow(A[0][0],0.5);
    }
    for (J=2;J<=N;J++)
    {
        A[0][J-1]=A[0][J-1]/A[0][0];
    }
    for (I=2;I<=N;I++)
    {
        I1=I-1;
        D=A[I-1][I-1];
        for (L=1;L<=I1;L++)
        {
            D=D-A[L-1][I-1]*A[L-1][I-1];
        }
        if (A[I-1][I-1]<=0)
```

```
            {
                WRITE_IO ≪ " ZERO OR NEGATIVE RADICAND " ≪ endl;
                return;
            }
            else
            {
                A[I-1][I-1]=pow(D,0.5);
                I2=I+1;
            }
            for (J=I2;J<=N;J++)
            {
                D=A[I-1][J-1];
                for (L=1;L<=I1;L++)
                {
                    D=D-A[L-1][I-1]*A[L-1][J-1];
                }
                A[I-1][J-1]=D/A[I-1][I-1];
            }
        }
        for (I=2;I<=N;I++)
        {
            I1=I-1;
            for (J=1;J<=I1;J++)
            {
                A[I-1][J-1]=0.0;
            }
        }
        return;
    }
    void INVCH(double S[][150], double A[][150], int N, int NX)
    {
        int N1, K, NK, IK, I, J, I1, L;
        double D;
// COMPUTE THE INVERSE OF AN UPPER TRIANGULAR MATRIX
// STORED IN S, PLACING THE RESULTS IN A
//
// COMPUTE DIAGONAL TERMS OF A
        for (I=1;I<=N;I++)
        {
            A[I-1][I-1]=1.0/S[I-1][I-1];
        }
```

```
//
// COMPUTE THE TERMS OFF KTH DIAGONAL OF A
    N1=N-1;
    for (K=1;K<=N1;K++)
    {
        NK=N-K;
        for (I=1;I<=NK;I++)
        {
            J=I+K;
            D=0.0;
            I1=I+1;
            IK=I+K;
            for (L=I1;L<=IK;L++)
              {
                D=D+S[I-1][L-1]*A[L-1][J-1];
              }
            A[I-1][J-1]=-D/S[I-1][I-1];
        }
    }
//
    return;
}
//
void JACOB(double A[][150], double V[][150], double ERR, int N, int NX)
{
// COMPUTATION OF EIGENVALUES AND EIGENVECTORS BY THE JACOBI'S METHOD
//
//
    int ITM, IT, M, J1, IR, IC, I, J;
    double T, T1, PS, TA, C, S, P;
    ITM=500;
    IT=0;
//
// PUT A UNIT MATRIX IN ARRAY V
    for (I=1;I<=N;I++)
    {
        for (J=1;J<=N;J++)
        {
            if ((I-J)<0||(I-J)>0)
              {
                V[I-1][J-1]=0.0;
```

```
            }
            else
            {
              V[I-1][J-1]=1.0;
            }
        }
    }
//
// FIND LARGEST OFF DIAGONAL COEFFICIENT
    while(IT<=ITM)
    {
        T=0.0;
        M-N-1;
        for(I=1;I<=M;I++)
        {
            J1=I+1;
            for(J=J1;J<=N;J++)
            {
                if(A[I-1][J-1]>T||A[I-1][J-1]<-T)
                {
                    if(A[I-1][J-1]>=0)
                    {
                        T=A[I-1][J-1];
                    }
                    else
                    {
                        T=-A[I-1][J-1];
                    }
                    IR=I;
                    IC=J;
                }
            }
        }
// TAKE FIRST LARGEST OFF DIAGONAL COEFFICIENT
// TIMES ERR AS COMPARISON VALUE FOR ZERO
        if(IT==0)
        {
            T1=T*ERR;
        }
        if(T<=T1)
        {
```

```
            return;
        }
//
// COMPUTE TAN(TA), SINE(S), AND COSINE(C) OF ROTATION ANGLE
        PS=A[IR-1][IR-1]-A[IC-1][IC-1];
        TA=(-PS+pow((PS*PS+4*T*T),0.5))/(2*A[IR-1][IC-1]);
        C=1.0/pow((1+TA*TA),0.5);
        S=C*TA;
//
// MULTIPLY ROTATION MATRIX TIMES V AND STORE IN V
        for (I=1;I<=N;I++)
        {
            P=V[I-1][IR-1];
            V[I-1][IR-1]=C*P+S*V[I-1][IC-1];
            V[I-1][IC-1]=C*V[I-1][IC-1]-S*P;
        }
        I=1;
//
// APPLY ORTHOGONAL TRANSFORMATION TO A AND STORE IN A
        while (I<IR||I>IR)
        {
            P=A[I-1][IR-1];
            A[I-1][IR-1]=C*P+S*A[I-1][IC-1];
            A[I-1][IC-1]=C*A[I-1][IC-1]-S*P;
            I=I+1;
        }
        I=IR+1;
        while (I<IC||I>IC)
        {
            P=A[IR-1][I-1];
            A[IR-1][I-1]=C*P+S*A[I-1][IC-1];
            A[I-1][IC-1]=C*A[I-1][IC-1]-S*P;
            I=I+1;
        }
        I=IC+1;
        while (I<=N)
        {
            P=A[IR-1][I-1];
            A[IR-1][I-1]=C*P+S*A[IC-1][I-1];
            A[IC-1][I-1]=C*A[IC-1][I-1]-S*P;
            I=I+1;
```

```
        }
        P=A[IR-1][IR-1];
        A[IR-1][IR-1]=C*C*P+2.0*C*S*A[IR-1][IC-1]+S*S*A[IC-1][IC-1];
        A[IC-1][IC-1]=C*C*A[IC-1][IC-1]+S*S*P-2.0*C*S*A[IR-1][IC-1];
        A[IR-1][IC-1]=0.0;
        IT=IT+1;
    }
    return;
}
void MATMB(double A[][150], double B[][150], double V[], int N, int NX)
{
    int I, J, K;
// PERFORM THE MATRIX OPERATION B=A*B
//
//
    for (J=1;J<=N;J++)
    {
        for (I=1;I<=N;I++)
         {
            V[I-1]=0.0;
            for (K=1;K<=N;K++)
             {
                V[I-1]=V[I-1]+A[I-1][K-1]*B[K-1][J-1];
             }
         }
        for (I=1;I<=N;I++)
        {
            B[I-1][J-1]=V[I-1];
        }
    }
//
    return;
}
void OUTPT(double TK[][150], double TM[][150])
{
// OUTPUT PROGRAM
//
    int I, J;
    double T;
    WRITE_IO.setf(ios::showpoint);
//
```

```
// WRITE NODAL DISPLACEMENTS
    WRITE_IO <<
    " ********************************************************************\n\n";
//
    for (I=1;I<=N;I++)
     {
        TK[I-1][I-1]=pow(TK[I-1][I-1],0.5);
     }
//
// WRITE THE NATURAL FREQUENCIES AND PERIODS
    WRITE_IO << "\n\n RESULTS\n\n" << " NATURAL FREQUENCIES\n\n"
            << "      NUMBER     FREQUENCIES      PERIODS\n";
//WRITE_IO << TK[0][0] << endl;
    for (I=1;I<=N;I++)
     {
        T=6.2831854/TK[I-1][I-1];
        WRITE_IO << setw(10) << I << setw(15) << setprecision(6)
                << TK[I-1][I-1] << setw(15) << T << endl;
     }
// WRITE NATURAL MODES
    WRITE_IO << "\n\n NATURAL MODES" << endl;
    for (I=1;I<=N;I++)
     {
        WRITE_IO << "\n MODE NUMBER :" << setw(4) << I << endl;
        for (J=1;J<=N;J++)
         {
            WRITE_IO << setw(15) << TM[J-1][I-1];
            if (J% 5 ==0)
             {
                WRITE_IO << endl;
             }
         }
     }
    WRITE_IO <<
    " ********************************************************************\n\n";
    return;
}
//
void BTAB3(double A[][150], double B[][150], double V[], int N, int NX)
{
// COMPUTE THE MATRIX OPERATION A=TRANSPOSE(B)*A*B
```

```
//
    int I, J, K;
    for (I=1;I<=150;I++)
      {
        V[I-1]=0.0;
      }
// COMPUTE A*B AND STORE IN A
    for (I=1;I<=N;I++)
    {
      for (J=1;J<=N;J++)
      {
        V[J-1]=0.0;
        for (K=1;K<=N;K++)
        {
          V[J-1]=V[J-1]+A[I-1][K-1]*B[K-1][J-1];
        }
      }
      for (J=1;J<=N;J++)
      {
        A[I-1][J-1]=V[J-1];
      }
    }
//
// COMPUTE TRANSPOSE(B)*A AND STORE IN A
    for (J=1;J<=N;J++)
    {
      for (I=1;I<=N;I++)
      {
        V[I-1]=0.0;
        for (K=1;K<=N;K++)
        {
          V[I-1]=V[I-1]+B[K-1][I-1]*A[K-1][J-1];
        }
      }
      for (I=1;I<=N;I++)
      {
        A[I-1][J-1]=V[I-1];
      }
    }
//
    return;
}
```

程序 4 平面刚架稳定性分析程序(FORTRAN 95,C++)

A 平面刚架稳定性分析程序(FORTRAN 95)

```
!
!     STABILITY ANALYSIS FOR PLANE FRAME SYSTEMS
!
!
!     MAIN PROGRAM
!
      COMMON NRMX,NCMX,NDFEL,NN,NE,NLN,NBN,NDF,NNE,N,MS,IN,IO,E
      DIMENSION X(50),Y(50),NCO(200),PROP(200),IUNK(150),V(150),        &
     &          ELST(6,6),ELMA(6,6),ALP(100),TK(150,150),TM(150,150),H(150,150)
      CHARACTER(len=20)FILE1,FILE2
!
!
!     INITIALIZATION OF PROGRAM PARAMETERS
      NRMX=150
      NDF=3
      NNE=2
      NDFEL=NDF*NNE
!
!     ASSIGN DATA SET NUMBERS TO IN, FOR INPUT, AND IO, FOR OUTPUT
      IN=5
      IO=6
!
!     OPEN ALL FILES
      READ(*,*)FILE1,FILE2
      OPEN(UNIT=IO,FILE= FILE1,FORM='FORMATTED',STATUS= 'UNKNOWN')
      OPEN(UNIT=IN,FILE= FILE2,FORM='FORMATTED',STATUS= 'OLD')
!
!     DATA INPUT

      CALL INPUT(X,Y,NCO,PROP,IUNK,ALP)
!
!     ASSEMBLE TOTAL STIFFNESS MATRIX IN ARRAY TK,
!     AND TOTAL INITIAL STRESS MATRIX IN ARRAY TM
      CALL ASSEM(X,Y,NCO,PROP,TK,TM,ELST,ELGE,IUNK,ALP)
!
```

```
!    COMPUTE BUCKLING MODES AND CRITICAL LOADS
     CALL EIGG(TM,TK,H,V,0.000000001,N,NRMX)
!
!    OUTPUT
     CALL OUTPT(TK,TM)
!
     STOP
     END
!
!
     SUBROUTINE INPUT(X,Y,NCO,PROP,IUNK,ALP)
!    INPUT PROGRAM
!
     COMMON NRMX,NCMX,NDFEL,NN,NE,NLN,NBN,NDF,NNE,N,MS,IN,IO,E
     DIMENSION X(1),Y(1),NCO(1),PROP(1),IUNK(1),IC(3),W(3),ALP(1)
!
!
     WRITE(IO,20)
  20 FORMAT(' ',70('*'))
!
!    READ BASIC PARAMETERS
     READ(IN,*) NN,NE,NBN,E
     WRITE(IO,21) NN,NE,NBN,E
  21 FORMAT(//' INTERNAL DATA'//' NUMBER OF NODES     :',I5/          &
    &        ' NUMBER OF ELEMENTS    :',I5/' NUMBER OF SUPPORT NODES :',I4/  &
    &        ' ELASTIC MODULUS :',F15.0//                             &
    &        ' NODAL COORDINATES'/7X,'NODE',6X,'X',9X,'Y')
!
!    READ NODAL COORDINATES IN ARRAY X AND Y
     READ(IN,*) (I,X(I),Y(I),J=1,NN)
     WRITE(IO,2) (I,X(I),Y(I),I=1,NN)
   2 FORMAT(I10,2F10.2)
!
!    READ ELEMENT CONNECTIVITY IN ARRAY NCO, ELEMENT PROPERTIES
!    IN ARRAY PROP AND LOAD COEFFICIENTS IN ARRAY ALP
     WRITE(IO,22)
  22 FORMAT(/' ELEMENT CONNECTIVITY AND PROPERTIES'/'ELEMENT',        &
    &        2X,'START NODE  END NODE',5X,'AREA', 6X,'M. OF INERTIA', &
    &        2X,'LOAD COEF.')
     DO J=1,NE
        READ(IN,*) I,IC(1),IC(2),W(1),W(2),W(3)
```

```
      WRITE(IO,34) I,IC(1),IC(2),W(1),W(2),W(3)
34    FORMAT(I5,2I10,F16.4,F17.6,F10.3)
      N1=NNE*(I-1)
      PROP(N1+1)=W(1)
      PROP(N1+2)=W(2)
      ALP(I)=W(3)
      NCO(N1+1)=IC(1)
      NCO(N1+2)=IC(2)
   ENDDO
!
!    READ BOUNDARY CONDITIONS AND INITIALIZE IUNK TO CONTAIN 1 FOR
!    UNKNOWN DISPLACEMENTS AND 0 FOR PRESCRIBED DISPLACEMENTS
      N=NN*NDF
      DO I=1,N
         IUNK(I)=1
      ENDDO
      WRITE(IO,24)
24    FORMAT(/'BOUNDARY CONDITION DATA'/27X,'STATUS'           &
   &        /19X,'(0:PRESCRIBED, 1:FREE)'/7X,'NODE',8X,'U',9X,'V',8X,'RZ')
      DO I=1,NBN
         READ(IN,*) J,(IC(K),K=1,NDF)
         WRITE(IO,5) J,(IC(K),K=1,NDF)
5        FORMAT(4I10)
         K1=NDF*(J-1)
         DO K=1,NDF
            K2=K1+K
            IUNK(K2)=IC(K)
         ENDDO
      ENDDO
!
!    MODIFY IUNK PLACING ACTUAL ORDINAL NUMBER, INSTEAD OF 1, FOR UNKNOWN
!    DISPLACEMENTS, COMPUTE TOTAL NUMBER OF UNKNOWN DISPLACEMENTS
      K=0
      DO I=1,N
         IF(IUNK(I).NE.0)THEN
            K=K+1
            IUNK(I)=K
         ENDIF
      ENDDO
      N=K
!
```

```
      RETURN
      END
!
!
      SUBROUTINE ASSEM(X,Y,NCO,PROP,TK,TM,ELST,ELGE,IUNK,ALP)
!   ASSEMBLING OF THE TOTAL STIFFNESS AND INITIAL STRESS MATRICES
!
      COMMON NRMX,NCMX,NDFEL,NN,NE,NLN,NBN,NDF,NNE,N,MS,IN,IO,E
      DIMENSION X(1),Y(1),NCO(1),PROP(1),IUNK(1),ELST(6,6),      &
     &        ELGE(6,6),ALP(1),TK(150,150),TM(150,150)
!
!
!   CLEAR THE TOTAL STIFFNESS AND INITIAL STRESS MATRICES
      DO I=1,N
        DO J=1,N
          TM(I,J)=0.0
          TK(I,J)=0.0
        ENDDO
      ENDDO
!
      DO NEL=1,NE
!
!   COMPUTE THE ELEMENT STIFFNESS MATRIX
        CALL STIFF(NEL,X,Y,PROP,NCO,ELST)
!
!   COMPUTE THE ELEMENT INITIAL STRESS MATRIX
        CALL EGEOM(NEL,X,Y,ALP,NCO,ELGE)
!
!   ADD THE ELEMENT STIFFNESS AND INITIAL STRESS MATRICES TO TOTAL MATRICES
        CALL ELASS(NEL,NCO,IUNK,ELST,ELGE,TK,TM,ALP)
      ENDDO
!
      RETURN
      END
!
!
      SUBROUTINE STIFF(NEL,X,Y,PROP,NCO,ELST)
!   COMPUTATION OF ELEMENT STIFFNESS MATRIX FOR CURRENT ELEMENT
!
      COMMON NRMX,NCMX,NDFEL,NN,NE,NLN,NBN,NDF,NNE,N,MS,IN,IO,E,G
      DIMENSION X(1),Y(1),NCO(1),PROP(1),ELST(6,6),AL(1),      &
```

```
      &           ROT(6,6),V(6)
!
!
      L=NNE*(NEL-1)
      N1=NCO(L+1)
      N2=NCO(L+2)
      AX=PROP(L+1)
      YZ=PROP(L+2)
!
!    COMPUTE LENGTH OF ELEMENT, AND SINE AND COSINE OF ITS LOCAL X AXIS
      DX=X(N2)-X(N1)
      DY=Y(N2)-Y(N1)
      D=SQRT(DX**2+DY**2)
      CO=DX/D
      SI=DY/D
!    CLEAR THE ELEMENT STIFFNESS AND ROTATION MATRICES
      DO I=1, 6
         DO J=1, 6
            ELST(I,J)=0.
            ROT(I,J)=0.
         ENDDO
      ENDDO
!
!    FORM ELEMENT ROTATION MATRIX
       ROT(1,1)=CO
       ROT(1,2)=SI
       ROT(2,1)=-SI
       ROT(2,2)=CO
       ROT(3,3)=1.
       DO I=1,3
          DO J=1,3
             ROT(I+3,J+3)=ROT(I,J)
          ENDDO
       ENDDO
!
!    COMPUTE ELEMENT LOCAL STIFFNESS MATRIX
       ELST(1,1)=E*AX/D
       ELST(1,4)=-ELST(1,1)
       ELST(2,2)=12*E*YZ/(D**3)
       ELST(2,3)=6*E*YZ/(D*D)
       ELST(2,5)=-ELST(2,2)
```

```
            ELST(2,6)=ELST(2,3)
            ELST(3,2)=ELST(2,3)
            ELST(3,3)=4*E*YZ/D
            ELST(3,5)=-ELST(2,3)
            ELST(3,6)=2*E*YZ/D
            ELST(4,1)=ELST(1,4)
            ELST(4,4)=ELST(1,1)
            ELST(5,2)=ELST(2,5)
            ELST(5,3)=ELST(3,5)
            ELST(5,5)=ELST(2,2)
            ELST(5,6)=ELST(3,5)
            ELST(6,2)=ELST(2,6)
            ELST(6,3)=ELST(3,6)
            ELST(6,5)=ELST(5,6)
            ELST(6,6)=ELST(3,3)
!
!     ROTATE ELEMENT STIFFNESS MATRIX TO GLOBAL COORDINATES
            CALL BTAB3(ELST,ROT,V,6,6)
!
            RETURN
            END
!
!


            SUBROUTINE EGEOM(NEL,X,Y,ALP,NCO,ELGE)
!     COMPUTATION OF ELEMENT MASS MATRIX FOR THE CURRENT ELEMENT
!
            COMMON NRMX,NCMX,NDFEL,NN,NE,NLN,NBN,NDF,NNE,N,MS,IN,IO,E
            DIMENSION X(1),Y(1),NCO(1),ELGE(6,6),ROT(6,6),V(6),ALP(1)
!
!
            PP=ALP(NEL)
            IF(PP==0) RETURN
            L=NNE*(NEL-1)
            N1=NCO(L+1)
            N2=NCO(L+2)
!
!     COMPUTE LENGTH OF ELEMENT, AND SINE AND COSINE OF ITS LOCAL X AXIS
            DX=X(N2)-X(N1)
            DY=Y(N2)-Y(N1)
            D=SQRT(DX**2+DY**2)
            CO=DX/D
```

```
      SI=DY/D
!
!    CLEAR ELEMENT MASS AND ROTATION MATRICES
      DO I=1,6
         DO J=1,6
            ELGE(I,J)=0.0
            ROT(I,J)=0.0
         ENDDO
      ENDDO
!
!    FORM ELEMENT ROTATION MATRIX
      ROT(1,1)=CO
      ROT(1,2)=SI
      ROT(2,1)=-SI
      ROT(2,2)=CO
      ROT(3,3)=1.0
      DO I=1,3
         DO J=1,3
            ROT(I+3,J+3)=ROT(I,J)
         ENDDO
      ENDDO
!
!    COMPUTE ELEMENT LOCAL INITIAL STRESS MATRIX
      ELGE(2,2)=PP*6/(5.*D)
      ELGE(2,3)=PP/10.
      ELGE(2,5)=-ELGE(2,2)
      ELGE(2,6)=PP/10.
      ELGE(3,3)=PP*2*D/15.
      ELGE(3,5)=-PP/10.
      ELGE(3,6)=-PP*D/30.
      ELGE(5,5)=ELGE(2,2)
      ELGE(5,6)=-PP/10.
      ELGE(6,6)=ELGE(3,3)
!
      DO J=1,5
         DO I=J+1,6
            ELGE(I,J)=ELGE(J,I)
         ENDDO
      ENDDO
!
!    ROTATE THE ELEMENT INITIAL STRESS MATRIX TO GLOBAL COORDINATES
```

```
        CALL BTAB3(ELGE,ROT,V,NDFEL,NDFEL)
!
        RETURN
        END
!
!
        SUBROUTINE ELASS(NEL,NCO,IUNK,ELST,ELGE,TK,TM,ALP)
!    ADDITION OF THE ELEMENT MATRICES INTO THE TOTAL MATRICES
!
        COMMON NRMX,NCMX,NDFEL,NN,NE,NLN,NBN,NDF,NNE,N,MS,IN,IO,E
        DIMENSION NCO(1),IUNK(1),ELST(6,6),ELGE(6,6),    &
    &           TK(150,150),TM(150,150),ALP(1)
!
!
      PP=ALP(NEL)
      DO I=1,NNE
         L=NNE*(NEL-1)+I
         N1=NCO(L)
         I1=NDF*(I-1)
         J1=NDF*(N1-1)
         DO J=1,NNE
            L=NNE*(NEL-1)+J
            N2=NCO(L)
            I2=NDF*(J-1)
            J2=NDF*(N2-1)
            DO K=1,NDF
!    KR=ROW NUMBER IN TK AND TM FOR THE KTH UNKNOWN OF NODE N1
               KR=IUNK(J1+K)
               IF(KR/=0) THEN
!    UNKNOWN IS RELEVANT. PROCEED.
                  JR=I1+K
                  DO L=1,NDF
!    KC=COLUMN NUMBER IN TK AND TM FOR THE LTH UNKNOWN OF NODE N2
                     KC=IUNK(J2+L)
                     IF(KC/=0) THEN
!    UNKNOWN IS RELEVANT. PROCEED.
                        JC=I2+L
!    ADD ELEMENT COEFFICIENTS TO TOTAL MATRICES
                        TK(KR,KC)=TK(KR,KC)+ELST(JR,JC)
                        IF(PP/=0) THEN
                           TM(KR,KC)=TM(KR,KC)+ELGE(JR,JC)
```

```
                    ENDIF
                ENDIF
             ENDDO
           ENDIF
         ENDDO
       ENDDO
     ENDDO                    .
     RETURN
     END
!
!

     SUBROUTINE EIGG(A,B,H,V,ERR,N,NX)
! COMPUTE THE EIGENVALUES AND EIGENVECTORS OF AN EQUATION
! OF TYPE A*X=LAMBDA*B*X
!
     DIMENSION V(NX),A(NX,NX),B(NX,NX),H(NX,NX)
!
! DECOMPOSE MATRIX B USING CHOLESKI'S METHOD
     CALL DECOG(B,N,NX)
!
! INVERT MATRIX B
     CALL INVCH(B,H,N,NX)
!
! MULTIPLY TRANSPOSE(H)*A*H
     CALL BTAB3(A,H,V,N,NX)
!
! COMPUTE THE EIGENVALUES
     CALL JACOB(A,B,ERR,N,NX)
!
! COMPUTE THE EIGENVECTORS
     CALL MATMB(H,B,V,N,NX)
!
     RETURN
     END
!
!

     SUBROUTINE DECOG(A,N,NX)
! DECOMPOSE A SYMMETRIC MATRIX INTO AN UPPER TRIANGULAR MATRIX
!
     DIMENSION A(NX,NX)
!
```

```
!
        IO=6
        IF(A(1,1)<=0) THEN
            WRITE(IO,1)
            RETURN
        ENDIF
        A(1,1)=SQRT(A(1,1))
        DO J=2,N
            A(1,J)=A(1,J)/A(1,1)
        ENDDO

        DO I=2,N
            I1=I-1
            D=A(I,I)
            DO L=1,I1
                D=D-A(L,I)*A(L,I)
            ENDDO
            IF(A(I,I)<=0) THEN
                WRITE(IO,2)
                RETURN
            ENDIF
            A(I,I)=SQRT(D)
            I2=I+1
            DO J=I2,N
                D=A(I,J)
                DO L=1,I1
                    D=D-A(L,I)*A(L,J)
                ENDDO
                A(I,J)=D/A(I,I)
            ENDDO
        ENDDO
        DO I=2,N
            I1=I-1
            DO J=1,I1
                A(I,J)=0
            ENDDO
        ENDDO
1       FORMAT('ZERO OR NEGATIVE RADICAND')
2       FORMAT('ZERO OR NEGATIVE RADICAND')
        RETURN
        END
```

```
!
!
      SUBROUTINE INVCH(S,A,N,NX)
!  COMPUTE THE INVERSE OF AN UPPER TRIANGULAR MATRIX
!  STORED IN S, PLACING THE RESULTS IN A
!
      DIMENSION A(NX,NX),S(NX,NX)
      DO I=1,N
        DO J=1,N
          A(I,J)=0.0
        ENDDO
      ENDDO
!
!  COMPUTE DIAGONAL TERMS OF A
      DO I=1,N
        A(I,I)=1.0/S(I,I)
      ENDDO
!
!  COMPUTE THE TERMS OFF KTH DIAGONAL OF A
      N1=N-1
      DO K=1,N1
        NK=N-K
        DO I=1,NK
          J=I+K
          D=0.0
          I1=I+1
          IK=I+K
          DO L=I1,IK
            D=D+S(I,L)*A(L,J)
          ENDDO
          A(I,J)=-D/S(I,I)
        ENDDO
      ENDDO
!
      RETURN
       END
!
!
      SUBROUTINE JACOB(A,V,ERR,N,NX)
!   COMPUTATION OF EIGENVALUES AND EIGENVECTORS BY THE JACOBI'S METHOD
!
```

```
      DIMENSION A(NX,NX),V(NX,NX)
!
!
      ITM=500
      IT=0
!
!   PUT A UNIT MATRIX IN ARRAY V
      DO I=1,N
        DO J=1,N
          IF(I/=J)THEN
            V(I,J)=0.0
          ELSE
            V(I,J)=1.0
          ENDIF
        ENDDO
      ENDDO
!
!   FIND LARGEST OFF DIAGONAL COEFFICIENT
      DO WHILE((IT-ITM)<=0.)
        T=0
        M=N-1
        DO I=1,M
         J1=I+1
         DO J=J1,N
           IF(ABS(A(I,J))>T)THEN
             T=ABS(A(I,J))
             IR=I
             IC=J
           ENDIF
         ENDDO
        ENDDO
!   TAKE FIRST LARGEST OFF DIAGONAL COEFFICIENT
!   TIMES ERR AS COMPARISON VALUE FOR ZERO
        IF (IT==0.)   T1=T*ERR
        IF((T-T1).LE.0.)   RETURN
!   COMPUTE TAN(TA),SINE(S),AND COSINE(C) OF ROTATION ANGLE
        PS=A(IR,IR)-A(IC,IC)
        TA=(-PS+SQRT(PS*PS+4*T*T))/(2*A(IR,IC))
        C=1/SQRT(1+TA*TA)
        S=C*TA
!   MULTIPLY ROTATION MATRIX TIMES V AND STORE IN V
```

```
      DO I=1,N
        P=V(I,IR)
        V(I,IR)=C*P+S*V(I,IC)
        V(I,IC)=C*V(I,IC)-S*P
      ENDDO
      I=1
      DO WHILE((I-IR)/=0.)
!   APPLY ORTHOGONAL TRANSFORMATION TO A AND STORE IN A
        P=A(I,IR)
        A(I,IR)=C*P+S*A(I,IC)
        A(I,IC)=C*A(I,IC)-S*P
        I=I+1
      ENDDO
      I=IR+1
      DO WHILE((I-IC)/=0.)
        P=A(IR,I)
        A(IR,I)=C*P+S*A(I,IC)
        A(I,IC)=C*A(I,IC)-S*P
        I=I+1
      ENDDO
      I=IC+1
      DO WHILE((I-N)<=0)
        P=A(IR,I)
        A(IR,I)=C*P+S*A(IC,I)
        A(IC,I)=C*A(IC,I)-S*P
        I=I+1
      ENDDO
      P=A(IR,IR)
      A(IR,IR)=C*C*P+2.*C*S*A(IR,IC)+S*S*A(IC,IC)
      A(IC,IC)=C*C*A(IC,IC)+S*S*P-2.*C*S*A(IR,IC)
      A(IR,IC)=0.
      IT=IT+1
    ENDDO
    RETURN
    END
!
!
    SUBROUTINE MATMB(A,B,V,N,NX)
!   PERFORM THE MATRIX OPERATION B=A*B
!
    DIMENSION A(NX,NX),B(NX,NX),V(NX)
```

```
!
!
      DO J=1,N
        DO I=1,N
          V(I)=0.0
          DO K=1,N
            V(I)=V(I)+A(I,K)*B(K,J)
          ENDDO
        ENDDO
        DO I=1,N
          B(I,J)=V(I)
        ENDDO
      ENDDO
!
      RETURN
      END
!
!
      SUBROUTINE OUTPT(TK,TM)
!   OUTPUT PROGRAM
!
      COMMON NRMX,NCMX,NDFEL,NN,NE,NLN,NBN,NDF,NNE,N,MS,IN,IO,E
      DIMENSION TK(150,150),TM(150,150)
!
!
      WRITE(IO,1)
   1  FORMAT(' ',70('*'))
!
      P=0.
      DO I=1,N
        Q=TM(I,I)
        IF((Q>0).AND.(P<Q)) THEN
          P=Q
          J=I
        ENDIF
      ENDDO
      PCR=1./P
!   WRITE THE LOWEST EIGENVALUE
      WRITE(IO,2) PCR
   2  FORMAT(//' RESULTS'//'LOWEST EIGENVALUE :',E20.8)
!
```

```
!    WRITE BUCKLING MODE
      WRITE(IO,5)
    5 FORMAT(//'BUCKLING  MODE :')
      WRITE(IO,7)(TK(I,J),I=1,N)
    7 FORMAT(16X,E15.6)
!

      WRITE(IO,1)
!

      RETURN
      END
!
!

      SUBROUTINE BTAB3(A,B,V,N,NX)
!    COMPUTE THE MATRIX OPERATION A=TRANSPOSE(B)*A*B
!

      DIMENSION A(NX,NX),B(NX,NX),V(NX)
!
!    COMPUTE A*B AND STORE IN A
      DO I=1,N
        DO J=1,N
          V(J)=0.0
          DO K=1,N
            V(J)=V(J)+A(I,K)*B(K,J)
          ENDDO
        ENDDO
        DO J=1,N
          A(I,J)=V(J)
        ENDDO
      ENDDO
!
!    COMPUTE TRANSPOSE(B)*A AND STORE IN A
      DO J=1,N
        DO I=1,N
          V(I)=0.0
          DO K=1,N
            V(I)=V(I)+B(K,I)*A(K,J)
          ENDDO
        ENDDO
        DO I=1,N
          A(I,J)=V(I)
        ENDDO
      ENDDO
```

```
        !
        RETURN
        END
```

B　平面刚架稳定性分析程序(C++)

```cpp
//
//      STABILITY ANALYSIS FOR PLANE FRAME SYSTEMS
//
#include <iostream.h>
#include <fstream.h>
#include <stdlib.h>
#include <math.h>
#include <iomanip.h>
//   INITIALIZATION OF PROGRAM PARAMETERS
int NN,NE,NLN,NBN,N,MS;
double E;
int NRMX=150;
int NDF=3;
int NNE=2;
int NDFEL=NDF*NNE;
ifstream READ_IN;
ofstream WRITE_IO;
void INPUT(double X[], double Y[], int NCO[], double PROP[],
          int IUNK[],double ALP[]);
void ASSEM(double X[], double Y[], int NCO[], double PROP[],
          double TK[][150], double TM[][150], double ELST[][6],
          double ELGE[][6], int IUNK[], double V[], double ALP[]);
void STIFF(int NEL, double X[], double Y[], double PROP[],
          int NCO[], double ELST[][6], double AL[], double V[]);
void ELASS(int NEL, int NCO[], int IUNK[], double ELST[][6],
          double ELMA[][6], double TK[][150], double TM[][150], double ALP[]);
void EGEOM(int NEL,double X[], double Y[], double ALP[], int NCO[],
          double ELGE[][6], double V[]);
void EIGG(double A[][150], double B[][150], double H[][150], double V[],
          double ERR, int N, int NX);
void DECOG(double A[][150], int N, int NX);
void INVCH(double S[][150], double A[][150], int N, int NX);
void JACOB(double A[][150], double V[][150], double ERR, int N, int NX);
void MATMB(double A[][150], double B[][150], double V[], int N, int NX);
void OUTPT(double TK[][150], double TM[][150]);
void BTAB3(double A[][150], double B[][150], double V[], int N, int NX);
```

```
//
//      MAIN PROGRAM
//
int main()
{
    double X [50],Y[50],PROP[200],V[150],ELST[6][6],ELGE[6][6],
            TK[150][150],TM[150][150],H[150][150],ALP[100];
    int NCO[200],IUNK[150],I,J;
    char file1[20],file2[20]
//
//  OPEN ALL FILES
    cin≫file1≫file2
    WRITE_IO.open(file1);
    READ_IN.open(file2);
//
//  DATA INPUT
    INPUT(X,Y,NCO,PROP,IUNK,ALP);
//
//  ASSEMBLE TOTAL STIFFNESS MATRIX IN ARRAY TK,
//  AND TOTAL MASS MATRIX IN ARRAY TM
    ASSEM(X,Y,NCO,PROP,TK,TM,ELST,ELGE,IUNK,V,ALP);
//
//  COMPUTE NATURAL MODES AND FREQUENCIES
    EIGG(TM,TK,H,V,0.000000001,N,NRMX);
//
//  OUTPUT
    OUTPT(TK,TM);
    return 0;
}
//
//
void INPUT(double X[], double Y[], int NCO[], double PROP[],
          int IUNK[], double ALP[])
{
//  INPUT PROGRAM
//
    int I, NUM, N1, IC[3], K, K1, K2;
    double W[3];
    WRITE_IO.setf(ios::fixed);
    WRITE_IO.setf(ios::showpoint);
    WRITE_IO ≪ " " ≪
```

```
      "*********************************************************************"
              ≪ endl;
//
//    READ BASIC PARAMETERS
      READ_IN ≫ NN ≫ NE ≫ NBN ≫ E;
      WRITE_IO ≪ "\n\n INTERNAL DATA \n\n" ≪ " NUMBER OF NODES          :"
              ≪ setw(5) ≪ NN ≪ "\n" ≪ " NUMBER OF ELEMENTS       :" ≪ setw(5)
              ≪ NE ≪ "\n" ≪ " NUMBER OF SUPPORT NODES :" ≪ setw(5) ≪ NBN ≪ "\n"
              ≪ " ELASTIC MODULUS :" ≪ setw(15) ≪ setprecision(0) ≪ E
              ≪"\n\n NODAL COORDINATES\n" ≪ setw(11) ≪ "NODE" ≪ setw(7)
              ≪ "X" ≪ setw(10) ≪ "Y\n";
//
//    READ NODAL COORDINATES IN ARRAY X AND Y
      for (I=1; I<=NN; I++)
      {
          READ_IN ≫ NUM ≫ X[NUM-1] ≫ Y[NUM-1];
      }
      for (I=1; I<=NN; I++)
      {
          WRITE_IO.precision(2);
          WRITE_IO ≪ setw(10) ≪ I≪ setw(10) ≪ X[I-1] ≪ setw(10) ≪ Y[I-1]
                  ≪ "\n";
      }
//    READ ELEMENT CONNECTIVITY IN ARRAY NCO, ELEMENT PROPERTIES
//    IN ARRAY PROP AND LOAD COEFFICIENTS IN ARRAY ALP
      WRITE_IO ≪ "\n ELEMENT CONNECTIVITY AND PROPERTIES\n" ≪ setw(11)
              ≪ "ELEMENT" ≪ setw(23) ≪ "START NODE   END NODE" ≪ setw(9)
              ≪ "AREA" ≪ setw(18) ≪ "M. OF INERTIA" ≪ setw(12) ≪ "LOAD COEF."
              ≪ endl;
      for (I=1; I<=NE; I++)
      {
          READ_IN ≫ NUM ≫ IC[0] ≫ IC[1] ≫ W[0] ≫ W[1] ≫ W[2];
          WRITE_IO.precision(5);
          WRITE_IO ≪ setw(10) ≪ NUM ≪ setw(10) ≪ IC[0] ≪ setw(10) ≪ IC[1]
                  ≪ setw(15) ≪ W[0] ≪ setw(15) ≪ W[1] ≪ setw(15) ≪ W[2]
                  ≪ "\n";
          N1=NNE*(NUM-1);
          PROP[N1]=W[0];
          PROP[N1+1]=W[1];
          ALP[I-1]=W[2];
          NCO[N1]=IC[0];
```

```
            NCO[N1+1]=IC[1];
    }
//
//    READ BOUNDARY CONDITIONS AND INITIALIZE IUNK TO CONTAIN 1 FOR
//    UNKNOWN DISPLACEMENTS AND 0 FOR PRESCRIBED DISPLACEMENTS
    N=NN*NDF;
    for (I=1; I<=N; I++)
    {
        IUNK[I-1]=1;
    }
    WRITE_IO << "\nBOUNDARY CONDITION DATA\n" << setw(31) << "STATUS\n"
            << setw(39) << "(0:PRESCRIBED, 1:FREE)\n" << setw(11) << "NODE"
            << setw(9) << "U" << setw(10) << "V" << setw(10) << "RZ\n";
    for (I=1; I<=NBN; I++)
    {
        READ_IN >> NUM >> IC[0] >> IC[1] >> IC[2];
        WRITE_IO.precision(4);
        WRITE_IO << setw(10) << NUM << setw(10) << IC[0] << setw(10) << IC[1]
                << setw(10) << IC[2] << "\n";
        K1=NDF*(NUM-1);
        for (K=1; K<=NDF; K++)
        {
            K2=K1+K;
            IUNK[K2-1]=IC[K-1];
        }
    }
//
//    MODIFY IUNK PLACING ACTUAL ORDINAL NUMBER, INSTEAD OF 1, FOR UNKNOWN
//    DISPLACEMENTS, COMPUTE TOTAL NUMBER OF UNKNOWN DISPLACEMENTS
    K=0;
    for (I=1; I<=N; I++)
    {
        if (IUNK[I-1]<0||IUNK[I-1]>0)
        {
            K=K+1;
            IUNK[I-1]=K;
        }
    }
    N=K;
//
    return;
```

```
    }
//
//
void ASSEM(double X[], double Y[], int NCO[], double PROP[],
           double TK[][150], double TM[][150], double ELST[][6],
           double ELGE[][6], int IUNK[], double V[], double ALP[])
{
// ASSEMBLING OF THE TOTAL MATRIX FOR THE PROBLEM
//
    int NEL;
    double AL[10];
//
// CLEAR THE TOTAL STIFFNESS AND MASS MATRICES
    for (I=1; I<=N; I++)
    {
        for (J=1; J<=N; J++)
        {
            TM[I-1][J-1]=0.0;
            TK[I-1][J-1]=0.0;
        }
    }


//
    for (NEL=1; NEL<=NE; NEL++)
    {
//      COMPUTE THE STIFFNESS MATRIX FOR ELEMENT NEL
        STIFF(NEL,X,Y,PROP,NCO,ELST,AL,V);
//      COMPUTE THE ELEMENT MASS MATRIX
        EGEOM(NEL,X,Y,ALP,NCO,ELGE,V);
//      ADD THE ELEMENT STIFFNESS AND MASS MATRICES TO THE TOTAL MATRICES
        ELASS(NEL,NCO,IUNK,ELST,ELGE,TK,TM,ALP);
    }
//
    return;
}
//
//
void STIFF(int NEL, double X[], double Y[], double PROP[],
           int NCO[], double ELST[][6], double AL[], double V[])
{
// COMPUTATION OF ELEMENT STIFFNESS MATRIX FOR CURRENT ELEMENT
```

```
//
    int L, N1, N2, I, J;
    double D, CO, SI, AX, YZ, ROT[6][6];
//
//
    L=NNE*(NEL-1);
    N1=NCO[L];
    N2=NCO[L+1];
    AX=PROP[L];
    YZ=PROP[L+1];
//
// COMPUTE LENGTH OF ELEMENT, AND SINE AND COSINE OF ITS LOCAL X AXIS
    D=sqrt(pow((X[N2-1]-X[N1-1]),2)+pow((Y[N2-1]-Y[N1-1]),2));
    CO=(X[N2-1]-X[N1-1])/D;
    SI=(Y[N2-1]-Y[N1-1])/D;
//
// CLEAR THE ELEMENT STIFFNESS AND ROTATION MATRICES
    for (I=1;I<=6;I++)
    {
        for (J=1;J<=6;J++)
        {
            ELST[I-1][J-1]=0.0;
            ROT[I-1][J-1]=0.0;
        }
    }
//
// FORM ELEMENT ROTATION MATRIX
    ROT[0][0]=CO;
    ROT[0][1]=SI;
    ROT[1][0]=-SI;
    ROT[1][1]=CO;
    ROT[2][2]=1.0;
    for (I=1;I<=3;I++)
    {
        for (J=1;J<=3;J++)
        {
            ROT[I+2][J+2]=ROT[I-1][J-1];
        }
    }
//
// COMPUTE ELEMENT LOCAL STIFFNESS MATRIX
```

```
    ELST[0][0]=E*AX/D;
    ELST[0][3]=-ELST[0][0];
    ELST[1][1]=12*E*YZ/(pow(D,3));
    ELST[1][2]=6*E*YZ/(D*D);
    ELST[1][4]=-ELST[1][1];
    ELST[1][5]=ELST[1][2];
    ELST[2][1]=ELST[1][2];
    ELST[2][2]=4*E*YZ/D;
    ELST[2][4]=-ELST[1][2];
    ELST[2][5]=2*E*YZ/D;
    ELST[3][0]=ELST[0][3];
    ELST[3][3]=ELST[0][0];
    ELST[4][1]=ELST[1][4];
    ELST[4][2]=ELST[2][4];
    ELST[4][4]=ELST[1][1];
    ELST[4][5]=ELST[2][4];
    ELST[5][1]=ELST[1][5];
    ELST[5][2]=ELST[2][5];
    ELST[5][4]=ELST[4][5];
    ELST[5][5]=ELST[2][2];
//
// ROTATE ELEMENT STIFFNESS MATRIX TO GLOBAL COORDINATES
    BTAB3(ELST,ROT,V,6,6);
//
    return;
}
//
//
void EGEOM(int NEL,double X[], double Y[], double ALP[], int NCO[],
        double ELGE[][6], double V[])
{
//
    int L, N1, N2, I, J;
    double D, CO, SI, ROT[6][6], PP;
//
    PP=ALP[NEL-1];
    if(PP==0.0)
    {
        return;
    }
    L=NNE*(NEL-1);
```

```
    N1=NCO[L];
    N2=NCO[L+1];
//
// COMPUTE LENGTH OF ELEMENT, AND SINE AND COSINE OF ITS LOCAL X AXIS
    D=sqrt(pow((X[N2-1]-X[N1-1]),2)+pow((Y[N2-1]-Y[N1-1]),2));
    CO=(X[N2-1]-X[N1-1])/D;
    SI=(Y[N2-1]-Y[N1-1])/D;
//
// CLEAR ELEMENT MASS AND ROTATION MATRICES
    for (I=1;I<=6;I++)
    {
        for (J=1;J<=6;J++)
        {
            ELGE[I-1][J-1]=0.0;
            ROT[I-1][J-1]=0.0;
        }
    }
//
// FORM ELEMENT ROTATION MATRIX
    ROT[0][0]=CO;
    ROT[0][1]=SI;
    ROT[1][0]=-SI;
    ROT[1][1]=CO;
    ROT[2][2]=1.0;
    for (I=1;I<=3;I++)
    {
        for (J=1;J<=3;J++)
        {
            ROT[I+2][J+2]=ROT[I-1][J-1];
        }
    }
//
// COMPUTE THE ELEMENT LOCAL INITIAL STRESS MATRIX
    ELGE[1][1]=PP*6.0/(5.0*D);
    ELGE[1][2]=PP/10.0;
    ELGE[1][4]=-ELGE[1][1];
    ELGE[1][5]=PP/10.0;
    ELGE[2][2]=PP*2.0*D/15.0;
    ELGE[2][4]=-PP/10.0;
    ELGE[2][5]=-PP*D/30.0;
    ELGE[4][4]=ELGE[1][1];
```

```
        ELGE[4][5]=-PP/10.0;
        ELGE[5][5]=ELGE[2][2];
//
        for (J=1;J<=5;J++)
        {
            for (I=J+1;I<=6;I++)
            {
                ELGE[I-1][J-1]=ELGE[J-1][I-1];
            }
        }
// ROTATE THE ELEMENT INITIAL MATRIX TO GLOBAL COORDINATES
        BTAB3(ELGE,ROT,V,NDFEL,NDFEL);
//
        return;
}
//
//
void ELASS(int NEL, int NCO[], int IUNK[], double ELST[][6],
            double ELGE[][6], double TK[][150], double TM[][150], double ALP[])
{
    int I, N1, I1, J1, J, N2, I2, J2, K, KR, L, KC, JR, JC;
    double PP;
//
        PP=ALP[NEL-1];
//
        for (I=1;I<=NNE;I++)
        {
            L=NNE*(NEL-1)+I;
            N1=NCO[L-1];
            I1=NDF*(I-1);
            J1=NDF*(N1-1);
            for (J=1;J<=NNE;J++)
            {
                L=NNE*(NEL-1)+J;
//
                N2=NCO[L-1];
                I2=NDF*(J-1);
                J2=NDF*(N2-1);
                for (K=1;K<=NDF;K++)
                {
// KR=ROW NUMBER IN TX AND TM FOR THE KTH UNKNOWN OF NODE N1
```

```
                    KR=IUNK[J1+K-1];
                    if (KR<0||KR>0)
                        {
//
// UNKNOWN IS RELEVANT. PROCEED.
                        JR=I1+K;
                        for (L=1;L<=NDF;L++)
                            {
//
//   KC=COLUMN NUMBER IN TK AND TM FOR THE LTH UNKNOWN OF NODE N2
                            KC=IUNK[J2+L-1];
                            if (KC<0||KC>0)
                                {
//
//   UNKNOWN IS RELEVANT. PROCEED.
                                JC=I2+L;
// ADD ELEMENT COEFFICIENTS TO TOTAL MATRICES
                                TK[KR-1][KC-1]=TK[KR-1][KC-1]+ELST[JR-1][JC-1];
                                TM[KR-1][KC-1]=TM[KR-1][KC-1]+ELGE[JR-1][JC-1];
                                }
                            }
                        }
                    }
                }
//
    return;
}
//
//
void EIGG(double A[][150], double B[][150], double H[][150], double V[],
        double ERR, int N, int NX)
{
    int I, J;
    for (I=1; I<=N; I++)
    {
        for (J=1; J<=N; J++)
        {
            H[I-1][J-1]=0.0;
        }
    }
```

```
//
// DECOMPOSE MATRIX B USING CHOLESKI'S METHOD
    DECOG(B,N,NX);
//
// INVERT MATRIX B
    INVCH(B,H,N,NX);
//
// MULTIPLY TRANSPOSE(H)*A*H
    BTAB3(A,H,V,N,NX);
//
// COMPUTE THE EIGENVALUES
    JACOB(A,B,ERR,N,NX);
//
// COMPUTE THE EIGENVECTORS
    MATMB(H,B,V,N,NX);
//

    return;
}
//
//
void DECOG(double A[][150], int N, int NX)
{
    int I, J, I1, L, I2;
    double D;
//
    if (A[0][0]<=0.0)
    {
        WRITE_IO ≪ " ZERO OR NEGATIVE RADICAND " ≪ endl;
        return;
    }
    else
    {
        A[0][0]=pow(A[0][0],0.5);
    }
    for (J=2;J<=N;J++)
    {
        A[0][J-1]=A[0][J-1]/A[0][0];
    }
    for (I=2;I<=N;I++)
    {
```

```
        I1=I-1;
        D=A[I-1][I-1];
        for (L=1;L<=I1;L++)
        {
            D=D-A[L-1][I-1]*A[L-1][I-1];
        }
      if (A[I-1][I-1]<=0)
        {
            WRITE_IO ≪ " ZERO OR NEGATIVE RADICAND " ≪ endl;
            return;
        }
        else
        {
            A[I-1][I-1]=pow(D,0.5);
            I2=I+1;
        }
        for (J=I2;J<=N;J++)
        {
            D=A[I-1][J-1];
            for (L=1;L<=I1;L++)
            {
                D=D-A[L-1][I-1]*A[L-1][J-1];
            }
            A[I-1][J-1]=D/A[I-1][I-1];
        }
    }
    for (I=2;I<=N;I++)
    {
        I1=I-1;
        for (J=1;J<=I1;J++)
        {
            A[I-1][J-1]=0.0;
        }
    }
    return;
}
//
//
void INVCH(double S[][150], double A[][150], int N, int NX)
{
    int N1, K, NK, IK, I, J, I1, L;
```

```
    double D;
// COMPUTE THE INVERSE OF AN UPPER TRIANGULAR MATRIX
// STORED IN S, PLACING THE RESULTS IN A
//
// COMPUTE DIAGONAL TERMS OF A
    for (I=1;I<=N;I++)
    {
        A[I-1][I-1]=1.0/S[I-1][I-1];
    }
//
// COMPUTE THE TERMS OFF KTH DIAGONAL OF A
    N1=N-1;
    for (K=1;K<=N1;K++)
    {
        NK=N-K;
        for (I=1;I<=NK;I++)
        {
            J=I+K;
            D=0.0;
            I1=I+1;
            IK=I+K;
            for (L=I1;L<=IK;L++)
            {
                D=D+S[I-1][L-1]*A[L-1][J-1];
            }
            A[I-1][J-1]=-D/S[I-1][I-1];
        }
    }
//
    return;
}
//
//
void JACOB(double A[][150], double V[][150], double ERR, int N, int NX)
{
// COMPUTATION OF EIGENVALUES AND EIGENVECTORS BY THE JACOBI'S METHOD
//
//
    int ITM, IT, M, J1, IR, IC, I, J;
    double T, T1, PS, TA, C, S, P;
    ITM=500;
```

```
    IT=0;
//
// PUT A UNIT MATRIX IN ARRAY V
    for (I=1;I<=N;I++)
    {
        for (J=1;J<=N;J++)
         {
            if ((I-J)<0||(I-J)>0)
              {
                V[I-1][J-1]=0.0;
              }
            else
              {
                V[I-1][J-1]=1.0;
              }
         }
    }
//
// FIND LARGEST OFF DIAGONAL COEFFICIENT
    while (IT<=ITM)
    {
        T=0.0;
        M=N-1;
        for (I=1;I<=M;I++)
         {
            J1=I+1;
            for (J=J1;J<=N;J++)
              {
                if (A[I-1][J-1]>T||A[I-1][J-1]<-T)
                  {
                    if (A[I-1][J-1]>=0)
                    {
                        T=A[I-1][J-1];
                    }
                    else
                    {
                    T=-A[I-1][J-1];
                    }
                    IR=I;
                    IC=J;
                  }
```

```
        }
    }
// TAKE FIRST LARGEST OFF DIAGONAL COEFFICIENT
// TIMES ERR AS COMPARISON VALUE FOR ZERO
    if (IT==0)
    {
        T1=T*ERR;
    }
    if (T<=T1)
    {
        return;
    }
//
// COMPUTE TAN(TA), SINE(S), AND COSINE(C) OF ROTATION ANGLE
    PS=A[IR-1][IR-1]-A[IC-1][IC-1];
    TA=(-PS+pow((PS*PS+4*T*T),0.5))/(2*A[IR-1][IC-1]);
    C=1.0/pow((1+TA*TA),0.5);
    S=C*TA;
//
// MULTIPLY ROTATION MATRIX TIMES V AND STORE IN V
    for (I=1;I<=N;I++)
    {
        P=V[I-1][IR-1];
        V[I-1][IR-1]=C*P+S*V[I-1][IC-1];
        V[I-1][IC-1]=C*V[I-1][IC-1]-S*P;
    }
    I=1;
//
// APPLY ORTHOGONAL TRANSFORMATION TO A AND STORE IN A
    while (I<IR||I>IR)
    {
        P=A[I-1][IR-1];
        A[I-1][IR-1]=C*P+S*A[I-1][IC-1];
        A[I-1][IC-1]=C*A[I-1][IC-1]-S*P;
        I=I+1;
    }
    I=IR+1;
    while (I<IC||I>IC)
    {
        P=A[IR-1][I-1];
        A[IR-1][I-1]=C*P+S*A[I-1][IC-1];
```

```
        A[I-1][IC-1]=C*A[I-1][IC-1]-S*P;
        I=I+1;
    }
    I=IC+1;
    while(I<=N)
    {
        P=A[IR-1][I-1];
        A[IR-1][I-1]=C*P+S*A[IC-1][I-1];
        A[IC-1][I-1]=C*A[IC-1][I-1]-S*P;
        I=I+1;
    }
    P=A[IR-1][IR-1];
    A[IR-1][IR-1]=C*C*P+2.0*C*S*A[IR-1][IC-1]+S*S*A[IC-1][IC-1];
    A[IC-1][IC-1]=C*C*A[IC-1][IC-1]+S*S*P-2.0*C*S*A[IR-1][IC-1];
    A[IR-1][IC-1]=0.0;
    IT=IT+1;
    }
    return;
}
//
//
void MATMB(double A[][150],double B[][150],double V[],int N,int NX)
{
    int I,J,K;
// PERFORM THE MATRIX OPERATION B=A*B
//
//
    for(J=1;J<=N;J++)
    {
        for(I=1;I<=N;I++)
         {
            V[I-1]=0.0;
            for(K=1;K<=N;K++)
              {
                V[I-1]=V[I-1]+A[I-1][K-1]*B[K-1][J-1];
              }
         }
        for(I=1;I<=N;I++)
         {
            B[I-1][J-1]=V[I-1];
         }
```

```
    }
//
    return;
}
//
//
void OUTPT(double TK[][150], double TM[][150])
{
// OUTPUT PROGRAM
//
    int I, J;
    double P, Q, PCR;
    WRITE_IO.setf(ios::showpoint);
//
// WRITE NODAL DISPLACEMENTS
    WRITE_IO <<
    " ***********************************************************************\n\n";
//
    P=0.0;
    for (I=1;I<=N;I++)
    {
        Q=TM[I-1][I-1];
        if (Q>0)
        {
            if (P<Q)
            {
                P=Q;
                J=I;
            }
        }
    }
    PCR=1.0/P;
//
// WRITE THE LOWEST EIGENVALUE
    WRITE_IO << "\n\n RESULTS" << "\n\nLOWEST EIGENVALUE :"
        << setw(20) << setprecision(8) << PCR << endl;
//
// WRITE BUCKLING MODE
    WRITE_IO << "\n\nBUCKLING  MODE :" << endl;
    for (I=1;I<=N;I++)
    {
```

```
        WRITE_IO ≪ setw(39) ≪ TK[I-1][J-1] ≪ endl;
    }
    WRITE_IO ≪
    " *****************************************************************\n\n";
    return;
}
//
//
void BTAB3(double A[][150], double B[][150], double V[], int N, int NX)
{
// COMPUTE THE MATRIX OPERATION A=TRANSPOSE(B)*A*B
//
    int I, J, K;
    for (I=1;I<=150;I++)
     {
         V[I-1]=0.0;
     }
// COMPUTE A*B AND STORE IN A
    for (I=1;I<=N;I++)
    {
       for (J=1;J<=N;J++)
       {
          V[J-1]=0.0;
          for (K=1;K<=N;K++)
          {
             V[J-1]=V[J-1]+A[I-1][K-1]*B[K-1][J-1];
          }
       }
       for (J=1;J<=N;J++)
       {
          A[I-1][J-1]=V[J-1];
       }
    }
//
// COMPUTE TRANSPOSE(B)*A AND STORE IN A
    for (J=1;J<=N;J++)
    {
       for (I=1;I<=N;I++)
       {
          V[I-1]=0.0;
          for (K=1;K<=N;K++)
```

```
        {
            V[I-1]=V[I-1]+B[K-1][I-1]*A[K-1][J-1];
        }
    }
    for(I=1;I<=N;I++)
    {
        A[I-1][J-1]=V[I-1];
    }
}
//
    return;
}
```

附录Ⅲ 习题部分答案或提示

第2章 结构静力分析的矩阵方法

2.1 提示:图(b)梁 B 点处铰的左、右杆端应设两个相互独立的转角未知量。

2.2 提示:图(b)桁架的 B 支座处应考虑位移约束条件 $u_B = v_B$。

2.3 桁架杆件内力如图Ⅲ.1所示。

2.4 结构标识取图Ⅲ.2时,结构刚度方程为

$$\begin{bmatrix} \dfrac{3EA}{8} + \dfrac{15EI}{8} + k & \left(\dfrac{EA}{2} - \dfrac{3EI}{2}\right)\dfrac{\sqrt{3}}{4} & \dfrac{3EI}{4} & -\dfrac{3EI}{4} \\[3mm] \left(\dfrac{EA}{2} - \dfrac{3EI}{2}\right)\dfrac{\sqrt{3}}{4} & \dfrac{5EA}{8} + \dfrac{9EI}{8} & \dfrac{3\sqrt{3}EI}{4} & \dfrac{3\sqrt{3}EI}{4} \\[3mm] \dfrac{3EI}{4} & \dfrac{3\sqrt{3}EI}{4} & 4EI & EI \\[3mm] -\dfrac{3EI}{4} & \dfrac{3\sqrt{3}EI}{4} & EI & 2EI \end{bmatrix} \begin{bmatrix} u_2 \\[3mm] v_2 \\[3mm] \theta_2 \\[3mm] \theta_3 \end{bmatrix} = \begin{bmatrix} \left(\dfrac{3EA}{8} + \dfrac{3EI}{8}\right)c \\[3mm] \left(\dfrac{EA}{2} - \dfrac{3EI}{2}\right)\dfrac{\sqrt{3}}{4}c \\[3mm] -30 - \dfrac{3EI}{4}\cdot c \\[3mm] -\dfrac{3EI}{4}\cdot c \end{bmatrix}$$

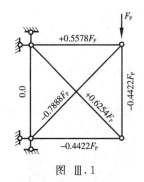

图 Ⅲ.1

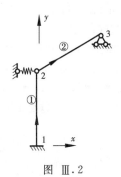

图 Ⅲ.2

2.5 (a)$MS = 3 \times (1+1) = 6$。

(b)若为桁架 $MS = 2 \times (5+1) = 12$;

若为刚架 $MS = 3 \times (5+1) = 18$。

(c)$MS = 3 \times (2+1) = 9$。

(d)$MS = 2 \times (3+1) = 8$。

2.6 提示:结点 D、F、G 水平位移相同,结点 G 点处两杆端应分别设相互独立的转角未知量。

2.8 忽略杆件轴向变形时刚架仅有3个独立未知量。

2.9 图(a)结构可利用图Ⅲ.3所示的半边结构分析。杆件34无变形,仅有两个基本未知量 Δ_1 和 Δ_2,结构的刚度方程如下:

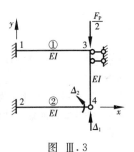

图 Ⅲ.3

$$\frac{EI}{4}\begin{bmatrix} \dfrac{3}{2} & -\dfrac{3}{2} \\ -\dfrac{3}{2} & 4 \end{bmatrix}\begin{bmatrix} d_1 \\ d_2 \end{bmatrix} = \begin{bmatrix} -\dfrac{F_P}{2} \\ 0 \end{bmatrix}$$

2.10　$k_{33}=\dfrac{7\sqrt{2}EI}{4a}, k_{31}=-\dfrac{9\sqrt{2}EI}{8a^2}$。

2.12　$\boldsymbol{F}=\begin{bmatrix}0 & -10 & 10 & -20 & 20 & 0\end{bmatrix}^{\mathrm{T}} \mathrm{kN\cdot m}$。

2.13　桁架杆件内力如图Ⅲ.4所示,单位 kN·m。

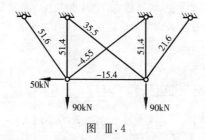

图 Ⅲ.4

第3章　平面桁架静力分析程序设计和应用

3.3　(2)68 个元素；
　　　　(3)68 个元素。

3.4　语句 TK(KR,J)＝0 共执行 20 次。

3.8　(1)IB(6)＝1；(2)N2＝2；(3)KR＝4；(5)K2＝12。

3.9　桁架左半侧内力如图图Ⅲ.5所示,单位 kN·m。

3.10　提示:本题的关键是如何处理未知数值的水平力 F_P,具体可参照附录Ⅰ中实习 1 的提示。
　　　　桁架内力如图Ⅲ.6所示,单位 kN·m。

3.11　提示:本题的关键是如何处理受弯曲作用的斜杆,具体可参照附录Ⅰ中实习 1 的提示。

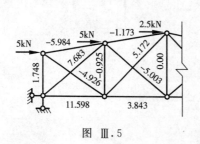

图 Ⅲ.5

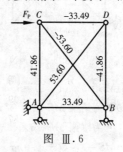

图 Ⅲ.6

第4章　平面刚架静力分析程序设计和应用

4.2　单元⑧节点 5 的杆端力存放于 FORC(43)、FORC(44)和 FORC(45)中。

4.3　KC＝1。

4.8　提示:将弹簧化作为一个水平的刚架单元,具体可参照附录Ⅰ中实习 3 的提示。

4.9　按计算机的输出结果可画出刚架弯矩图如图Ⅲ.7所示,单位 kN·m。

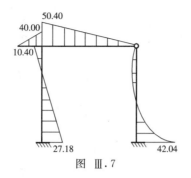

图 Ⅲ.7

第 5 章 结构动力分析和程序设计与应用

5.1 单元刚度矩阵为

$$\boldsymbol{k} = \frac{E}{2l}(A_i + A_j)\begin{bmatrix} 1 & 0 & -1 & 0 \\ 0 & 0 & 0 & 0 \\ -1 & 0 & 1 & 0 \\ 0 & 0 & 0 & 0 \end{bmatrix}$$

5.3 $\boldsymbol{F}_d = \begin{bmatrix} 0 & -\dfrac{7}{20}ql & -\dfrac{1}{20}ql^2 & 0 & -\dfrac{3}{20}ql & \dfrac{1}{30}ql^2 \end{bmatrix}^T$。

5.4 (a)$\omega_1 = \dfrac{1.582}{L}\sqrt{\dfrac{E}{\rho}}$;(b)$\omega_1 = \dfrac{3.286}{L}\sqrt{\dfrac{E}{\rho}}$。

5.5 $\omega_1 = 12.75, \omega_2 = 33.04$。

5.6 $F_N = 7$。

第 6 章 结构稳定性分析和程序设计与应用

6.1 $F_{Pcr} = 9.97\dfrac{EI}{l^2}$。

6.2 $F_{Pcr} = 7.5\dfrac{EI}{l^2}$。

6.5 (a)$F_{Pcr} = 0.204659 \times 10^4$ kN;(b)$F_{Pcr} = 0.206151 \times 10^4$ kN。

6.6 将每一根柱划分为长度相等的两个单元,计算机求得临界荷载如下:

(a)$F_{Pcr} = 0.809933 \times 10^4$ kN;(b)$F_{Pcr} = 0.151410 \times 10^4$ kN;

(d)$F_{Pcr} = 0.387602 \times 10^4$ kN;(d)$F_{Pcr} = 0.644384 \times 10^4$ kN。

第 7 章 结构的非线性分析

7.1 提示:需适当假定初始位移。

7.2 $\Delta = 1$ cm。

7.4 极限荷载 $F_{Pu} = 5$ kN。

7.5 极限荷载 $F_{Pu} = 28.64$ kN。

附录Ⅳ 索 引

（按汉语拼音字母顺序排序）

B

C

D

Z

主要参考文献

龙驭球,包世华.1980.结构力学[M].北京:人民教育出版社

钱令希.1986.谈计算结构力学的现状和今后的工作[J].计算结构力学及其应用,(3)

谢贻权,何福宝.1981.弹性和塑性力学中的有限单元法[M].北京:机械工业出版社

杨弗康,李家宝.1985.结构力学[M].北京:高等教育出版社

杨天祥.1979.结构力学[M].北京:人民教育出版社

赵超燮.1983.结构矩阵分析原理[M].北京:人民教育出版社

朱慈勉,王达时.1983.薄壁结构与杆件的非线性有限元分析[J].上海力学,(3)

A.格哈利.1978.结构分析[M].北京:人民铁道出版社

C. A. Drebbia and A. J. Ferrante. 1978. Computational Methods for the Solution of Engineering Probloms[M]. Pentech Press

G. B. Warburton. 1976. The Dynamical Behaviour of Structure[M]. Pergamon Press

K. Washizu. 1982. Variational Methods in Elasticity and Plasticity[M]. Pergamon Press

O. C. Zienkiewicz. 1977. The Fnite Element Metbod[M]. London, McGraw-Hill

Robert D. Cook. 1974. Concepts and Applications of Finite Element Annlysis[M]. John Wiley&Sons

S. P. Timoshenko. 1965. Theory of Structures[M]. NewYork, McGraw-Hill

Terry E. Shoup. 1979. A Practical Guide to Computer Methods for Engineers[M]. Pretice-Hall